U0243623

国家科学技术学术著作出版基金资助出版

二维无机材料
剥离、纳米层组装及其功能化

Two-dimensional Inorganic Materials
Exfoliation, Nanosheet Assembly
and Functionalization

刘宗怀 何学侠 李 琪 编著

化学工业出版社
·北京·

内容简介

本书是一本系统论述二维无机层状材料的基础理论性著作，以不同电性二维无机层状材料为主线，围绕二维无机层状材料的制备技术、膨润与剥离、具体剥离方法、二维纳米片层功能化四部分展开论述，将剥离理论与具体应用技术相结合。书中依据二维无机层状材料层板电性不同，负电性二维无机层状材料主要讨论层状二氧化锰、层状二氧化钛和层状过渡金属碳、氮化物，正电性二维无机层状材料主要对层状双金属氢氧化物（LDHs）进行讨论，中性二维无机层状材料主要讨论层状二硫化钼、层状黑磷及层状磷烯等。最后，单设一章论述二维纳米片层孔洞化及其材料电化学储能。

本书适合作为化学和材料类高年级本科生、研究生的教材，以及二维层状材料及功能材料研究人员的科研参考用书。

图书在版编目（CIP）数据

二维无机材料剥离、纳米层组装及其功能化/刘宗怀，何学侠，李琪编著 . —北京：化学工业出版社，2021.4（2023.1重印）
　ISBN 978-7-122-38445-4

　Ⅰ.①二… 　Ⅱ.①刘… ②何… ③李… 　Ⅲ.①二维－无机材料－研究 　Ⅳ.①TB321

中国版本图书馆CIP数据核字（2021）第019046号

责任编辑：李晓红 　张　欣
装帧设计：刘丽华
责任校对：王素芹

出版发行：化学工业出版社
　　　　　（北京市东城区青年湖南街13号　邮政编码100011）
印　　装：北京捷迅佳彩印刷有限公司
710mm×1000mm　1/16　印张24¾　字数521千字
2023年1月北京第1版第2次印刷

购书咨询：010-64518888
售后服务：010-64518899
网　　址：http://www.cip.com.cn
凡购买本书，如有缺损质量问题，本社销售中心负责调换。

定　　价：168.00元

二维无机层状材料是一类重要的固体功能材料，其层与层之间弱的相互作用、层板内强的共价键作用以及分子级纳米层板厚度等独特的结构特性，为该类材料的膨润、剥离、纳米片层功能化及设计组装新型纳米层状功能材料提供了理论及实践上的可行性，成为设计、组装和制备二维纳米材料重要的前驱体或基本组装单元。近二十年来，二维无机层状材料及其剥离所得二维纳米片层的研究出现了井喷式发展趋势，所组装材料在储能材料、光催化材料、吸附材料及磁性材料等领域展现了广阔的应用前景。

二维无机层状材料及其剥离所得二维纳米片层的基础和应用研究已经取得了显著进步。针对不同类型二维无机层状材料，围绕其制备技术、插层反应机制、膨润和剥离过程以及纳米片层组装二维纳米功能材料等方面，发展了许多独特的制备新技术，阐明了二维无机层状材料的插层反应机制，发展了二维无机层状材料膨润和剥离新体系，实现了二维纳米材料应用性的突破。这些工作的特点是特定类型二维无机层状材料研究目标明确，解决问题针对性强，且相应的文献报道和书籍较多。但是，对于不同类型二维无机层状材料的结构差异性导致的插层反应机制、膨润和剥离行为的本质规律以及纳米片层组装二维纳米材料等研究的系统性有待加强，需要一本有关其制备、膨润和剥离、纳米片层功能化的系统性著作以弥补这方面的不足。因此，本书的编写思想是以不同电性二维无机层状材料为主线，从二维无机层状材料的制备、膨润及剥离原理、剥离方法、二维纳米片层功能化等方面进行论述和讨论，以弥补相近书籍只注重二维无机层状材料制备或只注重其剥离现象及剥离材料应用，而对剥离本质及原理的系统论述和讨论不足的

前言

现状，为化学和材料类高年级本科生、研究生和二维层状材料及功能材料研究人员提供一本系统论述二维无机层状材料的基础理论性著作。

本书主要内容包括二维无机层状材料制备技术，二维无机层状材料膨润、剥离原理及方法，二维纳米片层功能化以及纳米功能材料应用四大部分。全书共分 11 章，第 1 章为二维无机层状材料总论；第 2 ～ 3 章主要论述二维无机层状材料膨润、剥离原理和规律性，即二维无机层状材料的膨润现象、剥离以及无机纳米片层；第 4 ～ 10 章依据不同电性二维无机层状材料，从制备技术、剥离方法、剥离纳米片层、纳米片层功能化及组装材料的应用分别展开论述。依据二维无机层状材料层板电性的不同，负电性二维无机层状材料主要集中讨论层状二氧化锰、层状二氧化钛和层状过渡金属碳、氮化物，正电性二维无机层状材料主要对层状双金属水合氢氧化物（LDHs）进行讨论，中性二维无机层状材料主要讨论层状 MoS_2、层状黑磷及层状磷烯等；第 11 章主要论述二维纳米片层的孔洞化及其材料的电化学储能。

本书初稿部分内容系陕西师范大学材料科学与工程学院的讲义。在讲义使用过程中，不少老师和学生都提出了宝贵意见，编者谨向他们表示感谢。

本书在编写过程中，还参考了国内外出版的一些教材、著作和论文，在学习过程中获得了启发和教益，编者谨向作者表示感谢。

最后，感谢化学工业出版社的热情鼓励、支持和帮助。

由于编者水平有限，疏漏和不当之处在所难免，恳请各位专家和同行以及阅读使用本书的教师和同学们提出宝贵意见，以便及时更正。

刘宗怀

2021 年 4 月于陕西师范大学

目录

第11章　纳米片层孔洞化及其电化学储能

第1章
二维无机层状材料总论

1.1
概述

二维无机层状材料是一类重要的固体功能材料，在异相催化、非线性光学材料、固相质子或电子导体、特异性吸附剂、储能材料、超导、高性能工程材料、阻燃材料、固相电化学以及环境保护等领域具有广阔的应用前景。二维无机层状材料具有独特的结构和特性，其层与层之间弱的作用力、层板内强的共价键作用力以及分子级纳米层厚度的单结晶体等特征，为该类材料的膨润、剥离、纳米层功能化和纳米层组装新型纳米功能材料提供了理论及实践上的可能性，成为设计、组装和制备功能性纳米材料的重要前驱体或基本组装单元。

二维无机层状材料的主体结构是由带不同电荷的主体层板与层间的异电性离子或水分子，通过分子间作用力或静电引力结合而成。由于层板之间的分子间作用力或静电引力较弱，因而可以将合适的客体分子或离子选择性插层到层间，导致层间距随着客体离子或分子的插入而改变。当层间距增大到一定程度时，层与层之间弱的相互作用力逐渐减弱，直至消失，发生二维无机层状材料的剥离，得到其基本组成单元——无机纳米片层。剥离得到的无机纳米片层厚度一般小于 1 nm，而横向尺寸可以达到微米级别，具有独特的表面效应、体积效应、量子尺寸效应和量子隧道效应等性质，可作为组装诸如零维纳米粒子、一维纳米纤维和纳米管、二维功能薄膜和三维特殊积层材料等具有特殊性能纳米材料的基本组装单元，为新型纳米功能结构材料的制备提供新的思路和方法[1]。

二维无机层状材料的层间距可控，这将为无机层状材料插层组装反应、制备新型功能性层状材料提供实现的可行性。插层组装化合物的主体层板与客体离子或分子之间通过离子键、氢键、范德华力等相互作用，可为制备具有超分子结构的无机 - 有机或无机 - 无机层状功能材料提供新途径[2]。同时，当二维无机层状材料的层间距增大到一定程度，层间作用力减小到最低值，在一定外界条件作用下，导致二维无机层状材料从规则的层状结构剥离形成无机纳米片层。目前，剥离及剥离所得纳米片层功能化研究最多的二维无机层状材料主要有阴、阳离子层状水滑石，层状金属氧化物及氢氧化物，层状石墨烯及类石墨烯基化合物，层状金属硫属化合物、金属磷酸盐和膦酸盐，层状过渡金属碳化物，层状六边氮化硼及层状黑磷等不同电性二维无机层状材料[3]。这些不同电性二维无机层状材料具有独特的插入和剥离反应特性，为剥离技术的开发提供了丰富的理论基础和实践依据。同时，剥离得到的纳米片层具有丰富且优异的物理和化学性质，可以通过功能化手段设计制备功能性纳米材料，在化学和材料科学

二维无机材料
剥离、纳米层组装及其功能化

技术领域有着独特的功能和应用优势。

1.2
二维无机层状材料的结构特征及分类

　　二维无机层状材料是一类具有层状主体结构，层板由某种特定结构单元通过共面或共边堆积形成的空间结构化合物。每一个层板可以看作具有分子级厚度的巨大平面分子，二维无机层状材料就是由这些巨大平面分子相互叠加而成，因此二维无机层状材料表现出高度的各向异性。描述二维无机层状材料结构的相关术语有：层板厚度、层间距（相邻层板中心线间的距离）和自由层间距（层间距减去层板厚度）等。典型二维无机层状材料的主体结构如图 1-1 所示。

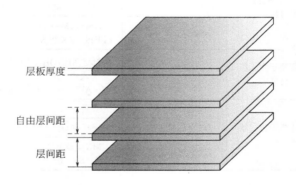

图 1-1
典型二维无机层状材料的主体结构示意图

　　从典型主体结构示意图可以看出，二维无机层状材料是由纳米级二维层板（厚度小于 1 nm）纵向有序排列而形成的三维晶体，层间距一般小于几纳米，处于分子水平。层板内部存在强烈的共价键作用，而层与层之间一般通过静电引力或弱的范德华力结合在一起。这类化合物的共同特点是晶体结构规整，根据层板所带电荷不同，层间分布着活性较高的异性阳离子、阴离子或中性分子，在适当条件下这些层间物种可与其它同类离子或分子发生交换。通过插入不同数量、种类各异的客体，可实现对层间距的可控调节。同时，主体层板内由于存在不同氧化态元素或空间缺陷，造成主体层板随着组成不同而呈现不同的电性，可以带正电荷或负电荷，而层间存在与主体层板电性相反的客体离子或分子用以补偿电荷平衡。层板带电荷的二维无机层状化合物，层板间由较弱的静电引力结合，层板之间全部或部分由离子或溶剂化离子填充，以平衡电荷而保持整个化合物电中性。另外，层板也可以不带电荷，层板之间以弱的范德华力相连成网状结构，层间存在空的晶格位。二维无机层状材料由于其特有的层状结构，不仅为许多化学反应提供了独特的纳米级反应空间，同时其剥离后所得纳米级片层可作为制备组装其它新型纳米结构的基本单元[4]。

二维无机层状材料的分类方法很多，可以根据层板所带电荷情况、层板化学组成和导电性等进行划分。通常主要的分类方法是根据层板主体所带的电荷不同，将二维无机层状材料分为阳离子型无机层状材料、阴离子型无机层状材料和中性无机层状材料三种类型，典型无机层状材料的分类如表 1-1 所示[5]。

表 1-1　典型二维无机层状材料的分类

类型		典型代表物质
阳离子型无机层状材料	金属氧化物	$M^IM^{III}O_2$（M^I 为碱金属离子，M^{III}=Ti、Mn、V、Cr、Fe、Ni、Co），层间为碱金属离子的金属氧化物
	黏土	蒙脱石、高岭土、白云石、皂石等
	多硫化物	AMS_2（M=V、Cr；A=Na、K），$ACuFeS_2$（A=Li、Na、K），Li_2FeS_2 和 $K_2Pt_4S_6$
阴离子型无机层状材料	水滑石及类水滑石	$[M^{2+}_{1-x}M^{3+}_x(OH)_2]^{x+}(A^{n-})_{x/n}\cdot mH_2O$（式中，$M^{2+}$=$Mg^{2+}$、$Fe^{2+}$、$Co^{2+}$、$Ni^{2+}$、$Mn^{2+}$、$Zn^{2+}$ 等；M^{3+}=Al^{3+}、Fe^{3+}、Cr^{3+}、Mn^{3+}、V^{3+} 等；A 为阴离子）
中性无机层状材料	单元素	石墨
	过渡金属氧化物	层状 V_2O_5、MoO_3 等
	过渡金属硫化物	MX_2，其中 M=Sn、Ti、Zr、Hf、V、Nb、Ta、Mo、W；X=S、Se、Te

（1）阳离子型无机层状材料

阳离子型无机层状材料是由带负电荷的主体层板与带正电荷的客体离子所组成。层板带负电荷，阳离子作为中和平衡电荷而存在于层板之间。具有代表性的天然存在的阳离子型无机层状材料有蒙脱石、黏土；合成的阳离子型无机层状材料的典型代表有无机磷酸盐、硅酸盐、钛酸盐、二氧化锰、过渡金属混合氧化物及过渡金属硫化物等。

（2）阴离子型无机层状材料

阴离子型无机层状材料是由带正电荷的层板主体和带负电荷的客体离子所组成。该类层状化合物层板带正电，层间阴离子补偿电荷平衡。具有代表性的阴离子型无机层状材料有水滑石（hydrotalcite，简称 HT）和类水滑石（hydrotalcite-like compounds，简称 HTLCs），如层状双羟基复合金属氧化物（layered double hydroxides，LDHs）。阴离子型无机层状材料可以方便地通过调节

二维无机材料
剥离、纳米层组装及其功能化

金属离子和阴离子的种类来改变层状材料的结构及其物理化学性质。

（3）中性无机层状材料

此类无机层状材料层板主体结构呈电中性，即层状主体结构为呈电中性的层状材料。该类无机层状材料层与层之间通过弱的范德华力维持，典型代表物质如层状石墨、层状 MoO_3、层状 V_2O_5 和层状双硫属化合物等。

1.3
无机层状材料的制备方法

与一般的粉体材料制备方法相似，二维无机层状材料的制备方法虽然多种多样，但根据反应物质所处状态主要分为固相制备法、液相制备法和气相制备法等[6]，典型二维无机层状材料的制备方法如表 1-2 所示。

表 1-2　典型二维无机层状材料的制备方法

制备方法		二维无机层状材料种类及特征	制备条件
固相制备法	固相反应法	结晶性层状化合物	原料、温度、反应时间、气氛等
	固相扩散法	结晶性层状化合物	
	加热处理法	所有层状化合物	
液相制备法	沉淀法（中和反应、氧化还原反应等）	低结晶性层状化合物	原料、溶剂、温度、pH、加热时间、矿化剂等
	水热法	高结晶性层状化合物	
	溶胶 - 凝胶法	层状金属氧化物	
	溶剂热法、熔融盐法	结晶性层状水合金属氧化物	
气相制备法	化学气相沉积法	大面积、高质量石墨烯及二硫化钼层状材料	原料、温度、喷雾速度等

1.3.1　固相制备法

由于固相反应机理为在接触面形成产物，然后产物由接触面向内部扩散至反应完全。因此，制备产物与反应原料的粒径有关，粒径小的反应原料扩散快，单位时间内形成的晶核多，因而容易制备成纳米尺寸的二维无机层状材料[7-9]。

① 固相反应法：该法是制备结晶性无机层状金属氧化物的典型方法。将碱金属（或碱土金属）盐（常用碳酸盐）和金属化合物（常使用氢氧化物、碳酸盐等）充分混合后，在特定温度下经加热处理，就可以制备无机层状氧化物。

加热过程中化学反应及烧结过程同步进行，可以制备高结晶性无机层状氧化物。与常用的水热法相比，固相反应法制备产物的晶体结构内几乎不含结晶水。用固相反应法制备的二维无机层状材料中，碱金属通常排列在规则的层板间，因而该类二维无机层状材料容易进行离子交换反应。

② 固相扩散法：在未达到固体烧结温度下，离子半径小的碱金属盐（如 Li^+ 盐）和层状金属氧化物粉末混合加热处理后，离子半径小的碱金属离子在粉体的结晶格子内扩散，最终可制备新的无机层状复合材料。用固相扩散法制备得到的二维无机层状材料的离子形状和离子交换能力，可以通过控制反应原料的形状实现。

③ 加热处理法：多数二维无机层状材料一般均含有内部结晶水或层板间水，在除去水分子的加热过程中，材料的结晶构造及层间距会发生变化，导致层状化合物的离子交换能力和交换选择性也发生变化。如加热处理层状磷酸盐，可导致层间距变小，对钠离子的选择性吸附能力增强。

1.3.2 液相制备法

液相制备法是获得高结晶性二维无机层状材料的主要手段之一。同固相制备法相比，由于液相反应的反应物处在分子水平，反应需要的活化能降低，反应温度温和，有利于高结晶性二维无机层状材料的生成[10-12]。

① 沉淀法（共沉淀法）：是在液相中生成二维无机层状材料的方法。利用沉淀法（或共沉淀法）制备的必要条件是二维无机层状材料难溶于溶剂。共沉淀法本身是一个简单反应过程，控制不同的沉淀生成条件、沉淀时添加物的种类和熟化后处理条件等，可以得到不同物性及结构的二维无机层状材料。但是，要制备高结晶性二维无机层状材料，需要严格控制反应条件。

② 水热法（溶剂热法）：该方法是在溶剂沸点以上温度生成二维无机层状材料，因为高温水（或高温溶剂）可以促进沉淀的结晶生长。相对于固相反应，较低温度和压力及溶液反应条件有利于生长缺陷少、去向好、结晶性高的二维无机层状材料。同时，由于环境气氛易调节，因而有利于低价态、中间价态与特殊价态的二维无机层状材料的生成，并能进行均匀的掺杂。水热法（溶剂热法）经常用于阴、阳离子二维无机层状材料的制备。

③ 溶胶 - 凝胶法：是用含高化学活性组分的有机或无机金属化合物作前驱体，在液相下将这些原料均匀混合，进行水解和缩合化学反应；在溶液中形成稳定的透明溶胶体系，溶胶经陈化胶粒间缓慢聚合，形成三维网络结构凝胶。凝胶经过干燥、烧结固化制备出分子乃至纳米亚结构材料，是低温传统方法不易得到的复合氧化物材料及高临界温度氧化物超导材料的有效制备手段。

④ 熔融盐法：该法是在完全不添加溶剂的条件下加热原料，使其在高温下熔融、反应，然后缓慢冷却制备二维无机层状材料的方法。虽然该方法可以制备高结晶性二维无机层状材料，但是高反应性熔融盐需要在高温条件下进行，需要考虑反应容器带来的杂质。

1.3.3 气相制备法

化学气相沉积法是指利用气体原料在气相中通过化学反应形成基本粒子，并经过成核、生长两个阶段制备无机层状材料。该方法具有多功能性、产品高纯性、工艺可控性和过程连续性等优点，是制备高纯度、大面积二维无机层状材料的有效方法，特别对于层状石墨烯、层状过渡金属硫化物等层状材料显示了优越的制备优势。如应用化学气相沉积技术可以有效可控制备大面积、高质量的石墨烯[13]，大面积、单层及多层层状二硫化钼。在航空航天、食品工业和电子通信等领域，二硫化钼层状材料可为柔性、防腐、场效应晶体管等的应用提供基础材料[14]。

1.4
二维无机层状材料的插层反应类型

二维无机层状材料层板平面内的原子，通常是以牢固的共价键相结合，而相邻层与层之间以非共价键相互作用，常见的是静电引力和范德华力。这样的层板结构特点，可以通过选择合适的方法使不同的客体分子或离子插入到主体层间，改变无机层状材料的层间距，而实现材料结构与性质的调控。利用无机层状材料的结构特征和纳米层性质，可以将具有光、电、磁和催化等特性的客体离子或分子插入到层间而不破坏层板的主体结构，利用主-客体之间的相互作用，从而增强或调控原客体的各种性质。根据无机层状材料的结构特征、层板性质和材料功能化的需要，二维无机层状材料的插层反应种类繁多，主要的插层反应方法有离子交换法、分子嵌入法、柱型化法和剥离重组法等。

1.4.1 离子交换法

离子交换法是二维无机层状材料插层反应所特有的反应类型，是二维无机层状材料功能化改性的主要手段之一。由于二维无机层状材料层间存在具有较高活性且处于游离状态的离子，很容易与外界的同类电荷离子进行交换，同时保持层状骨架不变，从而达到改变材料性质，并赋予材料新功能的目的。通过离子交换，几乎所有带电荷的二维无机层状块体材料均可实现插层改性。由于二维无机层状材料的层间距会随着层内离子尺寸的大小而变化，因而赋予二维无机层状材料结构和性质的可调控性[15-17]。

影响离子交换的主要因素有交换离子的种类、浓度和主体层板自身的性质。交换离子的价态越高，取代能力越强，其处于层间时越难进行离子交换反应；同一价态离子随尺寸增大，其极化能力越强而越难交换。当交换离子浓度高时，交换离子易吸附在块体表面，容易进行离子交换；而当交换离子浓度低时，则容易导致交换不完全。对于二维无机层状材料层板来说，当主体层板粒径小、比表面积大及电荷密度低时，层板间相互作用力弱，有利于离子交换反应的进行。同时，交换反应的取代能力同交换离子的尺寸和层状结构的几何匹配性有关，只有尺寸匹配的交换反应才能完全进行，生成的产物才能稳定存在。按照离子交换反应方式不同，二维无机层状材料的离子交换反应通常分为反应离子交换法、直接离子交换法和二次离子交换法三种。

① 反应离子交换法：插层客体离子或分子含有能与层状主体层间离子反应的基团，客体离子或分子与主体离子通过主客体化学反应，增加了客体离子或分子插层的驱动力，可实现客体离子或分子的插层反应，从而实现目标二维无机层状材料功能化[18]。

② 直接离子交换法：是二维无机层状材料最简单的交换反应，即主体层间离子与客体离子之间的主客体离子直接进行交换。

③ 二次离子交换法：对于层板电荷较高或层板较厚的二维无机层状材料，通常层与层之间的静电引力较大。因此，较大离子或分子不容易插入到该类二维无机层状材料的层间。为此，可以通过二次离子交换反应，即首先用较小离子或分子插入到层板之间，以降低层板之间的静电引力，其后通过二次离子交换反应，将较大离子或分子插入到二维无机层状材料的层间[19,20]。

根据交换反应活性位点的不同，二维无机层状材料的离子交换反应通常分为电荷补偿型交换位点和化学结合型交换位点，代表性的电荷补偿型和化学结合型交换位点如图1-2所示。电荷补偿型交换位点通常存在于如由铝硅酸盐组成的黏土、层状沸石、双金属氢氧化物等层状化合物中，而化学结合型交换位点主要存在于纳米层表面，水解离产生 OH⁻ 离子无机层状材料。纳米层板的电荷密度及层板大小，对于层板产生的化学结合型交换位点有直接影响[21]。

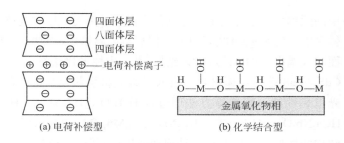

图 1-2
电荷补偿型和化学结合型交换位点示意图

1.4.2　分子嵌入法

　　分子嵌入法主要用于层板不带电荷的中性二维无机层状材料的插层反应。由于层板不带电荷，插层反应离子交换的驱动力消失。同时，由于无法通过离子交换反应将客体离子或分子引入层间，一般采用分子嵌入法将客体分子引入到层间。分子嵌入法主要有电化学嵌入法 [22]、氧化还原嵌入法 [23] 及蒸发溶剂嵌入法 [24] 等。对于石墨及层状硫属化合物等中性二维无机层状材料，通过分子嵌入法，可以得到一系列不同结构及性质的插层衍生物。中性二维无机层状材料分子嵌入过程如图 1-3 所示。

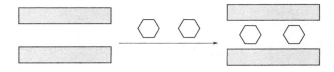

图 1-3
分子嵌入法插层反应示意图

1.4.3　柱形化法

　　柱形化法是从二维无机层状材料制备多孔、高稳定性功能材料的一种有效方法。由于二维无机层状材料层间距可调，首先通过离子交换反应，将尺寸较大的离子或分子交换进入层间，层间静电引力减弱导致层间距增大。随后将具有不同性质及稳定性的目标基团引入层间，焙烧使得目标基团在层间柱形化，最终制备得到多孔、高稳定性的纳米功能层状材料。采用不同链长烷基胺作为预柱撑剂，首先进行离子交换反应，调节二维无机层状材料层间距、改变主体层状结构的亲疏水性，在层间参与形成氢键网络而构成永久性的孔结构。同时，预柱撑化嵌入反应中，层间距的变化与所选的烷基胺链长有关，预柱撑产物的层间距越大，越有利于柱撑过程实现，并可提高层间柱撑量。如在层状 $H_2Ti_4O_9$ 体系中，将 Keggin 离子引入层间后再高温焙烧，即可在层间形成多孔性、比表面积大幅提高的 $Al_2O_3\text{-}TiO_2$ 结构[25]；用柱形化法将 TiO_2、ZrO_2、Cr_2O_3、SnO_2、CdS、ZnS 等半导体材料，引入二维无机层状材料的层间，可提高制备材料的光催化性能。用柱撑方法通过向 $H_2Ti_3O_7$、$HTiNbO_5$、$H_2La_2Ti_3O_{10}$、$HLaNb_2O_7$、$HCa_2Nb_3O_{10}$、$H_2Fe_{0.8}Ti_{1.2}O_4$、$Na_{0.21}H_{3.49}Mn_{12}O_{23} \cdot 9.5H_2O$ 等体系中引入不同性质及结构的柱形剂，可以制备系列功能性层状复合材料[26,27]。由于制备的此类功能性复合材料具有较好的热稳定性以及优异的物理化学性能，在吸附、催化、储能、磁性材料等领域已显示出了广阔的应用前景。柱形化反应制备多孔材料的典型过程如图 1-4 所示。

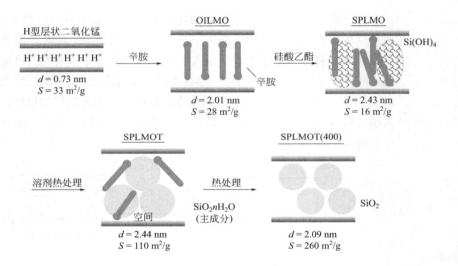

图 1-4
柱形化反应制备多孔材料的典型过程示意图

1.4.4 剥离 / 重组法

二维无机层状材料的层间存在着可以移动的离子或中性分子，因而采用离子交换 / 插入反应技术，可以将一些无机离子、分子或有机分子等物种引入层间，形成具有一定功能的复合材料。但是对于柱形剂尺寸较大的离子或分子，由于空间位阻效应较大，很难应用常规的离子交换 / 插入反应，将这些大的物质插入到二维无机层状材料的层间。但是，通过一些化学或物理处理手段，可以将二维无机层状材料层与层之间的静电引力减弱直至消失，从而使得二维无机层状材料剥离，得到基本组成单元——无机纳米片层，即通过二维无机层状材

二维无机材料
剥离、纳米层组装及其功能化

料的剥离技术,可得到构成其基本结构的纳米片层单元[28,29]。这些无机纳米片层单元在湿态分散液中具有高的自由度,空间位阻降到最低,因此任意尺寸的离子或分子等柱形剂,可以通过组装而插入层间。借助二维无机层状材料的剥离/重组技术,可以制取量子水平上利用常规方法不能制取的纳米级功能材料。

　　二维无机层状材料的剥离过程通常包括:由小尺寸离子或分子交换/插入而导致的短距离膨润,层间静电引力/分子间作用力减弱而导致的长距离膨润,直至最后剥离。因此,二维无机层状材料的剥离是离子插入反应而引起膨润过程的极限。剥离得到的二维无机层状材料基本组成单元(即无机纳米片层)的厚度小于1nm,是诸如零维纳米粒子、一维纳米纤维、纳米管、二维纳米薄膜等具有特殊性能的低维纳米材料的组装功能单元,特别在特殊性能纳米级复合材料制备领域,可利用剥离得到的纳米层量子效应,制备常规方法不能得到的特殊功能积层材料。在二维无机层状材料剥离研究中,最具代表性的层状材料是层状蒙脱石,由于其主体层板电荷密度小,在水中可自发膨润直至完全剥离成基本组成单元——纳米片层。而对于层板电荷密度较大的二维无机层状材料,由于层板与层板之间离子有较强的静电作用力,加之在水中不容易发生膨润,此类二维无机层状材料需要在一定条件下才能实现剥离。通常采用有机大分子或无机阳离子等柱撑剂作为预膨润剂,在一定溶剂环境下可实现二维无机层状材料的剥离。典型二维无机层状材料的剥离和纳米片层重组技术制备层状功能材料过程如图1-5所示。

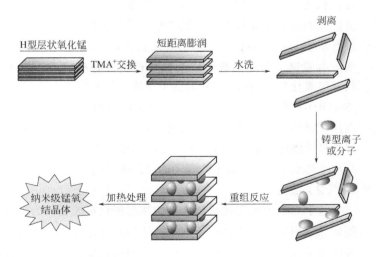

图 1-5
典型二维无机层状材料的剥离和纳米片层重组技术制备层状功能材料过程示意图

1.5
二维无机层状材料的功能化及其应用

二维无机层状材料层间距的可调性及插层反应技术的多样性，能够将具有特殊功能性质的客体离子或分子引入到层间，达到修饰主体层板特性的目的或发挥主体层板和插层客体的协同效应，使得制备具有特殊性质的无机层状功能材料成为现实。一些二维无机层状材料主体层板具有特殊的光、电、磁特性，而大多数二维无机层状材料主体层板功能性不突出。因此，通过向主体层板功能性不突出的二维无机层状材料的层间，引入具有特殊功能的客体离子或分子，赋予二维无机层状材料新的功能，兼具无机主体和客体分子的复合功能，是无机纳米复合功能材料发展的重要方向。这些通过改性插层反应所制备的无机层状功能材料，表现出了不同于单一组分所具有的催化、吸附以及光、电、磁等功能，其在异相催化、非线性光学材料、固相质子或电子导体、特异性吸附剂、储能材料、储氢材料、超导材料、高性能工程材料、阻燃材料、固相电化学以及环境保护等诸多领域，显示出广阔的应用前景。基于二维无机层状材料层间距的可调性及插层反应，所制备的无机层状功能材料主要应用在以下几个方面。

（1）吸附和分离

二维无机层状材料结构丰富、层间可交换离子和插层反应的客体物种诸多，使得制备的无机层状功能材料在吸附剂和分离方面展现出广阔的应用前景。目前研究的重点主要集中在依据二维无机层状材料本身的结构和性质，有目的地进行层状材料的设计、插层组装及表面改性，使制备的材料具有比表面积大、吸附容量高、分离系数大以及循环稳定性好等特点。如掺杂 Fe^{2+} 的 Mg-Al 层状双氢氧化物，通过与 Cl^- 阴离子交换，从水溶液中吸附 As^V（AsO_4^{3-}）和 Sb^V [$Sb(OH)_6^-$] 插入到 LDH 层间。与 Mg-Al LDH 相比，Fe^{2+} 掺杂的 Mg-Al LDH 表现出优异的 As^V 去除性 [30]。如用水热法制备的层状氧化锰对一价金属离子的选择性吸附顺序为 $Li^+ < Na^+ < K^+$、$Cs^+ < Rb^+$，显示了对 Rb^+ 离子强的选择性吸附，是从地热水中分离提取 Rb^+ 离子的良好吸附剂 [31]。

（2）催化

基于二维无机层状材料构筑的新型催化剂或者作为催化剂的载体，一直是催化领域研究的热点之一。常用方法是通过在层状主体材料层间，引入功能性客体离子或中性物种，即通过柱撑作用以及高温处理，形成结构稳定的二维孔道材料，且以过渡金属层状氧化物及层状黏土形成孔道异相结构居多。二维无机层状材料通过柱撑化反应后，赋予制备材料大比表面积、可调孔道尺寸、大量可用的 Brønsted 和 Lewis 催化活性位点和高稳定性。这不仅使反应物容易接近催化活性位点，而且通过孔道尺寸大小的调节，提高了催化反应的选择性和催化效率[32]。另外，二维无机层状材料通过负载纳米粒子来制备光催化纳米功能材料，已成为新的研究热点之一。将具有光催化活性的半导体超细颗粒，以及有助于提高光催化活性的材料柱撑到层状化合物中，构筑出纳米复合材料，结构上有助于光生电子和空穴的有效分离，可提高光催化效率[33]。同时，层状材料作为纳米粒子的支撑载体，不仅可以有效阻止纳米粒子的自发团聚，而且催化材料使用后易于回收，循环使用稳定性增强。

（3）储能

电化学储能技术由于具有效率高、投资少、使用安全、应用灵活等特点，是当今能源存储的主要发展方向之一。不同体系的二次电池和超级电容器，是储能的主要器件，而电极材料是储能器件性能优越与否的主要决定因素[34]。二维无机层状材料及其改性的层状功能材料，在储能材料领域显示了其优越性。通常，理想的二次电池和赝电容超级电容器的正、负极材料，需具有层状或隧道晶体结构，以利于离子的嵌入和脱出，以保证二次电池或赝电容器优越的循环寿命；在充放电过程中，应有尽可能多的离子嵌入和脱出，使电极具有较高的电化学容量；在离子进行嵌入和脱出时，电池有较平稳的充放电电压。同时，离子应有较大的扩散系数，以减少极化造成的能量损耗，保证器件有较好的充放电性能；另外，嵌入化合物应该价格便宜，对环境无污染且质量轻。

目前，不同体系的二次电池的研究主要集中在开发性能优越的电池正、负极材料，在辅助适配的电解液条件下，发展高能量密度、高功率密度的二次离子电池是主要研究方向。而对于超级电容器，其研究重点主要是在保持高功率密度条件下，如何提高器件的能量密度。通常，储能器件的比能量主要由正、负极材料的比容量和器件电势窗口决定，而比容量与材料的分子量和电荷转移数有关。当分子量相同时，电荷转移数越大，比容量越大；而工作电位与活性材料的氧化还原能相对应，氧化还原能越高，电位越低，反之亦然。因此，高比能量要求储能器件具有大比容量、高工作电位的正极材料和大比容量、低工作电位的负极材料。石墨烯、石墨相氮化碳（g-C$_3$N$_4$）、过渡金属二硫化物（TMDs）、过渡金属碳化物（MXenes）或氮化物、层状双金属氢氧化物（LDHs）、过渡金属氧化物（TMOs）、Ⅲ～Ⅵ族层状半导体（MX$_4$）、无机钙钛矿型化合物（AMX$_3$）和层状黑磷等，在一定体系中均显示了良好的正、负极电极材料特性[35-37]。通过这些二维无机层状材料的主体改性和结构调控，期待制备性能优异、价格便宜、稳定性好的储能器件正、负极材料。

（4）光、电、磁等功能材料

二维无机层状材料在构筑具有优越性能的光、电、磁等功能材料领域，展现了独特的优势，特别是通过二维无机层状材料的插层反应，一系列具有不同光、电、磁等特性的功能材料已成功制备。在二维无机层状材料层间引入光活性客体分子，可以构筑具有特殊光致变色功能的层状纳米复合材料[38]；向过渡金属硫属化合物层间插入有机客体分子，可以大大改善材料的电学性质，如在二维无机层状材料 $FePS_3$ 层间，引入有机给体 TTF 及其衍生物，所得材料显示了良好的金属导电性质[39]；通过向二维无机层状材料层间插入导电高分子，不仅能够改善制备材料的导电性，而且赋予材料高氧化电位、高理论电容、高导电率及优良的热稳定性，是发展新型导电材料的有效途径[40]；利用 LDHs 化学组成和结构具有微观可调控性及整体均匀性的特征，通过向其层间引入潜在的磁性物种，首先制备得到一定层板组成的 LDHs，随后以其为前驱体经过高温煅烧，制备得到微观组成和结构均匀、磁畴结构单一、磁学性能显著改善的尖晶石铁氧体[41]。二维无机层状材料在发展新型光、电、磁功能材料领域方兴未艾，显示了强大的开发前景。

（5）防腐材料

不同电性二维无机层状材料层间的正、负离子种类，在较宽范围内可调，因而环境中的腐蚀性正、负离子能与层间相同电荷离子发生离子交换，而被插入到层间，避免了腐蚀离子与基体直接接触，从而起到减缓腐蚀的效果。在防腐应用方面，LDHs 应用广泛，如水滑石层状结构具有的耐碱性、可中和酸性、层间阴离子与基板金属之间良好的结合力及层间离子的可交换性，为自修复材料的应用奠定了良好基础。同时，水滑石类二维无机层状材料制备工艺简单、无毒、能量消耗少，加之其独特的结构特性、元素组成在宽范围内的可调变性、层间阴离子的可交换性及优良的耐腐蚀性能，使得该类材料有可能替换有毒的铬转化膜。另外，LDHs 固定化薄膜，具有与基板较强的结合力及较好的超疏水性能，可用于铝金属表面的防腐。这种新型的 LDHs 防腐方法，不同于传统的金属表面电化学防腐，具有重要的科学与应用价值[42]。新型层状结构碳材料石墨烯具有高长径比和优异的疏水、导电、导热和化学稳定性能，使其在防腐涂料中具有广泛的应用。涂覆有机涂层具有施工简单、价格低廉、应用范围广和防护性能好等特点，具有其它防护材料无法比拟的优势，是一种减缓金属腐蚀有效、经济的手段。对于石墨烯复合树脂涂层，均匀分散石墨烯不仅拥有优异的疏水特性和阻隔性能，还拥有较好的电荷转移特性，可作为防静电涂层应用到油罐和输油管道工程实践中。同时，石墨烯复合涂层在冲刷腐蚀摩擦界面时，可形成具有自润滑的连续转移膜，从而减小摩擦系数，可提升基体树脂材料的耐磨性能，这些防腐蚀工作为二维层状材料石墨烯开辟了新的应用渠道[43]。

（6）生物酶固定材料

二维无机层状材料作为生物分子（如酶）的支撑载体，具有其它载体无法比拟的优点。由于二维无机层状材料具有纳米级特殊层状结构，其层间距随着插层生物分子（如酶）客体的大小而可控变化，这不仅为酶分子提供了很好的支撑载体，也为化学反应提供了纳米级反应空间。通过在二维无机层状材料层间插入具有不同功能的生物分子，不仅能有效保护生物分子，而且其空旷骨架为生物分子的信号传输提供了有效通路，实现了生物分子插层组装层状生物无机纳米材料，在酶固定、生物标识、生物传感、药物缓释等领域显示了潜在的应用价值。另外，大部分多肽及蛋白类药物都有稳定性差、吸收困难和半衰期短等缺点，在临床应用上受到了很大的限制。而层状材料由于良好的生物相容性和安全性，包裹在层状材料中的药物受 pH 控制，而以一定的速率释放出来。如 MgAl LDHs 已经被用作药物赋形剂、药品稳定剂、含有硝苯地平缓释药物的组成成分网，是透皮给药黏合剂的组成成分，可被应用于胃溃疡治疗以及消化系统紊乱治疗等方面[44]。

参考文献

[1] Sasaki T. Exfoliation of layered transition metal oxides: formation of functional oxide nanosheets and their applications. Clay Sci, 2005, 12: 27-30.

[2] 段雪, 张法智等. 无机超分子材料的插层组装化学. 第 2 版. 北京: 科学出版社, 2017.

[3] Ma R, Sasaki T. Two-dimensional oxide and hydroxide nanosheets: controllable high-quality exfoliation, molecular assembly, and exploration of functionality. Acc Chem Res, 2015, 48: 136-143.

[4] 张玉清, 彭淑鸽等. 插层复合材料. 北京: 科学出版社, 2008.

[5] Nalwa H S. Handbook of nanostructured material and nanotechnology. San Diego: Academic Press, 1999.

[6] 大井健太著（日本）. 无机离子交换材料. 刘红妮, 汤卫平译. 上海: 上海科学技术出版社, 2015.

[7] Gupta A, Sakthivel T, Seal S. Recent development in 2D materials beyond graphene. Prog Mater Sci, 2015, 73: 44-126.

[8] Kubota K, Kumakura S, Yoda Y, et al. Electrochemistry and solid-state chemistry of NaMeO$_2$ (Me=3d transition metals). Adv Energy Mater, 2018, 8: 1703415.

[9] West W C, Soler J, Ratnakumar B V. Preparation of high quality layered-layered composite Li$_2$MnO$_3$-LiMO$_2$ (M=Ni, Mn, Co) Li-ion cathodes by a ball milling-annealing process. J Power Sources, 2012, 204: 200-204.

[10] Wang F, Wang Z, Wang Q, et al. Synthesis, properties and applications of 2D non-graphene materials. Nanotechnology, 2015, 26, 29: 292001.

[11] Feng Q, Kanoh H, Ooi K. Manganese oxide porous crystals. J Mater Chem, 1999, 9: 319-333.

[12] Katagiri K, Goto Y, Nozawa M, Koumoto K. Preparation of layered double hydroxide coating films via the aqueous solution process using binary oxide gel films as precursor. J Ceramic Soc Jpn, 2009, 117: 356-358.

[13] 任文才, 高力波, 马来硼, 成会明. 石墨烯的化学气相沉积法制备. 新型炭材料, 2011, 26: 71-80.

[14] 曾甜, 尤运城, 王旭峰, 胡廷松, 台国安. 二维硫化钼基原子晶体材料的化学气相沉积法制备及其器件. 化学进展, 2016, 28: 459-470.

[15] Okada T, Ide Y, Ogawa M. Organic-inorganic hybrids based on ultrathin oxide layers:

designed nanostructures for molecular recognition. Chem Asian J, 2012, 7: 1980-1992.

[16] Gu Q, Yuan M, Ma S, Sun G. Structures and photoluminescence properties of organic-inorganic hybrid materials based on layered rare-earth hydroxides. J Lumin, 2017, 192: 1211-1219.

[17] Xiao W, Zhou P, Mao X, Wang D. Ultrahigh aniline-removal capacity of hierarchically structured layered manganese oxides: trapping aniline between interlayers. J Mater Chem A, 2015, 3: 8676-8682.

[18] Galarneau A, Barodawalla A, Pinnavaia T J. Porous clay heterostructures formed by gallery-templated synthesis. Nature, 1995, 374: 529-531.

[19] Peng S, Gao Q, Wang Q, Shi J. Layered structural heme protein magadiite nanocomposites with high enzyme-like peroxidase activity. Chem Mater, 2004, 16: 2675-2684.

[20] Liu Z H, Ooi K, Kanoh H, Tang W, Tomida T. Swelling and delamination behaviors of birnessite-type manganese oxide by intercalation of tetraalkylammoniumions. Langmuir, 2000, 16: 4154-4164.

[21] Strobel P, Durr J, Tullire M H, Charenton J C. Extended X-ray absorption fine structure study of potassium and caesium phyllomanganates. J Mater Chem, 1993, 3: 453-458

[22] Kusawake T, Takahashi Y, Ohshima K. Preparation and characterization of single crystals of intercalation compounds Cu_xTiS_2. Mater Res Bull, 1998, 33: 1009-1014.

[23] Bardhan K K, Chung D D L. A kinetic model of the first intercalation of graphite, Carbon, 1980, 18: 303-311.

[24] Suzuki M, Santodonato L J, Suzuki I S, White B E, Cotts E J. Structural phase transition of high-stage $MoCl_5$ graphite intercalation compounds. Phys Rev B, 1991, 43: 5805-5814.

[25] 杨娟，丁建芳，张莉莉，陆路德，汪信. 高比表面 Al_2O_3 柱撑纳米钛酸盐的制备. 无机化学学报，2004, 20: 1459-1462.

[26] Kim H G, Hwang D W, Kim J, Kim Y G, Lee J S. Highly donor-doped (110) layered perovskite materials as novel photocatalysts for overall water splitting. Chem Commun, 1999: 1077-1078.

[27] Liu Z H, Ooi K, Kanoh H, Tang W, Yang X, Tomida T. Synthesis of thermally stable silica-pillared layered manganese oxide by an intercalation/solvothermal reaction. Chem Mater, 2001, 13: 473-478.

[28] Wang L, Sasaki T. Titanium oxide nanosheets: graphene analogues with versatile functionalities. Chem Rev, 2014, 114: 9455-9486.

[29] Omomo Y, Sasaki T, Wang L, Watanabe M. Redoxable nanosheet crystallites of MnO_2 derived via delamination of a layered manganese oxide. J Am Chem Soc, 2003, 125: 3568-3575.

[30] Kameda T, Kondo E, Yoshioka T. Equilibrium and kinetics studies on As(V) and Sb(V) removal by Fe^{2+}-doped Mg-Al layered double hydroxides. J Environ Manage, 2015, 151: 303-309.

[31] Tsuji M, Komarneni S, Tamaura Y, Abe M. Cation exchange properties of a layered manganic acid. Mater Res Bull, 1992, 27: 741-751.

[32] Kikuchi E, Matsuda T. Shape selective acid catalysis by pillared clays. Catalysis Today, 1988, 2: 297-307.

[33] Yoneyama H, Haga S, Yamanaka S. Photocatalytic activities of microcrystalline TiO_2 incorporated in sheet silicates of clay. J Phys Chem, 1989, 93: 4833-4837.

[34] Hu Z, Liu Q, Chou S L, Dou S X. Advances and challenges in metal sulfides/selenides for next-generation rechargeable sodium-ion batteries. Adv Mater, 2017, 27: 1700606.

[35] Wang F, Wu X, Yuan X, Liu Z, Zhang Y, Fu L, Zhu Y, Zhou Q, Wu Y, Huang W. Latest advances in supercapacitors: from new electrode materials to novel device designs. Chem Soc Rev, 2017, 46: 6816-6854.

[36] Yan J, Ren C E, Maleski K, Hatter C B, Anasori B, Urbankowski P, Sarycheva A, Gogotsi Y. Flexible MXene/graphene films

for ultrafast supercapacitors with outstanding volumetric capacitance. Adv Funct Mater, 2017, 27: 1701264.

[37] Fiori G, Bonaccorso F, Iannaccone G, Palacios T, Neumaier D, Seabaugh A, Banerjee S K, Colombo L. Electronics based on two-dimensional materials. Nat Nanotechnol, 2014, 9: 768-779.

[38] Ogawa M. Preparation of a cationic azobenzene derivative-montmorillonite intercalation compound and the photochemical behavior. Chem Mater, 1996, 8: 1347-1349.

[39] Zhou H, Zou L, Chen X, Yang C, Inokuchi M, Qin J. An inorganic-organic intercalated nanocomposite, BEDT-TTF into layered MnPS$_3$. J Incl Phenom Macro Chem, 2008, 62: 293-296.

[40] 张立德, 牟季美. 纳米材料和纳米结构, 北京: 科学出版社, 2001.

[41] Wang D, Wu J, Bai D, Wang R, Yao F, Xu S. Mesoporous spinel ferrite composite derived from a ternary MgZnFe-layered double hydroxide precursor for lithium storage. J Alloys Compd, 2017, 726: 306-314.

[42] 王毅, 张盾. 层状无机功能材料在海洋防腐防污领域的应用, 北京: 科学出版社, 2016.

[43] 王雪珍, 卢光明, 周开河, 等. 石墨烯基二维材料改性防腐涂料研究进展, 中国材料进展, 2018, 37: 309-317.

[44] Li Y, Bao W, Wu H, Wang J, Zhang Y, Wan Y, Cao D, O'Hare D, Wang Q. Delaminated layered double hydroxide delivers DNA molecules as sandwich nanostructure into cells via a non-endocytic pathway. Science Bulletin, 2017, 62: 686-692.

第 2 章

二维无机层状材料的膨润和剥离

2.1
概述

二维无机层状材料的层板由于组成的不同，导致层板所带电性不同，层间需要有与层板带相反电荷的异性离子以保持整个层状化合物的电中性。因此，二维无机层状材料根据层板所带电荷的不同，可以发生阳离子或阴离子交换反应。伴随离子交换反应以及交换离子大小的不同，对层状材料层间距进行调控。在交换反应过程中，当与层间离子带相同电荷且半径大的离子交换到层间时，通常也伴随着溶剂分子的插入，这种溶剂分子伴随离子交换反应而使得层间距增大的过程称为膨润。Norrish 根据离子交换反应导致层间距增加的机理及变化大小，将二维无机层状材料的膨润分为两种类型，即短距离膨润和长距离膨润。通常短距离膨润又称为结晶膨润，而长距离膨润又称为扩散膨润 [1, 2]。短距离膨润的特征是在层间形成水合层，依据水合层的数目，层间距呈台阶式变化，黏土矿物等大多数二维无机层状材料均能观察到短距离膨润。相对于短距离膨润，当层间形成扩散双层及层间作用力从静电引力向渗透排斥力变化，且层间距发生连续变化时，即发生二维无机层状材料的长距离膨润。

2.2
二维无机层状材料的膨润

二维无机层状材料的膨润现象同黏土矿物云母和蒙脱石的结构与性质研究密不可分。通过结构和性质研究发现，这些二维无机层状材料的一个显著特征是能吸附水分子，且层间距会随着溶液中电解质浓度和吸附水层的多少而发生很大变化。特别是蒙脱石，虽然与云母有相似的层状结构，但最大区别是其层间距随层间水含量而发生改变。1930 年，Hendricks 等人通过实验确认了黏土的 XRD 图谱 [3]。随后在 Hendricks 的黏土 X 射线衍射图基础上，1933 年 Hofmann 等人提出了黏土类矿物蒙脱石的晶体结构，证明该层状材料在吸附水的同时，伴随着单位晶胞 c 轴距离的增加 [4]。他们提出蒙脱石有类似于云母的层状晶格结构，吸附的水分子插入到硅酸盐层板之间。随后围绕蒙脱石的结构与性质，研究者进行了大量的实验和理论模拟，指出蒙脱石的结构类似于云母硅酸盐，由于硅酸盐结构层板中的部分 Si^{4+} 离子位置被 Al^{3+} 取代，或 Al^{3+} 离子位置被 Mg^{2+}

取代，从而导致硅酸盐结构纳米层板带负电荷，可交换的阳离子位于硅酸盐纳米层板中间，以保持整个化合物呈电中性[5]。

短距离膨润（即结晶膨润）的基本特征是，层间距随层间存在的异性阳离子水合能力的大小而变化，人们通过黏土矿物的水合膨润对这一现象进行了较为详细的研究。当黏土矿物与不同湿度的空气或直接与水接触时，其层间距随湿度和阳离子水合能力的大小发生台阶式变化。对于如黏土矿物类似的层状化合物，层间插入的水层数不同，导致所得膨润层状材料的层间距发生变化[6]。典型的黏土类层状化合物结晶膨润情况下，1 g 该类物质大约能够吸附 0.5 g 水。随着吸附水量的增加，所得含水膨润层状黏土的层间距逐渐增大，可以从干燥态黏土的 9.5 Å❶增加到包含 4 层水分子所对应的 20 Å。大量实验结果发现，诸如黏土类层状化合物的结晶膨润，最大可使层间距扩大到 20 Å，且此时材料 XRD 图谱中的（001）晶面变得非常宽化。

在此研究基础上，人们进一步研究了不同阳离子对于蒙脱石的水吸附能力以及导致其层间距增大的影响因素。尽管吸附的阳离子大小不同，但得出的结论却非常相似，即开始进入层间的水是离子水合作用的结果[7]。水合进入层间的水分子数量与阳离子的水合能力密切相关，水合能力强的阳离子，由于水合作用导致膨润产物的水吸附量大，层间距增加明显。反之，对于水合能力弱的阳离子，膨润产物的水吸附量较低，导致其层间距增加较小。根据阳离子的水合能力及黏土矿物层板的电荷密度，水合层数最多可以达到 4 层，其中第一层的水分子可能是排列在六边形网络中，其顺序由黏土表面的氧结合的氢键决定[8]。另外，人们将 Na 型蒙脱石饱和在不同价态金属离子溶液中，进一步观察该类层状化合物层间距的变化。尽管 K^+ 与 Na^+ 有相同的价态，但由于它们的水合能不同，导致 K^+ 插层的蒙脱石层间距仅仅增加到 15 Å。但是，当用 Na^+ 溶液对蒙脱石进行膨润处理，随后将该 Na^+ 处理的蒙脱石饱和于 K^+ 溶液，同样也能得到层间距较大的 K^+ 膨润蒙脱石。将蒙脱石饱和于 Mg^{2+}、Ca^{2+}、Ba^{2+}、Al^{3+} 的氯化物溶液中，发现尽管这些离子的半径及电荷均较大，但是得到的膨润产物层间距最大不超过 19 Å[2]。这些实验结果进一步表明，蒙脱石类层状化合物的结晶膨润过程，不仅与层间阳离子的水合能密切相关，同时也与层间阳离子与层板负电荷之间的静电引力密不可分。当层间阳离子的水合能大于静电引力时，膨润造成的层间距明显增大，反之虽能产生膨润过程，但层间距增加不明显。为此，将在不同浓度盐溶液中层状化合物层间距的台阶式变化过程称为短距离膨润，也称为结晶膨润（Crystalline swelling）。

相对于层状化合物的结晶膨润，在大量实验基础上发现，即使如蒙脱石这

---

❶ 1 Å=10^{-10} m，全书同——编者注

二维无机材料
剥离、纳米层组装及其功能化

样的层状化合物，当它们饱和于低浓度的金属盐溶液中时，层间距可以进一步增大超过结晶膨润的 20 Å，且层间距与盐溶液的浓度平方根的倒数成正比。1939 年，Antipov-Karataev 等人将 Na^+ 型蒙脱石与水接触一定时间，发现 Na^+ 型蒙脱石对水具有强的吸附能力，1 g Na^+ 型蒙脱石能够吸附 10 g 水，且吸附水后材料的体积膨胀约 20 倍，将该强的水吸附过程称为第二膨润区域。当 Na^+ 型蒙脱石和水接触达到一定时间时，蒙脱石进一步膨胀分散为凝胶，随后进一步水化变成溶胶，该阶段也称为 Na^+ 型蒙脱石的第三吸水膨润阶段。随后，Norrish 通过观察蒙脱石在不同浓度 NaCl 和 $CaCl_2$ 溶液中所得材料的（001）晶面间距变化，研究电解质对黏土物质的扩散行为。XRD 实验结果发现，在 $CaCl_2$ 溶液中，蒙脱石（001）晶面的层间距最大为 19 Å，而在低浓度 NaCl 溶液中，（001）晶面层间距可以增大到 40 Å。该研究结果具有很大的启发性，即蒙脱石类黏土在水中结晶膨润所导致的层间距可以增大到 20 Å 以上。

图 2-1 展示了蒙脱石在不同浓度 NaCl 溶液中层间距的变化规律[2]。从该图中可以看出，蒙脱石在 NaCl 溶液中层间距随 NaCl 溶液浓度发生很大变化。当 NaCl 溶液浓度为 1 mol/L 时，层间距增加到 19 Å；而当 NaCl 溶液浓度为 0.3 mol/L 时，层间距增加到 40 Å。当 NaCl 溶液浓度进一步降低时，层间距进一步增大，与 NaCl 溶液浓度平方根的倒数成正比。当盐浓度进一步减少时，所得湿态物质的 X 射线衍射表现为无定形特征，反映出在该条件下规则层状化合物的结构发生了很大变化，层状化合物分散在溶液中形成胶体。这些实验结果说明，与高浓度 NaCl 溶液中产生的结晶膨润相比，层状蒙脱石在低浓度 NaCl 溶液中的膨润机制存在很大的不同。二维层状化合物除结晶短距离膨润机制外，发现许多层状化合物具有与短距离膨润不同的原理。二维层状化合物与某些电

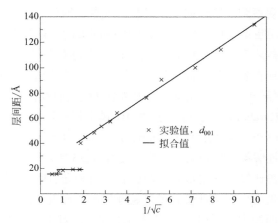

图 2-1
Na 型蒙脱石层间距与 NaCl 溶液的浓度变化关系[2]

二维无机层状材料的膨润和剥离

2.2
二维无机层状材料的膨润

21

解质水溶液接触后，其层间距膨润变化不是台阶式，也不是最大膨润到层间吸附 4 层水分子。相反，该类二维层状化合物在一定条件下，大量的水被吸附进入层状化合物层间，导致其层间距连续变化，且层间距增加会超过 20 Å，最大可以超过 200 Å。这就明确表明，二维层状化合物在该类实验条件下，层间距变化不是仅仅由于层间阳离子水合而引起。为了区别于短距离膨润，Norrish 定义该类层间距连续变化的过程为渗透性长距离扩散膨润（Osmotic swelling）。在长距离膨润过程中，由于层间溶液的渗透压很大，且从相邻表面产生的双电层重叠，使得层间的排斥力远远大于静电引力，从而导致层间距增加明显[1]。1960年，Walker 对蛭石在水中的膨胀过程进行研究发现，一些单晶体发生了垂直于硅酸盐层平面的各向异性膨胀，导致膨润产物的体积可增加高达 3000%，且由于足够多的水分子进入到层间，使得膨润产物几乎分散成纳米单片层一维胶体[9]。对于渗透性长距离膨润现象，当时仅仅在蒙脱石和蛭石类黏土矿物质中得到确认。一般来说，黏土类矿物结晶性差，导致其 XRD 衍射显示出宽的衍射图案。同时，渗透性长距离膨润相主要以类胶体的悬浮液形式存在，而进行测试实验时由于干燥可导致渗透性膨润塌陷，这些因素使得渗透性长距离膨润现象的观察在当时条件下变得非常困难。

2.2.1 膨润过程中的物理化学特性

二维无机层状材料膨润过程中的物理化学特性，可以通过膨润压的变化来了解。在一定浓度条件下，对观察体系施加一定的压力，测定试样的衍射图谱，从而确认压力对于膨润过程的影响。在不同浓度 LiCl 盐溶液中，Li 型蒙脱石层间距与膨润压的变化关系如图 2-2 所示[10]。由图可以看出，在高浓度盐溶液中，只能观察到蒙脱石的短距离膨润现象，即使膨润压发生变化，但层状化合物的层间距也不变化。当盐浓度为 0.5 mol/L 时，短距离膨润和长距离膨润现象共存；而当盐浓度小于 0.3 mol/L 时，层间距随膨润压增加有变小的趋势，且这个现象只出现在长距离膨润过程中。因此，无法用通常的双电层重叠导致的排斥力理论解释长距离膨润现象，必须考虑硅酸盐层水合效应的影响。

Karaborni 等运用分子动力学模拟解析了 Na 型蒙脱石的膨润现象，用化学计算解释了层间距为 0.97 nm、1.20 nm、1.55 nm 和 1.83 nm 稳定状态下的变化，较好地解释了膨润现象，其结果如图 2-3 所示[11]。

在计算中假定水分子在硅石表面和硅石间的空隙（六面体型结构）内存在两个吸附位点，且水分子以氢键的形式被吸附，不同的稳定状态导致了不同水分子的配置。同时，计算模拟过程中，对于层间 Na^+ 的配置也分为两种情况，即和硅石表面水分子直接生成离子对或者以水合离子状态配置在离开硅石表面的位置上。另外，也有人主张台阶形层间距的变化归因于水分子在两种吸附位点上的竞争性吸附，即在短距离膨润过程中，水分子的行为对膨润现象的影响很大。1995 年，Williams 等人也研究了液晶类层状材料的膨润动力学，以三嵌段共聚物层状液晶为模板，假设该层状液晶被溶剂膨润，且所使用溶剂有利于桥接块而不利于非桥接块。研究所得膨润现象的动力学规律，对于包括黏土在内的其它无机层状化合物具有可适性[12]。

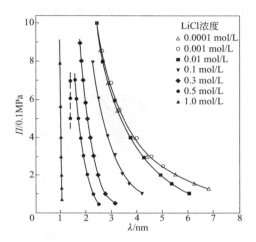

图 2-2
Li 型蒙脱石层间距与膨润压的变化关系[10]

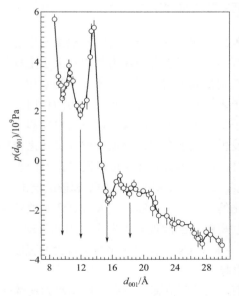

图 2-3
Na 型蒙脱石的解离压和层间距之间的关系模拟结果[11]

Low 等人总结了一系列膨润现象，短距离膨润和长距离膨润过程具有如下的普遍规律[10]：①黏土层间的相互作用能量变化可以如图 2-4 定量表示；②黏土层能够同时以部分膨润和完全膨润两种状态存在；③部分膨润状态黏土层所拥有的基本能量最小，且以相对短的层间距分开；④处于完全膨润状态的黏土层间距大于层间相互作用所需能垒的高度；⑤外压对于部分膨润状态层间距的影响不明显，而对完全膨润状态的黏土层间距影响明显；⑥一般部分膨润状态层间作用力，不同于完全膨润状态层间作用力；⑦平衡时两个状态下的层膨润分布符合玻尔兹曼分布定律。

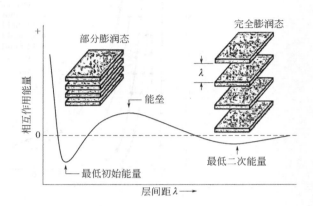

图 2-4
膨润层间距与相互作用能量之间的变化关系[10]

短距离膨润现象和长距离膨润现象发生的本质有很大区别，在层状化合物膨润过程中，层间引力和斥力的相对大小主导膨润过程的进行。通常，离子的水合能起到膨润力的作用，层内氧化物壁和离子的结晶水所形成的氢键、层电荷和离子之间的静电引力起到收缩力的作用。当离子的水合能大于层内氧化物壁和离子结晶水所形成的氢键以及层电荷和离子之间的静电引力时，短距离膨润现象发生。且水合层每增加一层，层状化合物的层间距就出现台阶形膨润变化。同时，台阶形膨润现象可以通过在不同水蒸气压下所得到的水吸附等温线进行观察，该现象受层间水（如水和硅酸层形成的氢键、层间离子的结晶水等）活度变化的影响很大。硅石、云母等亲水性胶体的表面力测试结果表明，在层状化合物短距离膨润现象中发生了力的振动，且振动力的强度为 $Mg^{2+} > Ca^{2+}$、Li^+、$Na^+ > K^+ > Cs^+$，变化次序与水合力的强度保持一致，显示振动现象是由水合斥力引起[13]。

然而，在长距离膨润方面，层间水为连续流体而发挥作用，双电层的排斥力成为膨润的主要动力。通常，双电层的厚度与盐浓度平方根的倒数（$c^{-1/2}$）成

二维无机材料
剥离、纳米层组装及其功能化

正比，这和长距离膨润时所观察到的层间距变宽相吻合。但是，仅仅用双电层排斥力的变化来解释长距离膨润现象，理由不是很充分。为此，Viani 等指出，仅仅用静电排斥无法说明渗透压和层间距之间的关系，他们认为硅酸层的水合也起到了非常重要的作用[14]。

2.2.2　短距离膨润过程中的能量变化

膨润现象最早的研究是从黏土矿物特别是具有层状结构的蒙脱石开始的。对于层状蒙脱石，膨润现象的发生主要与其层间存在的阳离子有关，这些阳离子影响蒙脱石吸附水的含量。大量实验结果表明，二维无机层状材料的短距离膨润与层间的适量阳离子及其水合能有关，一般发生短距离膨润时，每克黏土能够吸附大约 0.5 g H_2O，且由于水分子在层间的插入，导致层间距增大到 20 Å 以内。但是，当层状蒙脱石浸润到不同浓度的盐溶液中时，层状化合物的层间距可以增加到大于 20 Å，表明电解质可以用于层状化合物膨润过程的控制。在通过研究蒙脱石与不同浓度盐溶液中层间距的变化规律及其导致水吸附量变化的基础上，Norrish 提出了影响二维层状材料短距离膨润的能量变化因素。Norrish 指出，二维层状材料短距离膨润发生与否，主要与作用于相邻层间的三种作用力紧密相关，即层间阳离子与负电荷层板间的静电引力、层间水分子与氧化物层板之间的氢键引力以及层间阳离子水合导致的排斥力，且将短距离膨润过程的能量变化表示为：

$$\Delta E_{swell} = \Delta E_{el} + \Delta E_{hy} + \Delta E_{hb} \tag{2-1}$$

式中，ΔE_{el}，ΔE_{hy}，ΔE_{hb} 分别表示膨润过程中层间阳离子与负电荷层板间的静电引力、层间阳离子水合导致的排斥力以及层间水分子与氧化物层板之间的氢键引力变化。

$$\Delta E_{el} = e^2 N / 2(d_i \varepsilon) \tag{2-2}$$

式中，e 是电子电荷；N 是阿伏伽德罗常数；d_i 是阳离子与阴离子之间的距离，nm；ε 是介电常数，可以通过类似黏土矿物中介电饱和进行估算[15]，即 ΔE_{el} 值可以通过层状化合物膨润前后的静电电位差求得。

水合能与阳离子水合数的变化密切相关，其数值可以表示为 $\Delta E_{hy} = \varepsilon_{hy} \Delta n_{hy}$，其中 ε_{hy} 为平均水合能，Δn_{hy} 为由于膨润引起的水合数变化。ε_{hy} 数值可以近似等于总水合能（ΔG_{hy}）与水合数（N_{water}）的比值。另外，假设层状化合物层间阳离子水合数（n_{hy}）等于层间水分子的数量（n_c），该假设对于大半径和高含量阳离子的情况处理结果合理。因此，层状化合物膨润前后阳离子水合导致的排斥力变化 ΔE_{hy} 值可写为：

$$\Delta E_{hy} = (\Delta G_{hy} / N_{water}) \times (n_{c,1} - n_{c,0}) \tag{2-3}$$

式中，$n_{c,0}$ 和 $n_{c,1}$ 是层状化合物膨润前后的 n_c 值。

与膨润有关的氢键是由层状化合物主体纳米层表面吸附的水分子与纳米层之间形成，通常是在水分子与纳米层表面的氧位点之间形成。通过计算机模拟，研究者评估了黏土表面上的氢键能量[16]。根据模拟，黏土表面氧位点与水分子之间形成的氢键键能为 −12.5 kJ/mol。因此对于类似黏土层状化合物，由于氢键生成导致的能量变化可以表示为 $\Delta E_{hb} = 1.25 \times 10^4 n_{oxy}$，其中 n_{oxy} 是能够与层间水分子接触的表面氧原子数量。此外，定义层板电荷密度为 σ_1（u.c./cm^2，u.c. 表示单位电荷），其值可以根据层状化合物层板主体的原子密度与阳离子数目之比求得。同时，定义从层状化合物结构得到的表面纳米层中氧原子密度 x_{atom}/cm^2 和阳离子占据的面积比例 F_s，$F_s = \pi (d_c/2)^2 \sigma_1$，则膨润前后层间水分子与氧化物层板之间形成氢键导致的引力变化为：

$$\Delta E_{hb} = 1.25 \times 10^4 x \times 2(1 - F_s) / \sigma_1 \tag{2-4}$$

对于层板电荷密度适中的二维无机层状化合物，根据以上层间阳离子与负电荷层板间的静电引力、层间阳离子水合导致的排斥力以及层间水分子与氧化物层板之间的氢键引力，就可以估算短距离膨润过程的能量变化。另外，根据化学过程总是向能量降低方向变化的规律，只要估算所得膨润过程的能量是降低的，则该二维层状化合物发生短距离膨润过程在理论上就具有可行性。

2.2.3 长距离膨润过程

通过对黏土类层状化合物在水中的吸附水含量分析，以及此类物质在不同浓度和不同价态阳离子电解质溶液中的膨润行为，发现黏土类层状化合物的短距离膨润的主要驱动力是层间水合离子产生的斥力。但在一定条件下，当层间形成双电层时，双电层的排斥可导致层状化合物发生长距离膨润。同时研究也发现，不论是短距离膨润还是长距离膨润，层间表面电荷密度对于膨润的发生有很大的影响。对于表面不存在电荷或电荷密度太高的无机层状化合物，一般不发生膨润现象，主要原因是当层板没有电荷时，层间没有异电性离子，由该异电性离子水合而产生的斥力就不存在，导致膨润过程无作用力，所以无法进行膨润。相反，当层板电荷密度太高时，层间离子与层板异性电荷的静电引力远远超过离子的水合斥力，从而使得膨润现象不能进行。因此，只有当层板表面电荷密度适中，层间离子以水合状态进入到层间，离子的水合斥力大于静电引力而发挥作用，膨润过程才能进行，即层状化合物的膨润过程只有在层板表面电荷密度适中的情况下才能发生。

二维无机材料
剥离、纳米层组装及其功能化

通过对层板电荷密度适中的蒙脱石类黏土层状化合物的系统研究，发现层板间是否形成双电层是层状化合物能否发生长距离膨润的关键。在一定条件下，层状化合物的层间距增大到 20～30 Å 时，层间可以形成双电层，层间离子与层板间的静电引力与双电层形成产生的斥力处于一个竞争平衡状态。当双电层形成产生的斥力大于静电引力时，层状化合物的长距离膨润现象就可能发生。蒙脱石长距离膨润过程得到了朗缪尔（Langmuir）实验研究的证实，在长距离膨润状态下，蒙脱石可分离成各向异性凝胶，各向异性相由大致平行的硅酸盐薄片组成，导致层间距显著增加，直到增大到约 1300 Å 的剥离状态出现[17]。长期以来，研究者对于层状化合物的长距离膨润现象研究，主要限于黏土矿物质如蒙脱石和蛭石，而其它无机层状化合物很少发现该类现象。即使有些无机层状化合物能够剥离成为组成基本单元的纳米片层，但对于是否发生长距离膨润及剥离的本质未给出明确的解释。同时，长距离膨润现象的研究也受制于实验条件以及层状材料结晶性的影响。一般黏土矿物结晶性差，显示出宽的衍射图案，当高度膨润时这种趋势尤其明显；且长距离膨润情况下，所产生的膨润相大多以胶体悬浮液形式存在，而当进行膨润相检测时，由于干燥导致膨润相破坏。1998 年，Sasaki 等人选择层板电荷适中的层状钛酸为研究对象，进行了层状质子钛酸盐 $H_xTi_{2-x/4}\square_{x/4}O_4 \cdot H_2O$ 的长距离膨润及剥离行为研究[18]。指出该研究是除黏土矿物外，第一个对渗透性膨润即长距离膨润的系统研究工作，结果表明，氢氧化四丁基铵（TBAOH）浓度对于层状钛酸的膨润和剥离起到关键作用。在高浓度 TBA^+ 离子溶液中，大量的 TBA^+ 离子包覆在层状钛酸纳米层表面而形成双电层结构，使得层状质子钛酸盐主要发生长距离膨润，其层间距从 0.94 nm 增大到 4.2 nm。随着 TBA^+ 离子浓度降低，长距离膨润钛酸发生剥离，形成钛酸纳米片层胶体悬浮液。这些研究结果说明，二维层状化合物的长距离膨润与其剥离过程是联系在一起的，一般长距离膨润导致层间静电引力减弱，而水合斥力增大，有利于二维层状化合物最终实现剥离，即剥离是二维层状化合物膨润的最终状态。

另外，长距离膨润的稳定性可以用胶体稳定性理论 DLVO 进行分析[19]。20世纪 80 年代，通过使用 DLVO 理论，研究云母及蓝宝石双电层作用力的工作很多，甚至可以测定层间的作用力。研究发现在蓝宝石表面之间发生的作用力，随着 pH 的变化而发生较大的改变，pH 升高，作用力极大值变大，长距离膨润趋于稳定（图 2-5）。同时，如果使用半径更大的阳离子，阳离子越大斥力越强，长距离膨润就越容易进行[20]。这时外部亥姆霍兹层向外侧移动，力的极大和极小消失，就出现"Stern 层稳定化"现象（图 2-6）。

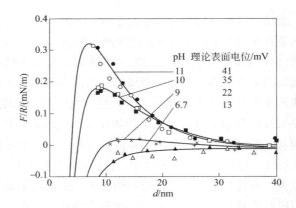

图 2-5
10^{-3} mol/L NaCl 溶液中两片蓝宝石表面之间作用力随 pH 值的变化趋势[19]

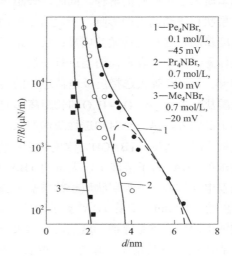

图 2-6
不同种类四级溴化铵溶液中测定所得云母片层间作用力的变化[20]

2.2.4 发生膨润现象的无机层状材料

  黏土类层状化合物由于层板电荷密度较低，同时含有电荷补偿型离子交换位点，因而将其分散在水中辅助于轻微振荡处理即可发生膨润现象。与黏土类层状化合物不同，其它无机层状材料由于层板电荷密度较高，导致在水中不易实现膨润过程。研究发现，对于层板电荷密度较高的无机层状材料，通过离子交换反应，将较大离子如季铵离子引入到层间，随后辅助于轻微振荡处理可使该类无机层状材料发生膨润，能够发生膨润过程的主要无机层状材料如表 2-1 所示。

二维无机材料
剥离、纳米层组装及其功能化

在不同种类无机层状材料膨润过程中，由于层板所带电荷大小不同，导致膨润发生时的机制可能存在差别。过渡金属硫化物是由中性纳米片层重叠积层而成，由于层板不带电荷，导致层板之间只有弱的范德华力作用。因此，对于这类不带电性的无机层状材料，膨润发生的基本处理一般是用正丁基锂盐把片层上的金属离子还原，同时 Li^+ 被插入层间，Li^+ 的水合能成为膨润驱动力。对于其它无机层状氧化物材料，尽管金属离子存在于层间，但由于层板电荷密度较高，层板与层间异性离子的静电引力较大，处于层间作用力的主导地位，导致这类无机层状氧化物材料也不容易发生膨润过程。为此，通过向层间导入与层板间离子具有相同电荷但半径更大的离子，或者让层间的离子交换位点形成离子对，以降低层板电荷密度，从而实现该类无机层状氧化物材料的膨润过程。

表 2-1　发生膨润过程的典型二维无机层状材料

层状化合物	组成式
黏土矿物	$Na_x(Al_{2-x}Mg_x)Si_4O_{10}(OH)_2 \cdot nH_2O$，$Na_xAl_2(Si_{4-x}Al_x)O_{10}(OH)_2 \cdot nH_2O$
过渡金属硫化物	MoS_2，WS_2，TaS_2，NbS_2
磷酸盐	$\alpha\text{-}Zr(HPO_4)_2 \cdot nH_2O$，$\gamma\text{-}ZrPO_4 \cdot H_2PO_4 \cdot 2H_2O$，$VOPO_4 \cdot 2H_2O$
钛酸盐	$Cs_{0.7}Ti_{1.825}\square_{0.175}O_4$，$K_{0.8}Ti_{1.73}Li_{0.27}O_4$，$Na_2Ti_3O_7$，$K_2Ti_4O_9$ 等
钛铌酸盐	$KTiNbO_5$，KTi_2NbO_7
铌酸盐	$K_4Nb_6O_{17}$，KNb_3O_8
锰酸盐	$Na_xMnO_2 \cdot nH_2O$，$K_{0.85}MnO_2$ 等
层状类钙钛矿	$KCa_2Nb_3O_{10}$，$KLa_2Nb_2O_7$，$K_2La_2Ti_3O_{10}$，$K_2NaCaTa_5O_{10}$，$Bi_3W_2O_9$
层状复合氢氧化物	$[Mg_{1-x}Al_x(OH)_2][(NO_3)x \cdot nH_2O]$，$[Li_{1/3}Al_{2/3}(OH)_2][Cl_{1/3} \cdot nH_2O]$

使用氢氧化四烷基铵（TAAOH）提供的较大尺寸阳离子（四烷基铵离子，TAA^+）作为膨润引发剂具有以下两点优势：一是金属氧化物层间的斥力随着溶液中的碱性增强而增大，长距离膨润容易趋于稳定；二是大尺寸阳离子插入到层间，使得层间的斥力增大，导致长距离膨润也容易趋于稳定。佐佐木高义向酸处理 $Cs_{0.7}Ti_{1.825}\square_{0.175}O_4 \cdot H_2O$❶后得到的 $H_{0.7}Ti_{1.825}\square_{0.175}O_4 \cdot H_2O$ 层板间引入半径大的四丁基铵离子（TBA^+：离子半径约为 0.4 nm），促使层间静电引力减弱，从而使 $H_{0.7}Ti_{1.825}\square_{0.175}O_4 \cdot H_2O$ 实现了膨润过程 [18]。Wen 等人将丙胺分子插入到钛酸层间，导致钛酸层板的一部分离子交换位点被有机胺所屏蔽，使得层板间的静电引力变小，从而实现了层状钛酸膨润过程的发生 [21]。

与有机溶剂中的膨润过程相比，有些二维无机层状化合物，特别是双金属层状水合氢氧化物，在水溶液中比较难于发生膨润现象。通常在有机溶剂中，这些双金属层状水合氢氧化物通过憎水性相互作用，或双极子相互作用，促使

---

❶ 式中"□"代表缺陷位点，全书同。——编者注

双金属层状水合氢氧化物膨润过程的发生。二维无机层状材料通过离子交换/插层反应调控层间距，依据层间距的调控程度，二维无机层状材料可依次发生短距离膨润和长距离膨润。当层间距膨润增大到一定程度时，主体层板间弱的范德华力或静电引力小于离子的水合斥力或双电层斥力，在外界机械力作用下，层状化合物可发生剥离。因此，二维无机层状材料的剥离状态是其膨润过程的极限，当二维无机层状材料发生膨润导致层间距足够大时，层状化合物的规则结构被破坏，剥离成基本组成单元纳米片层而分散到剥离介质中。

无机层状材料的剥离现象最早发现于层状黏土矿物，当将层状黏土矿物粉末加入到溶剂水中振荡处理，层状黏土首先发生膨润，伴随膨润溶剂水分子进入层间，层间距增大最终导致剥离成纳米片层分散在水中，形成具有丁达尔效应的黏土纳米片层胶体分散液[22]。在初步发现和研究了黏土矿物的剥离现象之后，研究者更多关注不同电性无机层状材料的离子插层反应及剥离行为，发现二维无机层状材料不仅可以在水中发生剥离，而且也可以在其它溶剂体系中剥离，即剥离现象是二维无机层状材料的普遍现象，只是剥离的难易程度随层间作用力的不同而发生变化。对于二维无机层状材料，纳米片层基本组成及层板电荷密度分布不同，导致其发生膨润及剥离时的机制存在很大差异。20世纪70年代到80年代初，研究者通过对具有层状结构过渡金属硫化物[23]和磷酸锆[24]的离子交换/插层反应研究，发现这些二维无机层状材料在一定溶剂中也具有同样的剥离现象。进入90年代，由于二维无机层状材料及其剥离所得纳米片层独特的结构和性质，使得二维无机层状材料的剥离以及通过纳米片层组装制备层状纳米功能材料的研究得到了高度关注，研究水平得到快速提升，关注的主体材料主要集中在层状铌酸盐[25]、层状二氧化钛[26]、层状二氧化锰[27]、层状氧化石墨[28]等具有层状结构的功能性陶瓷及高柔韧性类无机层状化合物。进入21世纪以来，研究者关注的不仅仅是寻找合适的能实现剥离的二维无机层状材料，而且更加关注二维无机层状材料的剥离机理、剥离得到的纳米片层组装制备功能性纳米材料以及组装材料的光、电、磁及吸附等物理化学性质。

2.3
二维无机层状材料的剥离

2.3.1　剥离反应行为

从20世纪50年代研究者发现黏土类蒙脱石等二维无机层状材料具有剥离

二维无机材料
剥离、纳米层组装及其功能化

行为以来，到目前已经有系列二维无机层状材料的剥离行为得到研究证实。研究结果证明，这些能够发生剥离行为的二维无机层状材料的一个基本特征，是大多由带电荷的无机纳米层基本单元组装而成，层间通常插入带有相反电荷的客体离子，从而使整个结构呈电中性。这样的结构是由基本构筑单元纳米片层与层间异性离子通过静电引力结合，由于层间结合力较弱，赋予了该类材料具有层间距可调的优势。如层状二氧化钛（TiO$_2$），从结晶学组成来看，当钛为四价时，基本构筑单元纳米片层呈现电中性。实际上由于部分钛位置被空隙占据，导致构筑单元纳米片层剩余负电性。为了使整个 TiO$_2$ 材料保持电中性，需要与构筑单元纳米片层负电性相反的带正电荷的离子存在于层间，以达到整个层状结构的电荷平衡[29]。另外，在 TiO$_2$ 构筑单元纳米片层结构中，部分钛位置除被空隙占据外，四价钛的位置也可以被如 Li$^+$、Mg^{2+}、Co^{2+}、Mn^{3+}、Fe^{3+} 等低价态金属置换，从而也导致构筑单元纳米片层显示负电性。对于层状双金属水合氢氧化物（LDHs），其构筑单元纳米片层所带电荷正好与负电性构筑单元纳米片层相反，构筑单元纳米片层中部分二价金属离子（M^{2+}）的位置被三价金属离子（M^{3+}）所取代，导致构筑单元纳米片层带正电荷。同样，为了层状双金属水合氢氧化物显示电中性，带负电荷的离子需要插层到构筑单元纳米片层之间，通过静电引力结合形成层状结构。

要实现不同电性二维无机层状材料的剥离，就必须探索破坏层板间引力的方法，可以采用多种方式实现层板间引力的减弱直至消除。二维无机层状材料的剥离与其膨润过程紧密相关，剥离是二维无机层状材料长距离膨润的极限状态。二维无机层状材料短距离膨润的主要驱动力是，层间阳离子水合能大于层板与层间异电性离子之间的静电引力和层板氧化物壁与离子结晶水所形成的氢键引力之和，而其长距离膨润的主要驱动力是形成双电层的排斥力。因此，二维无机层状材料剥离的难易程度主要取决于层板间的排斥力和引力，其大小与层板所带电荷密度密切相关，而层板电荷密度主要由主体层板的组成和结构所决定。研究发现，最容易剥离的二维无机层状材料是层板带少量负电荷的黏土矿物类，其层板电荷密度大约为 1 e/nm^2。由于层板电荷密度很低，导致层板与层间异电性离子之间的静电引力非常弱。因此，当水合能较大的阳离子如 Li$^+$ 或 Na$^+$ 插入到层板之间时，阳离子的水合斥力大于层板与层间异电性离子间的静电引力，从而使得该类二维无机层状材料仅在水中通过微弱振动，就可剥离形成组成基本单元的无机纳米片层胶体分散液[1]。对于由过渡金属构成的层状硫化物如 MoS$_2$ 等，其层板呈现电中性，层间没有平衡层板电荷的异电性离子，层板与层板之间仅依靠弱的分子间范德华力维持。因此，当其与如正丁基锂等有机还原试剂反应时，金属锂与水接触反应生成的 Li$^+$ 插入到层板之间，通过振动导致该类无机层状材料剥离[30]。但层状磷酸锆和层状二氧化钛等无机层状材料，由于层板电荷密度较高，达 3 e/nm² 以上，层板与层间异电性离子的静电引力强，导致此类二维无机层状材料剥离较为困难。对于层板电荷密度较高的二维无机层状材料，一般首先采用较大尺寸的客体离子，同层板间的同种电荷离子发生离子交换反应，使得二维无机层状材料的层间距增大，层板与层间离子静电引力减弱，最终辅助于机械振荡等手段实现剥离。因此，客体离子的大小、浓度、固液比等实验参数，对于实现高电荷密度类二维无机层状材料的剥离非常重要。经过许多实验研究发现，烷基胺类、链烷醇胺类和表面活性剂等多种客体分子，可以用于电荷密度高的二维无机层状材料的剥离。但是，由于二维无机层状材料的主体层板和客体分子不同，很难发现具有普适性的高电荷密度二维无机层状材料剥离的客体分子。另外，当客体离子插入到二维无机层状材料层间，所得的层状化合物同酸溶液反应，层间的阳离子与 H⁺ 发生离子交换反应，得到 H⁺ 插层的二维无机层状材料，通常作为后续大尺寸客体离子反应的中间物种。

对于层板具有不同电性的二维无机层状材料，尽管普适性剥离用的客体物种很少，但氢氧化四烷基铵用于二维无机层状材料的剥离效果明显，得到了研究者的普遍认可。四烷基铵离子尺寸一般较大，如四丁基铵离子近似看做球体时的直径约为 0.8 nm，当其插入到层板间时使得二维无机层状材料层间距增大，层板与层间异电性离子之间的静电引力减弱。此外，插入离子的电荷位置分布，对于静电引力减弱也有很大的影响，如当正电荷位于四烷基铵离子的中心位置和位于分子中心氮原子上时，由于烷基链长的影响，使得层板负电荷与烷基铵离子的静电引力不同，剥离所产生的效果也不同。

2.3.2 剥离反应过程

对于二维无机层状材料的剥离反应过程，主要关注点是二维无机层状材料采用何种方式膨润，最终剥离成其基本单元——纳米片层。前面研究已经指出，二维无机层状材料可以发生两种膨润过程，即短距离结晶膨润和长距离渗透膨润，且剥离过程是长距离膨润的极限。但是，长距离膨润和剥离之间的关系以及什么情况下才能够实现二维无机层状材料的最终剥离，是需要进一步回答的问题。虽然二维无机层状材料的剥离行为研究已经很多，但是能够清楚解释二维无机层状材料完整剥离过程的研究不多。日本物质研究机构 Sasaki 教授较为详细地研究了层状二氧化钛在氢氧化四丁基铵（TBAOH）溶液中的膨润及剥离过程，依据实验研究结果，讨论和分析了层状二氧化钛的剥离反应过程。他们以氢氧化四丁基铵离子作为客体插层离子，利用低角度同步 X 射线分析技术，研究了组成为 $H_{0.7}Ti_{1.825}\square_{0.175}O_4 \cdot H_2O$ 的层状二氧化钛的膨润和剥离过程[18]。在进行实验研究过程中，氢氧化四丁基铵溶液与层状二氧化钛固体样品的液固比

二维无机材料
剥离、纳米层组装及其功能化

为 250 mL/g，采用不同浓度四丁基铵离子与层状二氧化钛反应，得到各种膨润状态下的插层胶体分散液。将这些胶体分散液离心分离，所得泥浆湿态条件下测定其 XRD 图谱，并对所得 XRD 图谱进行了详细表征、分析和讨论。

从所得不同阶段插层产物的 XRD 图谱可以看出，当溶液中 TBA$^+$ 离子浓度与层状二氧化钛 H$^+$ 离子交换摩尔比较大时，如 TBA$^+$/H$^+$ 摩尔比大于 15，所得泥浆湿态下层间距可增大到 4 nm 以上，且 XRD 图谱可以观察到 8 个规则的平行面衍射峰。通常层状二氧化钛层间距为 0.94 nm，而 TBA$^+$ 离子尺寸大约为 0.8 nm，如果仅从 TBA$^+$ 离子插层反应及短距离结晶膨润考虑，层间距增大到 4 nm 以上的实验事实，显然不能够解释层间距增大现象。而最有力的解释依据是：在较大 TBA$^+$/H$^+$ 摩尔比情况下，TBA$^+$ 离子插层到二氧化钛层间的同时，TBA$^+$ 水合离子伴随大量溶剂分子插入到层板间，发生了层状化合物的渗透膨润，即长距离膨润，导致层间距显著增加。实验结果也发现，当 TBA$^+$/H$^+$ 摩尔比下降，即 TBA$^+$ 离子浓度降低时，所得泥浆 XRD 图谱向低角度方向偏移，显示层状二氧化钛处于高水合膨润状态，该结果可以从溶剂化过程来理解和分析。由于层状二氧化钛层板电荷密度一定，当 TBA$^+$ 离子浓度降低时，溶剂化作用导致大量溶剂分子进入到层板之间。随着 TBA$^+$ 离子浓度进一步降低，大量溶剂分子插层导致的渗透膨润开始进行，使得层间距增大到 10 nm 左右，此时所得插层泥浆 XRD 图谱规则的衍射峰几乎消失，进而显示出由于二氧化钛纳米片层杂乱不规则散射在大量水中导致的无定形衍射峰出现，这是层状二氧化钛完全剥离的有力证据。但是，当 TBA$^+$ 离子浓度降低到一个极限时，XRD 图谱又显示了尖锐相衍射峰。说明在太低 TBA$^+$ 离子浓度下，未发生层状二氧化钛的剥离反应，仅仅是 TBA$^+$ 离子插入到层状二氧化钛层间，得到层间距为 1.63 nm 和未反应的层状二氧化钛两相。此两相共存悬浮液没有剥离所得胶体分散液所具有的丁达尔效应，室温下静置就会发生固液分离。因此，二维无机层状材料的渗透膨润和剥离过程，与分散介质中的电解质离子浓度密切相关，且渗透膨润和剥离过程可以相互转化。

因此，根据层状二氧化钛在不同浓度 TBA$^+$ 离子溶液中的插层反应、膨润和剥离结果，可以得出层状二氧化钛的插层反应、膨润及剥离过程具有规律性，均与分散介质中的电解质离子浓度密切相关，在不同浓度 TBA$^+$ 溶液中，层状二氧化钛或将以插层反应、膨润过程或剥离反应的形式进行反应，且渗透膨润和剥离过程均受到介质中 TBA$^+$ 离子量的制约。对于一定电荷密度的层状二氧化钛，当 TBA$^+$ 离子浓度较大时，TBA$^+$ 离子插入到层板之间的同时，溶剂分子与 TBA$^+$ 离子水合而进入到层板间，发生层状二氧化钛的渗透膨润。而层状二氧化钛的剥离发生在其渗透膨润，即长距离膨润阶段，且需要适量的 TBA$^+$/H$^+$ 摩尔比。在适量 TBA$^+$/H$^+$ 摩尔比条件下，大量水分子进一步渗透进入到层板之间，导致二氧化钛层间距进一步增大到 10 nm 以上。随后伴随弱的机械振荡，层状二氧化钛剥离过程发生，剥离得到的二氧化钛纳米片层分散进入到介质中，形成二氧化钛纳米片层悬浮胶体液。

2.3.3 剥离反应体系

由于组成的多样性和层板电荷密度的不同，导致可以形成不同结构和特征的二维无机层状材料。这些二维无机层状材料由于层间的作用力是静电引力或是分子间范德华力，因而在一定条件下均能发生插层反应。不同大小客体离子依据层板电荷密度大小，可以一定量插入到层间，从而引起二维无机层状材料膨润，实现可控调节二维无机层状材料的层间距。剥离现象是二维无机层状材料长距离膨润现象的极限，当层间距增大到一定值并辅助于弱的外力振荡，二维无机层状材料的规则结构被破坏，解离成组成其主体的纳米片层而分散于介质中，最终导致无机层状材料的剥离。

20 世纪 50 年代研究者成功在水中剥离蒙脱石，得到了黏土纳米片层。从 70 年代开始，二维无机层状材料的插层反应、膨润及剥离研究工作得到广泛关注，取得了许多注目的研究成果。到目前为止，除层状黏土外，成功实现剥离的二维无机层状材料包括层状金属氧化物、层状双金属水合氢氧化物、层状金属二硫化物、层状钙钛矿、层状 MXene、层状 MB_2、单元素层状黑磷、层状磷酸盐等。同蒙脱石型黏土相比，这些二维无机层状化合物一般层板电荷密度均较高。因此，这些二维无机层状材料剥离过程中，通常需要进行层板化学修饰或层板组成改变，再辅助于弱的外力，由块体二维层状化合物剥离成纳米片层分散液。

经过实验验证和理论分析，到目前能够实现剥离的二维无机层状材料的剥离方法和剥离介质总结如表 2-2 所示。

表 2-2 二维无机层状材料的剥离方法和剥离介质

层状化合物	剥离方法	剥离介质
层状钛酸、层状氧化锰、层状铌酸	离子插层辅助	水
双金属水合氢氧化物	液相超声辅助	甲酰胺、水
层状金属二硫化物（TMDs）	还原插入或超声辅助	有机介质、水
层状钙钛矿	离子插层辅助	水
层状 MXene	刻蚀并超声辅助	水、有机碱
层状 MB_2	液相超声辅助	水
单元素层状黑磷	液相超声辅助	甲酰胺、水
层状磷酸锆、层状磷酸钒等	分子插层辅助	THF、水

二维无机材料
剥离、纳米层组装及其功能化

参考文献

[1] Norrish K. The swelling of montmorillonite. Discuss Faraday Soc, 1954, 18: 120-134.

[2] Norrish K. Manner of swelling of montmorillonite. Nature, 1954, 4397: 256-257.

[3] Hendricks S B, Fry W H. The results of X-Ray and microscopical examinations of soil colloids. Soil Science, 1930, 29: 457-480.

[4] Hofmann U, Endell K, Wilm D. Kristalsuuektur und Quellung von Montmorillonit. Z Krist, 1933, 86: 340-348.

[5] Noll V W. Uber die bildungsbedingungen von kaolin, montmorillonit, sericit, pyrophyllit, und analicim, Zeitschrift für Kristallographie. Mineralogie und Petrographie, 1936, 48: 210-247.

[6] Moore D M, Hower J. Ordered interstratification of dehydrated and hydrated Na-smectite. Clay Clay Miner, 1986, 34: 379-384.

[7] Hendricks S B, Nelson R A, Alexander L T. Hydration mechanism of the clay mineral montmorillonite saturated with various cations. J Am Chem Soc, 1940, 62: 1457-1464.

[8] Mackenzie R C. Some notes on the hydration of montmorillonite clay. Miner Bull, 1950, 1: 115-119.

[9] Walker G F. Macroscopic swelling of vermiculite crystals in water. Nature, 1960, 187: 312-313.

[10] Zhang F, Low P F, Roth C B. Effects of monovalent, exchangeable cations and electrolytes on the relation between swelling pressure and interlayer distance in montmorillonite. J Colloid Interf Sci, 1995, 173: 34-41.

[11] Karaborni S, Smit B, Heidug W, Urai J, Oort E V. The swelling of clays: molecular simulations of the hydration of montmorillonite. Science, 1996, 271: 1102-1104.

[12] Chen C M, MacKintosh F C, Williams D R M. Swelling kinetics of layered structures: triblock copolymer mesogels. Langmuir, 1995, 11: 2471-2475.

[13] J N イスラエルアチェウィリ. 分子间力和表面力. 第2版. 近藤保訳，朝倉書店，1996: 205.

[14] Viani B E, Roth C B, Low P F. Direct measurement of the relation between swelling pressure and interlayer distance in Li-vermiculite. Clay Clay Miner, 1985, 33: 244-250.

[15] Levy R, Shainberg I. Calcium-magnesium exchange in montmorillonite and vermiculite. Clay Clay Miner, 1972, 20: 37-46.

[16] Smalley M V. Electrical theory of clay swelling. Langmuir, 1994, 10: 2884-2891.

[17] Langmuir I. The role of attractive and repulsive forces in the formation of tactoids, thixotropic gels, protein crystals and coacervates. J Chem Phys, 1938, 6: 873-896.

[18] Sasaki T, Watanabe M. Osmotic swelling to exfoliation exceptionally high degrees of hydration of a layered titanate. J Am Chem Soc, 1998, 120: 4682-4689.

[19] Horn R G, Clarke D R, Clarke M T. Direct measurement of surface forces between sapphire crystalsin aqueous solutions. J Mater Res, 1988, 3: 413-416.

[20] Claesson P, Horn R G, Pashley R M. Measurement of surface forces between mica sheets immersed in aqueous quaternary ammonium ion solutions. J Colloid Interf Sci, 1984, 100: 250-263.

[21] Wen P, Hiroshi I, Feng Q. Preparation of nanoleaf-like single crystals of anatase-type TiO_2 by exfoliation and hydrothermal reactions. Chem Lett, 2006, 35: 1226-1227.

[22] Nadeau P H, Wilson M J, Mchardy W J, Tait J M. Interstratified clays as fundamental particles. Science, 1984, 225: 923-925.

[23] Lerf A, Schollhorn R. Solvation reactions of layered ternary sulfides A_xTiS_2, A_xNbS_2, and A_xTaS_2, Inorg Chem, 1977, 16: 2950-2956.

[24] Alberti G, Casciola M, Costantino U. Inorganic ion-exchange pellicles obtained by delamination of α-zirconium phosphate crystals. J Colloid Interf Sci, 1985, 107: 256-263.

[25] Treacy M M J, Rice S B, Jacobson A J,

Lewandowski J T. Electron microscopy study of delamination in dispersions of the perovskite-related layered phases K[Ca$_2$Na$_{n-3}$Nb$_n$O$_{3n+1}$]: evidence for single-layer formation. Chem Mater, 1990, 2: 279-286.

[26] Sasaki T, Watanabe M, Hashizume H, Yamada H, Nakazawa H. Macromolecule-like aspects for a colloidal suspension of an exfoliated titanate. Pairwise association of nanosheets and dynamic reassembling process initiated from it. J Am Chem Soc, 1996, 118: 8329-8335.

[27] Liu Z H, Ooi K, Kanoh H, Tang W P, Tomida T. Swelling and delamination behaviors of birnessite-type manganese oxide by intercalation of tetraalkylammonium ions. Langmuir, 2000, 16: 4154-4164.

[28] Liu Z H, Wang Z M, Yang X, Ooi K. Intercalation of organic ammonium ions into layered, graphite oxide. Langmuir, 2002, 18: 4926-4932.

[29] Grey I E, Li C, Madsen I C, Watts J A. The stability and structure of Cs$_x$[Ti$_{2-x/4}$$\square$$_{x/4}$]O$_4$, 0.61<$x$<0.65, J Solid State Chem, 1987, 66: 7-19.

[30] Joensen P, Crozier E D, Alberding N, Frindt R F. A study of single-layer and restacked MoS$_2$ by X-ray diffraction and X-ray absorption spectroscopy. J Phys Chem: Solid State Phy, 1987, 20: 4043-4053.

二维无机材料
剥离、纳米层组装及其功能化

第 3 章
无机纳米片层及
纳米片层组装

3.1
无机纳米片层

  二维无机层状材料剥离得到的基本单元，起初文献中命名为剥离层"exfoliated sheets"或单层板"single-layer sheets"，该名称一直持续使用。1998年，日本物质材料研究机构的 Takayoshi Sasaki 教授在进行层状二氧化钛的制备、表征及其剥离过程的系统研究中，首次定义并使用"nanosheets"（纳米层板）的概念，用以反映剥离所得纳米层板的分子厚度和二维各向异性特征[1]。随着纳米科学和纳米技术的快速发展，通过自发的各向异性生长技术，人们将制备的二维片状或叶状纳米材料有时也称为纳米片层。因此，纳米片层不一定代表单层厚度[2]。但是，对于二维无机层状材料通过剥离形成的剥离片状微晶，即原始层状结构的基本组成单元，通常称之为无机纳米片层。

  自从人们认识了二维无机层状材料剥离的本质，并采取不同剥离技术获得了不同组成及性质的无机纳米片层，该家族正在不断增添新成员。最初二维无机层状材料主要是通过研究阳离子可交换层状金属氧化物，并以离子交换辅助剥离得到带负电荷的无机纳米片层。随着对具有阴离子交换特性的层状双金属氢氧化物（LDHs）的广泛研究，得到了正电性层状双金属氢氧化物纳米片层[3]。从 2000 年左右开始，通过合成方法和阴离子交换方法的改进，可以将过渡金属成功地掺杂到 LDHs 主体层中，使得 LDHs 层状化合物的种类得到极大丰富。2004 年，德国科学家 Geim 采用微机械手撕方法，从块体石墨烯中得到了单层石墨烯片层，即由 sp^2 杂化碳原子形成的一个原子厚碳纳米层，从此引发了二维纳米材料前所未有的研究热潮[4]。受石墨烯剥离技术和剥离所得石墨烯纳米片层具有的特殊物理和化学性质启发，许多特殊结构的无机层状材料如 MoS_2、层状黑磷及层状 MXene 等均在一定条件下成功剥离，极大地丰富了无机纳米片层种类，为由不同电性及组成的无机纳米片层组装纳米层状功能材料提供了新的组装单元。

  由于二维量子限制，剥离得到的无机纳米片层展示了与其块体层状材料不同的性质，如具有量子结合或表面效应等新的物理和化学性质，是一种低维且具有特殊物理、化学特性的新型纳米材料[5]。同时，无机纳米片层最重要和最有吸引力的特征是，它们根据组成不同而带有不同性质的电荷。因此，通过使用这些无机纳米片层作为结构组装单元，可以容易地制备包括多层薄膜和中空纳米胶囊等各种纳米结构材料，甚至可以定制包括无机离子、有机分子或聚合物、金属纳米颗粒以及纳米片层对应的超级纤维复合材料或混合组件。通过选择无机纳米片层与异质物种组合，可以合理地设计复杂功能的纳米器件，并在

二维无机材料
剥离、纳米层组装及其功能化

分子尺度上精确控制以达到人工排列。

3.1.1　纳米片层的构造

二维无机层状材料是由带不同电荷的纳米层板与层间相反电荷离子通过静电引力结合而成的，层板电荷密度的大小决定层间静电引力的大小。当二维无机层状材料在一定条件下剥离时，组成无机层状材料的基本单元纳米层板无规则化，分散进入到剥离分散介质中，纳米层板的结构特征没有发生明显改变，仅仅以亚稳态形式存在于分散体系中。当包含纳米片层的剥离分散液经过干燥，纳米片层随之发生重组，形成规则的二维无机层状化合物。因此，通过二维无机层状材料的剥离-重组反应，可以制备常规插层反应不能得到的新颖结构和形貌的无机层状化合物。

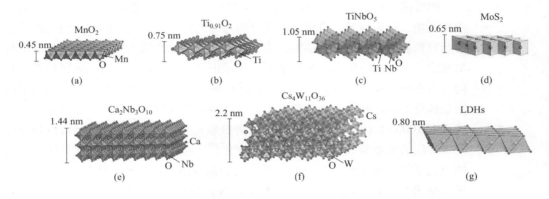

图 3-1
二维无机层状材料基本组成单元——典型无机纳米片层的构造

组成无机层状材料典型的纳米片层构造如图 3-1 所示，这些剥离得到的无机纳米片层主要具有以下特征：

① 无机纳米片层为单结晶体。剥离仅仅是破坏了二维无机层状材料纳米层板间的作用力，而无机纳米片层内的原子构造排列完整，未发生变化，使得剥离的无机纳米片层具有明确的组成和高结晶性。

② 典型的二维纳米材料。剥离的无机纳米片层通常厚度在 1 nm 以内，而横向尺寸大约为几百纳米到几微米，是分子和微粒两种功能的二维纳米材料。

③ 纳米片层表面原子丰富，为研究材料表面科学提供了基础。

④ 分散于溶剂中得到胶体悬浮液，该胶体悬浮液具有丁达尔效应，调节悬浮液中纳米片层的浓度，可使胶体显示液晶相。同时，根据胶体悬浮液特性，

利用软化学过程，通过组装技术制备不同功能的纳米材料成为可能。

⑤ 具有量子尺寸效应特性。无机纳米片层具有的纳米级厚度，为典型的二维纳米材料，具有纳米量子效应所赋予的特殊物理、化学性质。

除少数特例外，绝大多数二维无机层状材料剥离得到的纳米片层，维持了其在层状化合物中的二维原子排列特征。利用透射电子显微镜，通过观察单个纳米片层的选区电子衍射花样判断纳米片层中的结构特征。例如对于剥离的二氧化钛纳米片层，其透射照片显示了单结晶特征，说明剥离状态得到的 TiO_2 纳米片层保持了 0.38 nm × 0.30 nm 面心长方形晶体格子二维结构。但是，对于剥离得到的由无机纳米片层组成的多层薄片，其衍射花样呈现多晶衍射特点，说明剥离的纳米片层没有保持其垂直方向的周期性结构。利用 X 射线所具有的高强度、高平行性等优点，可以得到剥离纳米片层的 X 射线信号，即利用面内 X 射线衍射解析层内构造，可对纳米片层结构进行定量解析评价。

物质的结构决定其性质，二维无机层状材料的离子交换性、层间距可调性、催化性质、吸附性质、电化学性质等均与其结构紧密相关。同样，当二维无机层状材料剥离形成纳米片层时，由于片层厚度处于纳米级别，与其块体层状材料相比，量子效应使得纳米片层性质显示出很大的不同，许多块体材料不具有的性质在纳米片层上得到展示。如层状钛酸和层状二氧化锰剥离得到的纳米片层胶体分散液，利用紫外可见光谱，可以测定其吸收光谱，在该分散状态下均能测到 10000 L/(mol·cm) 以上的紫外吸收强度。与未剥离的块体材料相比，纳米片层的紫外吸收光谱发生了很大变化[6]。同时，通过对二氧化钛纳米片层的电化学性质和光电化学性质分析，由于剥离所得纳米片层的量子尺寸效应，所得纳米片层具有明显的半导体特征，其能带间隙从锐钛矿的 3.2 eV 扩大到 3.8 eV。另外，量子力学第一性原理也可用于纳米片层构造、电子状态及其力学性能等的理论预测与计算。

3.1.2　纳米片层的制备

无机纳米片层的制备方法总体概况为两种，即从块体层状材料剥离成纳米片层的自上而下（top-down）的剥离法和从反应物开始进行的自下而上（bottom-up）的制备法。自下而上的无机纳米片层制备法，一般是基于一种或多种反应物通过化学反应，有目的地控制制备所需二维纳米片层。该方法通常涉及高温高热，只有足够高的能量才可打破反应物原子间存在的强共价键作用，重新建立起目标二维纳米片层中原子间的结合。因此，这种方法不仅耗能，而且制备条件苛刻，过程难于控制。相比自下而上制备纳米片层的方法，自上而下剥离法在制备无机纳米片层过程中，只需打破二维无机层状前驱体中纳米片层间的弱

二维无机材料
剥离、纳米层组装及其功能化

相互作用力，因而该方法能够大规模在液相中进行，节能高效，操作简便。因此，自上而下液相剥离法由于具有成本低、可控性高、易实现规模化等优点，已成为科研界和工业界极为关注和最有前景的制备二维无机纳米片层的方法。

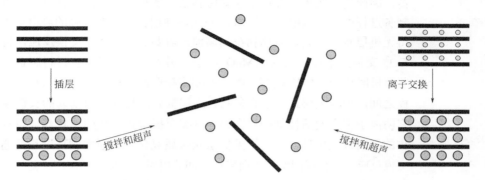

图 3-2
无机层状材料液相剥离形成纳米片层过程示意图

　　二维无机纳米片层液相剥离制备过程如图 3-2 所示。通过化学剥离技术，将层状氧化物或层状氢氧化物块体材料，在高度溶胀且同时弱化层板之间相互作用力基础上制备得到。剥离过程主要取决于主体层板的组成、化学性质以及维持堆叠排列的相互作用力，内在因素包括层板的组成、层板的电荷密度和层板之间客体离子的种类，外在因素包括剥离用溶剂（电介质界面张力和极性等）的性质。在一定介质中通过适当地控制这些因素，可以实现无机层状块体材料的高度溶胀，辅助于搅拌器、振动器或超声波发生器施加的一些机械作用力，进一步分层膨润，最终得到二维无机纳米片层。

　　在液相介质中，大多数过渡金属无机层状氧化物均可以采用自上而下的剥离法，制备得到过渡金属氧化物或双金属氢氧化物纳米片层[7]。剥离的过程主要包括：①采用传统的高温固相反应（800～1300 ℃）或温和水热反应，制备得到二维过渡金属无机层状氧化物前驱体；②根据二维过渡金属无机层状氧化物层板的电荷性质，使之与不同性质的酸、离子或分子反应，层间离子与溶液中的离子或分子发生离子交换或分子插层，转换为 H^+ 型或分子插层型层状金属氧化物；③ H^+ 型或分子插层型层状金属氧化物与离子半径大的有机铵离子进一步离子交换，得到层间距增大的无机层状化合物；④层间距增大使得层板与层间离子之间的静电引力减小，随后辅助于机械振动处理，最终可实现二维无机层状化合物剥离成无机纳米片层，形成具有丁达尔效应的纳米片层胶体悬浮液。通过该剥离途径，层状二氧化钛、层状铌酸钙、层状二氧化锰及层状铌酸钛等典型无机层状化合物均可实现剥离，可以分别得到相对应的无机纳米片层。

无机层状双金属氢氧化物层板组成的差异，决定了其层板所带电荷与无机层状金属氧化物正好相反。这类层板带正电荷的无机层状双金属氢氧化物，通常是在液相反应体系和一定 pH 条件下通过共沉淀方法制备。由于层板带正电荷，因此需要阴离子存在于层间做补偿，使整个无机层状材料保持电中性。在制备过程中，溶液中存在的 CO_3^{2-} 与正电性层板之间有较强的静电引力，从而使得无机层状双金属氢氧化物在剥离前，需要通过阴离子交换反应，将层板间的 CO_3^{2-} 交换为半径较大的如 MnO_4^- 离子。另外，在该类层状材料制备过程中，一些有机阴离子，如长链羧酸盐或其它阴离子型表面活性剂也可以插入到 LDH 层板之间，形成夹层通道亲有机物、主层板之间相互作用削弱的长链羧酸盐或其它阴离子型表面活性剂插层产物。这类层板带正电荷的层状双金属水合氢氧化物的剥离过程机理，不同于无机层状金属氧化物，通常剥离过程是通过阴离子交换反应，使得层间距增大而层板之间静电引力减弱，插层产物随后在甲酰胺溶剂中处理，最终实现无机层状双金属水合氢氧化物的剥离。但是，无机层状双金属水合氢氧化物在甲酰胺溶剂中剥离效率低、时间长、环境不友好。因此，无机层状双金属水合氢氧化物剥离的发展方向是探索水介质中的剥离方法。

无机层状双金属水合氢氧化物剥离得到的带正电荷的无机纳米片层，分散在介质中表面一般形成双电层，双电层之间的静电排斥使得纳米片层在剥离介质中形成一种稳定的胶体悬浮液。当用一束侧入射光源照射该纳米片层胶体悬浮液时，能够观察到明显的丁达尔光散射效应，充分说明剥离的纳米片层处于一个良好的分散状态。二维无机层状材料剥离得到的无机纳米片层，其厚度基本上由母体主层板固有的晶体厚度决定，而纳米片层的横向尺寸可变和可调。对于采用固相煅烧方法制备的分层多晶前驱体，其板状微晶横向尺寸通常为 1 μm 至几微米。由于辅助机械振荡处理，剥离过程中将导致母体晶体的破裂和断裂，使得一般剥离得到的纳米片层的平均横向尺寸从几百纳米到几微米不等。但是，如果剥离前驱体具有大的晶体尺寸，采用温和处理手段可以剥离得到超大纳米片层，如在熔融 K_2MoO_4 中重结晶熔化和生长的大尺寸 $K_{0.8}Ti_{1.73}Li_{0.27}O_4$ 单晶，横向尺寸为 4 mm，通过质子交换、温和 TBAOH 水溶液中振荡，可以剥离得到横向尺寸为几十微米的 $Ti_{0.87}O_2^{0.52-}$ 超大纳米片层 [8]。

对于液相剥离法，无机层状材料通过插层反应或离子交换反应，使得其层间距增大而片层间的相互作用力被削弱，在物理和（或）化学作用下，最后在溶液中形成稳定分散的纳米片层。根据剥离过程中的作用力不同，二维无机层状材料液相剥离方法主要分为离子交换剥离法、氧化还原剥离法、插层剥离法、选择性刻蚀剥离法、直接超声剥离法、剪切剥离法及球磨辅助剥离法等 [9]。

（1）离子交换剥离法

离子交换剥离法是液相剥离二维无机层状材料制备二维纳米片层的常用方

二维无机材料
剥离、纳米层组装及其功能化

法，该方法适用于层间含有可交换离子的无机层状材料，其突出优点是剥离过程较温和，缺点是离子交换过程缓慢，导致剥离效率不高。离子交换剥离法是基于外界离子与无机层状材料层间离子的离子交换，将水合能力更强、水合半径更大的离子引入到层间，以增大层状材料的层间距、削弱片层之间的相互作用力，从而实现层状材料液相剥离得到二维无机纳米片层。在离子交换剥离法中，离子进入层板间的驱动力主要来源于离子渗透压平衡[10]。离子交换法最早成功应用于一些层间带有水合离子的黏土材料的剥离，这些黏土硅酸盐片层，由于结构缺陷而带有一定量的负电荷，其层间水合离子所带正电荷起到电荷平衡作用，使黏土材料整体对外不显电性。最常见的层间带有水合离子的黏土有蒙脱石和蛭石等，在离子交换作用下，这些层状黏土可发生液相剥离，产生相应的二维纳米黏土片层。

层状黏土材料离子交换剥离过程中，原本存在于层板间的离子与介质中具有更大溶剂化离子半径或更高溶剂化能力的有机/无机离子进行交换，离子交换过程中由于离子的反渗透作用，大量溶剂分子将会填充到黏土层间，使得黏土材料在垂直于其片层平面方向发生巨大的体积膨胀，最终导致其剥离产生相应的二维纳米黏土片层。早在 20 世纪 50 年代，Walker 等人开始研究层状黏土材料的离子交换过程，特别在利用离子交换法剥离蛭石方面，取得了许多具有重要价值的研究成果[11]。对于蛭石层状化合物，其四面体硅酸盐片层中的部分 Si^{4+} 被 Al^{3+} 替代，使得其硅酸盐片层带有负电，而层间则被水合阳离子占据（如 Mg^{2+}），使得蛭石整体显电中性。利用 X 射线衍射技术，研究者发现在蛭石离子交换过程中，当使用 Sr^{2+} 与蛭石层间 Mg^{2+} 进行交换时，蛭石层间距可由最初的 1.44 nm 逐渐增大到 1.50 nm。利用光学显微镜透射模式，研究者观察到 Sr^{2+} 与 Mg^{2+} 的交换过程，是从蛭石片层边缘逐渐扩展到片层中心。除 Sr^{2+} 之外，其它一些无机/有机离子，比如 Li^+、TBA^+、十六烷基吡啶离子，也能够与蛭石层间 Mg^{2+} 进行交换，最终使蛭石发生垂直于片层平面方向上的膨胀，实现层状蛭石的液相剥离。同时，当蛭石层间离子被 TBA^+ 置换后，蛭石在水中的体积膨胀率可高达 3000%，并且随着外界 TBA^+ 浓度的降低，蛭石层间膨胀程度更高，且层间距与外界交换离子浓度平方根的倒数成线性关系[12]。

在离子反渗透作用下，外界水分子可进入黏土片层间，使层状黏土在垂直于片层平面方向上发生明显膨润，导致黏土层间距增大，最后形成凝胶状黏土。层状黏土膨润过程中，其片层间仍然保持着几乎平行的相对位置，层间距的变化可通过 X 射线衍射技术进行原位表征。利用离子交换法对层状蛭石进行液相剥离，剥离所得凝胶状蛭石纳米片层分散于水中，可以得到二维纳米蛭石片层的稳定分散液。该分散液具有明显的双折射现象，表明所得二维纳米蛭石片层悬浮液是一种液晶溶液（图 3-3），进一步证明离子交换法可用于剥离蛭石，得到厚度均一的二维蛭石纳米片层[13]。

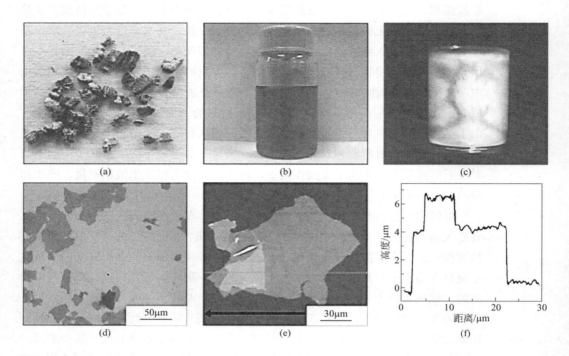

图 3-3
离子交换法制备蛭石二维纳米片层[13]
（a）水凝胶；（b）二维纳米蛭石片层水相分散液；（c）偏光照片；
（d）扫描电镜图；（e）原子力显微镜图；（f）片层高度图

　　除蛭石之外，其它黏土类层状材料也能通过离子交换反应，层间离子溶剂化作用致使发生明显的体积膨胀。蒙脱石、贝得石、皂石、蛭石这四种黏土类层状材料，在饱和阳离子（Li^+、Na^+、K^+、Ca^{2+}、Mg^{2+}、Ba^{2+}）溶液和三种溶剂（乙二醇、丙三醇和水）中的离子交换结果，显示了同样的体积膨润，黏土表面电荷密度和电荷局域化对黏土膨润性质具有显著影响。研究表明水合皂石的三维有序结构，主要依靠其层间阳离子的偶极作用，以及皂石片层表面氧原子与层间水分子之间的氢键[14]。另外，层状双金属水合氢氧化物的剥离，也可以通过离子交换法实现，只是由于层状双金属水合氢氧化物层间的交换离子是阴离子，不同于层状过渡金属氧化物层间的阳离子交换反应。利用十二烷基磺酸根离子作为交换离子，其与层状双金属水合氢氧化物 $Zn_2Al(OH)_6Cl \cdot 2H_2O$ 进行离子交换反应，层间阴离子 Cl^- 被十二烷基磺酸根离子交换，导致层状双金属水合氢氧化物 $Zn_2Al(OH)_6Cl \cdot 2H_2O$ 的层间距增大。在外界机械搅拌辅助下，即可实现液相剥离，剥离所得的双金属水合氢氧化物纳米片层可稳定分散在丁醇、戊醇和己醇中[15]。

（2）氧化还原剥离法

氧化还原剥离法是指对块体无机层状材料首先进行氧化处理，在其二维纳米片层的结构上引入含氧官能团，使得片层从不带电性转化为带电性，增加二维纳米片层的亲水性能和增大片层层间距，从而使得片层间的相互作用力减弱，最终实现块体无机层状材料剥离。随后将剥离得到的二维氧化纳米片层进行还原处理，制得块体无机层状材料所对应的纳米片层。利用氧化还原法实现块体无机层状材料剥离中，最具代表性的实例是液相中大规模剥离石墨烯，氧化还原剥离法制备石墨烯的典型流程如图3-4所示。首先块体层状石墨在强氧化剂作用下被氧化成层状氧化石墨烯，在石墨烯层板上部分引入如 OH⁻ 或 COO⁻ 等基团的同时，溶剂水分子也进入到氧化石墨烯层间，使得其层间距由 0.334 nm 增大到 1 nm 左右。氧化石墨烯可分散于多种溶剂并在其中发生剥离，产生相应的二维纳米材料——氧化石墨烯纳米片层。将剥离所得的氧化石墨烯纳米片层采用如热还原、化学还原、光催化还原、电化学还原和溶剂热还原等手段还原，氧化石墨烯最终被还原转变为还原石墨烯，通常也称为石墨烯[16]。

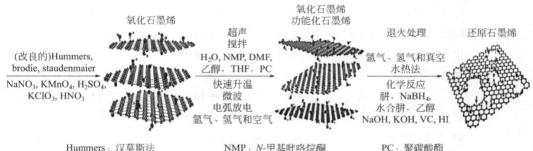

图 3-4
氧化还原剥离法制备石墨烯的典型流程图[16]

氧化还原剥离反应的主要驱动力是，氧化还原反应导致层状材料层间距改变，一般导致层板间作用力减小。大量实验证明，石墨经过氧化反应，所得氧化石墨烯片层上的含氧官能团主要包括羧基、羟基和环氧基，单层厚度为0.8 nm 左右，是一种完全不同于石墨烯性质的二维纳米材料。氧化石墨烯不导电，含氧官能团的存在使其具有良好的亲水性和丰富的化学反应活性。Zeta 电位显示，氧化石墨烯片层带有负电荷，正是片层上所带负电荷提供的静电排斥力，使得氧化石墨烯片层能在水中形成稳定分散相。同时，在氧化石墨烯的还原过程中，其结构上的含氧官能团会发生分解，sp^3 杂化碳原子逐步恢复成 sp^2 杂化六元环结构。由于还原过程不能完全实现石墨烯六元环结构重构，仍然会有少量含氧官能团残留，或者在恢复石墨烯结构过程中产生缺陷，因此还原产物也常被称为还原氧化石墨烯。氧化石墨烯经过还原处理，其微观结构和性质如光学性质、电学性质、碳氧比等会发现明显的变化，且不同还原方法得到的还原石墨烯的结构和性质存在差异。氧化石墨烯在不同化学还原剂作用下，由于其选择性还原能力，导致还原所得石墨烯层板含氧官能团不同，因而还原得到的石墨烯导电性差异明显。另外，基于氧化还原法制得的还原氧化石墨烯具有较大的结构缺陷，所得石墨烯在能带结构、电学性质、热学性质等方面都与理想石墨烯相去甚远。尽管结构缺陷和残余官能团，使得还原氧化石墨烯不具备理想石墨烯的一些优异的物理性质，但却赋予材料在催化、传感和储能等领域的潜在应用[17]。

（3）插层剥离法

离子型无机层状材料层板间依靠弱的静电引力维持，而电中性无机层状材料层板间仅依靠弱的范德华力维持，这使得电性相同的离子或一些中性分子能够在一定条件下插入到层状化合物的层间，促使层状化合物产生局部应变，层间距增大和层板之间的相互作用力减弱，导致无机层状材料在合适的环境中发生剥离，产生相应的二维纳米片层。超声、搅拌和离心常作为辅助手段，用于插层层状材料的液相剥离。

液相插层剥离方法已经被广泛应用于多种块体无机层状材料，如过渡金属二硫化物、石墨和层状碳／氮化物等的剥离，插层剂对层状材料的插层过程是剥离法的关键步骤，良好的插层剂应有利于插层材料在溶剂中发生剥离。另外，剥离过程中所使用的溶剂也至关重要，剥离得到的二维纳米片层必须与溶剂之间有良好的亲和力，以保证有效阻止二维纳米片层团聚和维持纳米片层分散液的稳定。有机锂化合物是一种常用的插层剂，如正丁基锂（n-BuLi）已经应用于过渡金属二硫化物的插层剥离[18]。锂离子插层剥离层状过渡金属二硫化物主要包括两个过程：一是锂离子插层到层状二硫化物层间，形成锂离子插层结构；二是依靠离子反渗透作用，锂离子插层二硫化物在水溶液中发生体积膨胀，液相剥离产生相应的二硫化物纳米片层。另外，插层剥离层状二硫化物的剥离条件也与其层板组成和电荷分布密切相关，尽管层状结构相似，但由于组成及电荷分布不同，应用相同的丁基锂作为插层剂，却不能实现层状二硫化钨的有效插层剥离。但是，当插层剥离反应在较高温度下进行时，升高温度能够显著提高插入到层间的锂离子含量，如在温度 100 ℃时，锂离子插入到二硫化

二维无机材料
剥离、纳米层组装及其功能化

钨（Li_xWS_2）的层间量能够持续增大，较高锂离子含量的 Li_xWS_2 在水溶液中可以发生完全剥离，得到 WS_2 二维纳米片层[19]。另外，一些机械辅助手段如超声、搅拌、离心等，也可以加快锂离子插层层状化合物的剥离进程。在己烷溶液中，丁基锂插层进入层状 MoS_2 层间，随后超声辅助处理，5 min 后便可发生 MoS_2 剥离。除有机锂之外，一些碱金属有机化合物也可作为层状过渡金属二硫化物的插层剂。层状 MoS_2 与水合肼（N_2H_4）在水热条件下反应，N_2H_4 分子插入到 MoS_2 层间并分解，产生的气体导致 MoS_2 发生体积膨胀。随后使用萘基碱化合物对膨胀 MoS_2 进行二次插层，进一步削弱层板间结合力，超声辅助条件下最终可以得到 MoS_2 二维纳米片层，该方法也可适用于如 WS_2、TiS_2、TaS_2、NbS_2 等其它层状过渡金属二硫化物的剥离。典型液相插层剥离法制备过渡金属二硫化物纳米片层流程如图 3-5 所示。

图 3-5
液相插层剥离法制备过渡金属二硫化物纳米片层典型流程图

（4）选择性刻蚀剥离法

选择性刻蚀剥离法目前主要用于 MAX 相无机层状材料的剥离。在一定条件下，有目的地刻蚀掉 MAX 相无机层状材料中的特定原子层，通过破坏特定原子层与目标二维纳米片层之间的共价作用力，使得目标二维纳米片层之间改变为弱的静电引力，而最终实现液相剥离的技术。选择性刻蚀剥离法已成功应用于二维层状材料金属碳/氮化物 MXenes 的剥离，剥离刻蚀前驱体是一类如 Ti_3AlC_2、Ti_2AlC、Ta_4AlC_3 三元金属碳/氮化物，有六十多种该类前驱体层状晶体供刻蚀选择。依据剥离所得纳米片层的组成和性质不同，可以选择不同组成的金属碳/氮化物前驱体。选择性刻蚀法制备二维纳米片层最重要的一步是选择合适的刻蚀剂，环境友好、无毒绿色、成本低廉的刻蚀剂是理想选择。

利用 50% 氢氟酸溶液在室温下处理二维层状材料 Ti_3AlC_2，选择性刻蚀层状材料中 Al 原子层后，超声辅助处理可以得到二维纳米片层 Ti_3C_2，主要刻蚀过程结构变化如图 3-6 所示。将 Ti_3AlC_2 加入到氢氟酸溶液中选择性刻蚀时，由于反应过程中产生氢气，因而能够观察到气泡出现。由于整个刻蚀过程是在一个富含羟基和氟离子的液相环境中进行，因此研究认为 Ti_3C_2 纳米片层上裸露的钛原子很可能被羟基或/和氟原子继续修饰，这些表面修饰基团也称为终止基团[20]。

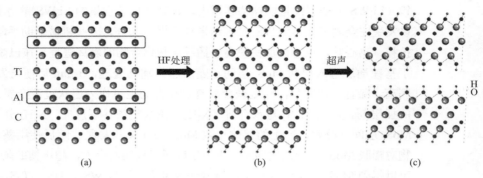

图 3-6
二维层状材料 Ti$_3$AlC$_2$ 液相选择性刻蚀剥离形成 Ti$_3$C$_2$ 纳米片层过程示意图[20]
（a）前驱体 Ti$_3$AlC$_2$ 结构；（b）HF 刻蚀层间 Al 原子层；（c）甲醇体系中超声剥离所得 Ti$_3$C$_2$ 纳米片层

　　除氢氟酸刻蚀剂之外，二氟化氢铵（NH$_4$HF$_2$）及氢氧化四甲基铵（TMAOH）等也可以作为刻蚀剂，用于刻蚀二维层状材料三元金属碳化物中的 Al 原子层，得到相应的 MXene 结构。与传统采用酸性介质如强腐蚀性浓 HF 或 HCl 酸、氟化物盐选择性刻蚀 Al 层相比，可以利用 Al 与酸和碱均可反应的两性性质，采用强度适中的有机碱如 TMAOH 作为刻蚀剂具有两个优势：① TMAOH 是 Al 刻蚀的有效刻蚀剂，刻蚀效率高；② Al 与 TMAOH 反应中形成的 Al(OH)$_4^-$ 容易在剥离所得纳米片层表面上作为钛介导修饰。另外，Ti-Al 键的破坏有利于大半径 TMA$^+$ 阳离子进入层间，从而加快三元金属碳化物二维层状材料的剥离进程[21]。

（5）直接超声剥离法

　　超声技术常被用作液相剥离无机层状材料的辅助手段。当无机层状材料在一定插层反应或溶剂化处理后，二维层状化合物层间作用力已大大减弱，随之辅助超声处理，可以实现无机层状材料的液相剥离。超声技术除用于无机层状材料辅助液相剥离之外，也可直接单独用于二维无机层状材料的液相剥离，即直接超声剥离法。

　　直接超声剥离无机层状材料的机理，主要认为是超声波所引发的声空化、声剪切力使得层状化合物发生剥离。声空化过程涉及机械剪切力，以及微气泡的生成、生长、内破裂，声剪切力有利于层状化合物在溶液中的剥离和纳米片层的分散。对于电中性二维无机层状材料，层板之间主要依靠弱的范德华力结合，较弱的结合力为直接超声剥离法的应用提供了可能。目前，直接超声剥离法已被成功应用于液相剥离制备多种二维纳米片层分散液，特别在如黑磷和锑烯等单组分元素纳米片层组成的层状材料、MoS$_2$ 等双组分元素纳米片层组成的层状材料和层状石墨等材料的剥离方面优势明显[22]。直接超声剥离方法制备无机纳米片层的优势是方法简单、效率高，但缺陷是剥离需要选择性介质，特别

二维无机材料
剥离、纳米层组装及其功能化

是非水相但极性较大的有机介质，如 N- 甲基吡咯烷酮（NMP）、乙腈和乙二胺等。尽管利用直接超声剥离法能够得到纳米片层分散液，但是从极性有机介质，特别是较高沸点有机介质中分离纳米片层困难较大，成本较高。

直接超声液相剥离二维无机层状材料主要涉及三步，首先将二维无机层状材料分散在选择性液体介质中，随后超声处理该分散介质体系，最后离心分离，剥离基本过程示意图如图 3-7 所示。其中最关键的因素是，当待剥离的无机层状材料与分散介质之间的表面张力最小时，有利于剥离纳米片层在介质中的稳定存在。因此，如何选择能够稳定分散无机层状材料的介质体系，对于直接超声剥离方法至关重要，而超声时间和表面张力是两个主要的考虑因素，可以通过表面张力选择适合的介质。根据溶液热力学原理，可以将二维无机层状材料与选择介质看成类似于溶液的体系，然后通过 Hansen（汉森）溶解度参数（HSP），可以部分地预测二维无机层状材料在溶液中的分散和剥离。

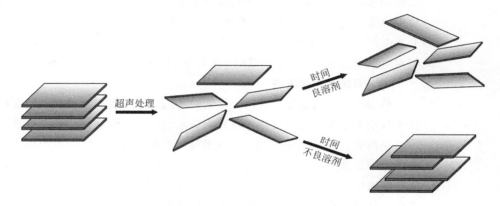

图 3-7
直接超声液相剥离无机层状材料基本过程示意图

通常情况下，三个 Hansen 溶解度参数可以用于描述分散介质与二维无机层状材料之间的特征溶质 - 溶剂相互作用，即 δ_D，δ_P 和 δ_H 分别代表分散力、极性和氢键溶解度。为简单起见，可以使用汉森溶解度参数距离 R_a 的大小作为分析和预测无机层状材料有效分散和剥离的溶剂。这里，R_a 值由以下关系式决定。

$$R_a^2 = 4 \times (\delta_{D,solvent} - \delta_{D,solute})^2 + (\delta_{P,solvent} - \delta_{P,solute})^2 + (\delta_{H,solvent} - \delta_{H,solute})^2 \quad (3-1)$$

R_a 值越小，无机层状材料在选择介质中的溶解度越高。因此，对于二维无机层状材料在液相中的直接超声剥离，选择的分散介质不仅要有好的分散性和剥离效率，而且关键是材料与剥离介质应该具有相似的表面能量，即选择溶剂介质的依据是，溶剂表面能与二维无机层状材料的表面能具有匹配性。相比较于其它液相剥离技术，直接超声液相剥离法一般得到的纳米片层分散液浓度较低。为了提高剥离所得分散液的浓度，采用低功率长时间超声处理，可以得到浓度较高的纳米片层分散液。但是，长时间超声处理会导致所得纳米片层尺寸有减小的趋势，且超声时间延长使得制备过程耗时，很难获得大尺寸纳米片层。另外，在直接超声液相剥离制备纳米片层选择所用的溶剂时，为了溶剂与剥离所用无机层状材料表面张力的匹配性，一般情况下选择沸点较高且有一定毒性的有机溶剂。但是，这些有机溶剂在较高超声功率作用下，会造成一些稳定性较低溶剂的分解，从而产生自由基。因此，探索在水介质中直接超声液相剥离二维无机层状材料得到了特别关注。由于水作为溶剂的表面能一般较高，与拟剥离的二维无机层状材料表面能匹配性不好，因而使得二维纳米片层的分散性较差。为了解决二维纳米片层在溶剂水中分散性较差的问题，一般通过在剥离二维纳米片层分散液中添加一定量表面活性剂，利用表面活性剂对剥离纳米片层的修饰与浸润作用，使得剥离的无机纳米片层稳定分散在有/无表面活性剂的介质中 [23]。直接超声液相剥离法主要适用于一些对二维纳米片层质量要求较高，但对用量和浓度要求较低的微电子器件领域无机纳米片层的制备。

（6）剪切液相剥离法

剪切液相剥离法是一种基于剪切力剥离二维无机层状材料，制备相应二维纳米片层的技术。与直接超声液相剥离法类似，由于剥离过程中只涉及物理作用，使得剪切剥离法制得的二维纳米片层质量也较高。剪切液相剥离法的优点在于操作简便、所需剥离装置简单、剥离产物的结构质量良好和易实现二维纳米片层的规模化制备。该方法的缺点是剥离得到的纳米片层分散液通常是单层、多层，甚至是少量未剥离二维层状晶体薄片的混合体系。同时，剥离所得二维纳米片层的尺度分布较宽，一般需要进一步离心分离处理，才能得到尺度分布较窄的二维纳米片层分散液。剪切液相剥离法已被成功应用于 MoS_2、WS_2、石墨烯和 BN 等二维纳米片层的制备，有机溶剂或水溶液都可作为剥离纳米片层的分散介质。

厨式搅拌机是剪切液相剥离技术常用的设备，采用该类设备已经成功剥离了 MoS_2、BN、WS_2 三种二维无机层状材料，所得 MoS_2、BN、WS_2 纳米片层悬浮液如图 3-8 所示 [24]。剪切液相剥离法制备二维纳米片层的过程主要为：将一定量的二维无机层状材料，首先加入到与其表面张力相近的有机溶剂或含表面活性剂的水溶液中，随后在一定旋转速度下搅拌该分散液，二维无机层状材料在高速剪切力作用下发生剥离，产生相应纳米片层悬浮液，将该纳米片层悬浮液离心处理，可得到含有高品质单层或少层的纳米片层分散液 [25, 26]。同其它液相剥离技术相同，二维层状材料的含量、溶液体积、旋转速度和混合时间等

二维无机材料
剥离、纳米层组装及其功能化

剪切剥离参数，对于剪切液相剥离效果有很大的影响，需要进行条件优化才能获得最佳的剪切液相剥离效果。另外，利用剪切剥离法在有机溶剂 NMP 以及含有表面活性剂的水溶液中对二维无机层状材料进行剥离时，发现剪切剥离过程中悬浮液是否发生湍流并不重要，而局部剪切速率能否达到一个临界值才是决定剥离发生与否的关键。因此，通过优化剪切剥离过程的参数如搅拌时间、溶液体积或搅拌器转子直径等，可提高二维无机层状材料剥离的产率。

(a)   (b)   (c)

图 3-8
剪切液相剥离过程示意图
（a）剪切剥离法所用搅拌机；（b）剥离所得二维纳米片层分散液（从左到右为二硫化钼、氮化硼、二硫化钨分散液）；（c）剪切剥离法得到的大片层二硫化钼透射电镜图[24]

（7）球磨辅助剥离法

球磨辅助剥离法是另一种剥离二维无机层状材料的机械方法，其显著优点是可以大量制备二维纳米片层材料。根据球磨所采用的介质，可将球磨分为干法球磨和湿法球磨。球磨剥离机理均是在平行于二维无机层状材料层方向施加剪切力，通过剪切力使得二维层状材料沿层状水平方向解离到球磨所用球的动量方向，最终实现二维无机层状材料剥离。在高旋转时球磨球的速度很大，产生的动量高，因此所有二维无机层状材料原则上都可以通过球磨剥离。

尽管干法球磨可用于二维无机层状材料剥离，但由于干法球磨操作过程中提供了较大冲击力，使得剥离得到的纳米片层横向尺寸较小，一般小于 200 nm，且质量较差。因此，为了剥离得到较大尺寸的纳米片层，可以向球磨体系中加入如固体和溶剂等缓冲材料，以达到缓冲控制球磨球作用于层状材料的动量，因而使得液相球磨体系得到了较多关注。在液相球磨体系中，液相介质的存在不仅可以改变二维无机层状材料表面间的相互作用和吸收大部分冲击力，而且可以使一些容易被氧化的纳米片层得到保护。另外，球磨体系中液相的存在，也可以为球磨过程中控制体系温度创造条件，使得不同球磨温度下的二维无机层状材料剥离成为可能。液相球磨剥离二维无机层状材料是一种方法成熟、容易实现纳米片层大规模生产的技术。尽管球磨技术制备的纳米片层尺寸小且质量较低，无法满足其在电子产品和光学材料方面的应用，但在电催化和储能等领域显示了广阔的应用前景。

虽然不同剥离技术方法各异，但是均具有各自的特点和特殊用途。这些基于二维无机层状材料剥离制备相应二维纳米片层的自上而下的方法，随制备技术的差异而具有多样性、高操控性和易规模化等优点，是实现二维无机层状纳米片层可控制备的重要途径。表 3-1 列出了各种液相剥离方法的主要特点，从表中可以比较清楚地看出各种剥离方法的共性和特性。离子交换剥离法仅仅对具有层间交换离子的二维无机层状材料的适用性强；插层剥离法不仅需要客体分子的插层过程，而且插层要导致层状结构发生反渗透；氧化还原剥离过程主要通过化学修饰，实现无机层状材料的渗透剥离，具有大批量制备纳米片层的优势；选择性刻蚀途径主要依靠化学刻蚀反应，消除层板间的共价键作用力，使得纳米片层间以弱的静电引力或范德华力维持；若采用高功率探头直接超声剥离法剥离，所得二维纳米片层分散液通常在几十到几百纳米，若采用超声浴进行超声剥离，较低的功率转换效率会导致剥离时间过长，纳米片层制备产率降低；剪切剥离法虽然易操作，但剥离得到的二维纳米片层效率较低。因此，通过了解各种剥离法的优缺点，寻找解决各种剥离法瓶颈问题的有效途径，改善相应剥离方法来制备高产率和高质量的二维纳米片层，成为研究的主要关注点。

表 3-1 无机层状材料各种液相剥离方法的主要特点

液相剥离方法	剥离驱动力	剥离效率	剥离温度
离子交换剥离法	离子交换、反渗透	高	可调
插层剥离法	离子插层、反渗透	高	可调
氧化还原剥离法	化学修饰	高	严格
选择性刻蚀剥离法	化学刻蚀	低	可调
直接超声剥离法	超声波	低	可调
剪切剥离法	剪切力	低	可调
球磨辅助剥离法	剪切力、解离力	高	可调

3.1.3 纳米片层的表征

无机纳米片层是当客体分子或离子插入到块体无机层状材料层间，导致层状化合物发生膨润而层间距增大，膨润层状化合物在一定条件下经处理发生剥离得到。无机纳米片层剥离过程是一个亚稳态，干燥条件下剥离得到的纳米片层将发生重组装。因此，剥离的无机纳米片层一般分散在一定介质中，以胶体

二维无机材料
剥离、纳米层组装及其功能化

悬浮液状态存在。这种胶体悬浮液不仅能够稳定存在，长时间也不发生沉淀，而且当用光照射该悬浮液时，能够发生类似胶体溶液的丁达尔效应。为什么无机纳米片层分散在一定介质中所得的悬浮液具有类似胶体溶液的丁达尔效应，这似乎难以理解。同时，无机层状材料剥离后，所得剥离产物在介质中以何种状态存在，即如何定量描述二维无机层状材料的剥离及剥离纳米片层的表征也具有挑战性。

剥离过程总是伴随着一些结构和形貌特征的变化，从这些变化是否能够找到表征剥离过程及其剥离所得纳米片层的基本方法和手段呢？从剥离前后材料的结构特征看，剥离前块体材料由二维纳米片层通过弱的作用力结合形成无机层状材料，而剥离得到的纳米片层是具有典型晶体特征的二维纳米材料。因此，采用单纯描述块体无机层状材料结构的基本表征手段如 XRD 分析技术等，来表征二维纳米片层，似乎存在缺陷，需要进一步发展纳米片层表征方法学及提升表征技术。同时，表征纳米片层需要将其从剥离所得悬浮液中分离，分离过程中不发生纳米片层的重组似乎也存在困难，因为如果纳米片层重组，就不能跟踪分散液中纳米片层的具体行为。

针对无机层状材料的剥离过程和剥离得到的纳米片层表征的长期研究和探索过程发现，大量的显微技术和光谱技术，包括透射电子显微镜（TEM）、原子力显微镜（AFM）和 X 射线衍射（XRD）等，均可用于表征二维无机层状材料的膨润和剥离所得的纳米片层。

（1）透射电子显微镜

透射电子显微镜（TEM）是表征无机层状材料膨润和剥离纳米片层的有效工具。由于剥离得到的单层无机纳米片层厚度一般在 1 nm 以内，而其水平方向的横向尺寸为微米级，利用透射电子显微镜可以对剥离的纳米片层进行表征，从而判断无机层状材料是否实现了剥离。但是，在利用透射电子显微镜进行纳米片层表征时，一个非常重要的技术点是防止剥离的纳米片层发生重组。因此，在实际操作过程中，需要将剥离的无机纳米片层悬浮液不断稀释，将充分稀释得到的胶体悬浮液滴到观察用石英基板上，剥离的纳米片层通过静电自组装以单层状态存在，干燥后可进行纳米片层观察。

通过透射电子显微镜观察了剥离所得 $Ca_2Nb_3O_{10}$ 纳米片层，结果如图 3-9 所示 [27]。从 $Ca_2Nb_3O_{10}$ 纳米片层的 TEM 照片可以看出，有许多对比度小的 $Ca_2Nb_3O_{10}$ 二维纳米片层物质存在，由于对比度太小，用肉眼几乎观察不到它们之间的区别。由于纳米片层的厚度与 TEM 照片的对比度有直接关系，因而可以看出，剥离得到的纳米片层非常薄，在一个片层范围内，且纳米片层显示的厚度均相近，从而间接支持了纳米片层的生成和块体二维层状化合物的剥离。另外，通过纳米片层的电子衍射图谱，其电子衍射数据给出清晰的晶体斑点图案，且对称性与母体化合物的对称性相同，表明块体无机层状材料的二维原子排列在剥离的纳米片层中得到很好保留，组成结构没有发生改变，所得纳米片层具有典型的单结晶体特征［如图3-9（a）］。同时，从剥离所得纳米片层的电子衍射成像所得纳米片层高分辨 TEM 照片显示，片层内的组成原子是非常规则有序排列的［如图3-9（b）］。通过透射电子显微镜观察纳米片层的表征手段，同样可以用于其它层状化合物剥离所得纳米片层的表征，表明透射电子显微镜是表征二维无机层状材料剥离形成纳米片层的有效手段之一。

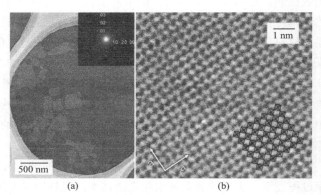

图 3-9
$Ca_2Nb_3O_{10}$ 纳米片层的 TEM 照片和电子衍射数据（a）及高分辨 TEM 照片（b）[27]

（2）原子力显微镜

由于 TEM 不能明确确定纳米片层的厚度和性质，使得原子力显微镜（AFM）作为成像表征纳米片层厚度的最重要的方法。应用 AFM 成像表征技术，可以确认系列块体无机层状材料剥离得到的纳米片层的厚度。将剥离的 $Ca_2Nb_3O_{10}$ 纳米片层吸附在硅基板上，通过 AFM 测定所得成像照片，如图 3-10 所示。图中测定纳米片层断面高度约为 2.0 nm，该测量数据同块体层状化合物 $Ca_2Nb_3O_{10}$ 层板厚度 1.44 nm 非常接近，说明层状化合物 $Ca_2Nb_3O_{10}$ 剥离形成了 $Ca_2Nb_3O_{10}$ 纳米片层[27]。

另外，一些其它块体无机层状材料剥离所得纳米片层的 AFM 成像表征结果如图 3-11 所示[7]。通过 AFM 成像表征分析，$Ti_{0.91}O_2^{0.36-}$ 纳米片层的厚度为（1.12±0.07）nm，$MnO_2^{0.4-}$ 纳米片层的厚度为（0.77±0.05）nm，$Ca_2Nb_3O_{10}^-$ 纳米片层的厚度为（2.30±0.09）nm，而 $Mg_{2/3}Al_{1/3}(OH)_2^{1/3+}$ 纳米片层的厚度为（0.81±0.05）nm。通过 AFM 测量所得的不同纳米片层，其厚度几乎与相应块体层状化合物中主体片层厚度相当，如 $Ti_{0.91}O_2^{0.36-}$ 纳米片层的厚度为 0.73 nm，$MnO_2^{0.4-}$ 纳米片层的厚度为 0.50 nm，$Ca_2Nb_3O_{10}^-$ 纳米片层的厚度为 1.44 nm 和

二维无机材料
剥离、纳米层组装及其功能化

$Mg_{2/3}Al_{1/3}(OH)_2^{1/3+}$ 片层的厚度为 0.48 nm。从 AFM 测量可以看出，测量数据值略大于晶体结构计算所得的层板厚度，产生误差原因归于原子力显微镜观察过程中，剥离所得纳米片层上可能吸附了溶剂分子（水、甲酰胺）或客体离子（阳离子、阴离子）等物种。

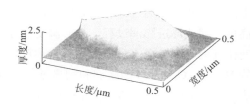

图 3-10
$Ca_2Nb_3O_{10}$ 纳米片层的 AFM 照片

图 3-11
典型纳米片层的 AFM 图像[7]
（a）$Ti_{0.91}O_2^{0.36-}$；（b）$Ca_2Nb_3O_{10}^-$；（c）$Mg_{2/3}Al_{1/3}(OH)_2^{1/3+}$；（d）$MnO_2^{0.4-}$

（3）X 射线衍射

透射电子显微镜及原子力显微镜技术用于剥离纳米片层的表征，主要可以观察纳米片层的厚度、尺寸大小和形状，但是对于层状化合物的膨润状况及剥离程度等的评价显得不足，而 X 射线衍射（XRD）表征技术能够在一定程度上弥补该缺陷，成为表征二维无机层状材料膨润和剥离过程中宏观变化的有效手段。随着二维无机层状材料膨润过程的进行，高度膨润使得其层间距不断增大，导致所得试样的 XRD 衍射峰向小角度位移。因此，通过 XRD 图案中的一系列布拉格峰位置和强度的变化，就可以表征膨润及剥离进行的程度，且高度膨润相是剥离进行的前提。

黏土矿物膨润和剥离过程研究表明，在一定浓度的电解质水溶液中，黏土经历了高度膨润或渗透膨润过程，且膨润变化程度与电解质浓度的平方根成反比，该变化行为与分散在水悬浮液中胶体颗粒表面形成的双电层理论一致。层状化合物 $H_{0.7}Ti_{1.825}O_4 \cdot H_2O$ 的膨润和剥离过程，可以通过 X 射线衍射结果变化得到确认。当层状化合物 $H_{0.7}Ti_{1.825}O_4 \cdot H_2O$ 在碱性 TBAOH 溶液中振荡处理，中和反应会迅速发生，TBA^+ 插入到层间以保持电荷平衡，导致在主体负电性层板两边形成双电层。但是，当 TBA^+ 浓度降低时，为了维持电中性，更多的溶剂分子扩散进入层间，层状化合物渗透水合导致长距离膨润进行。而层状化合物膨润及其剥离过程的层结构变化，可以通过 X 射线衍射得到很好的表征。层状化合物 $H_{0.7}Ti_{1.825}O_4 \cdot H_2O$ 在 TBAOH 溶液中处理，通过 X 射线衍射可以表征层间距变化。从 XRD 衍射图谱可以看出，层状化合物层间距的变化与 TBA^+ 离子的浓度密切关联，当 TBAOH 浓度降低到一定值时，层状化合物的膨润导致层间距可以增大到 >10 nm，这样的层间距使得层间静电引力减弱，有利于层状化合物的最终剥离[28]。

一般情况下，层状过渡金属氧化物的膨润和剥离主要在氢氧化四烷基铵溶液中进行，而层状双金属氢氧化物（LDHs）和层状稀土氢氧化物的剥离过程，主要在有机溶剂如甲酰胺中进行，而且表现出与层状过渡金属氧化物不同的剥离机制。甲酰胺是一种高极性溶剂，其分子中的羰基有可能与层状双金属氢氧化物层板上的羟基产生强烈的相互作用，导致大量甲酰胺分子扩散进入到 LDH 层间，而发生层状化合物的膨润及剥离。甲酰胺分子中的羰基与层状双金属水合氢氧化物层板上的羟基，产生强烈相互作用的原因可能有两个：一是甲酰胺可以打破由 LDH 层板上的羟基、夹层水分子和阴离子（例如 NO_3^-，ClO_4^-，DS^-）建立的较强氢键网络；二是甲酰胺分子的氨基（NH_2）不能与层间阴离子发生较强的结合，导致甲酰胺很容易渗透到 LDH 层间，从而产生膨润的大层间距层状化合物。对于层状双金属氢氧化物 Co^{2+}-Al^{3+}-NO_3^- LDH，当用不同量的甲酰胺处理，所得试样的 XRD 图谱如图 3-12 所示[29]。

从 XRD 图谱可以看出，Co^{2+}-Al^{3+}-NO_3^- LDH 的层间距随甲酰胺的量而变化，在一定量甲酰胺中，其层间距可以增大到数十纳米。Co^{2+}-Al^{3+}-NO_3^- LDH 在一定量甲酰胺中层间距的增大及层状化合物的高度膨润，类似于黏土矿物在水中和层状金属氧化物在季铵离子水溶液中的渗透水合作用。值得注意的是，在甲

二维无机材料
剥离、纳米层组装及其功能化

酰胺介质中产生的膨润结构是长距离有序的，随后伴随着机械振荡，这种长距离有序结构发生主体层板剥离。XRD 图谱可以非常清晰地表征膨润导致的层间距变化结果，对于二维无机层状化合物的膨润过程，能够给予较好的表征分析。但是，对于二维无机层状化合物的最终剥离状态，XRD 图谱只能作为一种辅助表征手段。将剥离得到的纳米片层分散胶体悬浮液在离心机中高速离心（例如，30000 r/min），将得到的包含纳米片层的湿态泥浆不进行干燥，而直接进行 XRD 测量，所得 XRD 图谱一般没有反射所产生的尖锐布拉格峰，而仅仅为非晶状衍射大包。由于二维无机层状材料的纳米层板是由沿一定方向的规则纳米层堆积而成，XRD 图谱展示了规则的平行衍射峰。但是，当层状化合物处于剥离状态时，纳米层板沿一定方向规则堆积的结构消失，分散在介质中呈无规则纳米片层散射，导致 XRD 图谱为非晶态衍射大包。Co^{2+}-Al^{3+}-NO_3^- LDH 在不同量甲酰胺中，反应膨润及随后伴随机械搅拌或超声处理，所得产物的 XRD 图谱表明，当 Co^{2+}-Al^{3+}-NO_3^- LDH 与一定量甲酰胺混合反应后，所得产物的层间距膨润增大到 8 nm。而继续增加与 LDH 反应的甲酰胺量，可以观察其进一步膨润，伴随搅拌或超声而最终完成剥离。在图 3-12 中，虚线代表结构因子平方根 $F^2(001)$，在 $2\theta < 15°$ 的低角度区域，XRD 图谱所测定的衍射包，与依据 LDH 结构计算所得的结构因子平方曲线非常相似。因此，二维无机层状材料的剥离状态，通过 XRD 图谱产生的非晶态衍射包并辅助于结构因子计算，可以间接用于二维无机层状材料剥离的表征分析。

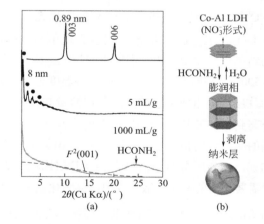

图 3-12

Co^{2+} – Al^{3+} – NO_3^- LDH（基础间距：0.89 nm）在不同量甲酰胺中反应所得产物的 XRD 图谱[29]
（a）0.1g LDH 与 0.5 mL（5 mL/g）甲酰胺混合时层间距膨润到 8 nm，增加甲酰胺到 100 mL（1000 mL/g）进一步膨胀，最终剥离［虚线代表结构因子平方根 $F^2(001)$］；（b）膨润过程演化示意图

3.1.4　纳米片层的性质

二维无机层状材料由于组成和结构不同，剥离得到的纳米片层具有不同的物理和化学性质。层状化合物剥离得到的纳米片层，由于表面完全暴露使得可以利用所有表面活性位点。同时，纳米片层所具有的二维横向限制，即量子限域效应，可能会导致层板内电子结构改变和诱发新的物理现象。纳米片层所具有的这些特征，使其显示出一些有趣的特性，期待在电子、铁磁、电化学和光响应纳米器件等方面得到应用。

根据无机层状材料的组成和结构，剥离所得纳米片层主要分为金属氧化物纳米片层、金属氢氧化物（LDH）纳米片层和单元素类石墨烯纳米片层等，金属氧化物纳米片层可以细分为过渡金属氧化物纳米片层和修饰/取代的金属氧化物纳米片层。

（1）过渡金属氧化物纳米片层

大多数过渡金属氧化物纳米片层主要是由如 Ti^{4+}、Nb^{5+}、Ta^{5+}、Mn^{4+}、Ru^{4+} 等 d^0 过渡金属离子组成的氧化物，这些过渡金属氧化物纳米片层通常是宽带隙半导体，其作为半导体主体材料在光催化剂、高介电常数材料、高耐热性材料、超级电容器、固体酸和液晶等方面展现出了应用前景。通过层状二氧化钛剥离得到的二氧化钛纳米片层，虽然具有与体相 TiO_2 金红石和锐钛矿类似的半导体特性，但量子尺寸效应赋予了独特的光诱导，从而产生光伏、光催化和光电导性等功能。当采用波长小于 320 nm 紫外光照射剥离的二氧化钛纳米片 $Ti_{0.91}O_2^{0.36-}$，能够产生带隙 3.8 eV 的阳极光电流，比块体 TiO_2 的带隙 3.2 eV 高[30]。同时，$Ti_{0.91}O_2^{0.36-}$ 纳米片层也表现出高耐热性，跟踪剥离纳米片层组装薄膜的结晶行为发现，由 5 层或更多层 $Ti_{0.91}O_2^{0.36-}$ 纳米片层堆叠组成的薄膜，在 400 ～ 500 ℃ 可转化为块体锐钛矿，该温度也是块体锐钛矿的结晶温度。但是，当纳米片层堆叠组成薄膜的纳米片层数量减少到 5 层或更少时，结晶转化温度快速升高到 800 ℃[31]。结晶转化温度快速升高的原因可能是，由于 $Ti_{0.91}O_2^{0.36-}$ 纳米片层的晶面结构相似于块体锐钛矿（001）晶格，使得锐钛矿沿 c 轴优先生长得到加强。剥离所得的 $Ti_{0.91}O_2^{0.36-}$ 纳米片层比锐钛矿单位晶胞薄许多，而相转移过程中需要大量的原子扩散，导致结晶转化温度迅速升高。

剥离的过渡金属氧化物纳米片层所具有的独特二维形貌，使得纳米片层作为氧化还原活性电极显示了巨大应用潜力。同块体层状 MnO_2 相比，剥离所得 $MnO_2^{0.4-}$ 纳米片层，表现出了与 Mn^{3+} 和 Mn^{4+} 电化学氧化还原过程有关的电致变色行为，使得 $MnO_2^{0.4-}$ 纳米片层的光学吸收褪色和效率增强，在 385 nm 处测量所得 36.7 cm^2/C 电致变色效率比块体 MnO_2 高[32]。同块体层状 RuO_2 相比，剥

二维无机材料
剥离、纳米层组装及其功能化

离的 $RuO_{2.1}^{\delta-}$ 和 $RuO_2^{\delta-}$ 纳米片层在电化学超级电容器中显示了高的比电容，其质量比电容大于 600 F/g，是块体层状 RuO_2 的 10 倍以上，基本与无定形氧化钌水合物的相近。$RuO_{2.1}^{\delta-}$ 和 $RuO_2^{\delta-}$ 纳米片层电容增大的主要原因，应该归于纳米片层高的有效表面积（250 m^2/g）和氧化还原反应表面活性位点的充分利用 [33]。另外，一些剥离得到的钛铌氧化物纳米片层显示了固体酸特性，有助于人们从原子尺度和量子化学水平认识固体酸。如 NH_3 温度编程解吸和 ^1H 魔角旋转核磁共振（NMR）光谱显示，剥离所得 $HTiNbO_5$ 纳米片层具有强烈的布朗斯特酸位点，其作为强固体酸催化剂可用于乙酸的酯化、异丙苯的裂解和 2- 丙醇的脱水。但是，块体层状 $HTiNbO_5$ 由于层间距离窄，导致有机分子插入层间困难，不具有剥离所得 $HTiNbO_5$ 纳米片层固体酸的催化特性 [34]。

剥离纳米片层具有高的纵横比（横向厚度比：$10^2 \sim 10^5$），使得纳米片层胶体悬浮液表现出有趣的液体结晶度。在交叉偏振器中，用肉眼和显微镜观察 $Nb_6O_{17}^{4-}$ 纳米片层的胶体悬浮液（层厚度 1.8 nm，横向尺寸 0.15 ～ 7.8 μm），发现该悬浮液显示双折射特性，且该特性与纳米片层的横向尺寸和浓度有关。小的横向尺寸（0.15 ～ 1.9 μm）纳米片层悬浮液展示了从各向同性、双相不等（各向同性和液晶）并最终在浓胶体溶液时完全呈液晶状态，且相转移浓度（从各向同性到双相，双相到液晶）随纳米片层长宽比的增加而减小。同时，对于横向尺寸较大的纳米片层胶体悬浮液（6.2 μm 和 7.8 μm），在非常低的浓度下（体积分数为 5.1×10⁻⁶），就能观察到液晶相，远低于 Onsager 理论中的预期浓度 [35]。

（2）修饰 / 取代的金属氧化物纳米片层

尽管过渡金属层状氧化物剥离得到的纳米片层已显示了特殊性质，如果通过向纳米片层中掺杂一些具有特殊性质的其它元素，可以实现纳米片层特殊性质的设计和改善，即通过修饰 / 取代，可实现金属氧化物纳米片层性质的功能化，是一条开发功能纳米片层材料的有效途径。在通过固相制备剥离所需要的层状化合物前驱体时，将一些特性元素引入到反应体系，使引入的特性元素替换和调整主体纳米片层的过渡金属阳离子位点，实现块体层状化合物前驱体主层板中特性元素的掺杂引入。制备得到的含有特性替换和元素调整的块体层状化合物，在随后的剥离过程中，主体纳米层板组成一般不发生变化，可制备具有功能特性的修饰 / 取代金属氧化物纳米片层。如向无机层状材料主体纳米层板组成中，引入磁性过渡金属元素（Co、Fe、Mn 等）和稀土元素（Eu、Tb 等），将使得开发具有磁性和光致发光功能的纳米片层成为可能。

磁性过渡金属元素（如 Co、Fe、Mn）掺杂引入到 TiO_2 纳米层板，剥离得到的掺杂二氧化钛纳米片层室温下显示铁磁性。由于二维材料属性，$Ti_{0.8}Co_{0.2}O_2^{0.4-}$ 纳米片层磁化显示各向异性，Co 元素的掺杂使得每个 Co 的最大磁矩达 1.4 μB，大于理论上预计的低自旋 Co^{2+} 旋转磁矩 1 μB，以及 Co 元素掺杂的具有半导体性质的锐钛矿磁矩（0.3 μB，对于每个 Co）和绝缘体磁矩（1.1 μB，对于每个 Co[36]）。另一方面，向金属氧化物主体层板中掺杂引入稀土元素，剥离得到的稀土取代或掺杂金属氧化物纳米片层，显示了良好的光致发光特性。利用剥离得到的稀土取代或掺杂金属氧化物发光纳米片层，可以组装一些显示不同激发和发射行为的高度定向薄膜，作为下一代光学和电光器件，在化学和生物传感器中作为发光探针使用。向 $LaNb_2O_7$ 主体层板中掺杂 Eu^{3+}，剥离得到的 $La_{0.90}Eu_{0.05}Nb_2O_7$ 纳米片层，显示了 Eu^{3+} 的直接激发或主激发光致发光特征，在最大宽激发带处（353 nm），能够观察到来自 $La_{0.90}Eu_{0.05}Nb_2O_7$ 纳米片层通过主激发产生的强烈发射。与未剥离的前驱体 $KLa_{0.90}Eu_{0.05}Nb_2O_7$ 主激发相比，直接激发产生了更强的发射 [37]。

（3）金属氢氧化物纳米片层

与过渡金属氧化物纳米片层性质研究比较，层状双金属氢氧化物（LDHs）纳米片层的性质研究是一个相对新颖的课题，且层状双金属氢氧化物纳米片层的一些重要属性可以从它们主体层板的性质中得到启发。通常，层状双金属氢氧化物具有阴离子可交换性，对环境中化学物种的流动影响巨大，因而对于地质和环境处理有相当重要的意义。同 LDHs 块体材料类似，LDHs 纳米片层是优异的阴离子交换剂候选材料，可用于废水去除有毒阴离子如铬酸盐、硒酸盐或卤化物，用于药物输送胶囊或电活性和光活性控制释放系统。同时，与其它无机纳米粒子相比，由于 LDHs 纳米片层的毒性低，使得该类材料在治疗和药物应用方面显示了广阔前景。用 LDHs 封装的药物分子，其溶解度和生物相容性得到改善，保护了不稳定药物分子免受 pH、热、光或辐射的影响。同时，LDHs 纳米片层会更有效地吸附或释放、键合阴离子或药物分子 [38]。将过渡金属元素掺杂引入到 LDHs 主体层板中，对于研究材料的电子、磁性和光学性质至关重要。通过第一性原理计算预测，将 3d 过渡金属掺杂引入到 LDHs 纳米层板，所得材料可显示铁磁和半金属态性质，如 Co^{2+}-Al^{3+} LDH 纳米片层在室温下显示铁磁性，在 UV-Vis 中区表现出显著的磁光响应。因此，可以预计全过渡金属如 Co^{2+} -Fe^{3+}、Co^{2+}-Co^{3+}、Ni^{2+}-Co^{3+} LDH 纳米片层会有更加突出的效果 [39]。从稀土元素独特的化学性质角度来看，稀土氢氧化物纳米片层具有特殊的性能，如 Eu^{3+}-Tb^{3+} LDH 纳米片层具有发光特性。利用阴离子交换反应，在层状稀土氢氧化物层间插入功能分子，所得材料可用于有利于磁共振成像（MRI）和药物处理的多功能系统，如 Gd^{3+} 纳米片层能够用作携带磁共振（MR）- 主动顺磁中心的有效载荷。

二维无机材料
剥离、纳米层组装及其功能化

3.1.5 纳米片层的应用

从二维无机层状材料剥离得到的无机纳米片层，由于具有不同于其前驱体块体材料的许多特性，使得纳米片层显示了独特的光、电、磁等性质。同时，剥离得到的无机纳米片层叠加后所制备的材料，在结构、空间和表面构造等方面所产生的杂化效应为材料的进一步应用提供了可能。从应用角度看，无机纳米片层主要在以下几个方面得到关注。

（1）纳米片层的结构应用

利用二维无机层状材料的层状结构，可以进行大量的与层状结构有关的材料制备及性能开发。例如为了热电转换材料转换因子的最大化及降低热传导，合理利用层状结构成为解决问题的新策略之一。自从发现铜氧化物的超导特性以来，人们制备了许多层状结构铜氧化物，并进行了其超导性质研究。向过渡金属二硫化物层间插入碱金属离子，可以赋予该类层状化合物超导性，而具有层状结构的钴氧化物同样发现具有超导性。

（2）纳米片层的表面应用

二维无机层状材料剥离所得纳米片层，利用其表面排列原子与金属配体之间配合作用而引起的性质变化，可以进行手性识别等方面的研究工作。无机纳米片层表面原子的排列差异，导致其与金属配体间进行配位作用的机会和能力不同。同时，利用表面修饰技术，可以进行无机纳米片层表面原子的排列修饰，赋予纳米片层表面不同的性质，为应用研究的开展提供新的基础材料。

（3）纳米片层的层间应用

二维无机层状材料由于层板间弱的静电引力或范德华力，使得该类化合物具有优越的层间改性和层间距可调控性。利用纳米片层的空间效应，能够制备许多反应和性能优越的纳米功能材料。通过筛选组成不同的主体层板和在纳米层间复合不同性质的介孔物质，可以赋予制备材料新的结构和性质，为开发不同结构和性质的新型纳米功能材料开辟新途径。通过无机层状前驱体的离子交换反应，可以将沸石或介孔多孔材料引入到层板之间，随后热处理使其固定在纳米层间，不仅可极大提高层状材料的热稳定性，同时赋予复合层状材料新的热、磁、光、电等性质。将光催化材料引入到无机层状材料层间，可以得到高稳定性、分子组装可控和具有特殊配向性的功能性光催化材料。利用层状化合物层间距的可调控性，可以将生物功能物质插入到层间进行复合材料的性能研究。将有机功能基团引入到层间，或通过有机基团对层板进行修饰，所得材料在化妆品和亲水材料等领域应用前景广阔。

（4）纳米片层的大比表面积应用

无机纳米片层具有大的比表面积，当与具有特殊性质的高分子材料杂化复合时，所制备的纳米复合材料的机械强度和气体通透性等性质得到大幅改善。如层状黏土与高分子杂化形成的高分子黏土杂化材料，由于具有良好的机械强度和气体通透性，已在许多领域得到广泛应用。当纳米片层表面的聚合结晶化后，对于纳米片层性质的改善起到很好的作用。在电化学催化领域，由于纳米片层的大比表面积特征，使得电化学反应活性位点增多，将为开发低阻抗、高反应活性的电催化材料提供可能。

3.2
无机纳米片层的组装

各向异性无机纳米片层在电子、光子、磁和机械性能方面显示了其优越性，其制备和性质对于基础和应用基础研究极为重要。不同电性无机纳米片层，可以作为制备纳米功能材料的组装单元。剥离得到的纳米片层以带电的二维纳米晶体形式分散在介质中，形成纳米片层胶体悬浮液。因此，使用分散在介质中带电的二维纳米片层作为材料组装单元，可用于构建系列纳米功能材料。絮凝、交替沉积或 Langmuir-Blodgett 等湿法组装制备技术，是纳米片层制备纳米层状功能材料的主要手段，在纳米水平上无机纳米片层组装纳米功能材料过程如图3-13所示。

3.2.1 絮凝组装

二维无机层状材料剥离所得纳米片层胶体悬浮液中，纳米片层胶体粒子周围形成了扩散双电层，相邻的纳米片层胶体粒子之间通过静电斥力和范德华引力保持动态平衡，最终使得纳米片层胶体粒子稳定分散在介质中。因此，当纳米片层胶体粒子稳定分散动态平衡条件改变时，动态平衡容易破坏而发生聚沉。由无机层状材料剥离得到的纳米片层胶体悬浮液也具有同样的性质，当向该胶体悬浮液中加入适量的电解质或特定结构分子，导致悬浮液中离子强度发生改变，最终分散动态平衡被破坏，加入的电解质离子或特定结构分子，通过静电引力插入到纳米层间，最终组装得到层状纳米结构材料。由于该类沉淀生成产物大多为羊毛状形貌，因而该组装制备纳米功能材料的过程常称为絮凝。絮凝沉淀过程不需要在高温等苛刻条件下进行，且絮凝过程不影响纳米片层的二维晶格，因此絮凝组装可以制备不同形貌、不同结构和不同组分的纳米结构功能材料。剥离的无机纳米

二维无机材料
剥离、纳米层组装及其功能化

片层与其它物种在纳米级别絮凝复合组装，可以得到性质特殊的纳米功能材料，特别是一些对于外界条件敏感的大离子或分子，可以通过纳米片层絮凝组装，将这些大离子或分子插入层板间形成纳米结构功能材料[40]。

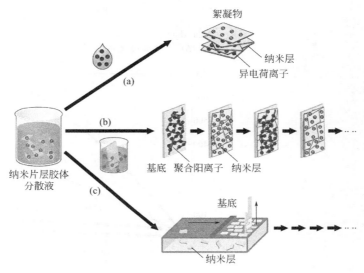

图 3-13
无机纳米片层组装纳米功能材料过程
（a）絮凝组装；（b）静电顺序吸附；（c）Langmuir-Blodgett 法 [7]

　　无机层状纳米片层絮凝组装纳米功能材料的过程简单，将纳米片层悬浮液与带相反电荷的离子／聚离子或特定结构分子混合即可产生絮凝沉淀。向二氧化锰纳米片层悬浮液中加入锂离子（Li^+），可絮凝产生 $Li_{0.36}MnO_2 \cdot 0.7H_2O$，该材料是良好的二次电池电极材料，其充放电曲线为无平台的连续斜坡，容量超过 193 mA·h/g[41]。同时，该电极材料显示在大电流放电下所具有的优势，电流密度为 2 A/g 时的比容量可达 79 mA·h/g。另外，通过絮凝技术制备的 $Li_{0.36}MnO_2$ 具有乱层结构，没有与块体 $LiMnO_2$ 相似的氧原子堆积，因而充放电过程中无尖晶石相变发生。同二氧化锰纳米片层与 Li^+ 絮凝制备功能材料相类似，通过剥离 - 絮凝技术制备了插锂八钛酸盐（$H_2Ti_8O_{17} \cdot H_2O$）[42]。同传统方法制备的层状八钛酸材料相比，絮凝组装材料不仅过电压小，而且可逆容量和能量效率也低，分别为 170 mA·h/g 和 91%。光致发光材料可以通过氧化物纳米片层胶体悬浮液与含有稀土离子（Eu^{3+}、Tb^{3+}）的水溶液絮凝制备，如 $Ti_{0.91}O_2^{0.36-}$ 纳米片层同 Eu^{3+} 和 Tb^{3+} 絮凝层状纳米复合材料，显示出高的 RE 离子含量（摩尔分数约 10%），这种高含量 RE 离子复合产物，一般不能通过稀土离子与母体层状化合物直接离子交换制备，显示了剥离 - 絮凝途径所具有的优势[43]。

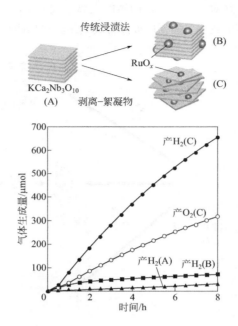

图 3-14
不同途径制备 RuO_x 掺杂 $KCa_2Nb_3O_{10}$ 光催化活性产 H_2（和 O_2）的速率比较[7]
（A）不含 RuO_x 块状 $KCa_2Nb_3O_{10}$；（B）用 RuO_x 浸渍 $KCa_2Nb_3O_{10}$；（C）剥离絮凝 $KCa_2Nb_3O_{10}/RuO_x$

　　由于半导体氧化物纳米片层絮凝组装材料具有大的比表面积，使得该类材料在光催化反应领域显示了一定的应用前景。用含有一定量 $RuCl_3$ 的 KCl 溶液絮凝 $Ca_2Nb_3O_{10}^-$ 纳米片层悬浮液，形成了 Ru^{3+} 插入到层间 $KCa_2Nb_3O_{10} \cdot nH_2O$ 材料，经 500 ℃热处理，Ru^{3+} 转换为非常小的纳米粒子 RuO_x 而存在于层间，该材料用作紫外线照射纯净水时的助催化剂，展示了高的纯水分解量（图 3-14）。而采用常规浸渍技术将 Ru^{3+} 引入到 $Ca_2Nb_3O_{10}$ 材料中，只存在于表面的助催化剂，没有表现出明显的光分解水行为[44]。与金属氧化物纳米片层所带电荷相反，层状双金属水合氢氧化物纳米片层带有正电荷，因此当向其纳米片层悬浮液中加入阴离子和聚阴离子时，同样也能够发生絮凝聚沉产生功能材料。更重要的是，直接絮凝带正电荷的氢氧化物纳米片层和带负电荷的氧化物纳米片层，将为通过不同电荷纳米片层絮凝组装功能材料的实现提供了可行性。将 $[Mg_{2/3}Al_{1/3}(OH)_2]^{1/3+}$ LDH 纳米片层和氧化物纳米片层（$Ti_{0.91}O_2^{0.36-}$ 和 $Ca_2Nb_3O_{10}^-$）絮凝，可以组装得到层间距分别为 1.2 nm 和 2.0 nm 的固体材料，其层间距分别与 LDH 纳米片层厚度（0.48 nm）和相应氧化物纳米片层厚度（$Ti_{0.91}O_2^{0.36-}$ 为

二维无机材料
剥离、纳米层组装及其功能化

0.73 nm，$Ca_2Nb_3O_{10}^-$ 为 1.44 nm）相加之和相同，TEM 图像也清晰地显示，氧化物和氢氧化物特征纳米片层相互交替堆叠行为（图 3-15）[45]。

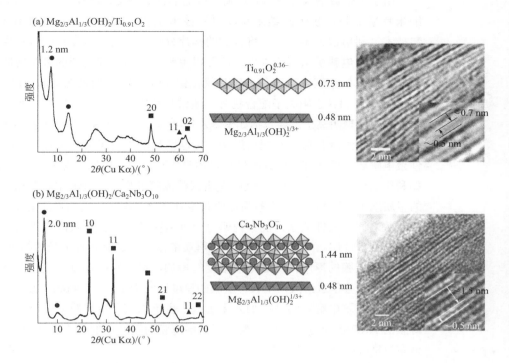

图 3-15
氧化物和氢氧化物纳米片层与 LDH 纳米片层絮凝产物的 XRD 和 TEM 表征[17]

（a）$[Mg_{2/3}Al_{1/3}(OH)_2]^{1/3+}/Ti_{0.91}O_2^{0.36-}$，层间距值为 1.2 nm；（b）$[Mg_{2/3}Al_{1/3}(OH)_2]^{1/3+}/Ca_2Nb_3O_{10}^-$，层间距值为 2.0 nmXRD 图谱中的指数是面内反射纳米片（实心方块为氧化物纳米片，实心小圆为 LDH 纳米片）

3.2.2 交替沉积组装

交替沉积制备聚合物薄膜技术首先由 Decher 提出，该概念已扩展到一系列包括蛋白质和胶体纳米颗粒等带电粒子组装材料体系[46]。Decher 等提出，由带相反电荷的聚电解质，在液 / 固界面通过静电作用交替沉积形成多层膜，这种组装技术只需将离子化的基片，交替浸入到带有相反电荷的聚电解质溶液中，静置一段时间取出冲洗干净，循环以上过程就可以得到功能多层薄膜。这种组装技术构筑的多层薄膜尽管有序度不如 LB 膜高，但由于其过程简单，不需要复杂的仪器设备，成膜物质丰富，成膜不受基片大小和形状的限制，制备的薄膜具有良好的机械和化学稳定性，且薄膜的组成和厚度可以调控等优点，得以广泛应用。交替沉积制备薄膜的驱动力是基于聚电解质分子在液 / 固界面的静电吸附，关键在于吸附下一层聚电解质时，会有稍过量的带相反电荷的聚电解质分子吸附在前一层上，使基片表面带上相反的电荷，从而保证了膜的连续生长。

由于大多数纳米片层带有电荷，因而非常适合交替沉积组装纳米功能材料。纳米片层交替沉积组装纳米功能材料技术也称为 LbL（Layer-by-Layer）自组装技术。利用该组装技术，将合适的基片分别交替浸入氧化物纳米片层悬浮液和合适的聚电解质水溶液中处理，可以组装不同结构和功能的多层薄膜。聚阳离子主要包括如聚二烯丙基二甲基氯化铵（PDDA）、聚乙烯亚胺（PEI）、Al_{13} Keggin 离子和其它阳离子配合物等，通常与负电性金属氧化物纳米片层进行层层组装。而聚阴离子主要包括如聚苯乙烯-4-磺酸钠（PSS）等，主要用于与正电性氢氧化物纳米片层进行层层组装。多层膜反映的是无机纳米片层和这些反电性聚电解质周期性交替的纳米结构，薄膜生长过程可以通过各种技术表征确定。如利用紫外-可见（UV-Vis）吸收光谱跟踪成膜过程，通过测定随沉积次数导致的金属纳米片层和 / 或聚电解质吸收带增强变化，得到物质的特征紫外吸收值与膜层数之间的线性关系，能够说明每个沉积循环中可重复吸附相等数量的金属氧化物纳米片层。显然，溶液中聚电解质的浓度会影响基片上吸附的物质的量，即影响单层膜的厚度；随着溶液浓度的增加，单层膜的厚度一般也会增加。对于聚电解质分子水溶液，生长一层膜的厚度通常为 1.2 ～ 1.4 nm。改变溶液离子强度，如向聚电解质溶液中加入无机盐，也可以调节单层膜的厚度。利用组装薄膜的 XRD 图谱分析，可以观察到多层薄膜周期结构的形成，并通过 XRD 图谱布拉格峰的演变增强确认。

在纳米片层交替沉积组装纳米功能材料过程中，PDDA 是最广泛使用的聚阳离子之一，应用于各种负电性氧化物纳米片层如 $Ti_{0.91}O_2^{0.36-}$、$MnO_2^{0.4-}$、TaO_3^- 等，层层组装多层薄膜。层层组装 $PDDA/Ti_{0.91}O_2^{0.36-}$ 和 $PDDA/MnO_2^{0.4-}$ 多层薄膜的紫外吸收光谱显示，在多层薄膜组装过程中，金属氧化物纳米片层的吸收呈线性增强 [图 3-16（a）和（b）][47, 48]。将纳米片层静电顺序沉积组装的薄膜材料加热到 400 ℃或通过紫外线照射，薄膜中组装的 PDDA 借助热或光催化，分解成铵 / 或氧正离子，可以制备不含聚合物，且化学性质改善和机械性能稳定的无机薄膜。同时，使用不同种类纳米片层或纳米颗粒、纳米管耦合纳米片层，交替沉积组装的纳米功能材料也可用于构建超晶格薄膜，如半导体 $Ti_{0.91}O_2^{0.36-}$ 和可还原 $MnO_2^{0.4-}$ 纳米片层，可以组装如图 3-16（c）所示的超晶格薄膜。该超晶格薄膜 UV-vis 吸收光谱清楚地表明，薄膜按照交替顺序生长。在 280 nm 的紫外线照射下，发现 $Ti_{0.91}O_2^{0.36-}$ 纳米片层在 372 nm 处的光学吸收峰强度逐渐降低，归因于 MnO_2 纳米片层中的 Mn^{4+} 还原到 Mn^{3+}，意味着 $Ti_{0.91}O_2^{0.36-}$ 纳米片层产生的激发电子注入到 $MnO_2^{0.4-}$ 纳米片层 [49]。

二维无机材料
剥离、纳米层组装及其功能化

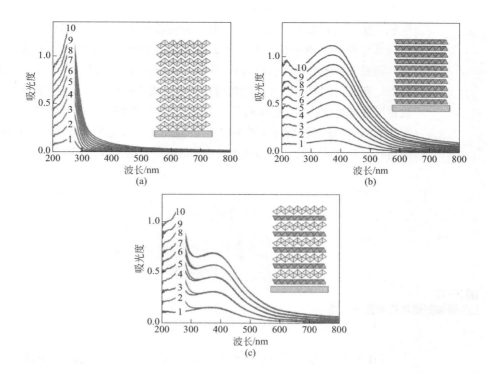

图 3-16

紫外－可见吸收光谱监测金属氧化物纳米片层有序沉积[17]

（a）$(PDDA/Ti_{0.91}O_2^{0.36-})_{10}$；（b）$(PDDA/MnO_2^{0.4-})_{10}$；（c）$(PDDA/MnO_2^{0.4-}/PDDA/Ti_{0.91}O_2^{0.36-})_5$

插图为多层薄膜的结构示意图，观察到的吸光度归因于吸附在基片两边的薄膜

3.2.3　Langmuir-Blodgett 组装

　　与纳米片层交替沉积组装纳米功能薄膜相比，Langmuir-Blodgett（LB）沉积能够将二维纳米片层组装成高质量纳米薄膜。LB 膜技术是一种可以在分子水平上精确控制薄膜厚度的制膜技术。二十世纪二三十年代，美国科学家 I. Langmuir 及其学生 K. Blodgett 建立的气 / 液界面单分子层膜，习惯上称为 Langmuir 膜。1934 年 Blodgett 第一次通过单分子层连续转移制备了多层组合膜[50]，现在通常将转移沉积到基片上的膜叫做 Langmuir-Blodgett 膜，简称 LB 膜。此技术利用具有疏水端和亲水端的两性分子在气 / 液（一般为水溶液）界面的定向性质，在侧向施加一定压力（高于数十个大气压）后，分子可以形成紧密定向排列的单分子膜。这种定向排列的单分子膜可通过适当的机械装置，一定的挂膜方式有序地、均匀地从溶液表面逐层转移、组装到固定载片上。LB 膜技术实质上是一种人工控制的特殊吸附方法，可以在分子水平上实现某些组装设计，完成一定空间次序的分子组装。LB 膜技术在一定程度上模拟了生物膜的自组装

现象，是一种比较好的仿生膜结构，是制备单层膜和多层膜较为常用的分子组装技术。但是，由于纳米材料不具备两亲性特点，若想实现 LB 方法对它的组装，则必须将无机纳米材料与具有两亲性的有机化合物复合，使其具有两亲性的特点。有机物的复合不仅使纳米材料具备了成膜条件，而且通过组装可获得多达数百层性能稳定的层 - 层结构[51]。典型的 LB 沉积膜组装实验装置如 KSV 公司制造的 KSV-5000 沉积系统（图 3-17）。Langmuir 槽和滑障都是采用疏水的聚四氟乙烯材料，滑障从槽的一端匀速地向另一端移动，压缩气 / 液界面得到单层膜。

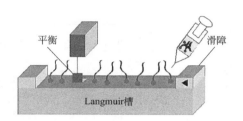

图 3-17
LB 组装制备薄膜装置示意图

　　LB 膜有人为控制分层组装的特点，是建立在分子水平上的超薄膜。对气液界面上的有机单分子膜施加外力，使其紧密堆积，以一定的方式转移到基板上，该组装技术的特点主要有：①成膜过程在常温常压下进行，不受时间限制，不会改变材料本身的性质；②可以制备单分子层膜，也可以一层一层累积起来，组装方式任意选择；③制备的薄膜厚度，可从单分子层厚（约 1.5 nm）到任意厚度自行控制；④可以对单一材料进行任意组装，也可以对两种或两种以上的材料进行交替组装；⑤常规技术制备的薄膜分子排列呈无序状态，而 LB 组装技术制备的薄膜在均匀性及厚度上具有可控性。

　　通过 LB 技术，应用剥离得到的金属氧化物纳米片层，可以组装具有密度高、厚度可控的纳米片层薄膜。当剥离的铝硅酸盐纳米片层、二硫化钼纳米片层和二氧化钛纳米片层，通过静电相互作用黏附两亲性铵阳离子后，在空气 / 水界面处以普通的 LB 程序组装，能够制备纳米片层薄膜。另外，不使用两亲性分子修饰剥离的纳米片层，而是利用剥离的氧化物纳米片层悬浮液中存在的 TBA^+ 离子作为支持电解质，适当压缩在空气 / 水界面自发漂浮剥离的纳米片层，将其转移到基材上而制备得到纳米片层薄膜。这样得到的纳米片层薄膜暴露在紫外线下，可使基材表面亲水性增强，有助于薄膜的重复单层沉积。这种直接将纳米片层转移的方法，已被应用于许多剥离的纳米片层的薄膜组装，如 $Ti_{0.91}O_2^{0.36-}$、$Ca_2Nb_3O_{10}^-$、$La_{0.95}Nb_2O_7^-$ 等的纳米薄膜组装。利用超大尺寸 $Ti_{0.87}O_2^{0.52-}$ 纳米片层，通过 LB 技术组装了高度有序的二氧化钛薄膜[52]。AFM 和

二维无机材料
剥离、纳米层组装及其功能化

横截面 TEM 图像均显示，该超薄膜均匀沉积在基片表面，且叠层二氧化钛纳米片的层状条纹清晰可见（图 3-18）。多层薄膜 XRD 测量显示出尖锐的七级基本反射，其 Williamson-Hall 分析指出薄膜在整个厚度上是连贯的，晶格应变非常小。此外，第一级基底反射伴随着小的由劳厄干扰导致的卫星峰值。所有这些表征结果表明，该膜形成了高度有序的纳米层状结构。

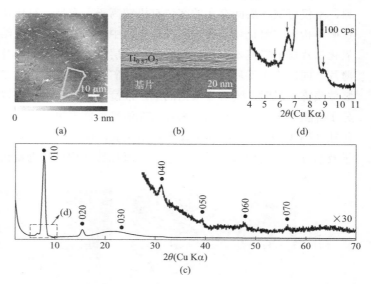

图 3-18

高质量 $Ti_{0.87}O_2^{0.52-}$ LB 膜 [52]

（a）10 层薄膜 AFM 图像；（b）10 层薄膜横截面 TEM 图像；（c）显示七阶（0k0）基本反射薄膜 XRD 图案；

（d）在（010）反射附近 XRD 分布放大视图

　　另外，LB 膜技术也可用于高质量、分子级、厚度约为 1 nm 纳米片层作为超薄种子层，在基板表面有序生长晶格适配功能氧化物薄膜，期待制备的薄膜具有增强的机械、电子和物理化学性质。在室温和基于液相组装过程，纳米片层 LB 沉积技术可以用在非晶玻璃或塑料基板上形成高结晶无机缓冲层。使用 $Ca_2Nb_3O_{10}^-$ 纳米片层薄膜作为种子层，在玻璃基板上以溶胶 - 凝胶工艺，可以制备 $SrTiO_3$ 取向薄膜 [53]。尽管在 ZnO(001) 和 $MnO_2^{0.4-}$ 纳米片之间有大约 13% 的晶格失配，优选取向的 ZnO 膜也可以在 $MnO_2^{0.4-}$ 纳米片层上得到。这种使用纳米片层作为种子层的薄膜组装新技术，可适用于通过溶液过程或物理沉积制备高质量薄膜，将在薄膜技术领域有很大的发展。

3.2.4　冷冻 / 或喷雾干燥组装

　　二维无机层状材料剥离得到的纳米片层，可以分散到不同介质中形成胶体分散液。将这些纳米片层胶体分散液冷冻干燥或喷雾干燥，通过纳米片层组装可以制备二维各向异性功能层状材料。冷冻干燥二氧化钛剥离所得二氧化钛纳米片层胶体分散液，可以得到不同外观的二氧化钛纳米片层组装材料。当二氧化钛纳米片层以 10 ～ 20 层组装，可得到片层状形貌的二氧化钛纳米片层聚合体。剥离用四甲基铵离子及水分子存在于纳米片层间，400 ℃加热处理该组装材料，不仅可破坏层间存在的客体有机铵离子，而且二氧化钛纳米片层转换成锐钛矿结构的二氧化钛。在加热处理过程中，尽管二氧化钛结构发生改变，但二氧化钛片层形貌基本保持，形成了纳米层厚、横向尺寸约几微米的锐钛矿结晶薄片。同冷冻干燥后热处理得到的锐钛矿结晶薄片相比，二氧化钛纳米片层组装体喷雾干燥时，喷雾器喷出的细小液滴被加热到水沸点以上时，液滴内部水分子沸腾膨胀，二氧化钛纳米片层在液滴外部聚集干燥，形成了中空形貌二氧化钛（图 3-19）[54]。喷雾干燥所得中空壳，由二氧化钛纳米片层夹杂有机铵离子及水分子组装而成，加热状态下二氧化钛结构转化为锐钛矿，但保持原来材

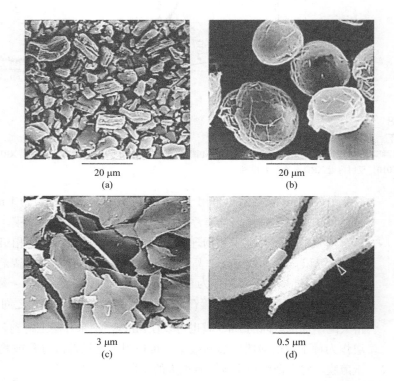

图 3-19
组装试样的扫描电子显微照片 [54]
（a）$H_{4x/3}Ti_{2-x/3}O_4H_2O$ 板状微晶；（b）650 ℃下热处理二氧化钛空心微球；（c）压碎微球形成的薄片状颗粒；（d）薄片状颗粒的边缘视图

二维无机材料
剥离、纳米层组装及其功能化

料形貌。得到的中空形貌二氧化钛的粒子大小、空壳壁厚度与喷雾干燥所用二氧化钛纳米片层胶体分散液的浓度及干燥条件有关，一般得到的锐钛矿空壳球尺寸大小约 25 μm，空壳厚度 50 nm 左右。由于所得锐钛矿空壳球 99% 为空洞，是制备低密度小粒子粉体材料的有效方法。二氧化钛主要以锐钛矿和金红石结构存在，用于颜料、紫外线化妆品、光催化剂和太阳能电池能等领域。工业生产得到的这些材料大部分为粉体材料，其它形貌很少。因此，冷冻干燥或喷雾干燥随后热处理得到的片状或中空形貌二氧化钛，有望赋予特殊的性质而得到广泛应用。

参考文献

[1] Sasaki T, Watanabe M. Osmotic swelling to exfoliation. Exceptionally high degrees of hydration of a layered titanate. J Am Chem Soc, 1998, 120: 4682-4689.

[2] Dai Z R, Pan Z W, Wang Z L. Gallium oxide nanoribbons and nanosheets. J Phys Chem B, 2002, 106: 902-904.

[3] Hibino T, Kobayashi M. Delamination of layered double hydroxides containing amino acids. Chem Mater, 2004, 16: 5482-5488.

[4] Novoselov K S, Geim A K, Morozov S V, Jiang D, Zhang Y, Dubonos S V, Grigorieva I V, Firsov A A. Electric field effect in atomically thin carbon films. Science, 2004, 306: 666-669.

[5] Kuroda K, Sasaki T. Science and applications of inorganic nanosheets. Tokyo: CMC Publication, 2005.

[6] Omomo Y, Sasaki T, Wang L Z, Watanabe M. Redoxable nanosheet crystallites of MnO_2 derived via delamination of a layered manganese oxide. J Am Chem Soc, 2003, 125: 3568-3575.

[7] Ma R, Sasaki T. Nanosheets of oxides and hydroxides: ultimate 2D charge-bearing functional crystallites. Adv Mater, 2010, 22: 5082-5104.

[8] Tanaka T, Ebina Y, Takada K, Kurashima K, Sasaki T. Oversized titania nanosheet crystallites derived from flux-grown layered titanate single crystals. Chem Mater, 2003, 15: 3564-3568.

[9] 邵姣婧，郑德一，李政杰，杨全红. 二维纳米材料的自上而下制备：可控液相剥离. 新型炭材料, 2016, 31: 97-114.

[10] Geng F X, Ma R Z, Nakamura A, Akatsuka K, Ebina Y, Yamauchi Y, Miyamoto N, Tateyama Y, Sasaki T. Unusually stable ~100-fold reversible and instantaneous swelling of inorganic layered materials. Nature Commun, 2013, 4: 1632-1638.

[11] Walker G F. Diffusion of exchangeable cations in vermiculite. Nature, 1959, 184: 1392-1393.

[12] Walker G F. Macroscopic swelling of vermiculite crystals in water. Nature, 1960, 187: 312-313.

[13] Shao J J, Raidongia K, Koltonow A R, Huang J. Self-assembled two-dimensional nanofluidic proton channels with high thermalstability. Nat Commun, 2015, 6: 7602-7608.

[14] Suquet H, De la Calle C, Pezerat H. Swelling and structural organization of saponite. Clay Clay Miner, 1975, 23: 1-9.

[15] Adachi Pagano M, Forano C, Besse J P. Delamination of layered double hydroxides by use of surfactants. Chem Commun, 2000: 91-92.

[16] Ren W, Cheng H M. The global growth of graphene. Nat Nanotechnol, 2014, 9: 726-730.

[17] Chao X, Yuan R S, Wang X, Selective reduction of graphene oxide. New Carbon Mater, 2014, 29: 61-66.

[18] Fan X, Xu P, Zhou D, et al. Fast and efficient preparation of exfoliated 2H MoS$_2$ nanosheets by sonication-assisted lithium intercalation and infrared laser-induced 1T to 2H phase reversion. Nano Lett, 2015, 15: 5956-5960.

[19] Yang D, Frindt R F. Li-intercalation and exfoliation of WS$_2$. J Phys Chem Solids, 1996, 57: 1113-1116.

[20] Naguib M, Kurtoglu M, Presser V, et al. Two-dimensional nanocrystals produced by exfoliation of Ti$_3$AlC$_2$. Adv Mater, 2011, 23: 4248-4253.

[21] Xuan J, Wang Z, Chen Y, et al. Organic-base-driven intercalation and delamination for the production of functionalized titanium carbide nanosheets with superior photothermal therapeutic performance. Angew Chem Int Ed, 2016, 55: 14569-14574.

[22] Han J T, Jang J I, Kim H, et al. Extremely efficient liquid exfoliation and dispersion of layered materials by unusual acoustic cavitation. Sci Rep, 2014, 4: 5133-5139.

[23] Lotya M, Hernandez Y, King Paul J, et al. Liquid phase production of graphene by exfoliation of graphite in surfactant/watersolutions. J Am Chem Soc, 2009, 131: 3611-3620.

[24] Varrla E, Backes C, Paton Keith R, et al. Large-scale production of size-controlled MoS$_2$ nanosheets by shear exfoliation. Chem Mater, 2015, 27: 1129-1139.

[25] Varrla E, Paton Keith R, Backes C, et al. Turbulence-assisted shear exfoliation of graphene using household detergent and a kitchen blender. Nanoscale, 2014, 6: 11810-11819.

[26] Paton Keith R, Varrla E, Backes C, et al. Scalable production of large quantities of defect-free few-layer graphene by shear exfoliation in liquids. Nat Mater, 2014, 13: 624-630.

[27] Ebina Y, Sasaki T, Watanabe M. Study on exfoliation of layered perovskite-type niobates. Solid State Ion, 2002, 151: 177-182.

[28] Sasaki T, Ebina Y, Kitami Y, et al. Two-dimensional diffraction of molecular nanosheet crystallites of titanium oxide. J Phys Chem B, 2001, 105: 6116-6121.

[29] Ma R, Liu Z, Li L, et al. Exfoliating layered double hydroxides in formamide: a method to obtain positively charged nanosheets. J Mater Chem, 2006, 16: 3809-3813.

[30] Sakai N, Ebina Y, Takada K, et al. Electronic band structure of titania semiconductor nanosheets revealed by electrochemical and photoelectrochemical studies. J Am Chem Soc, 2004, 126: 5851-5858.

[31] Fukuda K, Ebina Y, Shibata T, et al. Unusual crystallization behaviors of anatase nanocrystallites from a molecularly thin titania nanosheet and its stacked forms: increase in nucleation temperature and oriented growth. J Am Chem Soc, 2007, 129: 202-209.

[32] Sakai N, Ebina Y, Takada K, et al. Electrochromic films composed of MnO$_2$ nanosheets with controlled optical density and high coloration efficiency. J Electrochem Soc, 2005, 152: E384-E389.

[33] Sugimoto W, Iwata H, Yasunaga Y, et al. Preparation of ruthenic acid nanosheets and utilization of its interlayer surface for electrochemical energy storage. Angew Chem Inter Ed, 2003, 42: 4092-4096.

[34] Takagaki A, Sugisawa M, Lu D, et al. Exfoliated nanosheets as a new strong solid acid catalyst. J Am Chem Soc, 2003, 125: 5479-5485.

[35] Gabriel Jean Chridtophe P, Camerel F, Lemaire Bruno J, et al. Swollen liquid-crystalline lamellar phase based on extended solid-like sheets. Nature, 2001, 413: 504-508.

[36] Osada M, Ebina Y, Fukuda K, et al. Ferromagnetism in two-dimensional Ti$_{0.8}$Co$_{0.2}$O$_2$ nanosheets. Phy Rev B, 2006, 73: 153301-153304.

[37] Ozawa Tadashi C, Fukuda K, Akatsuka K, et al. Preparation and characterization of the Eu^{3+} doped perovskite nanosheet phosphor: La$_{0.90}$Eu$_{0.05}$Nb$_2$O$_7$. Chem Mater, 2007, 19: 6575-6580.

[38] Choy J H, Kwak S Y, Park J S, et al. Intercalative

nanohybrids of nucleoside monophosphates and DNA in layered metal hydroxide. J Am Chem Soc, 1999, 121: 1399-1400.

[39] Liu Z, Ma R, Osada M, et al. Synthesis, anion exchange, and delamination of Co-Al layered double hydroxide: assembly of the exfoliated nanosheet/polyanioncomposite films and magneto-optical studies. J Am Chem Soc, 2006, 128: 4872-4880.

[40] Divigalpitiya W M R, Frindt R F, Morrison S R. Inclusion systems of organic molecules in restacked single-layer molybdenum disulfide. Science, 1989, 246: 369-371.

[41] Wang L, Takada K, Kajiyama A, et al. Synthesis of a Li-Mn-oxide with disordered layer stacking through flocculation of exfoliated MnO_2 nanosheets, and its electrochemical properties. Chem Mater, 2003, 15: 4508-4514.

[42] Suzuki S, Miyayama M. Lithium intercalation properties of octatitanate synthesized through exfoliation/reassembly. J Phys Chem B, 2006, 110: 4731-4734.

[43] Xin H, Ma R, Wang L, et al. Photoluminescence properties of lamellar aggregates of titania nanosheets accommodating rare earth ions. Appl Phys Lett, 2004, 85: 4187-4189.

[44] Hata H, Kobayashi Y, Bojan V, et al. Direct deposition of trivalent rhodium hydroxide nanoparticles onto a semiconducting layered calcium niobate for photocatalytic hydrogen Evolution. Nano Lett, 2008, 8: 794-799.

[45] Li L, Ma R, Ebina Y, et al. Layer-by-layer assembly and spontaneous flocculation of oppositely charged oxide and hydroxide nanosheets into inorganic sandwich layered materials. J Am Chem Soc, 2007, 129: 8000-8007.

[46] Decher G. Fuzzy nanoassemblies: toward layered polymeric multicomposites. Science, 1997, 277: 1232-1237.

[47] Sasaki T, Ebina Y, Tanaka T, et al. Layer-by-Layer assembly of titania nanosheet/polycation composite films. Chem Mater, 2001, 13: 4661-4667.

[48] Wang L, Omomo Y, Sakai N, et al. Fabrication and characterization of multilayer ultrathin films of exfoliated MnO_2 nanosheets and polycations. Chem Mater, 2003, 15: 2873-2878.

[49] Sakai N, Fukuda K, Omomo Y, et al. Hetero-nanostructured films of titanium and manganese oxide nanosheets: photoinduced charge transfer and electrochemical properties. J Phys Chem C, 2008, 112: 5197-5202.

[50] Blodgett Katharine B. Films built by depositing successive monomolecular layers on a solid surface. J Am Chem Soc, 1935, 57: 1007-1022.

[51] 欧阳健明 . LB 膜的原理及应用 . 广州：暨南大学出版社，1999.

[52] Akatsuka K, Haga M, Ebina Y, et al. Construction of highly ordered Lamellar nanostructures through Langmuir-Blodgett deposition of molecularly thin titania nanosheets tens of micrometers wide and their excellent dielectric properties. ACS Nano, 2009, 3: 1097-1106.

[53] Shibata T, Fukuda K, Ebina Y, et al. One-nanometer-thick seed layer of unilamellar nanosheets promotes oriented growth of oxide crystal films. Adv Mater, 2008, 20: 231-235.

[54] Iida M, Sasaki T, Watanabe M. Titanium dioxide hollow microspheres with an extremely thin shell. Chem Mater, 1998, 10: 3780-3782.

第 4 章
层状二氧化锰

4.1
二氧化锰的结构及分类

4.1.1　二氧化锰的结构特征

　　二氧化锰晶体具有结构多样和氧化态多变等特征，构成二氧化锰晶体的基本结构单元是 MnO_6 八面体，由顶点的 6 个氧原子和八面体中心的 1 个锰原子配位形成，其结构如图 4-1 所示。当相邻的 MnO_6 八面体之间以共棱或共角的方式连接时，可以形成多种结构的氧化锰晶体。氧化锰晶体属于非化学计量比化合物，其结构中存在外来阳离子和结晶水，同时还存在结构缺陷。

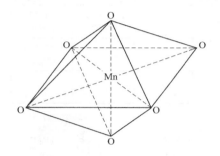

图 4-1
二氧化锰基本结构单元

　　尽管构成二氧化锰晶体的基本结构单元相同，但由于 MnO_6 八面体连接方式不同，导致二氧化锰晶体具有多种结构。Turner 和 Buseck[1] 建议将二氧化锰晶体分为如表 4-1 所示的三种类型，即具有（1×n）构型的软锰矿 - 拉锰矿（Pyrolusite-Ramsdellite）、（2×n）构型的钡锰矿 - 钡硬锰矿（Hollandite-Romanechite）和（3×n）构型的钙锰矿（Todorokite），其中 n 代表横向单元链中 MnO_6 八面体个数。在纵向和横向单元链中，相邻的 MnO_6 八面体之间以共棱的方式连接；在单元链之间，相邻的 MnO_6 八面体以共角方式连接，从而形成隧道状结构。当横向单元链中 MnO_6 八面体的个数 n→∞ 时，相应的二氧化锰晶体具有层状结构。由于二氧化锰层状和隧道状结构上的差异，导致其物理和化学性质存在很大不同。因此，通常将二氧化锰晶体分为层状和隧道状两大结构类型。一维隧道状构型二氧化锰结晶化合物 Pyrolusite、Ramsdellite、Hollandite、Romanechite、Todorokite 分别具有（1×1）、（1×2）、（2×2）、（2×3）、（3×3）的孔道结构，而 Vernadite、Birnessite 和 Buserite 二维层状构型分别具有（1×∞）、（2×∞）和（3×∞）的层状结构。二氧化锰结晶化合物层板中 Mn 主要以 +4 价存在，同时少量 +4 价锰位置被 +3 价锰取代，从而使得二氧化锰层板带有负电荷。无论是在二氧化锰层间还是隧道内，总有部分正电性阳离子存在以平衡层板的负电荷，从而使整个二氧化锰晶体呈现电中性。由于二氧化锰结晶化合物结构中，Mn(Ⅲ) 和 Mn(Ⅳ) 之间具有相互转化的趋势以及晶体结构内部存在缺陷，导致二氧化锰结晶化合物构型的多样性。同时，二氧化锰结晶化合物的孔道尺寸和形状、晶格缺陷以及晶体粒度大小的差异，导致了不同结晶态二氧化锰物理和化学性质上的差异。

表 4-1　二氧化锰结晶化合物分类

名称	纵向八面体数 /m	横向八面体数 n				
		1	2	3	4	∞
软锰矿 - 拉锰矿	1	T（1×1）软锰矿	T（1×2）拉锰矿	N（1×3）尖晶石	T（1×4）	L（1×∞）水合软锰矿
钡锰矿 - 钡硬锰矿	2		T（2×2）钡锰矿	T（2×3）钡硬锰矿	T（2×4）RUB-7	L（2×∞）水钠锰矿
钙锰矿	3			T（3×3）钙锰矿	T（3×4）	L（3×∞）布赛尔矿

注：MnO₆ 八面体

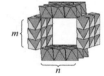

T(m×n)：隧道状构型
N(m×n)：网络状构型
L(m×∞)：层状构型

4.1.2　层状二氧化锰的结构特征

　　具有层状构型的二氧化锰结晶化合物统称为 δ-型二氧化锰，是制备其它构型氧化锰结晶化合物的主要前驱体，因此，对层状二氧化锰结晶化合物结构和性质的研究显得特别重要。常见层状二氧化锰结晶化合物主要有 3 种，分别为：（1×∞）构型的 Vernadite（水合软锰矿）、（2×∞）构型的 Birnessite（水钠锰矿或水钾锰矿）和（3×∞）构型的 Buserite（布塞尔矿），结构模型图如图 4-2 所示。Vernadite 构型层状二氧化锰的层间距约为 0.55 nm，层间区域被 Li^+ 或 Mg^{2+} 占据；Birnessite 构型层状二氧化锰层间距约为 0.7 nm，层间存在一层水分子，金属阳离子（Na^+ 或 K^+）自由分散于水分子间；层间距约为 1 nm Buserite 构型层状二氧化锰层间含有两层水分子，金属阳离子（Li^+ 或 Mg^{2+}）存在于层间，且分散在水分子层中。3 种层状构型二氧化锰晶体中，由于 Birnessite 型二氧化锰的层间距

二维无机材料
剥离、纳米层组装及其功能化

和层电荷密度适中，具有较高的离子交换活性，因此得到了研究者的高度关注。

Birnessite 型二氧化锰可分为天然存在型和人工合成型两大类。天然存在型 Birnessite 二氧化锰富含于岩石沉积层和海底矿层中，一般结晶性较差而且粒度较小。因此，通常采用人工制备的结晶性好、粒度大的 Birnessite 型二氧化锰。Birnessite 型二氧化锰是由锰氧八面体共边形成，层间位置被水分子和可交换的 Na$^+$ 或 K$^+$ 占据，其主层板结构中通常含有少量 Mn(Ⅲ)，因而层状二氧化锰结晶体中，锰的平均价态通常为 3.6 ～ 3.8[2]。同时，少量的 Mn(Ⅲ) 占据了晶格中部分 Mn(Ⅳ) 的位置，使得主体二氧化锰层板显示负电性，阳离子存在于层间以平衡主体层板上的负电荷，使层状二氧化锰保持电中性。Na-Birnessite 或 K-Birnessite 型层状二氧化锰经过酸处理，可转换为氢型层状二氧化锰 H-Birnessite，其具有高的离子交换活性，可以与多种金属阳离子（如 Mg^{2+}、Li$^+$ 等）发生交换反应，交换容量一般约为 2.70 mmol/g[3]。另外，通过离子或分子插入反应，可以将大小不同的离子或分子插入到二氧化锰层间，通过调节层间距来改变层间作用力大小，随后辅助以水洗或超声处理，可实现层状二氧化锰的剥离。剥离得到的二氧化锰纳米片层可以在一定条件下发生重组装，这种剥离/重组装技术是制备多种有机（或无机）/氧化锰层状纳米复合材料的有效途径。另外，基于结构上的关联，Birnessite 型层状二氧化锰也可以用作制备其它二氧化锰结晶化合物、柱撑型复合多孔材料和层层组装复合材料的前驱体。

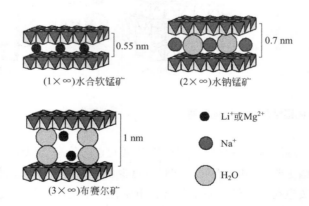

图 4-2
层状二氧化锰结晶化合物构型图

4.1.3 隧道型二氧化锰的结构特征

隧道型二氧化锰结晶化合物是由锰氧八面体，通过共边和共角方式在空间按一定方向延伸构成，孔道的直径、长度和维数随结构的不同而变化。孔道中常有水分子和可交换金属离子存在，具有类似于沸石矿物分子筛和离子筛所具有的离子交换效应。同层状二氧化锰结晶化合物相比，隧道型二氧化锰结晶化合物的热稳定性较强、比表面积大，这些优点扩大了隧道型二氧化锰结晶化合物的应用范围。常见的一维隧道二氧化锰结晶化合物有：（1×1）构型软锰矿（Pyrolusite，β- 型）、（1×2）构型拉锰矿（Ramsdelite）、（2×2）构型钡锰矿（Hollandite，α- 型）、（2×3）构型钡硬锰矿（Romanechite）、（3×3）构型钙锰矿（Todorokite）和（2×4）构型 RUB-7[4] 等，构型如图 4-3 所示。

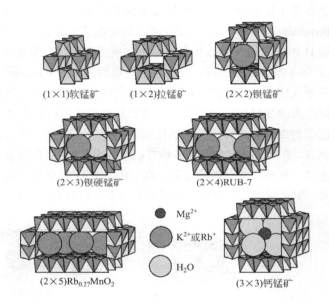

图 4-3
典型隧道型二氧化锰结晶化合物构型图 [4]

隧道型二氧化锰的组成以及锰元素的价态类似于层状二氧化锰，主体层板中锰主要以 +4 价存在，同时也有少量的 +3 和 +2 价，隧道中的阳离子平衡多余的负电荷，而维持整个化合物电中性。隧道型二氧化锰结晶化合物中所存在的阳离子通常有 Na^+、K^+、Ca^{2+} 以及其它的碱金属或碱土金属离子，但是和层状二氧化锰结晶化合物不同的是，隧道型二氧化锰结晶化合物结构中的金属阳离子有两种存在形式，一种是以水合离子的形式存在于隧道中，另一种是取代锰氧八面体中锰的位置而存在于晶体结构中。因此，存在于隧道中的阳离子，比较容易通过离子交换反应而从晶体中抽出，酸处理过程中阳离子可以被 H^+ 离子交换取代。但是，占据晶格八面体位置的金属阳离子，则很难通过离子交换

二维无机材料
剥离、纳米层组装及其功能化

过程而从结构中抽出，如在（3×3）构型钙锰矿中，约有 70% Mg^{2+} 存在于隧道中，其余 30% Mg^{2+} 则存在于二氧化锰骨架中。大量研究实验证实，隧道型二氧化锰结晶化合物中的金属阳离子种类，会影响晶体的结晶性、热稳定性和表面酸碱性等[5]。将第三周期二价过渡金属离子如 Cu^{2+}、Zn^{2+}、Ni^{2+}、Co^{2+} 等掺入 Todorokite 隧道型氧化锰结晶化合物中，由于这些离子的大小、所带电荷和极性与 Mn^{2+} 相似，它们可以取代晶体结构中 Mn^{2+} 位置而实现掺杂，可以制备较高热稳定性和较大比表面积的掺杂二氧化锰结晶体[6]。

在较为复杂的隧道型二氧化锰结晶化合物中，两种隧道或多种隧道可共生存在，如 γ- 型锰矿是由（1×1）和（1×2）两种隧道构型共生形成［图 4-4（a）］，而（2×2）和（2×3）两种隧道构型规则地共存于同一晶体中，构成恩苏塔矿（Nsutite）晶体［图 4-4（b）］。除了一维隧道构型和二维层状构型，二氧化锰结晶化合物还存在一些比较特殊的构型，包括尖晶石型（Spinel）三维隧道状构型。尖晶石型二氧化锰结晶化合物具有（1×3）构型三维网络结构［图 4-4（c）］，最常见的尖晶石型是 Li^+ 型二氧化锰结晶化合物，可以用化学通式 $Li_nMn_{2-x}O_4$（$1 \leqslant n \leqslant 1.33$，$0 \leqslant x \leqslant 0.33$，$n \leqslant 1+x$）表示。$(Li)[Mn^{III}Mn^{IV}]O_4$ 和 $(Li)[Li_{0.33}Mn^{IV}_{1.67}]O_4$ 是较常见的两种尖晶石型锂锰化合物。另外，构型比较特殊的二氧化锰结晶化合物还有 $Na_{0.44}MnO_2$，它具有复杂的一维孔道构型，由共边的 MnO_6 八面体和 MnO_5 四角锥相连构成［图 4-4（d）］。

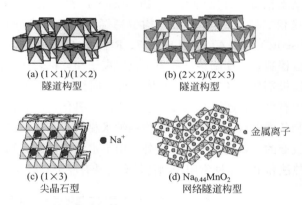

(a) (1×1)/(1×2)
隧道构型

(b) (2×2)/(2×3)
隧道构型

(c) (1×3)
尖晶石型

• Na^+

(d) $Na_{0.44}MnO_2$
网络隧道构型

• 金属离子

图 4-4
几种复杂隧道型二氧化锰结晶化合物构型图

二氧化锰各种晶型之间结构上的关联以及锰的多种可变价态，为开发不同性能二氧化锰结晶化合物创造了条件，同时也为设计制备不同形貌的氧化锰纳米结构提供了依据。

4.2
二氧化锰的制备技术

二氧化锰结晶化合物形貌多样，尺寸大到微米，小至纳米，维度也从零维延伸至三维，形貌多样性决定其应用领域的广泛性，其性能不仅与二氧化锰的微观结构有关，还与其宏观形貌和晶体结构有关。因此，可控制备不同晶相结构和形貌的二氧化锰至关重要。虽然层状和隧道型二氧化锰结晶化合物的制备方法多种多样，但是大致可分为干法（固相反应法和熔融盐法）、湿法（氧化还原沉淀法、水热法和水热软化学法）和干-湿法（溶胶-凝胶法）等。由于缺少稳定 +4 价态的锰化合物前驱体，因此二氧化锰结晶化合物的制备一般通过 $Mn(II)$ 原料氧化或 $Mn(VII)$ 反应物还原来实现。实验中常用的氧化剂有 $KMnO_4$、$K_2S_2O_8$、$K_2Cr_2O_7$、$KBrO_3$、$NaClO_3$、H_2O_2、O_2、$NaClO$、Cl_2 等，常用的还原剂有 MnX_2（$X = Ac^-$、NO_3^-、Cl^-）、$MnSO_4$、H_2O_2 等。

一般情况下，具有较小隧道尺寸和较小层间距的稳定相二氧化锰可以通过干法、湿法及干-湿法制备，例如（1×3）构型三维尖晶石二氧化锰、（2×2）构型钡锰矿（Hollandite，α-型）、（2×3）构型硬钡锰矿（Romanechite），（2×∞）构型水钠锰矿或水钾锰矿（Birnessite）；相比之下，隧道尺寸和层间距较大的亚稳相二氧化锰如（3×3）构型钙锰矿（Todorokite）、（3×∞）构型布塞尔矿（Buserite）、（2×4）构型 RUB-7、$Rb_{0.27}MnO_2$ 和中孔二氧化锰相大多数是通过湿法过程制备。在制备过程中，金属离子和有机表面活性剂通常用作模板剂，典型模板剂如表 4-2 所示。具体来说，固相法主要用于制备具有稳定晶相，即结构中有微孔、超微孔或较小层间距的二氧化锰；氧化还原沉淀法和水热法适用于制备大多数晶相类型二氧化锰纳米材料；电化学法常用来制备无定形或结晶度较低的二氧化锰薄膜。另外，由于水溶液体系有利于晶体的均匀生长，使得水热法和电化学法常用于制备具有特殊有序形貌的纳米二氧化锰。

表 4-2　隧道型和层状二氧化锰制备常用的模板剂

化合物	模板剂	
	湿法制备	干法或干－湿法制备
软锰矿（β-MnO_2）	H^+	无模板剂
拉锰矿	H^+	
尖晶石	Li^+	Li^+，Mg^{2+}
$A_{0.44}MnO_2$		Na^+

二维无机材料
剥离、纳米层组装及其功能化

化合物	模板剂	
	湿法制备	干法或干－湿法制备
α-AMnO₂		Na⁺
β-AMnO₂		Li⁺, Na⁺
钡锰矿	K⁺, Rb⁺, Ba²⁺, NH₄⁺, H₃O⁺	K⁺, Ba²⁺, Na⁺
钡硬锰矿	Ba²⁺	Na⁺
RUB-7	Rb⁺, K⁺, Na⁺	
Rb₀.₂₇MnO₂	Rb⁺	
水钠锰矿	碱金属离子	Na⁺, K⁺
Ba₆Mn₂₄O₄₈		Ba²⁺
布赛尔矿	Na⁺	
钙锰矿	Mg²⁺, 二价过渡金属离子	
MOMS	CH₃(CH₂)₁₅(CH₃)₃N⁺, [CH₃(CH₂)₃]₄N⁺	

4.2.1 固相反应法和熔融盐法

利用固相反应，可以制备一系列层状和隧道型二氧化锰材料。在固相反应制备过程中，金属离子一般用作模板剂，且隧道尺寸和层间距大小与模板的大小和浓度密切相关。通常，$MnCO_3$、MnO_2、Mn_2O_3、$MnOOH$、$MnAc_2$ 等锰化合物用作锰源，碱金属化合物如 M_2CO_3、MOH、MNO_3、MAc（M 为碱金属）等用作模板源。Li^+ 是制备尖晶石型二氧化锰的理想模板，在温度为 $350 \sim 900\ ℃$ 下，可以制备一系列尖晶石型 $Li_nMn_{2-x}O_4$。这些尖晶石型二氧化锰的组成和锰的价态主要取决于反应条件，如温度、原材料和反应气氛等，一般高温（700 ℃）易形成 $(Li)[Mn^{III}Mn^{IV}]O_4$，低温（500 ℃）易形成 $(Li)[Li_{0.33}Mn^{IV}_{1.67}]O_4$[7]。同时，通过固相反应，可以制备得到一系列隧道型和层状钠型二氧化锰如 $Na_{0.20}MnO_2$、$Na_{0.40}MnO_2$、$Na_{0.44}MnO_2$、$Na_{0.70}MnO_2$，最佳制备条件可以优选[8]；在层状 $NaMnO_2$ 系列中，$α-NaMnO_2$ 和 $β-NaMnO_2$ 分别在低温和高温下制备。另外，通过固相反应条件下掺杂，可以将过渡金属离子（Fe^{3+}、Co^{2+}、Ni^{2+}、Cu^{2+}）掺杂进 Cryptomelane 型二氧化锰结晶体中，实现制备产物的形貌可控[9]。

熔融盐法是固相反应技术的应用，将适量助熔剂加入反应体系，在高温下使晶体从熔液中生长析出。反应物在熔融盐中有一定的溶解度，在熔液中不仅可以实现反应原子尺度的混合，而且反应原子具有更快的扩散速度。同时，制备产物在熔液相中各组分配比准确、成分均匀、无偏析，所得产物的纯度高。通常大结晶二氧化锰的制备比较困难，而熔融盐法是制备二氧化锰单结晶体的传统方法[10]。但是，由于 Mn（Ⅲ）和 Mn（Ⅳ）之间很容易相互转化，导致通过熔融盐法制备高结晶度二氧化锰或较大二氧化锰单晶也存在困难。在 O_2 气氛和熔融 $AgNO_3$ 中进行反应，可以制得隐钾锰矿 Ag^+-Hollandite 型二氧化锰，其具有较小的尺寸和较高的比表面积，是优良的 SO_2 吸附剂，并且对 CO 和 NO 的氧化反应表现出较高的催化活性[11]。以 γ-MnOOH 为锰源，在熔融 KNO_3 中反应，可以制得高结晶性六边形貌 Birnessite 和棒状 Hollandite 型二氧化锰单结晶体，随后将 Li-Birnessite 与 LiOH 在 400 ℃ 热处理，可以得到一系列不同 Li/Mn 比的片状尖晶石[12]。但是，固相反应法存在反应物接触不均匀和反应不充分等缺点，导致制备产物通常存在颗粒大小不均匀、晶粒形状不规则和晶界尺寸较大等缺点。

4.2.2　氧化还原沉淀法

氧化还原沉淀法操作简单，反应容易控制，但是氧化剂和还原剂的种类及其配比、反应温度和时间、体系的酸度、热处理的方式等因素，对产物的晶相和形貌影响较大。氧化还原沉淀法是制备二氧化锰的常用方法，反应过程包括溶液中 Mn(Ⅱ) 盐的氧化和 MnO_4^- 的还原。常见的氧化还原反应体系有 Mn^{2+}/MnO_4^-、$Mn^{2+}/S_2O_8^{2-}$、Mn^{2+}/O_2 或 Cl_2、MnO_4^- / 还原性的有机小分子等，$KMnO_4$ 自身发生分解反应，也可以制备出不同形貌的二氧化锰。采用氧化还原沉淀法制备 Birnessite 和 Hollandite 型二氧化锰纳米材料时，Birnessite 二氧化锰可以在碱性或弱酸性环境中制备，而 Hollandite 二氧化锰只能在酸性或中性环境中得到。

由于天然层状二氧化锰结晶性差，因而一般在碱性或弱酸性溶液中，通过氧化还原反应来制备结晶性好的层状二氧化锰。基于氧化还原沉淀的 Giovanoli 法，是制备 Birnessite 型二氧化锰纳米材料的常用方法，整个制备过程分为两步，首先将 NaOH 和 MnX_2（X=Cl^-、NO_3^-、$CHCOO^-$ 等）溶液混合，生成 $Mn(OH)_2$ 沉淀，剧烈搅拌所得悬浮液，同时通入氧气或空气，将 Mn(Ⅱ)[$Mn(OH)_2$] 中的 Mn(Ⅱ) 氧化为 Mn(Ⅳ) 或 Mn(Ⅲ)，此过程中部分 Na^+ 和水分子随同嵌入到层状二氧化锰层间。按照该方法还可以用 MOH（M = Li、K、Rb、Cs）溶液代替 NaOH 溶液，分别得到层间阳离子不同的层状二氧化锰 M-Birnessite。室温下将 NaOH 和 H_2O_2 的混合溶液，迅速加入到 MnX_2（X=Cl^-，NO_3^- 等）溶液中，并快速搅拌，$Mn(OH)_2$ 沉淀和氧化同时进行，也可以得到 M 型水钠锰矿（M=Li、K、Rb、Cs）[13]。在酸性溶液中直接氧化 Mn(Ⅱ) 或还原 MnO_4^-，是制备碱硬锰矿型 Hollandite 型二氧化锰的常用方法。将 $Mn(NO_3)_2$ 与 $LiMnO_4$ 或 $NaMnO_4$ 反应，或者在硫酸溶液中，以 O_3 氧化 $MnSO_4$ 都可以直接制备碱硬锰矿型二氧化锰。在反应体系温度高于 70 ℃ 和硫酸溶液浓度大于 4 mol/L 条件下，使用 K^+

二维无机材料
剥离、纳米层组装及其功能化

和 NH_4^+ 作为模板，也可以制备碱硬锰矿型二氧化锰。同时，用表面活性剂胶束作模板，通过氧化还原沉淀法可制备介孔二氧化锰。在溴化十六甲基铵溶液中，空气氧化 $Mn(OH)_2$ 可制备六方和立方结构二氧化锰[14]，而得到何种晶相取决于溴化十六甲基铵溶液的浓度。

4.2.3 水热和溶剂热法、水热软化学法

水热和溶剂热制备技术是利用溶液中的物质通过化学反应制备二氧化锰的有效方法。由于水热条件下中间态、介稳态和特殊物相易于生成，因此能制备和开发一系列缺陷少、取向好和晶体完美的二氧化锰，且制备产物结晶度高和易于控制晶体粒度。隧道型和层状二氧化锰都可通过水热或溶剂热方法制备，如尖晶石、水钠锰矿型、碱硬锰矿型和（2×5）隧道结构二氧化锰等。通过在 LiOH、NaOH、KOH 溶液里水热处理 γ-MnO_2，可以制备尖晶石和水钠锰矿型二氧化锰；通过在 NaOH 溶液里水热处理 β-MnO_2 或 α-Mn_2O_3，能够得到水钠锰矿型二氧化锰；在水热条件下，通过 $MnSO_4 \cdot H_2O$ 与 $K_2Cr_2O_7$ 一步反应，可以制备 K-OMS-2 纳米花；以 K^+、NH_4^+ 和 Rb^+ 作为模板，在含有 K^+、NH_4^+ 和 Rb^+ 的 0.15 mol/L H_2SO_4 溶液中 100 ℃ 处理 Mn_2O_3，可以制备碱硬锰矿型氧化锰[15]；（2×2）隧道结构二氧化锰（Hollandite）和 Birnessite 层状二氧化锰，可以通过水热分解 $KMnO_4$ 溶液制备得到。

水热软化学法是用于制备层状或隧道型二氧化锰有效而独特的方法，制备过程包括两个步骤。第一步是应用软化学法制备模板离子嵌入的层状二氧化锰前驱体，第二步通过水热处理过程，实现层状二氧化锰前驱体向隧道型或者其它层状二氧化锰结晶体转变，是制备具有离子筛和分子筛功能二氧化锰的常用技术。选择具有层状结构 Birnessite 型二氧化锰为前驱体，通过适当模板离子取代层间原有的阳离子，然后经过软化学过程，可以得到如图 4-5 所示的各种不同构型的多孔或层状二氧化锰[4]。因而，无机阳离子在具有特殊性质和结构的隧道型或层状二氧化锰制备方面，起到了重要的模板导向作用，可以通过对模板离子的选择，实现对目标产物结构中隧道或层状类型的调控。例如 Mg^{2+} 倾向于稳定 Todorokite（3×3）二氧化锰隧道结构，K^+ 和 NH_4^+ 适于形成隧道结构二氧化锰八面体分子筛 Holladite（2×2）（OMS）。一般制备产物隧道的大小与模板大小有关，由于许多阳离子在水溶液或水热条件下以水合状态存在，因此实际上起模板作用的是水合阳离子，而非孤立的阳离子，因而通过控制阳离子的水合程度，也可以改变隧道尺寸。使用 Li^+、K^+、$Ba(H_2O)_2^{2+}$ 和 $Mg(H_2O)_4^{2+}$ 作为模板，可以分别制备尖晶石、碱硬锰矿、杂硬锰矿和钙锰石结构二氧化锰化合物；使用 Na^+ 作为模板，可得到结晶性好的水钠锰矿型二氧化锰晶体；当 H^+ 作为酸

性溶液模板时，可以形成软锰矿和斜方锰矿结构。不仅无机金属水合离子可以作为制备二氧化锰化合物的模板，一些有机阳离子也可以用作模板剂，实现孔径及形貌二氧化锰的可控制备，如有机阳离子可在水钠锰矿型氧化物转变为隧道型二氧化锰反应中，发挥重要的模板导向作用[16]。

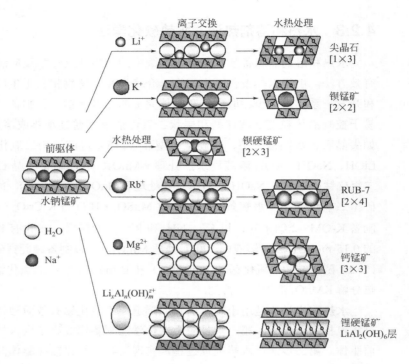

图 4-5
Birnessite 为前驱体的水热软化学法制备不同结构二氧化锰

4.3
不同结构二氧化锰的性质

4.3.1　层状二氧化锰的性质和反应特征

　　层状二氧化锰晶体主体层板带有负电荷，层间存在平衡其负电荷的阳离子，主体层板与层间阳离子以静电引力结合。因此，通过调节层状二氧化锰层间距，可调整层状二氧化锰层间静电作用力的大小。一般可以通过离子交换反应，用

二维无机材料
剥离、纳米层组装及其功能化

体积较大的离子或分子，在二氧化锰层间进行插入／抽出，达到调控层状二氧化锰层间距，实现不同层间距层状二氧化锰的可控制备。无机主体层板电荷密度的大小，直接影响着层状化合物层间距的调控难易程度，因而对于主体层板电荷密度较大的层状化合物，利用离子或分子的插入／抽出反应，来实现其层间距可控调节比较困难。但是，利用层状二氧化锰主体层板电荷密度的差异，可实现不同种类离子或分子在层间的插入或脱出反应，因而 Birnessite 型层状二氧化锰可以作为离子筛或分子筛材料。

二氧化锰结构中有两种插入或抽出反应方式，一种是离子交换方式，另一种是氧化还原方式。金属离子在二氧化锰结构中的插入和抽出方式，跟晶体结构中锰的氧化数有关。在各种构型二氧化锰晶体中，层状二氧化锰的层间阳离子极易与 H^+ 发生离子交换反应，如 Na-Birnessite 型或 K-Birnessite 型层状二氧化锰，经过酸处理可转换为氢型层状二氧化锰（H-Birnessite），具有高的离子交换活性，可以与多种金属阳离子如 Mg^{2+}、Li^+ 等发生交换反应。同时，H-Birnessite 型二氧化锰还可以与有机铵离子进行离子交换反应，使不同长度的有机铵离子交换插入到二氧化锰层间，得到不同层间距的有机胺／二氧化锰层状复合物。此类不同层间距的有机胺／二氧化锰复合物可以作为中间体，与体积较大并具有特殊性能的有机、无机客体离子或分子进一步发生离子交换反应，最终得到具有特殊功能的有机客体／氧化锰和无机客体／氧化锰复合材料[17]。

Birnessite 型层状二氧化锰的一般结构通式可表示为 $(A_x)[\Box_z Mn^{III}_y\text{-}Mn^{IV}_{1-y-z}]O_2 \cdot nH_2O$。通式中 ( )、[ ]、$\Box$、A 分别表示层间位置、层板中锰氧八面体位置、氧化锰主体层板上的缺陷和层间金属离子，且 x 值能够达到 0.7。通过扩展 X 射线吸收精细结构（EXAFS）研究分析，层状 Birnessite 层间的金属离子存在如图 4-6 所示的两种离子交换位置，一种是存在于层间水分子层的 A 位置，另一种是位于氧化锰层板缺陷上下的 B 位置。层状二氧化锰层板间的可交换离子存在的位置规律是：具有较大离子半径的碱金属和碱土金属离子，主要存在于层板间水分子层 A 位置，而具有较小离子半径的过渡金属离子，主要存在于层板缺陷上下的 B 位置[18]。在酸性溶液中，通过研究 $Na_{0.3}Mn^{III}_{0.31}Mn^{IV}_{0.69}O_2$ 层状二氧化锰层间 Na^+ 离子的交换反应，发现氧化锰层板中的 Mn^{III} 发生了歧化反应，生成 Mn^{IV} 和 Mn^{II}，导致在氧化锰层板上生成缺陷，同时 Mn^{II} 离子又被吸附到氧化锰层板缺陷上下 B 位置的离子交换位置。层状二氧化锰在酸性条件下，层板上 Mn^{III} 歧化反应发生机制与隧道型二氧化锰有很大不同。对于隧道型二氧化锰，Mn^{III} 的歧化反应仅发生在晶体表面，而且在块体材料内部不生成缺陷。

由于层状二氧化锰的结构主要由层板所带负电荷与层板间正离子之间的静电引力维持，因此二氧化锰层板上的负电荷密度强烈影响层间离子的抽出／插入反应。在层板电荷密度较高的情况下，较大体积离子同层间相同电性离子发生抽出／插入反应就较为困难。一般较大离子不容易插层到层板电荷密度高的结构中，而层板电荷密度较低的 Birnessite 型层状二氧化锰，就容易转化为层间距较大的 Buserite 型层状二氧化锰。因此，通过较大体积离子与层状二氧化锰层间的同电性离子的交换反应，可以实现层状二氧化锰层间距的可控调整，即在一定条件下实现层状二氧化锰的短距离膨润。随着离子交换反应不断进行，层间距随着层内离子／分子尺寸和数量的变化而变化，当层间距增大到一定程度，层间相互作用力逐渐减弱，此时层状二氧化锰发生剥离，形成的二氧化锰纳米片层存在于分散介质中。剥离所得二氧化锰纳米片层具有单结晶体特征，是组装独特功能性纳米层状材料的理想单元。

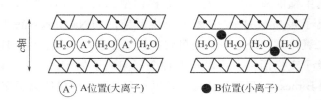

图 4-6
Birnessite 型层状二氧化锰层间金属离子交换位置示意图[18]

另外，层状二氧化锰是制备柱撑型二氧化锰多孔材料的有效前躯体，制备方法主要包括离子交换法、二次离子交换法（或称作预膨润法）和剥离／重组法三种。离子交换法即直接用一些体积较小的客体阳离子，取代氢型层状二氧化锰层间的 H^+ 而得到目标产物。然而，当客体离子或分子的体积较大时，较大的空间位阻导致反应动力不足，因而这些客体离子或分子就难以直接与氢型层状二氧化锰发生离子交换。因此，在较大体积客体离子或分子柱撑型层状二氧化锰复合材料制备过程中，首先需要通过预膨润方式增大层状二氧化锰的层间距，以降低二氧化锰层间静电作用力。然后控制一定条件，使体积较大的离子或分子客体与层间的预膨润剂发生交换反应而进入二氧化锰层间，通常将这种制备柱撑型层状二氧化锰复合材料的技术也称为二次离子交换法。有机铵离子通过离子交换反应，插入到 H-Birnessite 型二氧化锰层间，将导致层状二氧化锰膨润，膨润的层状二氧化锰是制备其它多孔氧化锰材料的理想中间体。可以将不同链长的有机胺插入 Birnessite 型二氧化锰层间，根据插入有机胺链长的不同，以及样品处理温度对层间距的影响，可以总结出不同温度下有机胺在二氧化锰层间的排布规律。以这些不同层间距膨润产物作为中间体，和其它客体发生离子交换反应，可得到各种柱撑型层状二氧化锰材料。如以四乙基硅烷取代层间有机胺，可得到 SiO_2 柱撑型层状二氧化锰，将 SiO_2 柱撑型层状二氧化锰进一步

二维无机材料
剥离、纳米层组装及其功能化

焙烧处理，可得到热稳定性好、比表面积大的 SiO_2 柱撑型二氧化锰多孔复合材料[19]。二次离子交换法常用于制备金属氧化物柱撑型二氧化锰多孔复合材料，一般制备过程如图 4-7 所示。首先，一定链长的烷基铵离子与 H^+ 发生交换反应，得到膨润层状二氧化锰；膨润层状二氧化锰与客体离子在一定条件下混合，再次发生无机客体离子与层间有机铵离子之间的交换反应，生成目标客体柱撑型层状二氧化锰。最后，将生成的柱撑产物在一定的温度下焙烧处理，得到目标产物——多孔性氧化锰复合材料。与主体二氧化锰材料相比，所得到的多孔氧化锰复合材料，一般具有大的比表面积和良好的热稳定性。借助于客体材料的不同性质，可以制得具有良好催化和吸附等性能的多孔性氧化锰复合材料。此外，剥离/重组技术是制备具有特殊功能二氧化锰复合材料的最有效方法之一。由于二氧化锰纳米层显负电性，一定条件下剥离的二氧化锰纳米片层可以与正电性的溶胶颗粒（如金属氢氧化物）、阳离子（如 Keggin 离子）或其它种类的无机剥离单层发生重组，得到各种柱撑型层状多孔复合材料或层层组装复合材料。

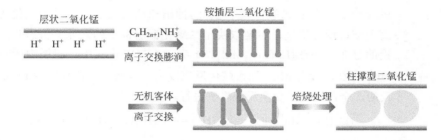

图 4-7
层状二氧化锰的膨润和柱形化反应过程

4.3.2　隧道型二氧化锰的性质及反应特征

与层状二氧化锰相似，多数隧道型二氧化锰晶体中，Mn 也是以多价态共存，导致其孔道中同样存在阳离子平衡电荷，以使得整个材料保持电中性。因此，根据孔道尺寸和孔道中阳离子种类的不同，可以与不同大小的离子发生离子交换反应。通过对不同大小离子或分子的较强选择性吸附，这些隧道型二氧化锰材料可用于吸附和分离材料，是理想的离子筛或分子筛材料。

具有（1×3）隧道结构的尖晶石是隧道型二氧化锰的典型代表，由于其独特的三维结构及较短的离子通道，使得该类材料在锂离子二次电池和吸附剂等领域应用前景广阔。通过酸交换反应，可以将尖晶石（1×3）隧道中的 Li^+ 抽出，得到隧道中无金属离子的尖晶石氧化锰，显示了其高效的 Li^+ 吸附能力。通过研

究组成为 (Li)[Mn^{III}Mn^{IV}]O$_4$ 尖晶石二氧化锰发现，隧道中的 Li$^+$ 抽出过程，不是通过简单的离子交换反应实现，而是通过式（4-1）的还原反应机制完成。

$$4(\text{Li})[\text{Mn}^{III}\text{Mn}^{IV}]\text{O}_4 + 8\text{H}^+ \longrightarrow 3(\ )[\text{Mn}^{IV}_2]\text{O}_4 + 4\text{Li}^+ + 2\text{Mn}^{2+} + 4\text{H}_2\text{O} \qquad (4\text{-}1)$$

该还原反应抽出 Li$^+$ 的驱动力是：在酸性条件下，层板上的 Mn^{III} 发生歧化反应生成 Mn^{IV} 和 Mn^{II}，一个 Li$^+$ 的还原抽出伴随一个 Mn^{III} 的歧化，即 Mn^{III} ⟶ Mn^{IV}+Mn^{II}，导致 Li$^+$ 抽出后所得尖晶石氧化锰结构中的锰均为 Mn^{IV}，这种 8a 四面体空位二氧化锰也称为 λ-MnO$_2$。同时，λ-MnO$_2$ 也可以进行 Li$^+$ 的再插入反应。依据式（4-2）的还原插入机制，当溶液中的 Li$^+$ 插入到二氧化锰中时，层板中的 Mn^{IV} 还原为 Mn^{III}，且放出 O$_2$ 以维持结构电中性[20]。这些结果表明，伴随结构中 Mn^{III} 数量的变化，尖晶石二氧化锰中 Li$^+$ 的抽出和插入反应可以可逆进行，Li$^+$ 交换反应依据氧化还原机制进行，见式（4-2）。

$$(\ )[\text{Mn}^{IV}_2]\text{O}_4 + 5\text{LiOH} \longrightarrow (\text{Li})[\text{Mn}^{III}\text{Mn}^{IV}]\text{O}_4 + 4\text{Li}^+ + 2.5\text{H}_2\text{O} + 1.25\ \text{O}_2 \qquad (4\text{-}2)$$

另一方面，尖晶石二氧化锰中 Li$^+$ 的抽出和插入反应可以依据离子交换反应进行[21]。尖晶石二氧化锰中 Li$^+$ 的抽出和插入反应，是采用氧化还原机制还是离子交换反应机制，主要取决于二氧化锰层板上的锰元素价态和结构中金属元素的分布。如在 (Li)[Li$_{0.33}$Mn$^{IV}_{1.67}$]O$_4$ 尖晶石二氧化锰中，层板中所有锰元素均以 Mn^{4+} 存在，没有 Mn^{3+} 元素歧化反应发生，因而在酸性介质中 Li$^+$ 的抽出和插入反应，全部以离子交换反应机制进行，见式（4-3）。

$$(\text{Li})[\text{Li}_{0.33}\text{Mn}^{IV}_{1.67}]\text{O}_4 + 1.33\text{H}^+ \longrightarrow (\text{H})[\text{H}_{0.33}\text{Mn}^{IV}_{1.67}]\text{O}_4 + 1.33\text{Li}^+ \qquad (4\text{-}3)$$

因此，尖晶石二氧化锰结构中的 Li$^+$ 离子抽出 / 插入位点，可以分为还原型位点 (Li)[Mn^{III}Mn^{IV}]O$_4$ 和离子交换型位点 (Li)[Li$_{0.33}$Mn$^{IV}_{1.67}$]O$_4$。在尖晶石结构中，二氧化锰层板上一个 Mn^{III} 元素对应于一个还原位点形成，结构中 16d 八面体位点一个锰缺陷对应四个离子交换位点形成。在尖晶石二氧化锰结构中，还原型交换位点和离子交换型位点混合存在而分享 Mn-O 骨架，形成单相固溶体系，且可将 Li$^+$ 离子抽出 / 插入反应表示为如图 4-8 所示的交换图示。根据反应式（4-1），由于电子自由移动，尖晶石二氧化锰粉末表面的 Mn^{2+} 离子溶解，且溶解的进行与是否存在还原位点或离子交换位点没有直接关系。

通过离子掺杂反应，可以将二价金属或三价金属离子掺杂到尖晶石二氧化锰结构中，得到一系列还原型或离子交换型尖晶石二氧化锰。当 Li$^+$ 离子从掺杂尖晶石二氧化锰中抽出时，尖晶石中的金属离子将被氧化到高价态，如 Mn^{III} 和 Co^{II} 可以分别被氧化为 Mn^{IV} 和 Co^{III}。另一方面，在离子交换型尖晶石二氧化锰中，所有元素显示出不能被氧化的惰性性质。同时，尖晶石二氧化锰结构中 Li$^+$ 离子的抽出率，主要取决于结构中金属离子的分布，如二价金属离子 Zn^{2+} 占据

8a 四面体位置的 $(Li_{0.5}Zn_{0.5}^{II})[Li_{0.5}Mn_{1.5}^{IV}]O_4$ 和三价金属离子 Fe^{3+} 占据 8a 四面体位置的 $(Li_{0.6}Fe_{0.4}^{III})[Li_{0.4}Fe_{0.6}^{III}Mn^{IV}]O_4$ 显示了较低的 Li^+ 抽出率；而 Li^+ 占据四面体位置的 $(Li)[Mn^{III}Mn^{IV}]O_4$ 和 $(Li)[Mg_{0.5}^{II}Mn_{1.5}^{IV}]O_4$ 展示了相对高的抽出率[22]。抽出率不同的主要原因归于结构中金属离子的排列，Li^+ 从块体内部移动到表面主要依据 8a→16c→8a→16c 的路线。当结构中 8a 四面体位置被固定或低流动的如二价或三价金属离子占据，则 Li^+ 的移动被这些金属离子禁止，导致 Li^+ 抽出率显著降低。

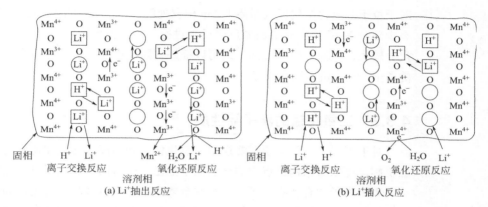

图 4-8
尖晶石型二氧化锰固溶体系中 Li^+ 抽出反应（a）和插入反应（b）
○ 还原型位点；□ 离子交换位点

与具有（1×3）隧道结构尖晶石二氧化锰离子交换反应类似，具有（2×2）隧道结构 Hollandite 型二氧化锰结构中的离子，也存在还原与离子交换两种反应机制。Hollandite 型二氧化锰的组成可以表示为 $\{A_n\}[\square_xMn_{8-x}]O_{16}$（$n \leq 2$，$x \leq 1$），通式中 { }、[ ]、$\square$、A 分别表示（2×2）隧道位置、Mn 八面体位置、八面体空隙位置和隧道中的金属离子。组成为 $\{K_2\}[Mn_2^{III}Mn_6^{IV}]O_{16}$ 结构中的金属离子，依据还原机制进行反应，而组成为 $\{K_2\}[\square_{0.5}Mn_{7.5}^{IV}]O_{16}$ 结构中的金属离子，则依据离子交换机制进行反应。对于 K^+-Hollandite 型二氧化锰，在不同 pH 介质中，结构中的金属离子抽出过程依据还原反应机制表示为式（4-4）和式（4-5）。

$$8\{K_2\}[Mn_2^{III}Mn_6^{IV}]O_{16} + 32H^+ \longrightarrow 7\{\}[Mn_8^{IV}]O_{16} + 16K^+ + 8Mn^{2+} + 16H_2O \quad (4\text{-}4)$$

$$\{\}[Mn_6^{IV}]O_{16} + 2KOH \longrightarrow \{K_2\}[Mn_2^{III}Mn_6^{IV}]O_{16} + H_2O + 1/2O_2 \quad (4\text{-}5)$$

而依据离子交换反应机制可以表示为式（4-6）。

$$\{K_2\}[\square_{0.5}Mn_{7.5}^{IV}]O_{16} + 2H^+ \Longleftrightarrow \{H_2\}[\square_{0.5}Mn_{7.5}^{IV}]O_{16} + 2K^+ \quad (4\text{-}6)$$

根据还原抽出机制，每还原抽出 1 mol K$^+$，则相应地须有 1 mol Mn^{III}发生歧化生成 0.5 mol Mn^{II}和 0.5mol Mn^{IV}。同时，相似于尖晶石二氧化锰结构，K$^+$-Hollandite 型二氧化锰离子交换型位点的数量是八面体位置锰缺陷数量的 4 倍[23]。

Todorokite 型二氧化锰具有（3×3）隧道结构，在组成为 Mg$_{0.7}$Mn$_{6.1}$O$_{12}$ • 4.3H$_2$O 中，Mg^{2+}有两个存在位置，一个是（3×3）隧道中间，另一个是二氧化锰层板八面体中 Mn 的位置。由于 Mg^{2+}存在位置不同，因此抽出反应时所采用的机制也有区别，存在还原与离子交换两种反应机制。对于存在于（3×3）隧道中间的 Mg^{2+}，利用酸处理的离子交换反应，能非常容易抽出该类 Mg^{2+}。但是，对于位于二氧化锰层板八面体中 Mn 位置处的 Mg^{2+}，由于结构中存在 Mn^{III}，只有少部分 Mg^{2+}抽出时依还原反应机制进行，且抽出率较低。由于（3×3）隧道尺寸较大，因而一般金属离子均可以插入到隧道中间，但是对于比隧道尺寸大的离子，插入反应很难进行[13]。

4.3.3　二氧化锰的离子筛性质

对于不同结构的层状和隧道型二氧化锰，利用离子交换和还原交换两种反应机制，可以将结构位点中的金属离子抽出，所得的二氧化锰材料是吸附分离不同大小离子的有效吸附剂，这种对金属离子的优越吸附能力也称为材料的离子筛性质。二氧化锰离子筛的吸附位置可分为非特定类型和特定类型，存在于二氧化锰表面的吸附位点一般为非特定吸附类型，而存在于材料内部的吸附位点称为特定吸附类型，包括特定离子交换和特定还原交换吸附类型[24]。与还原交换吸附位点相比，离子型吸附位点显示了高的酸性和稳定性，阳离子在吸附位点的吸附行为称为离子筛性质。

二氧化锰材料的离子筛性质可以通过 pH 滴定和分布系数测量来表征。通过大量实验研究，几种主要二氧化锰材料包括 Spinel（尖晶石）、Hollandite（钡锰矿）、Birnessite（水钠锰矿）、Todorokite（钙锰矿）的 pH 滴定实验结果如图 4-9 所示。对于尖晶石二氧化锰材料，由于其隧道尺寸较小，与较大尺寸的 Na$^+$ 和 K$^+$ 相比，该材料对 Li$^+$ 显示了高的选择性吸附性能。说明半径小的 Li$^+$ 能够选择性吸附进入尖晶石隧道中，而离子半径较大的 Na$^+$ 和 K$^+$ 不能进入，且 Na$^+$ 和 K$^+$ 仅能够吸附在材料表面。同时，虽然 Mg^{2+}、Ni^{2+}、Co^{2+} 等二价金属离子具有小的离子半径，但是由于它们具有较高的脱水能量，因而也不能被吸附进入尖晶石隧道中间。对于隧道尺寸比尖晶石大的钡锰矿，在较低的 pH 条件下，其对 K$^+$ 有较大的亲和力，因而显示了对 K$^+$ 的选择性吸附能力。但是在高 pH 条件下，由于隧道中金属离子之间的空间相互作用变为主要控制因素，其对离子的选择性吸附能力随被吸附离子半径的减少而增加，如具有较大离子半径的 (CH$_3$)$_4$N$^+$

二维无机材料
剥离、纳米层组装及其功能化

不能吸附进入到（2×2）隧道中。具有（3×3）较大隧道结构的钙锰矿，对不同大小金属离子的吸附性能显示了很大差别，如离子半径较小的金属离子 Li$^+$、Na$^+$、K$^+$，显示二元酸吸附交换；而对于较大离子半径的如 Cs$^+$，则显示了一元酸吸附能力。通常，较大半径离子吸附进入隧道中心，而较小半径离子位于隧道壁附近。

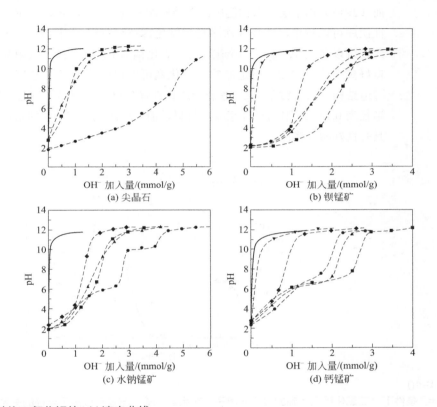

图 4-9　不同结构二氧化锰的 pH 滴定曲线

图中实线为空白曲线；● Li$^+$；▲ Na$^+$；■ K$^+$；◆ Cs$^+$；▼ (CH$_3$)$_4$N$^+$

　　同具有隧道结构的二氧化锰材料相比，层状 Birnessite 具有较为疏松的层板间作用力，使得层间距可以随插层离子的大小可控调节。因此，对于不同半径大小的金属离子，层状水钠锰矿显示了不同的吸附性能。由于层状水钠锰矿层间存在两种离子交换位置，即存在于层间水分子层的 A 位置和位于氧化锰层板缺陷上下的 B 位置，对于较大半径的离子，其吸附仅在水分子层 A 位置进行，而对于半径较小的离子，同时可在 A 和 B 两个位置吸附。因此，层状水钠锰矿对半径较小的离子 Li$^+$，其吸附显示三元或二元酸行为；而对于半径较大的离子如 Na$^+$、K$^+$、Cs$^+$，显示一元酸吸附行为。

不同结构二氧化锰材料对金属离子的吸附选择能力，主要由其结构决定。对于不同结构的二氧化锰材料，其平衡分布系数（K_d）对碱金属离子的有效离子半径曲线如图 4-10 所示[25]。对于一价金属离子的选择性次序，（1×3）构型尖晶石隧道结构为 $Na^+ < K^+ < Rb^+ < Cs^+ \ll Li^+$，（2×2）构型钡锰矿隧道结构为 $Li^+ < Cs^+$，$Na^+ \ll Rb^+ < K^+$，（3×3）构型钙锰矿隧道结构为 $Li^+ < Na^+ < K^+ < Rb^+ < Cs^+$，而（2×∞）构型层状水钠锰矿的选择性次序为 $Li^+ < Na^+ < Cs^+$，$K^+ < Rb^+$。从选择性次序可以看出，选择性次序与二氧化锰材料隧道与层间距大小密切相关。因此，可以总结出（1×3）隧道结构二氧化锰对 Li^+ 的选择性吸附显著，是 Li^+ 的良好离子筛；（2×2）隧道结构二氧化锰可以很好地吸附固定 K^+ 和 Rb^+；（3×3）隧道结构二氧化锰是 Mg^{2+} 理想的选择性筛分材料；（2×4）隧道结构二氧化锰是半径为 0.17 nm 阳离子理想吸附材料，而层间距为 0.72 nm 的水钠锰矿对于 Rb^+ 具有良好的选择性。

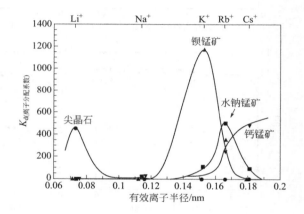

图 4-10
pH=2 条件下，二氧化锰离子筛的碱金属离子分布系数（K_d）与其有效离子半径的关系图[25]
● 尖晶石；▲ 钡锰矿；■ 水钠锰矿；▼ 钙锰矿

4.4
层状二氧化锰的短距离膨润

从层状二氧化锰的结构分析可知，由于锰氧八面体结构中的部分 Mn^{4+} 位置被 Mn^{3+} 取代，导致锰氧八面体构成的二氧化锰层板带负电荷，为了平衡层板所

二维无机材料
剥离、纳米层组装及其功能化

带的负电荷，层板之间需插入异电性阳离子。因此，层状二氧化锰层板与层间阳离子之间的作用力是静电引力。由于静电引力较弱，插入到层间的阳离子可与其它体积较大的阳离子发生离子交换反应，从而使得层状二氧化锰的层间距增大，层板之间的静电引力进一步减弱，层间距增大使得层状二氧化锰发生膨润。层状化合物的膨润现象有两种形式，即短距离膨润（也称结晶膨润）和长距离膨润（也称渗透膨润）。同其它层状化合物的膨润和剥离行为研究对比，层状二氧化锰的膨润和剥离行为研究报道相对较少，近20年来的研究工作才取得了较大进展。

依据层状二氧化锰层板与层间异电性离子之间静电引力的本质，利用相同电性离子与层间离子发生阳离子交换反应，随交换插层离子大小的不同，可实现调控层状二氧化锰的层间距。如当层间的 H^+ 被较大体积的有机铵阳离子交换时，层状二氧化锰层间距会显著增加。同时，在层状二氧化锰离子交换反应过程中，随离子插层进行的同时，溶剂分子也伴随着离子交换反应而插入到层间，导致层状二氧化锰膨润。相对于层状二氧化钛及层状黏土等化合物膨润现象的研究，层状二氧化锰膨润过程研究起步较晚。具体来说，当烷基铵离子如 $(C_{12}H_{25})NMe_3^+$、$(C_4H_9)_4N^+$（TBA^+）等大小不同的离子，同二氧化锰层间阳离子发生离子交换反应，将导致层间距增大膨润，这些插层膨润产物是制备多孔氧化锰材料的良好前驱体[16]；层状二氧化锰同无机聚阳离子如 $[Al_{13}O_4(OH)_{24}(H_2O)_{12}]^{7+}$ 发生插层反应，该聚合离子作为铸撑剂插入二氧化锰层间，一定条件下处理插层中间产物，将使得层状二氧化锰的热稳定性显著改善[26]；当 $Mn(OH)_2$ 与作为胶束模板的表面活性剂十六烷基三甲基溴化铵在一定条件下反应，可以制备混合价态且具有半导体特性的介孔二氧化锰[14]；通过还原四烷基高锰酸铵，可以制备直径为 4 ~ 12 nm 且具有板状形貌的四烷基铵二氧化锰胶体。这些二氧化锰胶体分散液，实际是剥离的二氧化锰纳米片层分散于介质中，是纳米片层组装制备功能性层状二氧化锰材料的基本结构单元[27]。

4.4.1　季铵离子的插层膨润过程

对于层状二氧化锰的膨润和剥离行为，已经进行了较为详细的分析讨论，对于理解层状二氧化锰的插层反应、膨润行为和剥离过程提供了重要的参考。为了研究层状二氧化锰的膨润过程，首先制备了层状二氧化锰前驱体，具体制备过程如下：在室温搅拌条件下，将 400 mL NaOH 和 H_2O_2 的混合溶液快速加入 200 mL 0.3 mol/L $Mn(NO_3)_2$ 水溶液中，其中混合溶液中 NaOH 与 $Mn(NO_3)_2$ 的摩尔比为 4.0。两者混合之后反应快速发生，生成黑棕色沉淀，在室温条件下陈化 1 h，过滤水洗至中性。所得泥浆置于 100 mL 2.0 mol/L NaOH 溶液中，搅拌分散得均匀悬浊液。随后将该悬浊液置于水热反应釜中，150 ℃反应 16 h 后自然冷却至室温，大量去离子水洗涤沉淀至中性。抽滤、室温干燥得到层间为 Na^+ 插层的层状二氧化锰，标记为 BirMO(Na)。将 1.0 g BirMO(Na) 浸入 0.1 mol/L 100 mL HCl 水溶液中，室温搅拌 48 h，中间更换新鲜酸 1 次，进行离子交换反应，反应结束后经水洗、抽滤、室温干燥，得到层间为 H^+ 插层的层状二氧化锰，标记为 BirMO(H)[28]。

选择不同大小的四烷基铵离子作为插层剂，与层状二氧化锰层间 H^+ 进行离子交换反应，探讨不同大小离子引起的膨润所导致的层间距变化。称取 0.1 g BirMO(H)，加入量依据溶液中四烷基铵离子与 BirMO(H) 的离子交换容量摩尔比为 0.5 ~ 25（$0.5 \leqslant TA_l/H_s \leqslant 25$）（l 代表溶液，s 代表固相），室温条件下将 BirMO(H) 加入 25 mL 不同浓度四烷基氢氧化铵溶液中，振荡 7 天后，将所得交换沉淀过滤，湿态下直接进行 XRD 分析。四烷基铵离子与层状二氧化锰层间的 H^+ 交换后，四烷基铵离子进入层间，原层间的 H^+ 脱出进入溶液。因此，通过酸滴定测定滤液中 OH^- 浓度，就可以计算出插入到层间的四烷基铵离子的量。同时，为了探索湿度对于四烷基铵离子插层膨润所得物质层间距的影响，在不同湿度下将过滤所得湿态样品进行干燥，研究湿度对于层状二氧化锰膨润过程的影响。

室温下将四烷基铵离子插层的层状二氧化锰样品，如四甲基铵离子（TMA^+）插层样品加入到 0.1 mol/L HCl 溶液中振荡 3 天，探索 TMA^+ 从层间脱出的反应机理。由于 TMA^+ 中含有碳和氮元素，因此可以通过气相色谱法测定交换样品中的总氮（TN）和总碳（TC）浓度，进而评价插入到二氧化锰层间 TMA^+ 的脱出情况。依据同样表征手段，可以研究 Na^+ 对于层状二氧化锰的插入和脱出反应。

（1）TMA^+ 插层引起的短距离膨润

层状二氧化锰前驱体 BirMO(Na) 和 BirMO(H) 具有典型的层状结构特征，其层间距分别为 0.72 nm 和 0.73 nm。通过扫描电镜，可以清楚地观察到如图 4-11 所示的片层形貌，片层厚度均不大于 0.1 μm。当层间 Na^+ 与酸溶液中的 H^+ 发生离子交换反应，所得交换产物 BirMO(H) 片层形貌变得较为不规则，且片层变小，表明离子交换过程振荡处理，对于片层大小和形貌具有破坏影响。通过 pH 滴定实验，可以确定层状二氧化锰 BirMO(H) 的离子交换容量，BirMO(H) 对 Na^+ 的 pH 滴定曲线如图 4-12 所示。随着 NaOH 加入量的增加，Na^+ 交换二氧化锰层间 H^+，交换脱出的 H^+ 进入溶液，而消耗溶液中的 OH^-。随着 H^+ 脱出量不断减少，加入到溶液中的 OH^- 消耗量也会进一步减少。当溶液 pH 逐步升高到 7 左右，意味着层间 H^+ 脱出完全。通过滴定消耗的 OH^- 浓度，可计算出层状二氧化锰 BirMO(H) 的离子交换容量为 2.72 mmol/g。同时，通过原子吸收及热重分析，可以测定层状二氧化锰 BirMO(H) 样品中的 Mn、Na 和水含量。依据测定的离子交换容量及样品中的 Mn、Na 和水含量，可以计算出制备的层状二氧化锰中锰元素的平均氧化数为 3.70[29]。由以上数据，可以确定制备的层状二氧化锰 BirMO(H) 的化学式为 $H_{3.33}Na_{0.24}Mn_{12}O_{24} \cdot 9.6H_2O$。

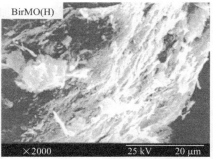

图 4-11
氧化还原法制备的高结晶性层状二氧化锰 BirMO(Na) 和 BirMO(H) 的 SEM 照片

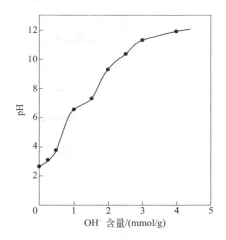

图 4-12
层状二氧化锰 BirMO(H) 在不同 NaOH 含量下所得交换液的 pH 滴定曲线

通过改变溶液中 TMA^+ 与 BirMO(H) 离子交换容量的摩尔比，研究 TMA^+ 插层层状二氧化锰 BirMO(H) 膨润导致的层间距变化，实验结果如图 4-13 所示。可以看出，层状二氧化锰膨润所导致的层间距变化随加入的 TMA^+ 浓度而发生改变。二氧化锰 BirMO(H) 具有典型的层状结构，层间距为 0.73 nm。当 TMA^+ 的加入量小于层状二氧化锰 BirMO(H) 离子交换容量时，交换反应未能完全进行，因而未能引起层状二氧化锰 BirMO(H) 膨润行为发生；当 TMA^+ 的加入量等于层状二氧化锰 BirMO(H) 离子交换容量时 [图 4-13（c）]，所得产物 XRD 除原层状二氧化锰 BirMO(H) 在 $d_{bs}=0.73$ nm 的衍射峰外，还出现了 $d_{bs}=1.56$ nm 的新衍射峰，表明在该条件下所得插层产物是两层状相共存。当 TMA^+ 的加入量大于层状二氧化锰 BirMO(H) 离子交换容量时，所得插层产物仅出现 $d_{bs}=1.56$ nm 的衍射峰，且随着 TMA^+ 加入量的增大，所得插层产物的衍射峰强度不断增加，五阶尖锐衍射线的出现，表明所得插层产物具有高度有序水合结构[30]。这些结果说明，对于层板电荷适中的负电性层状化合物，在一定浓度的 TMA^+ 溶液中，能够导致层状化合物短距离膨润行为发生。

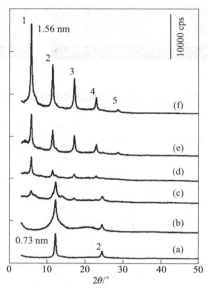

图 4-13
层状二氧化锰 BirMO(H) 在不同浓度氢氧化四甲基铵（TMAOH）溶液中交换所得产物湿态下的 XRD 图谱
(a) BirMO(H)；(b) $TMA_i/H_s = 0.5$；(c) $TMA_i/H_s = 1$；(d) $TMA_i/H_s = 5$；(e) $TMA_i/H_s = 10$；(f) $TMA_i/H_s = 25$

　　短距离膨润行为发生的主要原因是，随着 TMA^+ 插层到二氧化锰层间，溶剂水分子也插入到层间，具体原因在本章后续理论分析中讨论。但是，不论如何增大 TMA^+ 加入量，也未能发现像层状黏土层间距进一步增大导致的长距离膨润。因此，对于层状二氧化锰，TMA^+ 引起的膨润是短距离膨润行为，不能发生长距离膨润。短距离膨润行为进行的快慢，对于研究层状二氧化锰 BirMO(H) 离子交换反应及其膨润行为的速度非常重要。在 TMA^+ 加入量为层状二氧化锰 BirMO(H) 离子交换容量 25 倍条件下，研究 TMA^+ 插层到二氧化锰层间的反应快慢，结果发现，TMA^+ 插入到二氧化锰层间的离子交换反应非常快速，反应仅

二维无机材料
剥离、纳米层组装及其功能化

仅进行 6 h，就能观察和得到层间距为 1.56 nm 的规则层状结构。随后随交换时间延长，所得层间距为 1.56 nm 层状化合物的结构规则性不断增强，但层间距未能发生改变（图 4-14）。

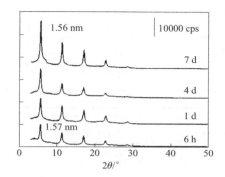

图 4-14
在 TMA/H$_s$=25 条件下，不同时间 TMA$^+$ 插层所得产物的 XRD 图谱

　　通过分析插入二氧化锰层间的 TMA$^+$ 含量和溶液中 OH$^-$ 的消耗量，可以确定插层反应的交换类型。当 TMA$^+$ 插入层状二氧化锰 BirMO(H) 层间时，每插入 1 个 TMA$^+$，则层间有 1 个 H$^+$ 被交换脱出，脱出的 H$^+$ 将与溶液中的 OH$^-$ 中和，使得 OH$^-$ 消耗。如插入的 TMA$^+$ 与消耗的 OH$^-$ 含量相近，则可以确认插层反应以离子交换机制进行。值得注意的是，在层状二氧化锰短距离膨润发生之前，TMA$^+$ 的插入量有一个诱导值。当 TMA$^+$ 插入量达到层状二氧化锰离子交换容量 50% 以上时，层状二氧化锰的短距离膨润行为发生。将 TMA$^+$ 插层产物进行室温干燥，干燥后的样品通过元素分析，所得结果指出，插层试样中 TMA$^+$ 的含量随着溶液中 TMA$^+$ 浓度的增加而增加。在 TMA$^+$ 加入量为层状二氧化锰 BirMO(H) 离子交换容量的 25 倍时，所得插层产物中 TMA$^+$ 的插入量达到 BirMO(H) 离子交换容量的 85%。同时，通过对交换所得溶液中 OH$^-$ 的消耗量分析，OH$^-$ 的消耗量几乎等于 TMA$^+$ 的插入量，充分证明 TMA$^+$ 插入到层状二氧化锰 BirMO(H) 层间的反应是通过离子交换机制进行的（表 4-3）。

表 4-3　TMA$^+$ 阳离子插入量和 OH$^-$ 消耗量

插层离子	M$_i^+$/H$_s$	阳离子插入量 / (mmol/g)	Mn 含量 / (mmol/g)	M$_s^+$/Mn	OH$^-$ 消耗量 / (mmol/g)
Na$^+$	25	2.42	8.67	0.279	—
TMA$^+$	0.5	0.60	9.11	0.066	—
	1	1.27	9.25	0.137	1.32

插层离子	M_1^+/H_s	阳离子插入量 / (mmol/g)	Mn 含量 / (mmol/g)	M_s^+/Mn	OH^- 消耗量 / (mmol/g)
	5	1.47	8.97	0.164	1.50
TMA⁺	10	1.96	8.92	0.220	—
	25	2.34	8.85	0.264	—
（洗涤）	25	1.67	8.87	0.188	—
TEA⁺	1	0.24	9.28	0.026	0.26
TPA⁺	1	0.18	9.30	0.019	<0.2
TBA⁺	1	0.11	9.28	0.012	<0.2

注：M_1^+/H_s—交换溶液中 M^+ 金属离子与 BirMO(H) 可交换质子摩尔比；

M_s^+/Mn—插入的金属离子 M^+ 和固相中 Mn 的摩尔比；

TMA⁺—四甲基铵离子；TEA⁺—四乙基铵离子；

TPA⁺—四丙基铵离子；TBA⁺—四丁基铵离子。

（2）四烷基铵离子的二次插层反应

层状二氧化锰层间的作用力为静电引力，因此层间距增大意味着层间静电引力减弱，这为该类层状化合物的快速剥离创造了条件。因此，探索不同大小四烷基铵离子对于层状二氧化锰的插层反应具有重要意义。在 TMA⁺ 插层导致层状二氧化锰发生短距离膨润基础上，选择比 TMA⁺ 离子半径大的四乙基铵离子（TEA⁺）、四丙基铵离子（TPA⁺）和四丁基铵离子（TBA⁺），研究这些不同大小离子对层状二氧化锰的插层反应情况，所得插层产物的 XRD 结果如图 4-15 所示。

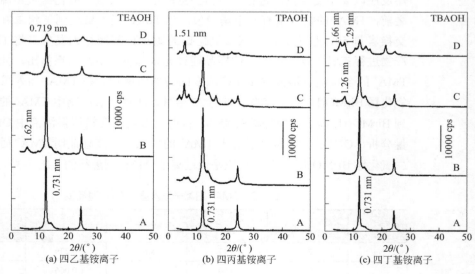

图 4-15

BirMO(H) 与不同大小四烷基铵离子（a）～（c）在不同浓度下插层反应所得湿态产物的 XRD 图谱

曲线：A—TA_1/H_s=1；B—TA_1/H_s=5；C—TA_1/H_s=10；D—TA_1/H_s=25

二维无机材料

剥离、纳米层组装及其功能化

与较小半径的 TMA$^+$ 插层所得产物具有规则层状结构相比，其它四烷基铵离子与层状二氧化锰 BirMO(H) 振荡处理后所得产物的晶相衍射峰有变化，但仅仅是原层状二氧化锰衍射峰变弱，且在其它位置出现了不规则的衍射小峰。这些实验结果充分表明，相对较大的四烷基铵离子未能有效插入到二氧化锰层间，也说明较大插层离子不足以克服层状二氧化锰的层间静电引力而发生插层反应。同时，通过四烷基铵离子插层产物的元素分析，TEA$^+$、TPA$^+$ 和 TBA$^+$ 插层产物中的相应阳离子插入量分别为 0.24 mmol/g、0.18 mmol/g、0.11 mmol/g（表 4-3），明显小于 TMA$^+$ 离子插层产物的插入量。这些结果说明，与 TMA$^+$ 插层反应相比，TEA$^+$、TPA$^+$ 和 TBA$^+$ 几乎没有与层状二氧化锰层间的 H$^+$ 进行离子交换反应。由于这三种烷基铵离子的半径明显大于 TMA$^+$，因此它们需要更大的能量才能插层进入到层状二氧化锰层间。

针对较大离子不能通过一次插层反应插入到层状二氧化锰层间的情况，可以采用两次插层反应，实现将较大离子插入层状二氧化锰层间，也称为层状化合物的二次插层反应。即先通过较小阳离子与层状二氧化锰进行离子交换插层反应，阳离子进入层间，使得层板间的静电引力降低而层间距增大，随后层间距增大的二氧化锰中间体，再与较大半径阳离子发生离子交换反应，通过两次插层反应，将半径较大的阳离子插入二氧化锰层间，从而实现层状二氧化锰层间距的可控调整。较大半径离子二次成功插层进入层状二氧化锰的主要原因是，当第一次使用半径相对较小的 TMA$^+$ 插入层间后，与前驱体 BirMO(H) 相比，插层产物的层间距增大，层板间的静电引力下降，因而当半径较大的离子如 TBA$^+$ 插层到层间时，所需能量变得更小。TMA$^+$ 插入到二氧化锰层间后，得到层间距为 1.56 nm 的插层中间产物，随后该中间产物在 TBAOH 溶液中室温振荡处理 7 d，所得湿态产物的层间距进一步增加到 2.19 nm，证明采用两次插层反应，可以将半径较大的 TBA$^+$ 插入二氧化锰层间。同时，插层产物显示了规则的衍射图谱，规则的等晶面衍射峰可以观察到第六顺序，说明插层产物具有高度有序的层状结构（图 4-16）。

通过元素分析插层产物中的 TC 和 TN 含量，可以计算出插层产物中 TMA$^+$ 和 TBA$^+$ 的相对含量，在插层产物中，TMA$^+$ 和 TBA$^+$ 离子插入量几乎是等摩尔进行的（表 4-4）。这些结果表明，通过预插层反应扩大层状化合物的层间距，可以减少层状化合物离子插层过程的空间阻力，为较大半径离子插层反应的进行提供新途径。

（3）TMA$^+$ 插层短距离膨润产物的干燥

层状化合物的膨润过程总是伴随着层间水分子层的形成，且水分子层的数量与膨润水合程度有关。将 TMA$^+$ 加入量为层状二氧化锰 BirMO(H) 离子交换

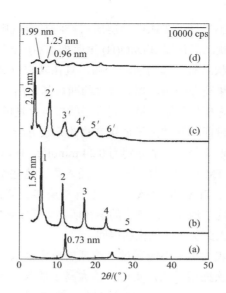

图 4-16
层状二氧化锰 TMA⁺ 插层，随后 TBA⁺ 二次插层所得试样 XRD 图谱
（a）BirMO(H)；（b）TA_f/H_s=25 TMA⁺ 插层湿态试样；（c）试样（b）浸泡在 TBA⁺ 溶液（0.346 mol/L）
中 7 天的湿态试样；（d）试样（c）在室温下干燥 3 天

表 4-4　阳离子两步插层反应所得试样中有机铵离子的含量

阳离子	全碳量 / (mmol/g)	全氮量[1] / (mmol/g)	TC / TN	阳离子组成[2]		M_s^+ / Mn
				TMA/%	TBA/%	
TMA⁺ + TBA⁺	16.75	1.63	10.3	48	52	0.201
TMA⁺ + TBA⁺（水洗后）	6.47	1.37	4.72	94	6	0.162

① 全氮量对应于插入阳离子的量；
② 根据 TC/TN 摩尔比（TMA⁺=4，TBA⁺=16）计算阳离子组成。

容量 25 倍条件下所得插层产物在不同条件下干燥，所得产物的层状结构保持良好，但是层状化合物的层间距随干燥条件不同而出现不同的变化（图 4-17）。在湿度为 40%、室温条件下自然干燥，所得干燥产物的层间距为 1.28 nm 和 0.96 nm 两个层状相态，其中层间距为 1.28 nm 的层状相态，对应于插层产物湿态中 1 个水分子层随干燥过程而消失，而 0.96 nm 层状相态对应于插层产物中 2 个水分子层的失去。由于二氧化锰层板厚度为 0.45 nm，TMA⁺ 的离子直径是 0.44 nm，所以层间距为 1.56 nm 层状结构相当于层间有 2 层 0.28 nm 的水分子，1.28 nm 层状结构相当于层间有 1 层水分子，而 0.96 nm 层状结构表明层间无水分子层存在[31]。因此，随着干燥条件不断苛刻，如从室温干燥、硅胶干

二维无机材料
剥离、纳米层组装及其功能化

燥、室温真空干燥、直到 70 ℃ 真空干燥，可以看出 1.28 nm 层状相态对应衍射峰强度逐渐降低，而 0.96 nm 层状相态对应衍射峰强度逐渐增强。当 70 ℃ 真空干燥时，仅仅只有 0.96 nm 层状相态存在，说明 TMA$^+$ 离子插层产物脱水过程仅属于相转移反应，不属于单相固溶体反应。另外，当将 70 ℃ 真空干燥试样再次放置于饱和湿度大气中，进行 10 h 平衡处理，所得平衡产物层间距将从 70 ℃ 真空干燥试样的 0.96 nm 再次增大到 1.56 nm，在平衡中间状态也观察到层间距为 1.28 nm 的中间相。这些结果表明，对于 TMA$^+$ 插层导致的层状二氧化锰膨润过程，其插层产物脱水-再水合是一个强烈依赖于湿度的可逆过程。

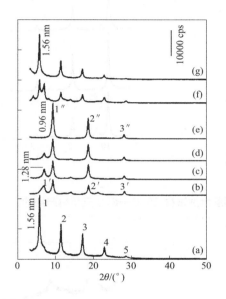

图 4-17
TMA$^+$ 插层产物不同条件下干燥所得试样的 XRD 图谱
（a）TMA$^+$ 插层产物湿态（TA$_i$/H$_s$=25）；（b）试样（a）在湿度 40%、室温下干燥；（c）硅胶中干燥；（d）真空、25 ℃ 干燥；（e）真空、70 ℃ 干燥；（f）试样（e）在室温、饱和湿度下放置 10 h；（g）试样（e）在室温、饱和湿度下放置 1 天

　　将 TMA$^+$ 插层产物用水洗涤 3 次，随后在空气中干燥 3 天，所得产物同样保持了 0.96 nm 的层状结构，相对应二氧化锰层间仅存在一层 TMA$^+$ 而无水分子层存在。同未水洗 TMA$^+$ 插层产物干燥结果相比，经过水洗后的 TMA$^+$ 插层产物，其层间水分子更容易干燥脱出。对于 TA$_i$/H$_s$=1 的插层水洗干燥试样，除了 TMA$^+$ 插层导致的 0.96 nm 层状相之外，前驱体 BirMO(H) 的 0.73 nm 层状相也能够观察到，说明溶液中 TMA$^+$ 浓度不足，导致插层反应不能完全进行（图 4-18）。另外，将水洗 TMA$^+$ 插层干燥产物进一步用 0.1 mol/L HCl 溶液处理，插入层间的 TMA$^+$ 脱出，而溶液中的 H$^+$ 进入二氧化锰层间，元素分析结果表明，95% 插入层间的 TMA$^+$ 随 H$^+$ 插入层间而脱出。尽管 TMA$^+$ 脱出后所得产物的

衍射峰宽化且强度降低，但层状结构特征没有改变，层间距由 0.96 nm 下降到 0.74 nm（图 4-19），表明 TMA$^+$ 的插入 - 脱出是一个离子交换反应机制的近似可逆过程。

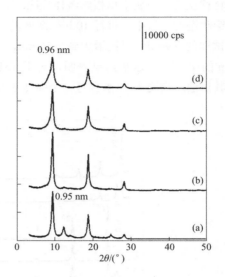

图 4-18
不同摩尔比下 TMA$^+$ 插层水洗试样 25 ℃干燥 3 天所得产物的 XRD 图谱
(a) $TA_I/H_s = 1$；(b) $TA_I/H_s = 5$；(c) $TA_I/H_s = 10$；(d) $TA_I/H_s = 25$

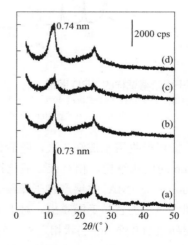

图 4-19
不同摩尔比下 TMA$^+$ 插层试样经 0.1 mol/L HCl 处理后，25 ℃干燥 3 天所得试样的 XRD 图谱
（a）$TA_I/H_s = 1$；（b）$TA_I/H_s = 5$；（c）$TA_I/H_s = 10$；（d）$TA_I/H_s = 25$

二维无机材料
剥离、纳米层组装及其功能化

4.4.2 插层反应 Kielland 曲线

依据离子交换机制进行的插入反应，可以通过计算不同阳离子插入层状二氧化锰层间的反应选择性系数，判断不同大阳离子插层的难易程度[33]。不同大小四烷基铵离子同层状二氧化锰 BirMO(H) 的离子交换反应，如式（4-7）所示。

$$H_s^+ + M^+ \rightleftharpoons M_s^+ + H^+ \tag{4-7}$$

式中，下角标 s 代表在固相中的插层离子。对于不同插层阳离子，其离子插层反应选择系数定义为：

$$
\begin{aligned}
K_c &= X_M a_H / X_H a_M = (X_M[H^+]/X_H[M^+])(\gamma_H / \gamma_M) \\
&\cong (X_M K_w / X_H [M^+][OH^-])
\end{aligned} \tag{4-8}
$$

式中，X 代表固相中离子的摩尔分数；a、[ ]、γ 分别代表液相中物质的活度、浓度和活度系数；下标 M 和 H 分别指插入层间的阳离子和质子；K_w 是水的离子积常数。根据表 4-3 和表 4-4 中的化学分析数据，依据方程式（4-8），假设插层反应为离子交换过程，则可以计算不同大小四烷基铵离子插层反应选择系数 K_c 值。用 pK_c 对固相内离子的摩尔分数（X）作图得到图 4-20。图中也显示了从 Na$^+$ pH 滴定曲线得到的 pK_c-X_{Na} 曲线，显示了比不同大小四烷基铵离子低的 pK_c 值。这个结果说明 Na$^+$ 更容易插入二氧化锰层间，其 pK_c 曲线出现了三段跳跃，表明层状二氧化锰结构中有三种酸碱性交换位点。TMA$^+$ 的选择系数表现为两个台

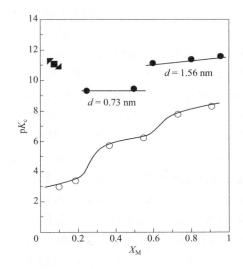

图 4-20
不同阳离子插层进入 BirMO(H) 层间的 Kielland 曲线
○ Na$^+$；● TMA$^+$；◣ TEA$^+$；◼ TPA$^+$；◤ TBA$^+$

阶，pK_c 的变化和层间距变化的对应关系较好，在 $X_{TMA}<0.5$ 的条件下生成了层间距为 0.73 nm 的层状结构，而当 $X_{TMA}>0.5$ 的条件下，生成了层间距为 1.56 nm 的层状化合物。由于层间距的增大需要能量，这也是引起 pK_{TMA} 跳跃的主要原因。对于其它四烷基铵离子如 TBA$^+$、TPA$^+$ 和 TEA$^+$，只在低摩尔分数范围得到了测定值，并且都得到了高的 pK_{TAA} 值，说明在该条件下这些较大离子插层到二氧化锰层间比较困难。

另外，将 pK_c 值外推至 $X_M=0$ 或通过接近 $X_M=0$，可以推出插层离子的固有选择性系数 pK_{c0}。在假设插层阳离子之间没有相互作用力的情况下，该值反映了插层阳离子与层板之间的固有亲和力。在 1 mol/L H$^+$ 与等量无限稀释阳离子交换时，pK_{c0} 值也对应假设反应的热力学量 [34]。根据这些原则，可以从图 4-20 外推得到 Na$^+$、TMA$^+$、TEA$^+$、TPA$^+$ 和 TBA$^+$ 插层反应的固有选择性系数 pK_{c0}，其值分别为 3.0、9.4、11.0、11.1 和 11.3。这些值与阳离子的离子半径有很好的相关性，表明阳离子插入二氧化锰层间的空间位阻，控制了插入初始阶段阳离子的可交换性。

4.4.3 短距离膨润的影响因素

（1）短距离膨润过程的结构变化

通过 Na$^+$、TMA$^+$ 和 TBA$^+$ 离子的插入 - 脱出反应所引起产物的晶相和层间距变化，可以看出对于层状二氧化锰插层及洗涤插层产物，钠离子均未对插层产物的晶体结构产生明显影响，仅仅层间距有微小变化。但是，TMA$^+$ 或 TBA$^+$ 插层可引起层状二氧化锰层间距的显著变化，导致其发生短距离膨润，且所得插层产物的层间距与插层离子大小有直接关系。通过对制备的层状二氧化锰的结构 TEM 和 Rietveld 精修，在分子水平上阳离子插层二氧化锰结构示意图可以表示为如图 4-21。使用 MOPAC 程序通过半经验 MO 计算，可以得到 TMA$^+$ 和 TBA$^+$ 的离子半径。同时，基于二氧化锰层板厚度、插层离子半径大小及 H$_2$O 分子大小，可以计算出插层过程中二氧化锰层间形成的水分子层数，如表 4-5 所示。前驱体层状二氧化锰 BirMO(H) 层间含有一个水分子层，当 Na$^+$ 插入层间时，在层间不形成额外的水层，因此 Na$^+$ 可以与水分子随机交换，产生类似于合成水钠锰矿的结构。TMA$^+$ 插层样品在湿态下，含有大约 2 个水分子层，随后干燥得到层间距为 1.26 nm 和 0.96 nm 的 2 个层状相，分别对应于层间具有 1 个水分子层和无水分子层。TBA$^+$ 嵌入湿态情况下将层间距增加至 2.19 nm，基于二氧化锰层板厚度 0.45 nm 和 TBA$^+$ 离子直径 1.08 nm，说明 TBA$^+$ 插层湿态试样层间具有 2 个水分子层，TMA$^+$ 可以共存于 TBA$^+$ 插层二氧化锰层板空隙之间。这些结果说明，层状二氧化锰的短距离膨润类似于黏土矿物，层间最多形成 2 个水分子层。

二维无机材料
剥离、纳米层组装及其功能化

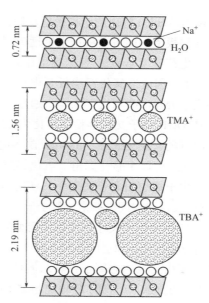

图 4-21
分子水平不同大小阳离子插层 BirMO(H) 的结构示意图

表 4-5　不同大小阳离子插层层状二氧化锰的结构参数

阳离子	$d_{bs}/$nm	$d_{gh}/$nm	$d_c/$nm	$(d_{gh}-d_c)/$nm	n_{hl}	$s/$(u.c./nm^2)	F_v	F_s	$n_w/$(nm^{-3})	$n_c/$(阳离子$^{-1}$)
H$^+$	0.73	0.28	—	0.28	1.0	—	—	—	—	—
Na$^+$	0.72	0.27	0.20	0.07	0.3	3.8	0.06	0.12	43	3.1
TMA$^+$	1.56	1.11		2.67	2.4		0.14		39	12
	1.28	0.83	0.44	0.39	1.4	3.6	0.19	0.55	37	8.5
	0.96	0.51		0.07	0.3		0.31	0.38	31	4.4
（洗涤）	0.96	0.51	0.44	0.07	0.3	2.5	0.22		35	7.7
TMA$^+$-TBA$^+$	2.19	1.74	1.08	0.66	2.4				20	13
	1.99	1.54	1.08	0.46	1.6	2.7	0.53+0.03	1.3+0.2		
	1.25	0.80	0.44	0.36	1.3		—			
	0.96	0.51	0.44	0.07	0.3		—			
（洗涤）	0.96	0.51	0.44	0.07	0.3	2.2	0.17+0.18	0.12+0.31	30	7.0

注：d_{bs}—层间距，d_{gh}—通道高度，由于 MnO$_2$ 层厚度为 0.45 nm，所以 $d_{gh}=d_{bs}-0.45$；d_c—阳离子直径；
n_{hl}—层间水分子层数量，$n_{hl}=(d_{gh}-d_c)/d_水=(d_{gh}-d_c)/0.28$；
s—纳米片层电荷密度 (u.c./nm^2)，Mn 原子密度是 13.6 原子 /nm^2，因此阳离子 /Mn 的摩尔比为电荷密度；
F_v—阳离子占体积分数，$(4/3)\pi(d_c/2)^3 s_l/d_{gh}$；$F_s$—阳离子占面积 =$\pi(d_c/2)^2 s_l$；
n_w—每单位层间体积水分子数量 =$(1-F_v)/v_水=(1-F_v)/0.022$；$n_c$—每阳离子水分子数量 =$d_{gh} n_w/s_l$。

根据 Post 和 Veblen 提出的结构模型，假设 Mn(IV) 和 Mn(III) 原子是均匀分布在二氧化锰层板上，则可以根据水钠锰矿型二氧化锰结构模型，计算层状二氧化锰层板负电荷密度 (s_l)[33]。根据模型计算知道，1 nm^2 二氧化锰片层上存在 13.6 个 Mn 原子，因此二氧化锰层板负电荷密度可以从插入的阳离子与 Mn 的摩尔比（阳离子/Mn，摩尔比）求得。通过 TMA^+ 离子插层过程实验结果，其加入量与 BirMO(H) 离子交换容量摩尔比为 25 时，TMA^+ 离子的插入量为 2.34 mmol/g，此时锰的含量为 8.85 mmol/g。制备的二氧化锰 1 nm^2 片层上存在 13.6 个 Mn 原子，据此可以粗略计算出二氧化锰层板负电荷密度为 3.6 u.c./nm^2。在计算过程中，由于插层阳离子被两个二氧化锰片层包围，因此二氧化锰层板表面电荷密度是 $s_l/2$，而层间电荷密度等于 s_l。在假设二维阳离子阵列条件下，使用电荷密度 s_l 值和阳离子尺寸，可以采用如表 4-5 所示的方法，计算阳离子占据的层间体积分数（F_v）和层间面积分数（F_s）。在 TMA^+ 或 TBA^+ 插层情况下，层空间分数主要由插入的阳离子占据。但是，在 TBA^++TMA^+ 插层样品中，即使仅来自 TBA^+ 的贡献，产物的 F_s 值也超过 100%，表明在 TBA^++TMA^+ 插层样品中，完全形成由 TBA^+ 组成的阳离子层。TBA^+ 插层交换容量较低，主要原因归于插层反应的空间限制效应。同时，假设层间空位完全由水分子充满，根据单个水分子的体积（0.022 nm^3）和立方边长（0.28 nm），就可以根据 F_v 值和水分子的体积计算层间水分子数量，从而计算单位体积及每个插层阳离子所对应的水分子数量，具体计算结果如表 4-5 中所示。

（2）短距离膨润的影响因素

二氧化锰发生短距离膨润的行为与插入层间的阳离子关系密切，TMA^+ 或 TBA^+ 插入导致短距离膨润发生，而 Na^+ 插入未能导致短距离膨润。为此，可以根据二氧化锰相邻层板之间作用力来分析讨论其膨润性质。根据 Norrish 的观点[34]，无机层状化合物的短距离膨润主要受相邻层板之间 3 个作用力的控制，即层间阳离子和负电性纳米片层之间的静电引力、层间阳离子水合作用导致的斥力以及纳米片层层板和水分子之间氢键引力。因此，层状二氧化锰短距离膨润引起的能量变化（ΔE_{swell}）可以用式（4-9）表示。

$$\Delta E_{swell} = \Delta E_{el} + \Delta E_{hy} + \Delta E_{hb} \tag{4-9}$$

式中，ΔE_{el} 是膨润前后层间阳离子和负电性纳米片层之间静电引力的变化；ΔE_{hy} 是层间阳离子水合作用引起的斥力变化；ΔE_{hb} 是纳米片层板和水分子之间氢键引力的变化。

假设电荷为点电荷，层间阳离子正电荷和二氧化锰纳米片层负电荷之间的静电势（E_{el}）可以使用常规库仑方程式（4-10）来粗略计算[35]，

$$\Delta E_{el} = e^2 N/[2(d_i \varepsilon)] = 1.38 \times 10^4 d_i^{-1} [J/(mol \cdot nm)] \tag{4-10}$$

式中，e 是电子电荷；N 是阿伏伽德罗常数；d_i 是阳离子和阴离子之间的距离；符号 ε 是介电常数，类似于黏土矿物介电饱和，其数值假设为 5。将 e、N 和 ε 值代入进行计算，可以得到静电势（E_{el}）是 d_i^{-1} 的函数。根据 Post 等人的结构精修结果，二氧化锰纳米片层所带负电荷来自部分 Mn^{IV} 被 Mn^{III} 同晶置换产生，因而负电荷被认为位于纳米片层表面氧原子上。为此，阳离子和阴离子之间距离为 d_i（nm）$=d_{gh}/2+r_{ox}=d_{gh}/2+0.13$，其中 d_{gh} 是层间高度，r_{ox} 是二氧化锰片层上氧原子的半径，从水钠锰矿结构模型确定其值是 0.13 nm。因此，根据以上公式，可以计算出层状二氧化锰膨润前后的静电势差 ΔE_{el}。

层间阳离子水合作用引起的斥力变化与阳离子水合数多少有关，可以写成 $\Delta E_{hy}=\varepsilon_{hy}\Delta n_{hy}$，其中 ε_{hy} 是平均水合能，而 Δn_{hy} 是由膨胀引起的水合数变化，平均水合能 ε_{hy} 值可以通过总水合能（ΔG_{hy}）与水合数（N_{water}）之比近似计算。另外，假设层间阳离子的水合数（n_{hy}）等于层间每个阳离子水分子数量（n_c），对于水合结构中半径大和含量较高的阳离子，这种假设合理。因此，ΔE_{hy} 可以表示为：

$$\Delta E_{hy}=(\Delta G_{hy}/N_{water})\times(n_{c,1}-n_{c,0}) \tag{4-11}$$

式中，$n_{c,0}$ 和 $n_{c,1}$ 是膨润前后阳离子水分子数量 n_c。

与膨润过程有关的氢键是在二氧化锰片层或氧化物片层表面上的水分子之间形成，通常纳米片层表面的氧位点与水形成一个氢键。通过计算机模拟，研究者评估了黏土表面上所形成的氢键能量[36]。根据模拟，水与黏土纳米片层表面氧位点形成 1 个氢键的结合能为 -12.5 kJ/mol，由于没有关于层间水分子和氧化锰表面之间的氢键能量报道，因此近似将黏土纳米片层氢键能量应用到二氧化锰膨润过程中所形成的氢键结合能。膨润过程二氧化锰纳米片层和水分子之间引起的氢键能量差可写为 $\Delta E_{hb}=1.25\times10^4 n_{oxy}$，其中 n_{oxy} 是能够接触层间水分子的表面氧原子数目。基于层状二氧化锰结构，纳米片层表面氧原子密度为 13.6 个 /nm^2，应该在其片层表面形成相同密度的氢键。因此，假设在阳离子占据的区域中不形成氢键，使用表 4-5 中的层间面积分数 F_s 和电荷密度 s_1 值，可以粗略计算 ΔE_{hb}（J/mol，以阳离子计）值如下：

$$\Delta E_{hb}=1.25\times10^4\times13.6\times2(1-F_s)/s_1 \tag{4-12}$$

因此，层状二氧化锰短距离膨润引起的能量变化可以表示为：

$$\Delta E_{swell}=1.38\times10^4[(d_{gh,1}/2+0.13)^{-1}-(d_{gh,0}/2+0.13)^{-1}]+(\Delta G_{hy}/N_{water})(n_{c,1}-n_{c,0})$$
$$+3.40\times10^5(1-F_s)/s_1 \quad (\text{J/mol 阳离子}) \tag{4-13}$$

式中，$d_{gh,0}$ 和 $d_{gh,1}$ 分别是膨润前后层间高度；ΔG_{hy} 是阳离子的水合能；N_{water} 是水合数；$n_{c,1}$ 和 $n_{c,0}$ 是每个阳离子膨润前后的水分子数。

依据层状二氧化锰膨润在层间最多形成 2 层水分子层，利用式（4-13）计算了 TMA$^+$ 和 Na$^+$ 插层二氧化锰导致膨润前后的能量差异（ΔE_{swell}），结果如表 4-6 所示。尽管在三种情况下的能量 ΔE_{swell} 值差异较小，但计算所得 ΔE_{swell} 值与实验观察到的层状二氧化锰膨润行为趋势一致。高插入量 TMA$^+$ 插层试样具有 ΔE_{swell} 负值，且实验观察到该试样在潮湿条件下发生了膨润。然而对 TMA$^+$ 插层试样进行水洗，导致所得试样中的 TMA$^+$ 含量降低，该试样与 Na$^+$ 插层样品对比计算具有 ΔE_{swell} 正值，样品即使在潮湿条件下也未显示膨润。通过理论计算和实验观察，表明插入到二氧化锰层间阳离子的水合作用斥力和二氧化锰片层与水分子之间氢键引力，在层状二氧化锰膨润过程中起了重要作用，而层间阳离子正电荷和二氧化锰纳米片层负电性之间的静电引力相对贡献较小。

表 4-6　层间形成两层水分子的层状二氧化锰短距离膨润过程能量变化

	TMA$^+$ 插层样品 (TA/H$_s$ =25)	TMA$^+$ 插层样品 （水洗后）	Na$^+$ 插层样品
d_{bs} 变化 /nm	0.96 → 1.56	0.96 nm → 1.56	0.73 → 1.33
n_{c}	4.4 → 12	7.1 → 18	3.1 → 4*
s_1	3.6	2.5	3.8
ΔE_{el}/(kJ/mol)	16	16	28
ΔE_{hy}/(kJ/mol)	−61	−87	−92
ΔE_{hb}/(kJ/mol)	43	84	79
ΔE_{swell}/(kJ/mol)	−2	10	15
实验结果	膨润	不膨润	不膨润

注：TMA$^+$—TMA$^+$ 水合模拟结果表明存在一个水合数为 23 的单层水合层。TMA$^+$ 的水合能已知为 −184 kJ/mol 阳离子[33]，因此 e_{hy} 的值为 −8 kJ/mol 阳离子；Na$^+$—水合能是 −411kJ/mol，第一个水合层的水分子数是 4，因此 e_{hy} 大约是 −103 kJ/mol 阳离子[34]。只考虑第一个水合层，水合能平均分配给 4 个水分子。

当较大体积的 TMA$^+$ 阳离子插入二氧化锰层间时，由于其所占体积大使得层间水分子数目减少，从而导致形成氢键数量减少，因此 TMA$^+$ 水合作用的强斥力使得在高 TMA$^+$ 含量下，层状二氧化锰的膨润变得可能。但是，当 TMA$^+$ 插层二氧化锰水洗后导致 TMA$^+$ 含量降低，即使在空气干燥后层间仍存在相对大量层间水，该层间水引起氢键数量增加，使得 ΔE_{swell} 值变为正值，从能量角度不利于层状二氧化锰膨润。这些结果表明，片层中阳离子的体积分数（F_{v}）是控制层状二氧化锰膨润的重要因素。当 F_{v} 高于某一阈值时，阳离子水合作用的斥力比氢键等引力大，而且占主导地位，从而导致膨润行为发生。而当 F_{v} 值低于阈值时，水合的斥力减弱，而氢键引力增强，氢键和静电相互作用的引力总和可能超过斥力，因此导致层状二氧化锰膨润不能进行。

4.5
层状二氧化锰的剥离

4.5.1　四甲基铵插层二氧化锰水洗剥离

  TMA^+ 离子插层层状二氧化锰的离子交换反应表明，当加入的 TMA^+ 与层状二氧化锰离子交换容量的摩尔比为 25，即 $TMA_1/H_s = 25$ 时，将会导致层状二氧化锰发生短距离膨润行为。将在该摩尔比下所得胶体悬浮液过滤，所得泥浆用相同量蒸馏水洗涤 4 次，由于固体的胶溶作用，过滤速率随着洗涤的重复次数增多而降低。洗涤所得湿态过滤试样直接进行 XRD 分析，发现湿态过滤试样的 XRD 衍射峰强度，随着水洗次数的增加而不断下降，水洗 4 次所得过滤试样 XRD 图谱没有明显的衍射峰，表现为只有非晶衍射图案（图4-22），与未洗涤样品形成鲜明对比。非晶衍射图案主要是由于原来规则的层状结构剥离成为二氧化锰纳米片层后，无规则分散在剥离介质中散射，使得湿态泥浆 XRD 呈现非晶衍射图案。因此，对于块体层状化合物，剥离形成的基本组成单元纳米片

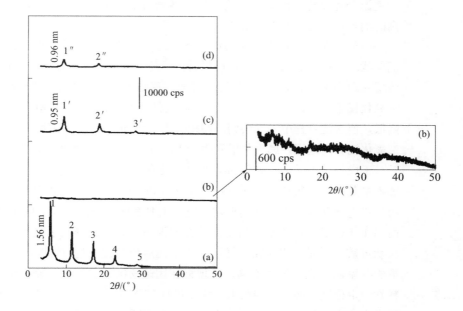

图 4-22
TMA^+ 插层试样水洗及干燥所得产物 XRD 图谱
（a）TMA^+ 插层试样湿态（TA_1/H_s=25）；（b）试样（a）水洗 4 次，湿态；(c) 试样（b）25 ℃干燥 3 天；（d）试样（b）冷冻干燥

层，通过测定所得湿态泥浆 XRD 图谱，所得 XRD 非晶衍射图案是间接表征层状化合物剥离的有效手段之一 [37]。这些结果说明，TMA$^+$ 插层层状二氧化锰导致二氧化锰发生膨润，使得二氧化锰层间距增大，层间阳离子与层板负电性之间的静电引力减弱，随着水洗最终使得层状二氧化锰剥离。同时，在利用 XRD 表征层状化合物剥离过程中，除湿态泥浆 XRD 呈现非晶衍射图案之外，非晶衍射图案驼峰的大小也是判断剥离程度，即单层剥离还是多层剥离的佐证之一。

层状化合物剥离所得纳米片层只能存在于分散介质中，且剥离水洗所得湿态泥浆仅在潮湿条件下存在，在空气中干燥 3d 得到层间距为 0.95 nm 的规整层状结构［图 4-22（c）］，表明分散在水中无规则的二氧化锰纳米片层重新组装，其层间距几乎与未水洗 TMA$^+$ 插层层状二氧化锰试样一致。对组装试样进行化学分析，水洗后试样中的 TMA$^+$ 含量为 1.67 mmol/g，约为未水洗试样的 70%。将水洗干燥试样重新置于 25 ℃的饱和湿度环境中，未能发现与未洗涤试样相同的可逆短距离膨润现象，即水洗后试样脱水过程不可逆。从水洗造成试样中的 TMA$^+$ 含量降低可以看出，插入二氧化锰层间的 TMA$^+$ 含量，是控制其发生短距离膨润的重要因素。另外，采用苛刻的冷冻干燥条件，对剥离的二氧化锰纳米片层分散液进行处理，试图能够得到剥离状态的明显证据。但是，冷冻干燥试样 XRD 图谱也显示了层间距为 0.96 nm 的层状结构，仅仅其衍射峰强度稍弱于室温干燥试样。因此，层状二氧化锰剥离是一个亚稳态状态，一定条件下剥离的纳米片层会立即重新组装。

另外，在每次水用量相同情况下，通过改变水洗次数可以更详细地研究膨润层状二氧化锰的剥离过程。可以看出，随着洗涤重复次数增加，TMA$^+$ 插层对应层间距为 1.56 nm 的衍射峰逐渐减弱，直到第 4 次洗涤时形成非晶相，即层状二氧化锰完全剥离（图 4-23）。尽管随着洗涤次数的增加，TMA$^+$ 插层浓度显著降低，但水洗过程中未观察到层间距大于 1.56 nm 的长距离膨润行为，说明层状二氧化锰剥离过程，属于从层间距为 1.56 nm 的层状相到非晶相的相转换。

干燥条件不同，二氧化锰纳米片层组装形成产物的形貌差别显著。将 TMA$^+$ 加入量是层状二氧化锰离子交换容量 25 倍时膨润所得悬浮液直接冷冻干燥，利用扫描电镜观察所得试样的形貌，发现主要呈现三维折褶状，且片层厚度较大。而当 TMA$^+$ 插层产物水洗所得泥浆在室温下干燥，试样显示由片层堆积而成的块状形貌。但是，当 TMA$^+$ 插层产物水洗后所得泥浆进行冷冻干燥，所得试样形貌与室温干燥有很大不同，呈现棉花团疏松的片层形貌。剥离所得悬浮液稀释到一定程度，滴加在碳膜上干燥后进行 TEM 形貌观察，发现二氧化锰纳米片层大小约为 0.5 mm，进一步佐证了 TMA$^+$ 离子插层试样水洗后的剥离状态（图 4-24）。

二维无机材料
剥离、纳米层组装及其功能化

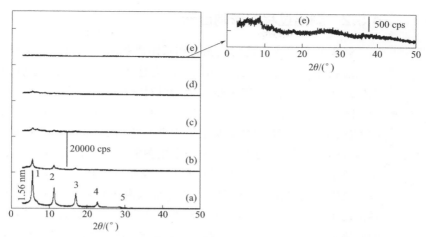

图 4-23

TMA$^+$ 插层试样（TA$_i$/H$_s$=25）不同水洗次数下所得产物湿态 XRD 图谱：

（a）TMA$^+$ 插层试样；（b）水洗 1 次；（c）水洗 2 次；（d）水洗 3 次；（e）水洗 4 次

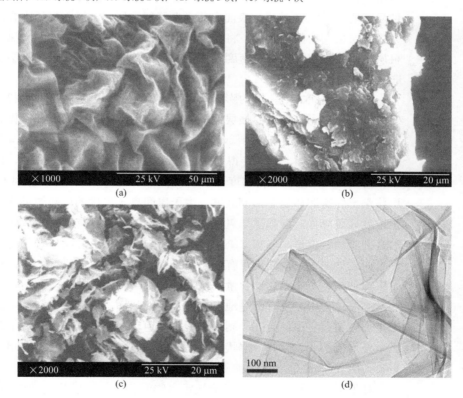

图 4-24

TMA$^+$ 插层试样（TA$_i$/H$_s$=25）在不同条件下干燥所得产物的 SEM（a~c）和 TEM（d）照片

（a）TMA$^+$ 插层试样未水洗直接冷冻干燥；（b）水洗后室温干燥；（c）、（d）水洗后冷冻干燥

4.5.2　剥离过程的影响因素

剥离通常被认为是层状化合物长距离膨润的极限。在长距离膨润状态下，不仅层状化合物的层间距显著增大，而且相邻纳米片层由于强烈水合而发生双电层之间的静电排斥。Sasaki 等人通过对含有 TBA$^+$ 插层质子钛酸水介质中的膨润/剥离行为进行了详细研究，发现 TBA$^+$ 插入量约为质子钛酸可交换离子容量的 1/2 是该类层状化合物剥离的转折点。当 TBA$^+$ 插入量低于质子钛酸可交换离子容量的 1/2 时，质子钛酸在水中发生剥离；而当 TBA$^+$ 插入量高于质子钛酸可交换离子容量的 1/2 时，质子钛酸发生长距离膨润[30]。通过研究 α-磷酸锆在丙胺介质中的插层和剥离行为，发现当插入丙胺的摩尔数仅为 α-磷酸锆离子交换容量的 1/2 时，α-磷酸锆在丙胺介质中会发生显著剥离[38]。对于层状硅铝酸盐的剥离，研究结果证明能否剥离与其纳米层板表面电荷密度密切相关。对于层板电荷密度高于 4.2 u.c./nm^2 的层状硅酸，发生膨润的程度较小；而对于层板电荷密度为 2.2～1.0 u.c./nm^2 的层状硅酸，则发生膨润特别是长距离膨润的可能性显著增加[39]。随着层板表面电荷密度降低，层间金属阳离子水合能产生的斥力大于层板间的静电引力，将会导致层状化合物在一定条件下剥离。因此，无机层状化合物层板的电荷密度和介质中插层剂的浓度，对于无机层状化合物的膨润及其剥离非常重要。

通过对层状二氧化锰的膨润及剥离过程分析，可以看出像层状二氧化锰类弱酸性无机离子交换剂，插层剂插入层间后所得插层产物水洗，将导致层板电荷密度及层间插层剂浓度降低，从而促进层状化合物的膨润和剥离。TMA$^+$ 插层膨润层状二氧化锰，水洗使得插入层间的 TMA$^+$ 降至 1.67 mmol/g，约为未洗涤试样的 70%，且层板电荷密度从 3.6 u.c./nm^2 降至 2.5 u.c./nm^2（表 4-5），近似于层状黏土弱膨润和显著膨润区域。由于层间离子提供的屏蔽效果降低，层间离子浓度显著降低，增强了二氧化锰片层之间的斥力，有利于二氧化锰进一步膨润直到剥离。但是，层状二氧化锰的剥离与其它无机层状化合物的剥离具有三个不同之处。首先，剥离没有在阳离子交换反应过程中进行，仅在水洗过程中发生，且在高 TMA$^+$ 插入含量下仅显示短距离膨润；其次，在层状二氧化锰膨润及剥离过程中，没有清楚地观察到长距离膨润，剥离发生在短距离膨润相到无定形相变过程中；第三，剥离过程不可逆转，剥离试样在空气中干燥后不再显示任何再膨润。因此，层状二氧化锰的剥离相是热力学亚稳态相，剥离仅在有限条件下进行。

对于层状二氧化锰未能显示长距离膨润行为，可以从其结构特征来说明。与层状黏土相比，层状二氧化锰显示出两个结构上的差异。首先，二氧化锰层间交换位点是弱酸性羟基，其电荷补偿离子是层间阳离子。相比层板电荷密度较小的层状黏土，层状二氧化锰的层板电荷密度相对较高。随着表面电荷密度的增加，层板表面质子解离常数降低，因此伴随着盐浓度降低，将使得通过氧化物表面质子缔合而抑制表面静电势增加。其次，与层状黏土多层结构相比，二氧化锰片层是由单层 MnO_6 八面体组成，因此二氧化锰片层可能不如黏土片层坚硬。层状二氧化锰相对较低的表面静电势以及片层柔韧性，可能使得其长距离膨润不完全，导致与不规则排列二氧化锰片层同时剥离。以上结果表明，合适的层电荷密度和层板间离子浓度有利于层状二氧化锰剥离，对于弱酸性交换位点层状化合物，水洗是实现该类无机层状化合物剥离的最简单方法之一。根据 TMA^+ 插层导致层状二氧化锰膨润及其插层试样水洗后剥离行为，由 Na^+、TMA^+ 和 TBA^+ 引起的层状二氧化锰插层 - 脱出，以及水洗插层产物导致层状二氧化锰剥离所引起的晶相及层间距变化如图 4-25 所示。

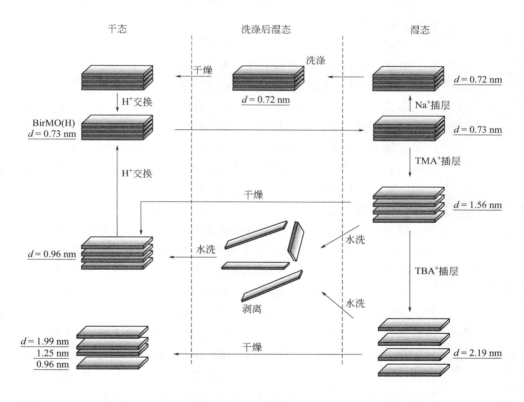

图 4-25
层状二氧化锰阳离子插层导致的膨润和剥离过程示意图

4.5.3 四丁基铵插层二氧化锰剥离

TMA$^+$ 插层层状二氧化锰首先导致其发生短距离膨润，而使得二氧化锰的层间距增大，随后经过水洗，层状二氧化锰发生剥离行为，形成分散在水介质中的二氧化锰纳米片层胶体悬浮液。Suib 研究组使用电荷及空间位阻不同的氢氧化四烷基铵（包括氢氧化四甲基铵、氢氧化四乙基铵、氢氧化四丙基铵和氢氧化四丁基铵）和二胺（如乙二胺、1,6- 二氨基己烷和 1,10- 二氨基辛烷），系统研究了这些不同大小和结构的插层剂对于层状二氧化锰插层产物的晶相、形貌及产物尺寸的影响。尽管没有直接说明这些不同电荷和空间位阻插层剂所导致的剥离行为，但是插层产物在分散剂中的粒子行为研究，间接支持一定条件下层状二氧化锰剥离行为发生 [40]。

高结晶性层状二氧化锰由于合成条件和方法的差异，导致形成层状化合物的层板组成存在差异，即纳米片层电荷密度不同，因而可导致产生不同的插层反应和剥离行为。在 O$_2$ 气氛下采用熔融盐法，可以制备高结晶性层状二氧化锰 K$_{0.45}$MnO$_2$，将其在 HCl 溶液中进行离子交换，能够得到锰平均氧化数为 3.83 的层状二氧化锰 H$_{0.13}$MnO$_2$ • 0.7H$_2$O。由于二氧化锰层板中锰的平均氧化数与水热法制备的层状二氧化锰具有一定差距，导致二氧化锰层板电荷密度的差异，使得制备的层状二氧化锰展现出差异性插层反应和剥离行为 [41]。高结晶性层状二氧化锰 H$_{0.13}$MnO$_2$ • 0.7H$_2$O 在氢氧化四丁基铵（TBAOH）水溶液中，随加入 TBA$^+$ 物质的量与高结晶性层状二氧化锰 H$^+$ 交换容量之比（即 TBA$^+$/H$^+$ 摩尔比）不同，展现了有趣的膨润和剥离行为。特别是研究确认了层状二氧化锰不仅存在短距离膨润，而且存在类似于黏土的长距离膨润行为。高结晶性层状二氧化锰可以发生插层反应、渗透性膨润和剥离过程，且过程发生与否与 TBA$^+$/H$^+$ 摩尔比的大小关系密切。TBA$^+$ 插层相结构模型及 TBA$^+$ 加入量与层状二氧化锰 H$_{0.13}$MnO$_2$ • 0.7H$_2$O H$^+$ 离子交换容量摩尔比不同下的反应过程如图 4-26 所示。

在 TBA$^+$/H$^+$ 低摩尔比条件下，TBA$^+$ 以通常插层反应进入二氧化锰层间。TBA$^+$/H$^+$ ≤ 1 时，可以观察到两相层状结构共存，分别对应层间距为 0.73 nm 的前驱体层状二氧化锰 H$_{0.13}$MnO$_2$ • 0.7H$_2$O 和层间距为 1.25 nm TBA$^+$ 插层结构，且 TBA$^+$ 插层结构可以一直在 1 ≤ TBA$^+$/H$^+$ ≤ 25 区间稳定存在。随着 TBA$^+$/H$^+$ 的比值增大，即加入 TBA$^+$ 的浓度增加，层间距为 1.25 nm 的 TBA$^+$ 插层结构衍射峰强度逐渐减低，当 TBA$^+$/H$^+$=50 时最终消失，XRD 衍射峰仅仅观察到水分子散射导致的鼓包，显示高结晶性层状二氧化锰剥离行为。继续增加 TBA$^+$ 加入量（TBA$^+$/H$^+$ ≥ 50），XRD 图谱在低角度区显示了弱的衍射峰，即在高 TBA$^+$/H$^+$ 摩尔比条件下，层状二氧化锰发生渗透性膨润，产生类似黏土的长距离膨润，其层间距扩大到 3.5 ～ 7 nm（图 4-27）。

二维无机材料
剥离、纳米层组装及其功能化

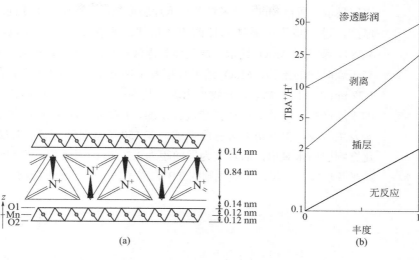

图 4-26

TBA$^+$ 插层相结构模型（a）和高结晶性层状 $H_{0.13}MnO_2 \cdot 0.7H_2O$ 与 TBA$^+$ 反应过程（b）

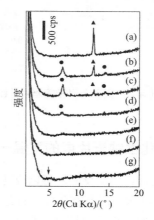

图 4-27

高结晶性层状二氧化锰 $H_{0.13}MnO_2 \cdot 0.7H_2O$ 与不同浓度 TBA$^+$ 反应产物湿态下的 XRD 图谱

TBA$^+$ 加入量与层状二氧化锰 H$^+$ 离子交换容量摩尔比（TBA$^+$/H$^+$）分别为：（a）0.1；（b）0.3；（c）1；（d）5；（e）25；（f）50；（g）100

　　通过这些实验结果可以看出，当在一定 TBA$^+$/H$^+$ 摩尔比条件下，即加入的 TBA$^+$ 离子量不是太少或太多情况下，TBA$^+$ 离子导致的高结晶性层状二氧化锰插层反应和渗透性膨润过程同时存在，所得试样展现出叠加衍射特征的宽 X 射线衍射图谱。将在不同 TBA$^+$/H$^+$ 摩尔比下 TBA$^+$ 插层所得试样以不同速度离心分离两次，得到的胶体状泥浆分散液进一步稀释，用透射电子显微镜和原子力显微镜观察所得试样的尺寸和形貌。$5 \leqslant TBA^+/H^+ \leqslant 50$ 区间得到产物的 AFM 表征显示，所得 MnO_2 纳米粒子显示片层形貌，具有亚微米横向尺寸和约 0.8 nm 厚度，进一步佐证高结晶性前驱体层状二氧化锰剥离为 MnO_2 纳米片层（图 4-28）。剥离的 MnO_2 纳米片层胶体悬浮液在相对 95% 湿度氛围下缓慢干燥，随着干燥时间的推移，MnO_2 纳米片层发生部分重组，XRD 结果表现为层间距为 1.72 nm 的 TBA^+ 插层化合物再出现，其为层间距大于 10 nm 渗透性膨润水合物的干燥产物。随着对试样持续进行干燥，1.72 nm TBA^+ 插层化合物的层间距没有发生改变，但其衍射峰强度增加。在 150 ℃ 条件下干燥，1.72 nm TBA^+ 插层化合物层间水脱出，而转换为层间距为 1.3 nm 的固体相，说明剥离的二氧化锰纳米片层发生重组，生成规则的 TBA^+ 离子插层的层状化合物。

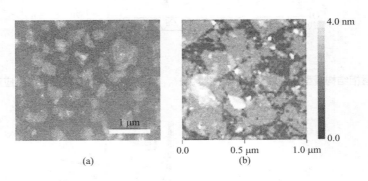

图 4-28
MnO_2 纳米片层的 TEM 照片（a）和原子力显微镜照片（b）

4.5.4　二氧化锰纳米片层的室温一步制备

通过层状化合物插层反应，可以成功实现层状二氧化锰的膨润和剥离，剥离得到的 MnO_2 纳米片层具有各向异性结构和许多独特的物理化学性质，是组装纳米功能材料的理想单元材料。但是，要实现层状二氧化锰剥离，需要对前驱体层状二氧化锰进行多步骤处理，包括高温固相反应或水热反应，层间碱金属离子的质子化和在水溶液中与氢氧化四烷基铵的酸碱反应。这种自上而下的剥离方法，既昂贵又耗时，且质子化合物完全剥离成为单层纳米片层也存在许多不确定因素，即剥离得到的纳米片层厚度分布较广。为此，建立方法简单、耗时少制备 MnO_2 纳米片层的方法尤其值得关注。

采用如图 4-29 所示的方法，可以在室温下一步制备 MnO_2 纳米片层[42]。用过氧化氢（H_2O_2）作为 Mn^{2+} 氧化剂，在反应体系中加入氢氧化四甲基铵（TMAOH），室温下可以得到深棕色悬浮液。该悬浮液具有明显的光散射丁达尔

二维无机材料
剥离、纳米层组装及其功能化

效应，说明该深棕色悬浮液为胶体溶液，且在 3 天内无沉淀生成。将深棕色悬浮胶体溶液用水不断稀释，在云母片层上进行生成产物 AFM 表征。从 AFM 照片可以看出，样品片层横向尺寸在 50 ～ 500 nm 范围内，表面厚度约为 0.9 nm。由于 MnO_2 纳米片层的厚度为 0.45 nm，水分子层厚度为 0.28 nm，因而表面厚度约为 0.9 nm 结果是由生成的单层 MnO_2 纳米片层上吸附水分子层所导致。该结果进一步表明，通过室温氧化方法可一步成功制备 MnO_2 纳米片层，且该厚度下的 MnO_2 纳米片层的分布约占到整个粒子的 80%（图 4-30）。

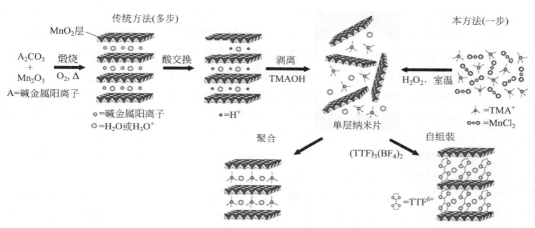

图 4-29
一步法与传统剥离方法制备二氧化锰纳米片层比较

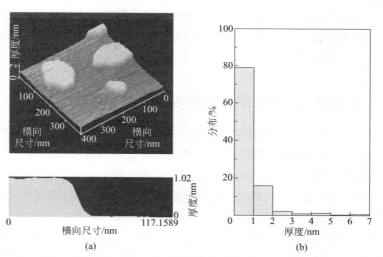

图 4-30
MnO_2 纳米片层敲击模式 AFM 图像和沿图像中粗线所得高度分布图（a）及 MnO_2 纳米片层在基板上的厚度分布图（b）

4.6
二氧化锰纳米片层的精细调控

4.6.1 纳米片层尺寸的控制

MnO_2 纳米片层的厚度为 0.45 nm，该厚度本质上由其前驱体层状结构和组成决定。一般当层状二氧化锰完全剥离成为单层 MnO_2，纳米片层的厚度应该基本保持不变。但是，当纳米片层主层板 Mn 原子位置被其它过渡金属原子取代，则剥离形成的纳米片层厚度会随取代原子的大小而有微小变化。与 MnO_2 纳米片层厚度不会发生大的变化相比，MnO_2 纳米片层的横向尺寸不仅与其前驱体的结晶度和尺寸有关，而且与剥离反应动力学、所用客体离子结构、浓度及剥离方式等外部条件密切相关。对于前驱体是多晶样品的层状 MnO_2 块体，通过机械摇动剥离会导致结晶体侧向断裂，一般生成亚微米至几微米大小的 MnO_2 纳米片层。而当前驱体是单晶层状 MnO_2 块体时，在温和手动摇动剥离条件下，可生成更大尺寸的 MnO_2 纳米片层。

另外，MnO_2 纳米片层的横向尺寸也可以通过控制剥离反应的动力学调整。一般当使用的插层和剥离试剂的极性较高和尺寸较小时，有利于 MnO_2 层间 H^+ 与交换离子或分子发生酸碱交换反应，从而容易形成稳定的膨润层状 MnO_2 结构。但是，当使用的插层和剥离试剂的极性较小和尺寸较大时，则容易促使层状 MnO_2 剥离形成 MnO_2 纳米片层。例如当 H^+ 型层状二氧化锰在大小不同的 TMA^+ 和 TBA^+ 溶液中处理时，一般与 TMA^+ 的交换反应快，而空间位阻效应导致与较大尺寸 TBA^+ 的离子交换反应慢，且剥离状态时形成的 MnO_2 纳米片层尺寸相对较大。

4.6.2 纳米片层组成和结构的调控

与前驱体无机层状化合物相比，剥离的无机纳米片层具有与其块体前驱体不一样的独特性质。因此，通过合理设计和调整无机纳米片层的化学成分和二维结构，对于开发由剥离纳米片层作为基本组装单元，制备纳米层状功能材料至关重要。无机纳米片层的组成通常可以通过如过渡金属元素等的取代或掺杂，在前驱体制备阶段进行控制调整，而一般调控后的无机纳米片层剥离后，仍能保持取代或掺杂层状组成和结构。例如通过过渡金属（Co、Fe、Mn）或稀土离子（Eu、Tb）掺杂无机氧化物纳米片层，可以获得独特磁性或光致发光性能的无机氧化物纳米片层[43]。尽管通过部分取代或掺杂，可以达到改善层状二氧化

二维无机材料
剥离、纳米层组装及其功能化

锰的电化学等性质，但取代或掺杂组分金属离子与层板中的其它离子产生的结合作用，阻碍了金属氧化物晶体生长，导致通过部分取代或掺杂晶体生长制备低维度纳米结构金属氧化物困难。与晶体生长法制备的纳米结构金属氧化物相比，剥离所得金属氧化物纳米片层的化学组成，也可以通过化学取代或掺杂金属氧化物纳米片层进行调控。调控后剥离得到的金属氧化物纳米片层通过静电引力，能够实现与其它异电性纳米片层或粒子组装，从而达到制备纳米片层功能材料，将为二氧化锰材料作为性能优化的储能材料和催化材料提供可行性。

采用高温固相反应，通过 Ru 取代层状二氧化锰层板中的 Mn 元素，可以制备 Ru 取代，且具有极高形貌各向异性的 $Mn_{1-x}Ru_xO_2$ 层状化合物。通过溶液化学剥离过程，得到 $Mn_{1-x}Ru_xO_2$ 纳米片层。剥离得到的 $Mn_{1-x}Ru_xO_2$ 纳米片层与 Li^+ 离子组装，可制备具有介孔堆积结构纳米层状材料。剥离的 $Mn_{1-x}Ru_xO_2$ 纳米片层的化学组成及其锂化所得纳米复合材料，可以采用 Ru 取代层状二氧化锰作为剥离反应主体材料得到。通过剥离 - 重组过程，取代钌离子以混合 Ru^{3+}/Ru^{4+} 氧化态稳定存在于层状 $Mn_{1-x}Ru_xO_2$ 晶格中 [44]。同未进行 Ru 取代的 $Li-MnO_2$ 和许多其它 MnO_2 基电极材料相比，Ru 的取代改变了二氧化锰的层板组成和电荷密度，使得 $Mn_{1-x}Ru_xO_2$ 纳米片层与 Li^+ 组装制备的 $Li-Mn_{1-x}Ru_xO_2$ 纳米复合材料，显示出优越的电容性能和电容保持率，第二次循环电容为 360 F/g，循环 500 次后电容仍然能够保持 330 F/g（图 4-31）。同时，电化学阻抗谱分析证明，Ru 取代极大提高了二氧化锰纳米片层的电导率，电导率的提高可赋予制备电极材料优异的电化学性能。

4.6.3　纳米片层静电自组装

金属氧化物纳米片层具有微晶极高的二维各向异性，其纳米片层厚度在 1 nm 以内，而横向尺寸从亚微米到几十微米不等，这种结构和形态方面的优势，使得金属氧化物纳米片层成为设计、制备纳米结构薄膜或超晶格材料的优良组装单元。剥离的无机金属氧化物纳米片层大部分带电荷，可单分散于一定极性介质中形成胶体悬浮液，因此以带不同电荷纳米片层作为组装基本单元，通过静电自组装方法，可以制备一系列纳米复合材料和纳米薄膜。静电自组装技术主要包括两种方法：一是通过纳米片层与带异电性离子、分子或无机纳米片层之间的聚沉反应制备纳米复合材料，另一种方法是通过顺序逐层组装制备纳米结构多层薄膜。MnO_2 纳米片层带有负电荷，因此可以与异电性聚阳离子、分子或纳米片层通过静电自组装制备纳米功能材料或功能薄膜，如可以与聚二烯丙基二甲基氯化铵（PDDA）等聚阳离子、聚乙烯亚胺、Al_{13} Keggin 离子和其它阳离子金属配合物、带正电荷氢氧化物纳米片层进行组装反应，制备的纳米功能材料或功能薄膜，可以通过包括 XRD、紫外-可见吸收光谱和椭圆测量法等表征。

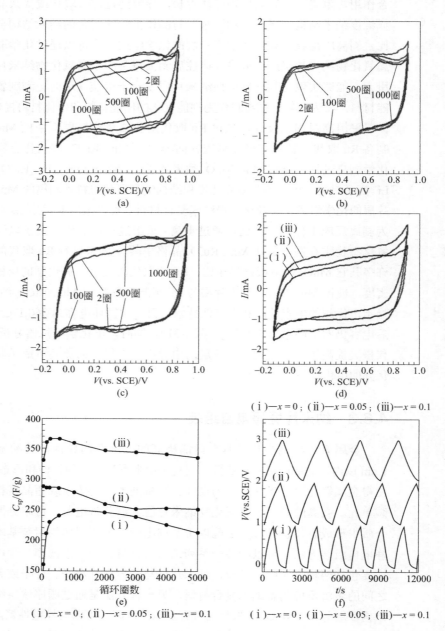

图 4-31
不同 Ru 取代量下所得 Li-Mn$_{1-x}$Ru$_x$O$_2$ 纳米电极材料的 CV 曲线（a）~（d）、循环圈数与电容保持变化曲线（e）及恒流充放电（GCD）循环结果（f）[44]
（a）x=0；（b）x=0.05；（c）x=0.1；（d）CV 结果比较曲线。

二维无机材料
剥离、纳米层组装及其功能化

由于二氧化锰纳米片层具有较高的负电性，因此利用传统离子交换反应，很难将大的聚阳离子或分子插入到二氧化锰层间，使得制备多孔二氧化锰功能材料受到限制。但是，从块体层状二氧化锰剥离得到的负电性二氧化锰纳米片层，由于纳米片层电性排斥作用，能够稳定存在于水等分散介质中。分散在水中的二氧化锰纳米片层具有较大的自由度，因此传统离子交换插层反应不能引入层间的聚阳离子或分子，通过静电吸附作用可以组装到二氧化锰层间，为制备多孔二氧化锰功能材料提供新途径。负电性二氧化锰纳米片层分散液与 Al_{13} 聚阳离子 $[AlO_4Al_{12}(OH)_{24}(H_2O)_{12}]^{7+}$ 通过静电聚沉反应，可以制备 Al_{13} 聚阳离子柱撑型的具有大比表面积多孔二氧化锰功能材料，其剥离 / 聚沉制备 Al_{13} 聚阳离子柱撑型二氧化锰功能材料过程如图 4-32 所示。同时，利用 MnO_2 纳米片层与其它异电性粒子顺序逐层组装，制备纳米结构多层薄膜过程如图 4-33 所示。顺序逐层组装是制备纳米结构多层薄膜的有效方法之一，通过该方法可以在纳米层次上精确控制材料成分、厚度和结构。通过顺序逐层组装过程，金属氧化物纳米片层可以与各种聚子如有机聚电解质、金属络合物、簇，甚至带相反电荷的金属氧化物纳米片层组装，制备不同结构、组成和性质的杂化薄膜。鉴于块体层状金属氧化物剥离得到的氧化物纳米片层具有一些与块体材料不同的性质，通过不同纳米片层的组装，是开发制备纳米功能薄膜的有效手段 [45]。

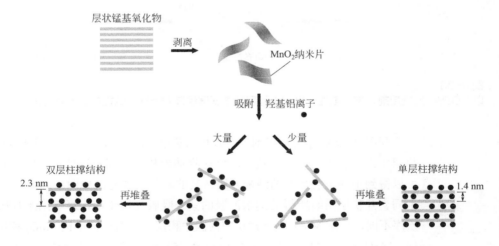

图 4-32
剥离 / 聚沉方法制备 Al_{13} 聚阳离子柱撑型二氧化锰多孔功能材料过程示意图

块体层状二氧化钛剥离得到的 $Ti_{0.91}O_2$ 纳米片层，虽然具有与其块体材料相似的半导体特性，但是由于 $Ti_{0.91}O_2$ 纳米片层的量子尺寸效应，导致其半导体能带发生改变，在 320 nm 光照下产生阳极光电流，相应的带隙能量变化为 3.8 eV。

相比之下，MnO_2 纳米片层在 372 nm 处，出现了由 MnO_2 纳米片层中 d-d 跃迁导致的宽吸收峰。同时，MnO_2 纳米片层的电化学还原和再氧化，可引起 MnO_2 纳米片层光学吸收的褪色和增强[46]，在 385 nm 处的这种电致变色效率估计为 64.2 cm²/C，是氧化锰材料中相对较高值。因此，如果能将具有半导体特征的 $Ti_{0.91}O_2$ 纳米片层和具有可氧化的 MnO_2 纳米片层进行纳米层组装，制备的超晶格薄膜对于研究组装纳米片层序列如何影响光致电子从 $Ti_{0.91}O_2$ 纳米片层转移到 MnO_2 纳米片层和电化学还原 / 氧化行为具有重要价值。

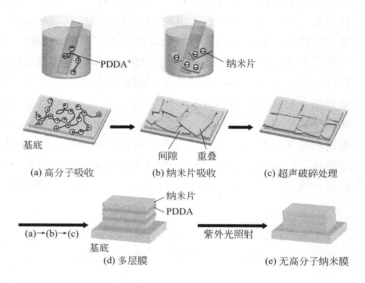

图 4-33
以 PDDA⁺ 为链接剂，带负电性无机纳米片层顺序逐层组装制备纳米结构多层薄膜过程示意图

利用 PDDA⁺ 作为链接剂，带有相同负电荷的 $Ti_{0.91}O_2$ 纳米片层和 MnO_2 纳米片层依次交互积层处理，随金属氧化物纳米片层交互积层处理次序不同，依次可以得到不同组装形态的纳米薄膜，其的紫外吸收光谱如图 4-34 所示[46]。4 种不同交互积层组装所得的纳米薄膜的紫外吸收光谱说明，尽管纳米片层的组装次序不同，但从 MnO_2 纳米片层在薄膜中积层次序看出，不论 MnO_2 积层次序如何，MnO_2 积层均能同时增强 372 nm 和 255 nm 的紫外吸收光谱。但是，$Ti_{0.91}O_2$ 积层仅仅增强 255 nm 的紫外吸收光谱，而对于 372 nm 紫外吸收光谱几乎没有影响。这些实验结果表明，不同性质的功能薄膜，可以通过无机纳米片层的有序积层设计制备。同时，每个光谱的总吸收曲线相似于不同积层次序制备的薄膜，且与纳米片层积层次序无关，说明多层薄膜的光吸收性质不依赖于纳米片层如何积层，但与纳米多层薄膜组成有关。

二维无机材料
剥离、纳米层组装及其功能化

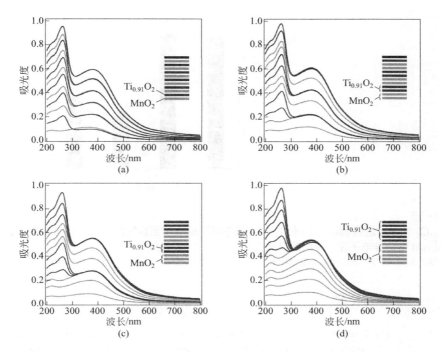

图 4-34
Ti$_{0.91}$O$_2$ 纳米片层同 MnO$_2$ 纳米片层 12 层不同积层次序组装过程的紫外吸收光谱[46]
积层数：（a）1；（b）2；（c）3；（d）6

      由于用 Ti$_{0.91}$O$_2$ 纳米片层和 MnO$_2$ 纳米片层制备的四种功能薄膜具有不同的纳米结构，因而其光诱导电子注入速率产生了较大不同。将每一个薄膜在 280 nm 光照，在 372 nm 吸光度衰减曲线如图 4-35 所示。可以看到利用 A 积层次序组装的纳米薄膜其吸光度衰减较小，且 A 和 B 积层次序组装薄膜的衰减率相近，而 C 和 D 积层次序组装薄膜的衰减率较大，几乎衰减到 A 和 B 积层次序组装薄膜的 1/2。由于在（a）和（b）积层次序组装薄膜中，MnO$_2$ 纳米片层总是相邻存于于 Ti$_{0.91}$O$_2$ 纳米片层，因此 Ti$_{0.91}$O$_2$ 和 MnO$_2$ 纳米片层之间的距离最小，导致光致电子从 Ti$_{0.91}$O$_2$ 纳米片层注入到 MnO$_2$ 纳米片层的速率最高。然而，在 C 和 D 积层次序组装薄膜中，由于额外 MnO$_2$ 纳米片中间层的存在，使得有些 MnO$_2$ 纳米片层远离 Ti$_{0.91}$O$_2$ 纳米片层，这样的结构导致电子注入速率减小。因此，利用不同组成和结构无机纳米片层的积层组装，可以设计制备具有特殊性质的多层异质纳米结构薄膜。

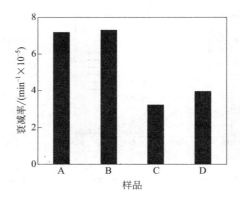

图 4-35

Ti$_{0.91}$O$_2$ 纳米片层同 MnO$_2$ 纳米片层 12 层不同积层次序组装的四种纳米结构薄膜在 280 nm 光照下，372 nm 光诱导电子注入速率的衰减变化

积层数：A—1 层；B—2 层；C—3 层；D—6 层

参考文献

[1] Turner S, Buseck P R. Todorokites: A new family of naturally occurring manganese oxides. Science, 1981, 212: 1024-1027.

[2] Shen X, Ding Y, Liu J, et al. A magnetic route to measure the average oxidation state of mixed-valent manganese in manganese oxide octahedral molecular sieves (OMS). J Am Chem Soc, 2005, 127: 6166-6167.

[3] Luo J, Suib S L. Preparative parameters, magnesium effects, and anion effects in the crystallization of birnessites. J Phys Chem B, 1997, 101: 10403-10413.

[4] Feng Q, Kanoh H, Ooi K. Manganese oxide porous crystals. J Mater Chem, 1999, 9: 319-333.

[5] Shen Y F, Suib S L, O'young C L. Effects of inorganic templates on octahedral molecular sieves of manganese oxide. J Am Chem Soc, 1994, 116: 11020-11029.

[6] Chen X, Shen Y F. Suib S L, et al. Characterization of manganese oxide octahedral molecular sieve (M-OMS-2) materials with different metal cation dopants. Chem Mater, 2002, 14: 940-948.

[7] Chitrakar R, Sakane K, Umeno A, et al. Synthesis of orthorhombic LiMnO$_2$ by solid-phase reaction under steam atmosphere and a study of its heat and acid-treated phases. J Solid State Chem, 2002, 169. 66-74.

[8] Parant J P, Olazcuaga R, Devalette M, et al. Sur quelques nouvelles phases de formule Na$_x$MnO$_2$ ($x \leqslant 1$). J Solid State Chem, 1971, 3: 1-11.

[9] Liu J, SonY C, Cai J, et al. Size control, metal substitution, and catalytic application of cryptomelane nanomaterials prepared using cross-linking reagents. Chem Mater, 2004, 16: 276-285.

[10] Yang X Tang W, Feng Q, et al. Single crystal growth of birnessite and hollandite-type manganese oxides by a flux method. Crystal Growth Des, 2003, 3: 409-415.

[11] Li L, King D L. Synthesis and characterization of silver hollandite and its application in emission control. Chem Mater, 2005, 17: 4335-4343.

[12] Yang X, Tang W, Liu Z H, et al. Synthesis of lithium-rich Li$_x$Mn$_2$O$_4$ spinels by lithiation and heat-treatment of defective spinels. J Mater Chem, 2002, 12: 489-495.

[13] Feng Q, Kanoh H, Miyai Y, et al. Metal ion extraction/insertion reactions with todorokite-

二维无机材料
剥离、纳米层组装及其功能化

type manganese oxide in the aqueous phase. Chem Mater, 1995, 7: 1722-1727.

[14] Tian Z R, Tong W, Wang J Y, et al. Manganese oxide mesoporous structures: mixed-valent semiconducting catalysts, Science, 1997, 276: 926-930.

[15] Ohzuku T, Kitagawa M, Sawai K, et al. Topotactic reduction of alpha-manganese oxide in nonaqueous lithium cells. J Electrochem Soc, 1991, 138: 360-365.

[16] Luo J, Suib S L. Formation and transformation of mesoporous and layered manganese oxides in the presence of long-chain ammonium hydroxides. Chem Commun, 1997, 11: 1031-1032.

[17] Liu Z H, Yang X, Makita Y, et al. Preparation of a polycation-intercalated layered manganese oxide nanocomposite by a delamination/reassembling process. Chem Mater, 2002, 14: 4800-4806.

[18] Strobel P, Durr J, Tullire M, et al. Extended X-ray absorption fine structure study of potassium and cesium phyllomanganates. J Mater Chem, 1993, 3: 453-458.

[19] Liu Z H, Ooi K, Kanoh H, et al. Synthesis of thermally stable silica-pillared layered manganese oxide by an intercalation/solvothermal reaction. Chem Mater, 2001, 13: 473-478.

[20] Ooi K, Miyai Y, Katoh S, et al. Topotactic Li^+ insertion to λ-MnO_2 in the aqueous phase. Langmuir, 1989, 5: 150-157.

[21] Ammundsen B, Jones D J, Roziere J. Mechanism of proton insertion and characterization of the proton sites in lithium manganate spinels. Chem Mater, 1995, 7: 2151-2160.

[22] Feng Q, Kanoh H, Miyai Y, et al. Li^+extraction/ insertion reactions with $LiZn_{0.5}Mn_{1.5}O_4$ spinel in the aqueous phase. Chem Mater, 1995, 7: 379-384.

[23] Feng Q, Kanoh H, Miyai Y, et al. Alkali metal ions insertion/extraction reactions with hollandite-type manganese oxide in the aqueous phase. Chem Mater, 1995, 7: 148-153.

[24] Ooi K, Miyai Y, Sakakihara J. Mechanism of Li^+ insertion in spinel-type manganese oxide, Redox and ion-exchange reactions. Langmuir, 1991, 7: 1167-1171.

[25] Feng Q, Kanoh H, Miyai Y, et al. Hydrothermal synthesis of lithium and sodium manganese oxides and their metal ion extraction/insertion reactions. Chem Mater, 1995, 7: 1226-1232.

[26] Wong S T, Cheng S, Synthesis and characterization of pillared buserite. Inorg Chem, 1992, 31: 1165-1172.

[27] Brock S L, Sanabria M, Suib S L, et al. Particle size control and self-assembly processes in novel colloids of nanocrystalline manganese oxide. J Phys Chem B, 1999, 103: 7416-7428.

[28] Liu Z H, Wang Z, Yang X, et al. Intercalation of organic ammonium ions into layered graphite oxide. Langmuir, 2002, 18: 4926-4932.

[29] JIS M8233. Methods for determination of active oxygen in manganese ores. Japanese Industrial Standards Committee, 1969.

[30] Sasaki T, Watanabe M. Osmotic swelling to exfoliation. Exceptionally high degrees of hydration of a layered titanate. J Am Chem Soc, 1998, 120: 4682-4689.

[31] Post J E, Veblen D R. Crystal structure determinations of synthetic sodium, magnesium, and potassium birnessite using TEM and the rietveld method. Am Mineral, 1990, 75: 477-489.

[32] Amphlet C B. Inorganic ion exchangers. Amsterdam: Elsevier Publishing Co, 1964.

[33] Abe M. Ion exchange and solvent extraction, Marinsky J A, Marcus Y, Eds., New York: Marcel Dekker Inc, 1995, 12: 381.

[34] Norrish K. The swelling of montmorillonite. Discuss Faraday Soc, 1954, 18: 120-134.

[35] Levy R, Shainberg I. Calcium-magnesium exchange in montmorillonite and vermiculite. Clay Clay Miner, 1972, 20: 37-46.

[36] Skipper N T, Refson K, McConnell J D. Computer calculation of water-clay interactions using atomic pair potentials. Clay Miner, 1989, 24: 411-425.

[37] Sasaki T, Watanabe M, Hashizume H, et al. Macromolecule-like aspects for a colloidal suspension of an exfoliated titanate. Pairwise association of nanosheets and dynamic reassembling process initiated from it. J Am Chem Soc, 1996, 118: 8329-8335.

[38] Alberti G, Casciola M, Costantino U. Inorganic ion-exchange pellicles obtained by delamination of α-zirconium phosphate crystals. J Colloid Interf Sci, 1985, 107: 256-263.

[39] Barrer R M. Zoelites and Clay Minerals as Sorbents and Molecular Sieves. London: Academic Press, 1978, P. 407.

[40] Gao Q, Giraldo O, Tong W, et al. Preparation of nanometer-sized manganese oxides by intercalation of organic ammonium ions in synthetic birnessite OL-1, Chem Mater, 2001, 13: 778-786.

[41] Omomo Y, Sasaki T, Wang L, et al. Redoxable nanosheet crystallites of MnO_2 derived via delamination of a layered manganese oxide. J Am Chem Soc, 2003, 125: 3568-3575.

[42] Kai K, Yoshida Y, Kageyama H, et al. Room-temperature synthesis of manganese oxide monosheets. J Am Chem Soc, 2008, 130: 15938-15943.

[43] Wang L, Sasaki T. Titanium oxide nanosheets: Graphene analogues with versatile functionalities.

Chem Rev, 2014, 114: 9455-9486.

[44] Kim S J, Kim I, Patil S, et al. Composition-tailored 2D $Mn_{1-x}Ru_xO_2$ nanosheets and their reassembled nanocomposites: improvement of electrode performance upon Ru substitution. Chem Eur J, 2014, 20: 5132-5140.

[45] Sasaki T. Fabrication of nanostructured functional materials using exfoliated nanosheets as a building block. J Ceramics Soc Jpn, 2007, 115: 9-16.

[46] Sakai N, Fukuda K, Omomo Y, et al. Hetero-nanostructured films of titanium and manganese oxide nanosheets: photoinduced charge transfer and electrochemical properties. J Phys Chem C, 2008, 112: 5197-5202.

二维无机材料
剥离、纳米层组装及其功能化

第 5 章
层状二氧化钛

钛是位于第四周期的过渡金属元素，纯净钛是银白色金属，在自然界主要以矿物钛铁矿、钒钛铁矿和钛氧化物（如 TiO_2）等形式的分散状态存在。自然界中 TiO_2 主要有三种晶体存在形式，包括锐钛矿、金红石和板钛矿。TiO_2 是一种重要的半导体材料，表现出多种独特的光、电、磁等物理和化学特性，应用广泛。自 20 世纪初 TiO_2 商业化生产以来，已被广泛用于颜料、防晒霜、软膏和牙膏等。1972 年，日本学者藤岛和本田发现 TiO_2 在紫外线（UV）照射下能够催化分解水，使得 TiO_2 材料从光伏和光催化到光/电致变色领域显示了巨大的应用前景，进一步加快了 TiO_2 材料的研究和应用。

5.1
二氧化钛及层状钛酸盐结构

5.1.1　二氧化钛的晶体结构

构成 TiO_2 晶体的基本结构单元是 TiO_6 八面体，由顶点的 6 个氧原子和八面体中心的 1 个钛原子配位形成结构如图 5-1 所示的基本单元。当相邻的 TiO_6 八面体之间以共棱或共角方式连接，可以形成多种结构二氧化钛晶体，导致二氧化钛晶体具有多种结构。TiO_6 八面体之间连接方式不同，使得 TiO_2 主要呈现三种晶型结构，分别为锐钛矿型、板钛矿型和金红石型。因为板钛矿型二氧化钛结构不稳定，是一种亚稳相而极少被应用，应用较广的是锐钛矿型和金红石型 TiO_2。锐钛矿型二氧化钛晶体属于四方晶系，Ti^{4+} 位于八面体中心，6 个 O^{2-} 围绕在周围，每个锐钛矿型晶胞含有 4 个二氧化钛分子，以 8 个棱边相接。锐钛矿型 TiO_2 在低温下很稳定，但在温度达到 500 ℃时，便开始缓慢转化为金红石型，其转化温度逐渐递增，而未能发生突变。如果制备过程煅烧时加入金红石型促进剂，锐钛矿型 TiO_2 转化温度可以相对更低些。相反，如果加入了抑制剂，其转化温度将更高，因此其转化过程除受温度影响处，还受所加入的添加剂影响。金红石型 TiO_2 也属于四方晶系，跟锐钛矿型 TiO_2 晶体一样，晶体架构也可以用 TiO_6 八面体来描述。晶格的中心有一个 Ti^{4+}，其周围有 6 个 O^{2-}，这些 O^{2-} 位于八面体的棱角处，以 2 个棱边相连。由于每个金红石晶胞含有 2 个二氧化钛分子，其晶格较小而紧密，因此它是三种晶体中最稳定的，即使在高温下也不会发生转化和分解[1]。

虽然金红石型与锐钛矿型 TiO_2 晶体均为八面体结构，但是金红石型八面体具有轻微的扭曲，是四方晶系中的斜方晶型；而锐钛矿型 TiO_2 晶体八面体由于发生了严重扭曲，是斜方晶型畸变，导致其对称性比金红石型 TiO_2 晶体低很多。同时，锐钛矿型 TiO_2 晶体中的 Ti—Ti 键长比金红石型的更长，而 Ti—O 键长又比金红石型的短。金红石型 TiO_2 晶体结构中每个八面体与周围 10 个八面体相连，而锐钛矿型 TiO_2 晶体中每个八面体与周围 8 个八面体相连，这种结构上的差异导致两种 TiO_2 晶系具有截然不同的质量密度、电子能带结构和性质上的显著差异。

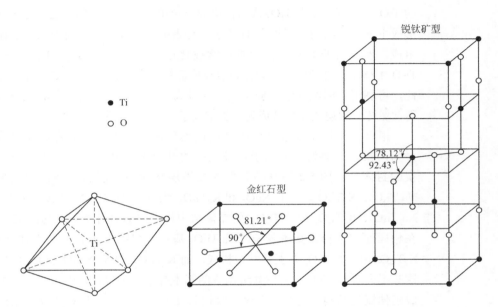

图 5-1
正交晶系二氧化钛晶体结构图

5.1.2　层状钛酸盐结构

同金红石型与锐钛矿型 TiO_2 晶体块体材料相比，研究者通过控制 TiO_2 纳米颗粒沿着某些方向优先增长，例如控制 TiO_2 颗粒（001）面，可以生成厚度只有几纳米 TiO_2。因为可控制备的纳米 TiO_2 增加了反应性（001）表面的百分比，与普通 TiO_2 纳米晶相比，（001）富集 TiO_2 纳米粒子表现出更加优异的性能，在如光催化、催化、太阳能电池和可充电电池等许多能源和环境相关领域应用潜力巨大，受到了研究者的高度关注。但是，尽管可控制备的纳米 TiO_2 显示了纳米片层形貌，但是 TiO_2 仍然具有 3D 排序锐钛矿相或金红石相的晶体结构，完全不同于二维层状材料通过剥离技术得到的具有单结晶体、纳米级厚度二维纳米片层。因此，通过二维层状钛化合物剥离得到具有纳米级厚度 TiO_2 纳米片层，是发展新型 TiO_2 功能材料的有效途径。

通过二维层状材料自上而下剥离，可以得到组成一定、结构稳定和大片层的二维层状结晶体。对于高结晶性 TiO_2 纳米片层的取得，通过其前驱体二维层状钛酸盐剥离是有效手段之一。因此，可控制备具有规则二维层状的钛酸盐前驱体，是得到 TiO_2 纳米片层的关键。同其它无机层状块体材料一样，规则二维层状钛酸盐前驱体的基本组成单元是由金属钛原子（Ti）和氧原子（O）形成的 TiO_6 八面体，4 个 TiO_6 八面体组成一个单元，单元与单元之间通过共角相连形成主体层状结构。理论上 Ti 原子充分占据八面体间隙，而形成化学计量 TiO_2 组成，然而由于 Ti 原子的位置经常被其它金属所代替，或简单的 Ti 缺位而使 Ti-O 主体层板带负电，层间分布着反应活性较高的金属离子 A^+ 以平衡电荷。因此，可利用层间纳米级反应空间，通过离子交换反应实现对层状主体修饰，使得前驱体二维层状钛酸盐成为一类阳离子型层状化合物。

根据二维层状钛酸盐前驱体层板堆积情况的不同，可将二维层状钛酸盐分为两类：一类为层间离子可被交换的开放型；另一类为层间离子无法被交换的封闭型。图 5-2 为几种典型的二维层状钛酸盐前驱体结构示意图，其中 $Na_2Ti_3O_7$、$K_2Ti_4O_9$、$CsTi_2NbO_7$ 和 $K_2Ti_5O_{11}$ 为开放型，而 $Na_2Ti_6O_{13}$ 为封闭型[2]。$Na_2Ti_3O_7$、$K_2Ti_4O_9$ 和 $K_2Ti_5O_{11}$ 的晶体结构相类似但略有不同，均由 TiO_6 八面体在相同面共边形成基本骨架，$Na_2Ti_3O_7$ 基本骨架由 3 个 TiO_6 八面体共边构成，$K_2Ti_4O_9$ 由 4 个 TiO_6 八面体共边构成，而 $K_2Ti_5O_{11}$ 由 5 个 TiO_6 八面体共边构成。这些不同数目 TiO_6 八面体共边构成的基本骨架上下错位，沿一定轴方向共角形成延伸锯齿结构。同时，在这三种层状钛酸盐结构中，层板沿 a 方向的重叠不

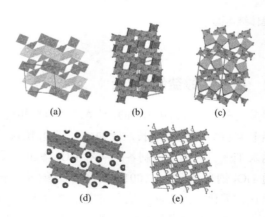

(a)   (b)   (c)

(d)   (e)

图 5-2
典型二维层状钛酸盐前驱体结构示意图（扫二维码看彩图）
（a）$Na_2Ti_3O_7$；（b）$K_2Ti_4O_9$；（c）$CsTi_2NbO_7$；（d）$K_2Ti_5O_{11}$；（e）$Na_2Ti_6O_{13}$

二维无机材料
剥离、纳米层组装及其功能化

同，$Na_2Ti_3O_7$ 基本骨架的重叠次序为 AAA，而在 $K_2Ti_4O_9$ 和 $K_2Ti_5O_{11}$ 中依据 ABA 次序重叠，且由于在 $K_2Ti_4O_9$ 中相邻层板骨架相互可以发生位移，导致其结构中有两种层间距存在。在 $Na_2Ti_3O_7$ 层状结构中，层间距没有明显差异，因而 Na^+ 离子处于相同层间 $y=1/4$ 和 $y=3/4$ 位置。但是，在 $K_2Ti_4O_9$ 层状结构中，K^+ 离子位于开口层间，其中 1/2 的 K^+ 离子位于 $y=1/4$ 层间，而其余位于 $y=3/4$ 的另一层间区域。层状 $Na_2Ti_3O_7$、$K_2Ti_4O_9$ 和 $K_2Ti_5O_{11}$ 晶体结构上的差异，导致它们的离子交换特性和脱水性能产生了较大差异[3]。

在层状钛酸盐的结构和性质研究过程中，主体 TiO_6 八面体共边构成基本骨架结构，通过 M^{2+} 或 M^{3+} 将 Ti^{4+} 位置取代，得到与纤铁矿 FeOOH 结构类似的新型碱金属钛酸盐。在该类钛酸盐结构中，由于层板中的 Ti^{4+} 被 M^{2+} 或 M^{3+} 金属离子置换，因而在层板间通过碱金属阳离子进行电荷平衡，形成一系列类层状钛酸盐，其分子式可简单表示为 $A_x[M^{3+}_xTi_{2-x}]O_4$，A=Rb、Cs 和 $Cs_x[M^{2+}_{x/2}Ti_{2-x/2}]O_4$（$0.6<x<0.8$）。独特的结构使得这类层状钛酸盐在水溶液和熔融离子交换盐中，显示了特殊的离子交换反应[4]。随后，Watts 将该类钛酸盐进一步拓展，得到了非化学计量层状铯钛酸盐，分子组成为 $Cs_x[\square_{x/4}Ti_{2-x/4}]O_4$，$\square$ 为空位，$0.61 \leqslant x \leqslant 0.65$[5]。由于在结构骨架中存在空位导致的缺陷，因而研究者提出在八面体层状结构中，通过钛空位缺陷实现电荷平衡，该类层状钛酸盐的结构如图 5-3 所示。

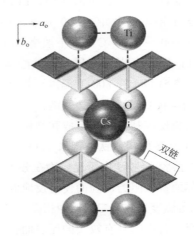

图 5-3　$Cs_x[\square_{x/4}Ti_{2-x/4}]O_4$ 沿（00l）面结构示意图
以 $z=0$ 和 $z=1/2$ 为中心（明暗阴影）八面体共边连接形成阶梯状（010）层双链

5.2
层状钛酸盐的制备和离子交换

5.2.1　层状钛酸盐制备技术

不同组成和结构的层状钛酸盐主要通过传统固相高温反应制备，且可以得到亚微米到微米级层状钛酸盐。将一定量碱金属碳酸盐与金红石相 TiO_2 粉末，按照一定摩尔比研磨混合，先在较低温度下预烧，随后在相生成温度下焙烧、冷却，即可制备得到所需组成和结构的层状钛酸盐固体，其中碱金属碳酸盐与金红石相 TiO_2 摩尔比、焙烧温度是相应层状相生成的关键[6]。例如：①以 TiO_2 和 Na_2CO_3 摩尔比为 2:1，1000 ℃条件下煅烧脱碳酸直至混合物恒重，研磨后再在 1300 ℃煅烧 20 h，可制备得到层状钛酸盐 $Na_2Ti_3O_7$；②以 TiO_2 和 K_2CO_3 摩尔比为 3.5:1，800 ℃条件下焙烧 20 h，可以制得层状钛酸盐 $K_2Ti_4O_9$；③将 TiO_2 和 Cs_2CO_3 以摩尔比 4.5:1 均匀研磨后，在充满氩气手套箱中 800 ℃加热 1 h 进行脱碳酸处理，然后将混合物再次研磨，再在 1000 ℃下煅烧 20 h，在环境气氛中冷却，可制备得到水合形式层状五钛酸铯 $Cs_2Ti_5O_{11}$· $(1+x)$ H_2O ($0.5<x<1$)；④将 A_2CO_3（A = K、Rb、Cs）, Li_2CO_3 和 TiO_2 以 $3x:x:(12-2x)$ 的摩尔比混合，置于铂坩埚中并在 800 ℃下预热 30 min 以脱碳酸，冷却后将粉末研磨，然后在 800～1100 ℃温度下煅烧 20 h，可得到 x 范围为 0.60～1.0，组成为 $A_xTi_{2-x/3}Li_{x/3}O_4$ 的层状混合碱金属钛酸盐；⑤以金红石相 TiO_2 和 Cs_2CO_3 摩尔比为 (5.0～5.5):1，在 800 ℃温度下焙烧，可制备非化学计量参数 x 范围为 0.67～0.73 的层状 $Cs_xTi_{2-x/4}O_4$ 钛酸铯。

除高温固相反应制备不同组成和结构的层状钛酸盐外，也可以采用超临界溶胶-凝胶技术制备层状六钛酸钾 $K_2Ti_6O_{13}$。同传统制备层状钛酸盐的高温固相焙烧法相比，溶胶-凝胶法由于反应物在分子水平上的均匀混合，克服了高温固相焙烧法的界面扩散阻力，因而使得反应温度得到了较大降低。层状六钛酸钾 $K_2Ti_6O_{13}$ 的制备温度为 630 ℃，比固相高温焙烧法大约降低了 350 ℃。同时，超临界干燥使得制备产物具有较大的比表面积，为改善该类层状钛酸盐离子的交换性质提供了可能[7]。为了得到高结晶性层状 $K_2Ti_4O_9$ 纤维，以 TiO_2 和 K_2CO_3 摩尔比为 3:1，采用 K_2MoO_4 为助熔剂，800 ℃条件下焙烧 20 h，可以制得层状钛酸盐 $K_2Ti_4O_9$ 纤维。另外，在层状钛酸盐剥离得到 TiO_2 纳米片层研究中，根据研究所需 TiO_2 纳米片层的大小需要，在前驱体层状钛酸盐制备过程中，可通过控制制备条件，从而有目的地控制前驱体层状钛酸盐的结晶性和尺寸大小。针对传统高温固相法制备层状钛酸盐片层尺寸一般不大于 1 μm 的实际，可以通过控制制备条件和组成氛围，实现数十微米片层尺寸层状钛酸盐的可控制备。将金红石相 TiO_2，K_2CO_3，Li_2CO_3 和 MoO_3 按 $1.73:1.67:0.13:1.27$ 的摩尔比混合研磨，随后将混合物置于铂坩埚中，1200 ℃ 条件下反应 10 h，所得反应混合物以 4 ℃/min 的速率逐渐冷却，当温度冷却到 950 ℃ 时，在 K_2MoO_4 熔盐中，通过熔融和再结晶过程，可以制备数十微米片层尺寸层状钛酸盐晶体 $K_{0.8}Ti_{1.73}Li_{0.27}O_4$[8]。

5.2.2 层状钛酸盐的离子交换

不同组成和结构的层状钛酸盐在一定浓度 HCl 溶液中，可在保留其主体层状结构不变条件下，通过拓扑离子交换反应而转化为质子型层状钛酸。生成的质子型层状钛酸具有独特的固体酸性质，且各种大小不同的无机阳离子或有机碱，均可以通过离子交换插层反应进入到 TiO_2 层板之间，插层所得层状 TiO_2 在离子交换材料、分离材料、多孔材料制备及放射性固化/固定等应用领域前景广阔。

在 60 ℃ 条件下，将 750 mg $Na_2Ti_3O_7$ 和 1000 mg $K_2Ti_4O_9$ 分别加入到 200 mL 0.5 mol/L HCl 中，振荡处理 3 天，期间每天更换一次新鲜酸溶液，以便使层板间的碱金属离子完全抽出，可以得到质子型 $H_2Ti_3O_7$ 和 $H_2Ti_4O_9 \cdot H_2O$ 层状钛酸。质子型 $H_2Ti_3O_7$ 离子交换程度取决于反应溶液浓度，如在 0.1 mol/L 和 1.0 mol/L NaCl 溶液中，该层状材料未显示任何离子交换性。但是，当将其用一定浓度的 NaOH 溶液处理，发生了明显的离子交换反应，充分说明质子型 $H_2Ti_3O_7$ 的固体酸交换性质。同时，随着 NaOH 溶液浓度的增加，交换所得产物中 Na/Ti 摩尔比不断增加，其比值从 0.1 mol/L NaOH 时的 $0.93:3$ 增加到 1.0 mol/L 时的 $1.43:3$。对于不同组成和结构的质子型 $H_2Ti_4O_9 \cdot H_2O$ 层状钛酸，虽然具有类似于质子型 $H_2Ti_3O_7$ 的层状结构和离子交换特征，但是其离子交换反应具有一定区别。当 $H_2Ti_4O_9 \cdot H_2O$ 层状钛酸用 KCl 水溶液处理，也能够发生部分离子交换反应，且 KCl 溶液浓度很大程度影响交换反应。如分别用 0.1 mol/L 和 1.0 mol/L KCl 溶液处理，由于 K^+ 比 H_3^+O 离子半径小，层间 H_3O 部分被 K^+ 交换，交换所得产物的 K/Ti 摩尔比分别为 $0.22:4$ 和 $0.27:4$，显示了与质子型 $H_2Ti_3O_7$ 不同的交换特性。然而由于相似的层状结构特征，与质子型 $H_2Ti_3O_7$ 在 NaOH 溶液中的离子交换反应相似，质子型 $H_2Ti_4O_9 \cdot H_2O$ 在 KOH 溶液中处理，层间大部分 H_3O 被 K^+ 交换，且伴随 K^+ 插入层间的同时，大量水分子也插入层间，导致插层产物的层间距增大[9]。以交换溶液 HCl 浓度为 1 mol/L，在交换酸溶液体积与交换固体比为 100 mL/g 条件下，将层状钛酸 $Cs_2Ti_5O_{11}$ 浸入到 1 mol/L HCl 交换溶液中，在液固比为 100 mL/g 条件下，室温离子交换 3 次，制备得到质子型层状钛酸 $H_2Ti_5O_{11} \cdot 3H_2O$[10]。

通过拓扑离子交换反应，可以从碱金属层状钛酸盐得到相应层状结构保持的质子型层状钛酸。这些质子型层状钛酸在具有共同质子酸性质和离子交换反应共性基础上，由于组成和结构不同而导致 TiO_2 层板电荷密度发生了较大改变，使得它们的离子交换反应也表现出不同。以上通过其相应前驱体离子交换所得到的 4 种质子层状钛酸的离子交换容量、层间距和层板电荷密度如表 5-1 所示。随着质子化交换过程和层状钛酸盐 TiO_6 八面体组装单元数目的增加，所得质子型层状钛酸层间环境由 $H_2Ti_3O_7$ "干性" 逐渐变为如 $H_2Ti_5O_{11} \cdot 3H_2O$ 和 $H_xTi_{2-x/4}\square_{x/4}O_4 \cdot H_2O$ 的 "湿性"，且层间 "湿性" 改变趋势大致与 TiO_2 层板电荷密度的减少成正相关，这为质子型层状钛酸层间环境的改变及膨润和剥离提供了实现的可能性。除蒙脱石具有最低的层板电荷密度外（约 1/60 Å^{-2}），大多数无机层状材料的层板电荷密度为 1/24 Å^{-2}（层状磷酸锆）到 1/10 Å^{-2}（层状云母）之间。但是，在 4 种质子型层状钛酸中，$H_xTi_{2-x/4}\square_{x/4}O_4 \cdot H_2O$ 具有最小的层板电荷密度，该电荷密度的倒数可用于估计每个负电荷所对应的自由面积或可交换位点，且一般电荷密度较低的层状材料有利于膨润和进一步剥离。相比较质子型层状钛酸 $H_2Ti_4O_9 \cdot 1.2H_2O$ 和 $H_2Ti_5O_{11} \cdot 3H_2O$，层状钛酸 $H_xTi_{2-x/4}\square_{x/4}O_4 \cdot H_2O$ 的低电荷密度使得其对于碱金属离子具有较小的交换选择性。如对于阳离子的亲和能力，层状钛酸 $H_2Ti_4O_9 \cdot 1.2H_2O$ 和 $H_2Ti_5O_{11} \cdot 3H_2O$ 显示了较大的区别，而层状钛酸 $H_xTi_{2-x/4}\square_{x/4}O_4 \cdot H_2O$ 的选择性区别相对较小，表现在其对 K^+、Rb^+ 和 Cs^+ 的分配系数及滴定曲线没有明显的区别效应[11]。

表 5-1 部分质子型层状钛酸结构表征

质子型层状钛酸	离子交换容量 /(meq/g)	层间距 /Å	层板电荷密度 /Å^{-2}
$H_xTi_{2-x/4}\square_{x/4}O_4 \cdot H_2O$ (x=0.7)	4.12	9.4	1/32.3
$H_2Ti_3O_7$	7.76	7.9	1/17.2
$H_2Ti_4O_9 \cdot 1.2H_2O$	5.57	9.1	1/22.5
$H_2Ti_5O_{11} \cdot 3H_2O$	4.24	10.4	1/28.2

另外，组成和结构差异导致层状钛酸在进行碱金属离子交换时，其交换机制存在显著区别。层状钛酸 $H_2Ti_4O_9 \cdot 1.2H_2O$ 和 $H_2Ti_5O_{11} \cdot 3H_2O$ 与碱金属离子的交换反应分步进行，1/4 或 1/2 交换质子可以首先成功被碱金属交换，产生 n/4 负载的交换相（n=1 ~ 4）。但是，层状钛酸 $H_xTi_{2-x/4}\square_{x/4}O_4 \cdot H_2O$ 与碱金属离子的交换反应是固溶体连续交换过程。同为 TiO_6 八面体组装的层状结构，却表现出对于碱金属离子不同的交换机制，其原因主要归于交换剂前驱体结构上的差

二维无机材料
剥离、纳米层组装及其功能化

别。对于层状钛酸 $H_2Ti_4O_9 \cdot 1.2H_2O$ 和 $H_2Ti_5O_{11} \cdot 3H_2O$，其层空间是由 TiO_6 八面体共边组成的钛酸层板单元格共角形成分段单元，这些分段单元层空间存在的离子交换位点的交换能量不同，导致主体层状材料交换反应中显示分步交换机制。对于层状钛酸 $H_xTi_{2-x/4}\square_{x/4}O_4 \cdot H_2O$，其层空间处于完全相同的交换位置，即对于碱金属离子的交换能量相同，这样的结构有利于连续交换过程，类似的层状钛酸 $H_xTi_{2-x/4}\square_{x/4}O_4 \cdot H_2O$ 结构是插层反应的主要表现形式。

5.2.3 掺杂层状钛酸盐和层状钛酸

为了拓展层状钛酸及其剥离 TiO_2 纳米片层的性质和应用，利用具有磁、电化学及电介质特性的过渡金属、稀土金属及非金属，对前驱体层状钛酸盐层板进行掺杂改性修饰，可以发展具有特殊性质的层状钛酸或掺杂 TiO_2 纳米片层。掺杂过程一般分为两个类型，即金属掺杂和非金属掺杂。不论是金属离子掺杂还是非金属元素掺杂，主要机制是通过掺杂使层状钛酸及其剥离 TiO_2 纳米片层能带发生改变，从而达到提高层状钛酸或剥离 TiO_2 纳米片层在光催化等领域应用开发的目的。一般金属离子掺杂使得层状钛酸或 TiO_2 纳米片层禁带产生杂质缺陷，从而产生在可见光区域具有一定带隙的光活性材料；非金属元素掺杂主要也是通过缩小活性材料带隙，从而提高制备材料的光活性。

过渡金属掺杂层状钛酸盐的研究已经进行了多年，虽然不同过渡金属掺杂层状钛酸盐的机制不同，而且有一些还存在争议，但普遍接受的金属掺杂机制是通过形成一些局部低于 Ti 3d 轨道 CBM 状态，从而实现修饰材料使其带隙变窄。首先掺杂进 TiO_2 层板的过渡金属离子是金属 Fe 和 Ni，通过掺杂得到了可见光响应 TiO_2 纳米片层。掺杂制备过程类似于层状钛酸盐制备，同样采用固态煅烧反应进行，如将一定量的 Fe_2O_3 或 NiO 与金红石 TiO_2 和 K_2CO_3 混合，在一定温度下固相焙烧，就可以制备如组成为 $K_{0.8}Fe_{0.8}Ti_{1.2}O_4$ 和 $K_{0.8}Ni_{0.4}Ti_{1.6}O_4$ 掺杂层状钛酸盐[12]。同未掺杂制备的层状钛酸盐相比，掺杂层状钛酸盐 $K_{0.8}Fe_{0.8}Ti_{1.2}O_4$ 和 $K_{0.8}Ni_{0.4}Ti_{1.6}O_4$ 具有相似的结构特征，能够进行相类似的离子交换反应。同时，掺杂层状钛酸盐 $K_{0.8}Fe_{0.8}Ti_{1.2}O_4$ 和 $K_{0.8}Ni_{0.4}Ti_{1.6}O_4$ 在一定浓度的 HCl 溶液中，也能够发生离子交换，转化为掺杂质子型层状钛酸。掺杂质子型层状钛酸在一定浓度的 TBA^+ 溶液中也能够实现剥离，得到掺杂的 TiO_2 纳米片层，为开发具有不同可见光响应 TiO_2 纳米片层提供新的组装基础单元。用过渡金属 Co 和 Nb 作为掺杂元素，部分替代层状钛酸盐或 TiO_2 纳米片层中的 Ti 位点，得到非常好的强铁磁耦合特性掺杂层状 $Ti_{0.8}Co_{0.2}O_2^{0.4-}$ 纳米片层。除单一过渡金属作为掺杂元素掺杂层状钛酸盐或 TiO_2 纳米片层外，层状钛酸盐及其质子化钛酸也为共掺杂提供了实现的可能性。Li 和 Mn 离子可以共替代层状钛酸盐或 TiO_2 纳米层板中的

Ti^{4+} 位置，得到组成为 $K_{0.8}Ti_{(5.2-2x)/3}Li_{(0.8-x)/3}Mn_xO_4$ 共掺杂层状钛酸盐。在该共掺杂层状钛酸盐中，Mn 元素掺杂量可以通过 Li 元素掺杂量得到调节，以维持整个层状结构的电荷平衡。该共掺杂层状钛酸盐通过离子交换过程，位于八面体位置的 Li$^+$ 可以被抽出，从而得到 Mn 掺杂的 $Ti_{(5.2-2x)/6}Mn_{x/2}O_2^{(3.2-x)/6-}$（$x = 0 \sim 0.8$）纳米片层，其展示了独特的磁光特性[13]。

对于非金属掺杂层状钛酸盐或 TiO$_2$ 纳米片层，氮作为掺杂元素首先得到了关注。使用氨气作为氮元素掺杂剂，高温条件下氮元素可取代 TiO$_2$ 层板结构中的部分氧元素。当 TiO$_2$ 层板中部分氧原子位置被氮元素掺杂取代后，在 O-2p 的顶部将产生局部 N-2p 轨道，从而导致 TiO$_2$ 纳米片层带隙变窄和可见光响应。以层状钛酸盐 $Cs_{0.68}Ti_{1.83}O_4$ 为前驱体，750 ℃氨气流气氛中处理，在层状钛酸盐中实现了氮元素掺杂[14]，主要过程如图 5-4 所示。掺杂不仅使得所得层状钛酸盐颜色发生从白色变为亮黄色的显著变化，而且该材料光学吸收显示出一个巨大的带间红移。对于氮元素掺杂的 TiO$_2$ 纳米片层，由于纳米片层量子尺寸效应和氮元素掺杂双重结果，N 掺杂层状钛酸盐随后剥离，所得氮掺杂 TiO$_2$ 纳米片层 $Ti_{0.91}O_{2-x}N_x$ 在可见光区显示了明显的光吸收拓展，从而显示明显的黄色。通过理论模拟和紫外光电子能谱（UPS）研究分析认为，层状结构在促进 N 元素掺杂进入钛酸盐纳米粒子内部扩散方面起着重要作用，且可以实现氮元素的均匀掺

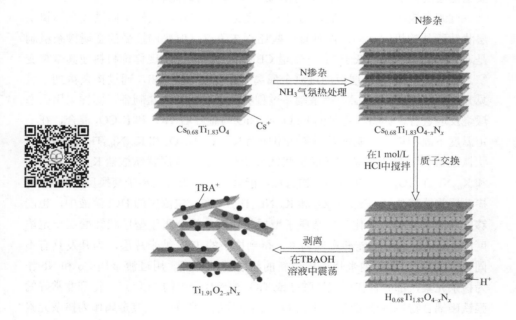

图 5-4
氮元素掺杂 $Ti_{0.91}O_2$ 纳米片层主要过程示意图[14]（扫二维码看彩图）

二维无机材料
剥离、纳米层组装及其功能化

杂。一般 TiO_2 纳米片层中的 N 掺杂量约为 3 %，且能够非常均匀地分布在纳米片层中。除氮元素外，B、C、P、S 和 I 等其它非金属也可掺杂到 TiO_2 纳米片层中。但是，其它非金属元素掺杂到 TiO_2 纳米片层中所得掺杂层状材料置于空气或水中时，表现出不稳定性。同时，这些其它非金属元素掺杂所得层状钛酸盐在进行剥离过程中，得到相对应组成的非金属元素掺杂 TiO_2 纳米片层比较困难。

5.3
层状二氧化钛的膨润和剥离

对于无机层状材料，其层板与层间存在的异电性离子依据静电引力结合成二维层状结构。相对于共价键的作用，二维层状材料中的静电引力较弱，这为该类材料的离子交换和层间距调控创造了条件。当一定体积的离子或分子通过离子交换或插层反应进入到层间时，层状化合物的层间距增大，即层状化合物发生膨润行为。根据层间距变化的大小和机制，层状化合物的膨润行为分为短距离膨润和长距离膨润，而当长距离膨润行为发生时，伴随一定的机械处理，最终将实现无机层状材料的剥离。

无机层状材料的膨润现象研究最多的是黏土矿物，研究发现除正常的结晶膨润即短距离膨润外，由于黏土层板电荷密度低，也容易发生渗透膨润即长距离膨润，最终实现黏土剥离为纳米片层而分散于剥离介质中。在质子型层状钛酸的膨润行为和剥离过程研究完成前，长距离膨润即渗透膨润仅仅在蒙脱石和蛭石层状材料研究中得以发现。1996 年，日本学者佐佐木高义教授研究组以具有缺陷的高结晶性层状钛酸 $H_xTi_{2-x/4}\square_{x/4}O_4 \cdot H_2O$（$x \approx 0.7$；$\square$ 为缺陷）为前驱体，系统研究了该质子型层状钛酸的膨润和剥离行为[15]。他们选择高结晶性层状钛酸 $H_xTi_{2-x/4}\square_{x/4}O_4 \cdot H_2O$ 作为研究对象，主要是基于其与其它质子型钛酸相比具有较低的层板电荷密度，因而层板与层间异电性离子之间的静电作用力弱，预测渗透膨润和剥离行为相对容易发生。尽管科研人员对于如蒙脱石和蛭石层状材料的剥离现象有了较为详细的了解，但是对于剥离如何发生、剥离的驱动力及其过程如何进行，均缺乏足够的认识。

5.3.1 插层反应及膨润

通过层状钛酸盐的插层反应、膨润及剥离，为二氧化钛纳米片层提供了经典制备方法。这种剥离湿法技术制备的二氧化钛纳米片层的结晶度、组成、尺寸大小和功能性质与起始层状钛酸盐密切相关，即母体层状钛酸盐材料严重影响衍生纳米片层的性质。经过大量工作，通过湿法剥离技术制备得到如表 5-2 所示的系列二氧化钛纳米片层。由于制备的系列层状钛酸盐具有良好的离子交换性，在酸介质中可以发生离子交换反应，转化为质子型层状钛酸前驱体。质子型层状钛酸具有酸的性质，当在碱溶液如氢氧化四丁基铵溶液中处理时，酸碱平衡驱动力及外力如机械摇动或超声处理，使 TBA^+ 与层间的 H^+ 发生离子交换插层反应，将 TBA^+ 插层到层状钛酸层板之间，形成层间距增大的层状化合物。伴随 TBA^+ 插层，大量水分子也进入层间，使得层状钛酸进一步膨润、层板之间静电引力进一步减小。因此，对于前驱体层状钛酸 TBA^+ 的插层过程，TBA^+ 与 H^+ 的摩尔比对于插层过程至关重要。

表 5-2　湿法剥离技术制备的部分 TiO_2 纳米片层

类型	化合物	Ti 含量
氧化钛	$Ti_{0.91}O_2^{0.36-}$，$Ti_{0.87}O_2^{0.52-}$，Ti_2O_3，$Ti_3O_7^{2-}$，$Ti_4O_9^{2-}$，$Ti_5O_{11}^{2-}$，$Ti_{1-\delta}O_2^{2\delta}$（$\delta$=0.175）	富 Ti
非金属掺杂氧化钛	$Ti_{0.91}O_{2-x}N_x$（$0 \leqslant x \leqslant 0.03$），$N\text{-}TiNbO_5$	
金属掺杂氧化钛	$Ti_{(5.2-2x)/6}Co_{x/2}O_2^{(3.2-x)/6-}$（$0 \leqslant x \leqslant 0.4$），$Ti_{(5.2-2x)/6}Fe_{x/2}O_2^{(3.2-x)/6-}$（$0 \leqslant x \leqslant 0.8$），$Ti_{(5.2-2x)/6}Mn_{x/2}O_2^{(3.2-x)/6-}$（$0 \leqslant x \leqslant 0.8$），$Ti_{(0.8-x/4)}Fe_{x/2}Co_{(0.2-x/4)}O_2^{0.4-}$（$0 \leqslant x \leqslant 0.8$），$Ti_{0.8}Ni_{0.2}O_2^{0.4-}$，$Ti_{1.825-x}Nb_x^{(0.7-x)-}$（$0 \leqslant x \leqslant 0.03$）	少 Ti
二元钛氧化物	$TiNbO_5^-$，$Ti_2NbO_7^{3-}$，$Ti_5NbO_{14}^{3-}$	
三元钛氧化物	$Ln_2Ti_3O_{10}^{2-}$（Ln: La, Pr, Sm, Nd, Eu, Gd, Tb, Dy），$Gd_{1.4}Eu_{0.6}Ti_3O_{10}^{2-}$	

采用固相焙烧技术，首先制备层状 Cs 钛酸盐 $Cs_xTi_{2-x/4}\square_{x/4}O_4$ 前驱体。在交换酸溶液体积与固体比为 100 mL/g 条件下，将层状 Cs 钛酸盐 $Cs_xTi_{2-x/4}\square_{x/4}O_4$ 前驱体浸入到 1 mol/L HCl 水溶液中，室温下交换处理 3 天，中间每 24 h 更换一次新鲜酸溶液。交换完成后用大量水洗涤，所得材料在相对湿度为 70% 饱和 NaCl 溶液中干燥，得到质子型层状钛酸 $H_xTi_{2-x/4}\square_{x/4}O_4 \cdot H_2O$，其沿 a 轴方向观察所得晶体结构如图 5-5 所示。质子型层状钛酸 $H_xTi_{2-x/4}\square_{x/4}O_4 \cdot H_2O$ 晶体属于纤铁矿型体心正交晶系（I_{mmm}），当 x=0.7 时，所得层状材料晶胞参数为 a=0.3783(2) nm，b=1.8735(8) nm，c=0.2978(8) nm。

称取 0.4 g 质子型层状钛酸 $H_xTi_{2-x/4}\square_{x/4}O_4 \cdot H_2O$，将其分散浸入 100 mL TBAOH 水溶液中，所得混合分散液恒温浴中（25 ± 0.5）℃剧烈摇动 2 周，进行 TBA^+ 与层状钛酸层间 H^+ 的交换插层反应，进而实现 TBA^+ 离子插层到层状钛酸层间。为了研究 TBA^+ 离子插入层间量对层状钛酸插层反应所导致的膨润行为，依据质子型层状钛酸 $H_xTi_{2-x/4}\square_{x/4}O_4 \cdot H_2O$ 离子交换容量为 4.12 mmol/g，加入溶液

中的 TBAOH 量分别为质子型层状钛酸离子交换容量的 0.1 ～ 25 倍（TBA+/H+
摩尔比），对应加入 TBA+ 的浓度范围为 0.00165 ～ 0.412 mol/L，悬浮液处理 2
周，进行层状钛酸插层及膨润行为研究。插层所得试样在介质中的分散性、沉
淀量和分散液颜色，与加入的 TBA+/H+ 摩尔比有极大关系，当 TBA+/H+ ≥ 0.5，
插层得到试样分散在水介质中形成稳定的胶体悬浮液，且没有明显的层状钛酸
沉降。随着 TBA+/H+ 摩尔比增加，所得胶体悬浮液的颜色从半透明转变为乳白
色。但在较小 TBA+/H+ 摩尔比，即加入较小 TBA+ 离子浓度条件下，悬浮液半透
明颜色不发生明显变化。然而，当 TBA+/H+ = 0.1 时，稳定胶体悬浮液消失，出
现了明显的沉淀和分层现象。

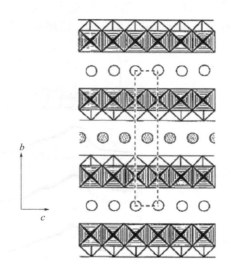

图 5-5
$H_xTi_{2-x/4}\square_{x/4}O_4$ 沿 a 轴方向结构示意图[15]

　　针对质子型层状钛酸 $H_xTi_{2-x/4}\square_{x/4}O_4 \cdot H_2O$ 随加入的 TBA+/H+ 摩尔比改变而导
致的溶液颜色和稳定性变化，对不同 TBA+/H+ 摩尔比得到的胶体悬浮液泥浆进行
XRD 分析，所得实验结果如图 5-6 所示。同质子型层状钛酸 $H_xTi_{2-x/4}\square_{x/4}O_4 \cdot H_2O$
前驱体相比，在不同 TBA+/H+ 摩尔比下用 TBAOH 溶液处理所得泥浆的 XRD 图
谱，2θ 均在 20° ～ 50° 范围内出现了宽的水溶液衍射包。除了水溶液宽衍射包
特征外，当加入的 TBA+ 浓度高时，即 TBA+/H+ 在高的摩尔比条件下，所
得产物 XRD 图谱在低角度范围可以观察到尖锐平行衍射峰。TBA+/H+=25
所得泥浆试样的层间距增大到 4.2 nm，该值远大于质子型层状钛酸前驱体
$H_xTi_{2-x/4}\square_{x/4}O_4 \cdot H_2O$ 层间距 0.94 nm。如此大的层间距增加依据简单的 TBA+ 离
子插层反应无法解释，而唯有理解为大量水分子随 TBA+ 离子插层进入到层状

钛酸层间，发生了类似于层状黏土的渗透膨润，在层间形成 10 层以上水分子层。因此，通过小角度范围 XRD 图谱分析，可以为理解层状钛酸类二维无机材料的渗透膨润提供可行性。随着 TBA$^+$ 加入量降低，即 TBA$^+$/H$^+$ 摩尔比下降，TBAOH 处理层状钛酸所得泥浆试样的 XRD 图谱衍射峰强度下降，当 TBA$^+$/H$^+$ 摩尔比小于 10 时，衍射峰强度迅速下降；当 TBA$^+$/H$^+$=5 时，即使在低角度范围也没有观察到特征 XRD 衍射峰，说明 TBA$^+$ 插层钛酸三维晶体结构破坏。另外，当 TBA$^+$/H$^+$=0.2 时，观察到层间距为 0.94 nm 的尖锐衍射峰，对应于 TBA$^+$ 浓度不足而未完全插层的前驱体质子钛酸的存在；同时也同步观察到了层间距为 1.63 nm 的新衍射峰，可归于 TBA$^+$ 插层到层状钛酸之间而得到的插层产物。因此，在 TBA$^+$/H$^+$ 摩尔比为 0.2 情况下，部分层状钛酸发生插层反应，部分未能插层的保持前驱体层状钛酸结构，即所得试样是两相层状结构共存。

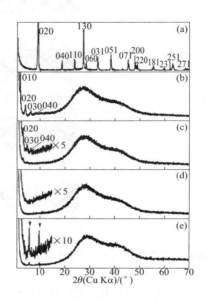

图 5-6
不同阶段试样的 XRD 图谱[15]
（a）H$_x$Ti$_{2-x/4}$□$_{x/4}$O$_4$·H$_2$O；在不同 TBA$^+$/H$^+$ 摩尔比下处理试样（a）所得悬浮液试样：
（b）TBA$^+$/H$^+$=25；（c）TBA$^+$/H$^+$=15；（d）TBA$^+$/H$^+$=5；（e）TBA$^+$/H$^+$=0.2

一般在渗透膨润状态下，层状材料层板间吸附了大量水分子层，因而所得湿态试样 XRD 图谱在低角度范围显示了较强规则衍射峰。当 TBA$^+$/H$^+$ 摩尔比降低到一定条件时，所得泥浆试样的 XRD 图谱衍射峰强度下降直至消失，得到分散有层状钛酸纳米片层的胶体悬浮液。高速离心处理不同 TBA$^+$/H$^+$ 摩尔比所得胶体悬浮液，所得湿态试样 XRD 图谱显示，随加入的 TBA$^+$ 离子浓度不同而出

二维无机材料
剥离、纳米层组装及其功能化

现了有显著区别的图谱（图5-7）。

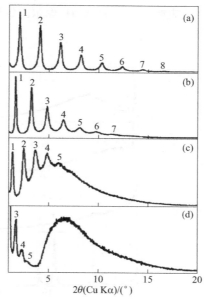

图 5-7
前驱体 $H_xTi_{2-x/4}\square_{x/4}O_4 \cdot H_2O$ 在不同 TBA^+/H^+ 摩尔比下处理，所得悬浮液离心分离试样的 XRD 图谱[15]
（a）TBA^+/H^+=25；（b）TBA^+/H^+=15；（c）TBA^+/H^+=10；（d）TBA^+/H^+=2

从胶体悬浮液离心所得湿态试样 XRD 图谱可以看出，在较大的 TBA^+ 浓度条件下（TBA^+/H^+=25），离心处理所得试样湿态 XRD 图谱类似于未离心分离胶体悬浮液，层间距为 4.2 nm，且能够清楚观察到 8 个规则平行衍射峰，说明在该 TBA^+/H^+ 摩尔比条件下，由 TBA^+ 导致的层状钛酸离心前后其膨润保持平衡，表明层状钛酸在该条件下的高度水合结构。但是，随着 TBA^+/H^+ 摩尔比下降，高速离心所得湿态试样 XRD 图谱表现出较大的区别，所得湿态 XRD 衍射层间距可以逐渐增大到 10 nm。同时值得注意的是，XRD 图谱 2θ 在 3°～20° 范围内出现了无定形非晶态特征，且随着 TBA^+/H^+ 摩尔比下降特征变得明显。该无定形非晶态特征是层状钛酸盐剥离的有力证据，宽的衍射范围归因于层状钛酸盐剥离所得二氧化钛纳米片层的集合体。随着 TBA^+/H^+ 摩尔比进一步降低，悬浮液离心处理所得湿态样品的渗透水合进一步增强，除 XRD 图谱 2θ 在 3°～20° 范围内出现无定形非晶态特征外，2θ 在 5° 以下可观察的系列衍射峰进一步向小角度偏移，说明渗透水合导致试样的层间距进一步增大，特别是当 $TBA^+/H^+ \leqslant 1$ 条件下（图5-8）。当 TBA^+/H^+=0.3 时，所得试样在 2θ=5° 以下显示的系列衍射峰消失，仅仅隐约出现了非常弱的基础反射序列。当 TBA^+/H^+ 摩尔比降低到最小 0.1 时，所得样品显示了层间距为 1.63 nm 和 0.94 nm 的两个晶体相，与水浆试样未经离心所得湿态样品的结果相同，小角度范围系列衍射峰的消失及结晶相的生成表明，在该 TBA⁺/H⁺ 摩尔比条件下，TBA⁺ 插层体系已经不再是胶体分散液。

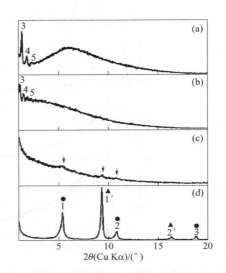

图 5-8
前驱体 $H_xTi_{2-x/4}\square_{x/4}O_4 \cdot H_2O$ 在低 TBA⁺/H⁺ 摩尔比下处理所得泥浆离心分离试样的 XRD 图谱[15]
(a) TBA⁺/H⁺=1；(b) TBA⁺/H⁺=0.5；(c) TBA⁺/H⁺=0.3；(d) TBA⁺/H⁺=0.1

剥离状态是层状化合物渗透膨润的极限，且剥离状态是一个亚稳态，对所得湿态泥浆干燥可以导致剥离状态消失。为此，将 TBA⁺/H⁺ 摩尔比 ≤ 1 条件下，TBA⁺ 插层所得悬浮液离心处理试样在空气中干燥，可以观察纳米片层再组装形成层状化合物的行为。空气干燥所得试样 XRD 图谱结果表明，随着 TBA⁺/H⁺ 摩尔比变化，所得干燥试样由原来膨润所得层状结构层间距逐渐减小，且当 TBA⁺/H⁺ 摩尔比 ≤ 0.3 时，规则的层状结构消失。在 TBA⁺/H⁺ 摩尔比最低条件下（TBA⁺/H⁺=0.1），形成了部分 TBA⁺ 插层（1.63 nm）和未插层前驱体层状钛酸（0.94 nm）两相共存结构，表明在该 TBA⁺/H⁺ 摩尔比条件下已经不是胶体分散液体系（图 5-9）。因此，根据不同 TBA⁺/H⁺ 摩尔比处理层状钛酸所得湿态泥浆、离心所得试样和空气中干燥试样的 XRD 图谱变化，可以总结出当 TBA⁺/H⁺ ≥ 0.5 处理所得层状钛酸形成胶体悬浮液，而当 TBA⁺/H⁺ ≤ 0.3 处理所得层状钛酸形成固体和溶液混合悬浮液。同时，所得产物的结晶度及膨润相层间距变化，可以通过胶体悬浮液形成的界限而得到识别，如层间距为 1.75 nm 层状相的生成是由于 TBA⁺ 离子插层渗透膨润及剥离状态下，通过干燥使层间大量水分

二维无机材料
剥离、纳米层组装及其功能化

子失去及剥离的二氧化钛纳米片层重新组装的结果。相反，对于 TBA$^+$/H$^+$ ≤ 0.3 条件下所对应相的 XRD 基础衍射峰较宽，而当 TBA$^+$/H$^+$ ≤ 0.1 时所对应相的衍射图谱呈现出肩峰，即在低 TBA$^+$/H$^+$ 摩尔比条件下，伴随 TBA$^+$/H$^+$ 摩尔比从 0.1 → 0.3 → ≥ 0.5 逐渐增加，TBA$^+$ 处理后试样的干燥样品的层间距从 1.63 nm 到 1.68 nm，然后至 1.75 nm 呈微小增加的趋势。

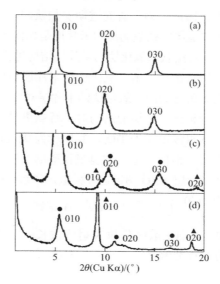

图 5-9
前驱体 H$_x$Ti$_{2-x/4}$□$_{x/4}$O$_4$·H$_2$O 在低 TBA$^+$/H$^+$ 摩尔比下处理泥浆离心分离样品在空气中干燥后试样的 XRD 图谱[15]
（a）TBA$^+$/H$^+$=1；（b）TBA$^+$/H$^+$=0.5；（c）TBA$^+$/H$^+$=0.3；（d）TBA$^+$/H$^+$=0.1

在不同 TBA$^+$/H$^+$ 摩尔比条件下处理层状钛酸前驱体，通过 XRD 衍射技术清楚地发现，少量 TBA$^+$ 处理试样趋向于 TBA$^+$ 插层导致的固 - 液插层过程，而一定量 TBA$^+$ 渗透进入层状钛酸层间的膨润乃至剥离将形成胶体分散液。具体来说，在 TBA$^+$/H$^+$<0.5 条件下，处理层状钛酸所得分散液中存在明显沉淀；而在 TBA$^+$/H$^+$ 摩尔比为 1 ～ 5 区间处理所得分散液不仅显示良好的丁达尔效应，且为具有半透明外观的胶体悬浮液；当 TBA$^+$/H$^+$ ≥ 5 条件下处理层状钛酸将得到乳白色悬浮液，说明层状钛酸在大量 TBA$^+$ 处理条件下发生渗透膨润过程。因此，层状钛酸在不同含量 TABOH 介质中处理，经历了 TBA$^+$ 插层反应 / 剥离行为 / 渗透膨润等过程。

5.3.2 膨润与剥离过程

通过对 TBA^+ 处理的层状钛酸 XRD 结果分析，可以清楚地看出当 TBA^+/H^+ 摩尔比在一定范围内时，所得泥浆试样 XRD 衍射图谱在 $2\theta=5° \sim 20°$ 范围内出现了特征衍射包。由于 TBA^+ 水溶液对衍射不起作用，导致不会在此角度范围内产生特征衍射包，该衍射包很可能是前驱体层状钛酸剥离所得无定形纳米片层散射所产生。因此，为了研究透彻层状钛酸在 TBAOH 溶液中的膨润和剥离过程，就需要知道层状钛酸剥离纳米片层是如何导致特征 XRD 衍射包的产生。为此，首先需要对层状二氧化钛纳米片层结构进行分析。

前驱体层状钛酸是由二氧化钛纳米片层与层间阳离子，通过静电引力结合而成，因此剥离得到的二氧化钛纳米片层对应于前驱体 $H_xTi_{2-x/4}\square_{x/4}O_4\cdot H_2O$ 的基本主体层，分析该主体层的结构对了解剥离显得非常重要。二氧化钛纳米片层主体层板基本组成单元为 TiO_6，其厚度为 0.3 nm，无缺陷状态下二氧化钛纳米片层的结构如图 5-10 所示。依据氮钛酸纳米层间距显示高斯分布模型[16]，对于二氧化钛纳米片层 XRD 图谱进行模拟，该系统的衍射可表示为式（5-1）：

$$I(\theta)=\frac{F^2(\theta)}{N}\times[N+2\sum_{n=1}^{n=N-1}(N-n)\times e^{-8\pi^2n\alpha^2\sin^2\theta/\lambda^2}\times\cos(4\pi nd\sin\theta/\lambda)] \qquad (5-1)$$

式中，θ 和 λ 分别是散射角和 X 射线波长；参数 α 代表相邻层板之间的均方位移或高斯分布标准偏差。

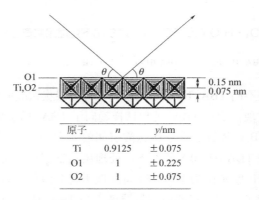

原子	n	y/nm
Ti	0.9125	± 0.075
O1	1	± 0.225
O2	1	± 0.075

图 5-10
TiO_2 纳米片层结构示意图，图下方为基于 TiO_6 八面体理想构造给出的位置参数[15]

依据图 5-10 结构模型，二氧化钛纳米片层结构因子 $F(\theta)$ 可以依据式（5-2）进行计算。

$$F(\theta) = 2\times 0.9125\times f_{Ti}\times\cos 2\pi\left[2\times 0.075\times\sin\frac{\theta}{\lambda}\right]+$$

二维无机材料
剥离、纳米层组装及其功能化

$$2f_O \times \cos 2\pi \left[2 \times 0.225 \times \sin \frac{\theta}{\lambda} \right] + 2f_O \times \cos 2\pi \left[2 \times 0.075 \times \sin \frac{\theta}{\lambda} \right] \quad (5\text{-}2)$$

式中，f_{Ti} 和 f_O 分别为 Ti 原子和 O 原子的原子散射因子。由于纳米片层投影到 y 轴上是中心对称的，因而仅考虑余弦部分。

依据计算可得二氧化钛纳米片层（$Ti_{2-x/4}\square_{x/4}O_4^{x-}$）的结构因子 $F(\theta)$，将实验数据与计算所得结构因子的平方绘制 X 射线进行比较，所得结果如图 5-11 所示，计算绘制的 X 射线对应纳米片层单独分散而无之间相互作用。从图中可以看出，在较高衍射角度区域，观察到的数据与计算结果取得了很好的叠加一致性，有力支持了当 TBA$^+$/H$^+$ 摩尔比在一定范围内时，通过 TBA$^+$ 处理层状钛酸所得泥浆试样的 XRD 图谱在 $2\theta=5° \sim 20°$ 范围内出现的特征衍射包，是由无序方式组装的二氧化钛纳米片层的散射引起。但是，在较低角度范围内，计算和实验结果出现了偏差，是由于当纳米片层并行配置时，它们之间的散射会引起相互干扰，因而造成了一定的偏差出现。

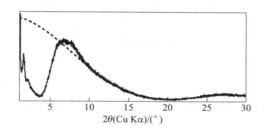

图 5-11
TiO$_2$ 纳米片层实验数据与计算所得结构因子平方 $F^2(\theta)$（虚线）绘制的 X 射线比较[15]

为了得到二氧化钛纳米片层组装状态下的半定量信息，依据 α 标准偏差下的高斯分布，并假定纳米片层层间距在最可能 d 值附近波动，则可以模拟纳米片层组装态的 XRD 图谱。以二氧化钛纳米片层层间平均距离为 1.2 nm，在纳米片层层间距不同有序度下，对 5 个平行二氧化钛纳米片层模拟，所得模拟 XRD 图谱如图 5-12 所示。模拟结果可以看出，当 α 标准偏差较小时，模拟所得 XRD 图谱显示正常的布拉格反射。随着 α 标准偏差常数增加，如在 $0.5 \sim 1.0$ nm 之间，模拟图谱在高角度范围与结构因子的平方吻合较好，即模拟图谱与实验结果误差较小。特别是当标准偏差常数 α 较大时，假定二氧化钛纳米片层层间平均距离为 1.2 nm 及标准偏差常数 α 为 0.75 nm，将模拟 XRD 图谱与纳米片层组装数目作图，纳米片层组装数目分别从 2 变化到 20，可以看出所得模拟 XRD 图谱相似，即二氧化钛纳米片层的组装模拟图谱与组装片层的数量敏感性不强（图 5-13）。通过纳米片层组装过程模拟分析并结合实验结果，可以看出当

TBA$^+$/H$^+$ 摩尔比在一定范围内时，TBA$^+$ 处理层状钛酸所得泥浆试样 XRD 图谱在 $2\theta=5°\sim20°$ 范围出现的特征衍射包，是由剥离的二氧化钛纳米片层不规则分散在介质中的散射所导致。因此，XRD 图谱在 $2\theta=5°\sim20°$ 范围出现的特征衍射包，可以作为层状化合物在介质中剥离成纳米片层的"指纹"证明。

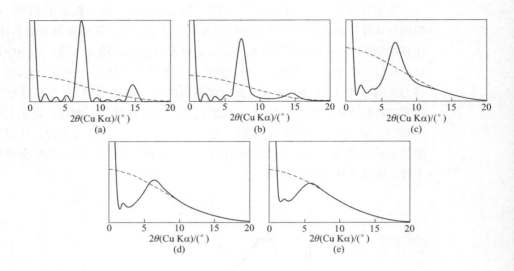

图 5-12
5 个平行二氧化钛纳米片层在不同层分离混乱度下的模拟 XRD 图谱（虚线）[15]
纳米片层平均层间距为 1.2 nm；标准偏差在曲线（a）～（e）对应的 α 的平均位移分别为 0 nm、0.2 nm、0.5 nm、0.75 nm、1.0 nm；其中曲线（a）和（b）的强度为（c）～（e）强度的 5 倍；虚线表示二氧化钛纳米片层结构因子平方 $[F^2(\theta)]$ 的变化

5.3.3　渗透膨润与剥离关系

实验结果与理论模拟分析指出，层状钛酸在 TBAOH 溶液中处理，随体系中加入的 TBA$^+$ 浓度不同，即 TBA$^+$/H$^+$ 摩尔比不同，先后出现了渗透膨润和剥离过程。在高 TBA$^+$/H$^+$ 摩尔比条件下，渗透膨润是主要过程，而剥离过程发生在低 TBA$^+$/H$^+$ 摩尔比条件下。因此，通过对层状二氧化钛渗透膨润与剥离过程关系的分析，将为理解层状化合物的渗透膨润和剥离行为提供有力借鉴。

将 TBA$^+$ 处理层状钛酸胶体悬浮液离心分离所得渗透膨润相层间距与胶体悬浮液中 TBA$^+$ 物质的量浓度作图，结果如图 5-14 所示。从该图可以看出，随加入的 TBA$^+$ 浓度不同，所得渗透膨润相层间距与 TBA$^+$ 物质的量浓度平方根倒数之间有两个不同斜率的线性关系。在第 2 章分析讨论层状黏土膨润行为时，研究者指出层状黏土渗透膨润程度反比于电解质浓度的平方根。同时，Norrish 也在层状蒙脱石渗透膨润过程中发现了这种线性现象。这种线性现象可以用胶体理论去解释，即水分散液中的胶体粒子被双电层包覆，且双电层包覆厚度随电

二维无机材料
剥离、纳米层组装及其功能化

解质浓度而改变。

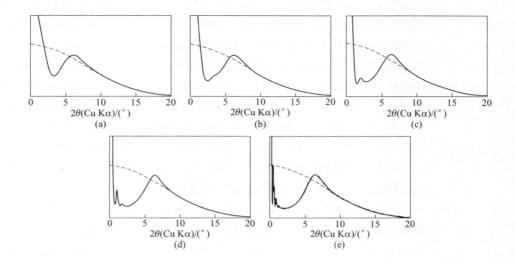

图 5-13
纳米片层重组数与模拟 XRD 图谱（虚线）比较图[15]
重组数从（a）～（e）分别为：2、3、5、10、20；其中平均层间距为 1.2 nm，标准偏差为 0.75 nm

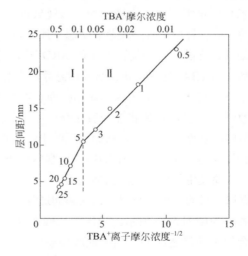

图 5-14
层状钛酸膨润状态在不同 TBA⁺/H⁺ 摩尔比下与 TBA⁺ 物质的量浓度变化关系图[15]

　　从图 5-14 可以看出，层状钛酸在 TBAOH 溶液中的渗透膨润过程应该分为两个阶段，因为在 TBA⁺/H⁺ 摩尔比约等于 5 附近，渗透膨润相层间距与胶体悬浮液中 TBA$^+$ 物质的量浓度平方根倒数的线性关系发生了明显变化，即所得线性关系斜率展示了明显不同。在高 TBA$^+$/H$^+$ 摩尔比范围内，即区域 I 内为渗透膨润或平衡膨润，在该区域内 TBA$^+$ 处理层状钛酸所得泥浆或胶体分散液离心所得试样的层间距几乎相同。伴随 TBA$^+$ 浓度的降低，继续渗透膨润，层状钛酸剥离形成二氧化钛纳米片层过程逐渐变为主体，该现象得到 TBA$^+$/H$^+$=5 所得试样的衍射图形变化支持。当 TBA$^+$/H$^+$ 摩尔比小于 5，即在区域 II 内，层状钛酸完全剥离，导致二氧化钛纳米片层分散在水介质中。得出该结论的主要支持信息有三点：①所得试样 XRD 图谱在 TAB$^+$ 水介质中，未能显示类似于前驱体层状钛酸的强衍射峰；② TBA$^+$ 处理层状钛酸胶体分散液，离心所得试样的 XRD 图谱仅仅显示宽范围衍射包；③在 TBA$^+$/H$^+$ 摩尔比为 0.5 ～ 5 范围内，用于跟踪剥离程度的紫外 - 可见光谱没有发生明显变化。

但是，在 TBA$^+$/H$^+$ 摩尔比小于 5（区域 II 内），层状钛酸剥离悬浮液离心处理所得试样，仍然在低角度范围内出现了较强的 XRD 衍射峰，何种因素导致产生了尖锐的基础反射呢？原因可追踪到剥离纳米片层重组形成的渗透膨润结构。在一个湿度可控 XRD 测试仪上对离心所得泥浆试样测定，由于将离心所得泥浆试样点滴在样品板上大约 1 min，这个程序不可避免地使样品暴露在大气环境中，导致剥离分散在介质中的二氧化钛纳米片层泥浆试样表面部分室温干燥，使得纳米片层重组产生渗透膨润相。该现象可进一步跟踪分析，将剥离分散在介质中的二氧化钛纳米片层泥浆随室温干燥，发现 TBA$^+$ 处理层状钛酸胶体悬浮液离心处理试样随干燥环境而发生的 XRD 图谱变化。在 XRD 测定过程中进行湿度控制，当 TBA$^+$ 处理层状钛酸胶体悬浮液离心处理试样立即进行测定，仅仅观察到了几乎可以忽略的渗透膨润相，而剥离特征的大衍射包峰清晰可见，说明大多数纳米片层以剥离状态分散在介质中。伴随干燥时间延长，渗透膨润相的基础衍射峰强度不断增强，从侧面反映出渗透膨润相量的不断增多（图 5-15）。这些实验结果进一步证明，在 TBA$^+$/H$^+$ 摩尔比小于 5 区域 II 内，渗透膨润过程不存在，主要发生层状钛酸的剥离过程。

根据以上讨论，可以将层状钛酸膨润过程及剥离过程随加入的 TBA$^+$ 离子浓度变化表示为如图 5-16 所示。当层状钛酸在高浓度 TBA$^+$ 条件下处理，发生由渗透水合导致的渗透膨润，当降低胶体悬浮液中 TBA$^+$ 浓度，水合渗透相的层间距可以增大到 10 nm 以上。这种大层间距膨润相有利于层状钛酸剥离，其中 TBA$^+$/H$^+$=5 时所得水合相结构，是层状钛酸完全剥离的水合膨润相结构。同时，这些实验结构也意味着渗透膨润与剥离过程是一个可逆过程行为，有序的膨润相结构可以通过向层状二氧化钛剥离体系中加入适量 TBA$^+$ 而重新得到。如在 TBA$^+$/H$^+$=1 时，层状二氧化钛完全剥离，但是向该剥离胶体悬浮液中加入适量 TBA$^+$，使得 TBA$^+$/H$^+$ 摩尔比从 1 增加到 25，可以观察到两个现象，一是悬浮液

二维无机材料
剥离、纳米层组装及其功能化

颜色从透明状态变为乳白色，二是得到了层间距为 4.2 nm 的膨润相结构，充分说明层状钛酸的膨润和剥离是连续和处于平衡状态的。

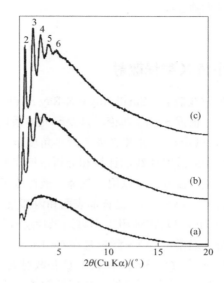

图 5-15
TBA$^+$/H$^+$ 摩尔比为 2 时所得胶体悬浮液，离心分离试样室温下 X 射线衍射图谱随干燥时间变化曲线[15]
干燥时间：（a）1 min；（b）70 min；（c）140 min

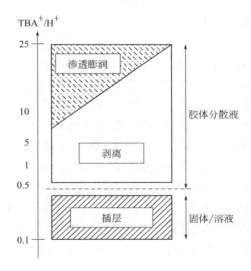

图 5-16
层状钛酸膨润和剥离过程随 TBA$^+$/H$^+$ 摩尔比的变化关系曲线[15]

5.4
二氧化钛纳米片层的表征

5.4.1 小角 X 射线散射

小角 X 射线散射（Small Angle X-Ray Scattering, SAXS）可用于表征剥离无机纳米片层。根据 SAXS 理论，只要研究体系内存在电子密度不均匀（微结构或散射体），就会在入射 X 光束附近小角度范围内产生相干散射。通过对小角 X 射线散射图或散射曲线的计算和分析，即可判断微结构的形状、大小、分布和含量等信息，该方法可以用于气体、液体或固体试样的表征分析。由于 X 射线具有穿透性，SAXS 信号是样品表面和内部众多散射体的统计结果。因此，相对于其它如 TEM 和 AFM 用于剥离纳米片层分析表征手段，SAXS 具有独特的统计性优势。通常，SAXS 测量是在 Cu Kα 辐射 Rigaku NANO-Viewer 上进行，范围为 $0.08 \text{ nm}^{-1} < Q < 3 \text{ nm}^{-1}$，其中 Q 是散射矢量，其值等于 $4\pi\sin\theta/\lambda$（$\lambda = 0.154$ nm）。利用 SAXS 进行剥离纳米片层分散液分析测定时，一般将剥离纳米片层悬浮液约 2 滴转移到支架上，随后用胶带密封。装填后的支架静置约 0.5 h，以消除进样产生的影响。一般每个样品典型暴露时间为 2 h，用 SAXS 测定样品之间的层间距差值大约为 0.2 nm。

利用 SAXS 技术，可以在小角度范围研究剥离纳米片层悬浮液试样的散射曲线。如用不同尺寸四甲基铵离子（TMA⁺）和四丁基铵离子（TBA⁺）处理层状钛酸 $H_{1.07}Ti_{1.73}O_4 \cdot H_2O$，所得剥离纳米片层悬浮液在小角度范围进行测定分析，以所得数据 IQ^2 与 Q 的对数作图，其中 I 是散射强度，Q 是散射矢量，$d = 2\pi/Q$，通过手动振荡处理 18 周，所得二氧化钛纳米片层悬浮液样品的散射曲线如图 5-17 所示。与用 TMA⁺/H⁺ 摩尔比为 2～4 之间处理悬浮液离心所得湿态试样常规 XRD 衍射图谱相比，SAXS 测定结果具有较大的层间距。如当 TMA⁺/H⁺ = 50 时，SAXS 所测定的层间距为 2.6 nm，而层间距随着 TMA⁺/H⁺ 摩尔比降低而增大；当 TMA⁺/H⁺ = 2 时，该层间距将增大到 22.8 nm ［图 5-17（a）］。这些在不同 TMA⁺/H⁺ 摩尔比值下处理所得试样的 SAXS 测定结果显示，所得试样的层间距扩大到前驱体层状钛酸的 3～25 倍。将 TMA⁺ 换成 TBA⁺，采用相同的手动处理前驱体层状钛酸，当 TBA⁺/H⁺ = 0.5 时，也可以观察到层间距为 58 nm 的 SAXS 散射结果 ［图 5-17（b）］[17]。

从不同浓度 TMAOH 和 TBAOH 溶液处理前驱体层状钛酸所得悬浮液的 SAXS 结果可以看出，不论反应体系处理方式如何，所得 SAXS 峰位置均随着

二维无机材料
剥离、纳米层组装及其功能化

加入到体系中的 TAA⁺/H⁺ 摩尔比降低而升高，不仅逐渐向小角度方向位移，而且峰形逐渐宽化，说明相干长度沿着堆叠方向减少。尽管通过 SAXS 观察到了悬浮液的衍射峰宽化现象，但总体衍射峰位置随 TAA⁺/H⁺ 摩尔比变化结果与通过常规 XRD 所测定的变化趋势相似，即 SAXS 和 XRD 两种技术测定结果取得了较好的一致性（表 5-3），且在高 TAA⁺/H⁺ 摩尔比条件下，两种测试方法所得误差较小。同时，对于渗透膨润所得相的层间距进行 XRD 测定时，所得结果对试样离心处理的条件敏感性不强。但是，对于剥离所得纳米片层离心处理所得试样进行 XRD 测定时，低 TAA⁺/H⁺ 摩尔比下处理条件对所测定结果影响显著。而在对剥离悬浮液进行 SAXS 测定分析时，离心处理条件的影响不需要考虑，因为对于剥离所得悬浮液分析是在没有任何前处理条件下进行。因此，通过对剥离所得无机纳米片层悬浮液进行 SAXS 测定分析，是表征纳米片层的有效手段之一。

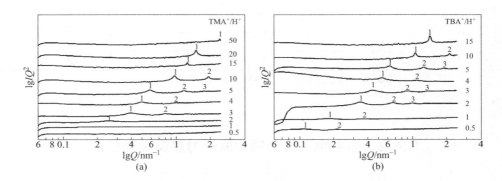

图 5-17
一定 TAA⁺/H⁺ 摩尔比下，用 TMA⁺（a）及 TBA⁺（b）手动处理 $H_{1.07}Ti_{1.73}O_4 \cdot H_2O$ 所得悬浮液的 IQ^2 与 Q 的对数作图的 SAXS 曲线（曲线上编号 1，2，3 是反射级数）[17]

表 5-3　层状钛酸 $H_{1.07}Ti_{1.73}O_4 \cdot H_2O$ 在不同摩尔比 TAA⁺/H⁺ 的 TAAOH 溶液中手动或机械振荡处理所得试样层间距比较

阳离子	TAA⁺/H⁺ 摩尔比	层间距 /nm			
		手动振荡		机械振荡	
		XRD	SAXS†	XRD	SAXS†
TMA⁺	0.5	n.o.	n.o.	n.o.	n.o.
	1	n.o.	n.o.	n.o.	n.o.
	2	n.o.	22.8	n.o.	n.o.
	3	n.o.	16.0	n.o.	16.6
	4	n.o.	12.7	n.o.	13.5

阳离子	TAA⁺/H⁺ 摩尔比	层间距 /nm			
		手动振荡		机械振荡	
		XRD	SAXS[1]	XRD	SAXS[1]
TMA⁺	5	9.3	10.7	8.4	10.9
	10	5.8	6.5	6.3	6.5
	15	4.8	5.0	4.9	5.2
	20	4.0	4.1	4.0	4.1
	50	2.6	2.6	2.7	2.6
TBA⁺	0.5	n.o.	58.4[2]	n.o.	n.o.
	1	n.o.	35.0[2]	n.o.	n.o.
	2	15.9	21.0[2]	n.o.	n.o.
	3	n.o.	13.9[2]	n.o.	n.o.
	4	n.o.	11.7	n.o.	n.o.
	5	7.5	10.0	8.1	n.o.
	10	5.9	5.9	5.3	5.6
	15	4.4	4.4	4.6	4.4

① SAXS 测定试样暴露 2h，特殊标记除外。
② 暴露时间 12h。
注：n.o. 表示没有观察到层结构。

5.4.2　透射电子显微镜和原子力显微镜表征

使用显微镜直接可视化技术，是表征剥离所得纳米片层的另一种简单有效手段，如透射电子显微镜（TEM）和原子力显微镜（AFM）为实现这一目标提供了可行性。剥离所得纳米片层的厚度较小，导致纳米片层成像对比度非常微弱，但是仍然可以观察片层的形状。对于剥离得到的 $Ti_{1-\delta}O_2^{4\delta-}$ 二氧化钛纳米片层，可以用 TEM 成像技术识别纳米片层微晶形貌，结果如图 5-18（a）所示[18]。纳米片层的横向尺寸从 0.1 μm 到 1 μm 不等，几乎与前驱体层状钛酸 $H_{0.7}Ti_{1.825}\square_{0.175}O_4 \cdot H_2O$ 尺寸一致，表示前驱体层状钛酸剥离形成纳米片层过程所引起的二维片层尺寸变化可以忽略不计。同时，从 TEM 图像也可以观察到，纳米片层的对比度非常微弱，且纳米片层的均匀性相似。但是也有纳米片层重叠的地方，它们的对比度大约是纳米单片层的 2 倍。TEM 图像的这些特点表示，剥离的纳米片层非常薄，且大多数是单层。在 TEM 图像测试过程中，通常是将剥离所得胶体悬浮液稀释到一定比例后，再将所得稀释悬浮液滴在铜网上，然后进行成像测试分析。由于稀释悬浮液滴在铜网上所制备的样品三维相干性消失，使得选定区域电子衍射（SAED）环为层状材料，这也为剥离纳米片层表

二维无机材料
剥离、纳米层组装及其功能化

征提供了有力证据。剥离的纳米单片层选区电子衍射显示出锐利的正交阵列点，表明剥离得到的纳米片层具有单晶特性和高的结晶度，选区电子衍射数据可以索引为纳米片层 0.38 nm×0.30 nm 二维晶格 hl 反射。但是，当在多层纳米片层重叠情况下，选区电子衍射锐利的正交阵列点消失，仅仅展示了同心环形图案[图 5-18（b）]，该现象可归于纳米片层沿 b 轴投影时的面心对称性，且纳米片层微晶平行随机沉积到 TEM 网格表面所导致。另外，当将沉积在铜网上的纳米片层试样台倾斜一定角度，将会发现原来同心环衍射图案随倾斜角度不同，而变为独特椭圆形图形，该特征从多晶大块或纳米颗粒中不能获得。该独特现象可以应用晶格几何理论解释，也为确认剥离纳米片层体系提供了另一种有用的技术。

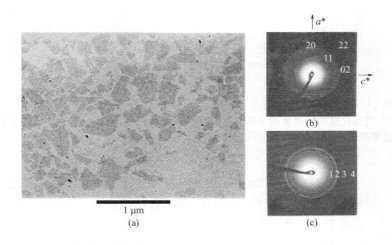

图 5-18
Ti$_{1-\delta}$O$_2^{4\delta-}$ 二氧化钛纳米片层 TEM 图像（a），纳米片单层（b）和多层（c）选区电子衍射图，图（c）中 1 ~ 4 的衍射环分别是由 11、20、02、22 面反射产生[18]

　　AFM 也是表征剥离纳米片层的有效手段之一，将剥离的二氧化钛纳米片层沉积到如硅晶片衬底上，通过 AFM 可以确定剥离所得纳米片层的尺寸大小和厚度。因为二氧化钛纳米片层表面带有负电荷，将硅晶片衬底进行表面处理使其带上正电荷，带正电荷衬底诱导负电性二氧化钛纳米片层在其表面沉积，在适当条件下形成如图 5-19 所示的单层薄膜[19]。可以看出剥离所得二氧化钛纳米片层的横向尺寸为亚微米范围，其厚度可以通过纳米片层与基材之间的高度差确定。但是，由于基板表面的粗糙度不均匀，使得利用两个纳米片层重叠产生的高度差可以更精确和可靠地确定纳米片层的厚度。对于大多数不同电荷剥离得到的二氧化钛纳米片层，其厚度大约在 1.1 ~ 1.3 nm 之间。该厚度大于两个边缘共享 Ti-O 八面体晶体学厚度（0.75 nm），主要归于纳米片层的水合行为，而使得水分子很容易吸附在二氧化钛纳米片层表面所致。

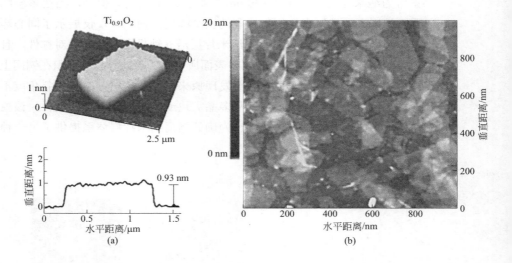

图 5-19
$Ti_{0.91}O_2^{0.36-}$二氧化钛纳米片层的 AFM 图像及其厚度（a）和硅基板几乎被 N 掺杂$Ti_{0.91}O_2^{0.36-}$二氧化钛纳米片层覆盖的 AFM 图像（b）[19]

　　由于二氧化钛纳米片层和电子束之间的相互作用非常弱，因而开始研究二氧化钛纳米片层时，研究者一般未使用扫描电子显微镜观察分析剥离所得的纳米片层。但是，由于二次电子对表面电位所具有的高敏感性，可以显著改善单层纳米片层的对比度。只是测试过程中主要受基板和涂层表面修饰等测试试样制备方法的影响，需要调整对准纳米片层和基板间的能带。同样，因为二氧化钛纳米片层具有大的带隙，导致扫描隧道显微镜（STM）也不常用于剥离二氧化钛纳米片层的观察。由于沉积在 Pt 表面的二氧化钛纳米片层具有小的表观势垒高度，将 STM 与光谱技术联合应用，使用电流-距离（di/dz）映射模式，也可以清晰地观察沉积在 Pt 覆 Si 衬底上的$Ti_{0.87}O_2^{0.52-}$纳米片层。

5.4.3　纳米片层的尺寸控制

　　无机层状材料剥离所得纳米片层的厚度为 0.5～4 nm，主要取决于前驱体层状材料的层结构规整度及其剥离分散程度。但是，剥离所得纳米片层的横向尺寸大小是可变的，主要由前驱体的晶体尺寸大小、剥离方式和插层膨润试剂等影响因素决定。当采用机械振动处理无机层状材料的剥离时，由于机械振动作用力较强，常常导致层状多晶材料侧向破裂，从而产生亚微米至几微米大小不等的无机纳米片层。相反，当在温和的手动摇动情况下，无机层状材料可以剥离得到更大尺寸的纳米片层，如层状钛酸在温和条件下剥离，可以得到几十微米 $Ti_{0.87}O_2^{0.52-}$ 纳米片层。

无机层状化合物前驱体的大小对于剥离所得纳米片层的横向尺寸具有重要的影响，一般规整的层状前驱体剥离所得纳米片层具有较大的横向尺寸。采用固相煅烧技术制备的层状钛酸前驱体，其横向尺寸大约为 1 μm，液相剥离该类前驱体所得纳米片层的大小在几百纳米范围。因此，为了得到横向尺寸更大的纳米片层，大尺寸规整前驱体的制备显得特别重要。在熔融 K_2MoO_4 体系中通过熔融和重结晶过程，可以制备横向尺寸大于 4 mm 的层状钛酸钾锂 $K_{0.8}[Ti_{1.73}Li_{0.27}]O_4$ 单晶[20]。层状钛酸钾锂 $K_{0.8}[Ti_{1.73}Li_{0.27}]O_4$ 单晶在 0.5 mol/L HCl 溶液中进行酸处理，层间的金属离子可以全部进行离子交换，转换为层状钛酸 $H_{1.07}Ti_{1.73}O_4 \cdot H_2O$。层状钛酸 $H_{1.07}Ti_{1.73}O_4 \cdot H_2O$ 用摩尔比 $TBA^+/H^+=1$ 的 TBAOH 溶液处理，最终可以得到剥离的横向大尺寸二氧化钛纳米片层，其横向尺寸范围在 10 ~ 100 μm，平均横向尺寸大约为 30 μm（图 5-20），显著大于通常由固相煅烧制备的层状钛酸盐剥离所得二氧化钛纳米片层。

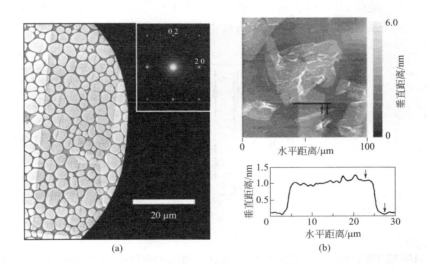

图 5-20
大尺寸 $H_{1.07}Ti_{1.73}O_4 \cdot H_2O$ 二氧化钛纳米片层 TEM 图像（a）和 AFM 图像（b）[20]

通过调控插入反应所用的胺/铵离子种类、浓度或反应体系处理条件，可以控制层状材料剥离反应动力学快慢和剥离过程，从而制备横向尺寸可控的无机纳米片层。质子型层状钛酸 $H_{1.07}Ti_{1.73}O_4 \cdot H_2O$ 分别与不同大小和浓度的 TMA^+ 和 TBA^+ 溶液插层处理，其渗透膨润和剥离行为由于处理介质、插层离子大小及剥离体系处理条件不同，而产生了明显的变化。质子型层状钛酸 $H_{1.07}Ti_{1.73}O_4 \cdot H_2O$ 同 TMA^+ 短时间插层处理，剥离所得产物主要为纳米片层堆积而成的少层薄片。但是，当其与较大半径的 TBA^+ 等时间插层处理时，剥离所得产物主要为单层二氧化钛纳米片层。同时，剥离所得二氧化钛纳米片层的大小也与处理介质中的 TAA^+/H^+ 摩尔比有很大关系。如质子型层状钛酸 $H_{1.07}Ti_{1.73}O_4 \cdot H_2O$ 在 TBAOH 介质中机械振荡，当 TBA^+/H^+ 摩尔比在 0.5～5 之间时，所得剥离纳米片层尺寸在 0.2～0.4 μm 之间；当 TBA^+/H^+ 摩尔比增加到 10～15 之间时，剥离纳米片层尺寸增加到 3 μm 和 7 μm。表明在 TBAOH 体系中，剥离所得二氧化钛纳米片层的横向尺寸与 TBA^+/H^+ 摩尔比具有较大关系。但是，当质子型层状钛酸 $H_{1.07}Ti_{1.73}O_4 \cdot H_2O$ 在 TMAOH 介质中处理时，剥离所得二氧化钛纳米片层的横向尺寸几乎全为 8 μm，表明在 TMAOH 体系中剥离所得二氧化钛纳米片层的横向尺寸与 TMA^+/H^+ 摩尔比关系不大（图 5-21）。另外，剥离体系振荡处理强度也对所得纳米片层横向尺寸有显著影响，强烈的机械振荡使得在不同离子介质中所得纳米片层大小不同，但是在弱的手动处理环境下，发现无论在 TMAOH 还是在 TBAOH 介质中剥离，所得纳米片层的大小几乎均在 8 μm 左右，显示振荡强度是剥离纳米片层横向尺寸的控制影响因素之一。

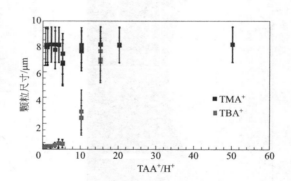

图 5-21
在 TMA^+ 或 TBA^+ 介质中机械振荡剥离二氧化钛纳米片层横向尺寸大小与 TAA^+/H^+ 摩尔比关系图 [17]

　　机械振荡处理 TMAOH 和 TBAOH 介质分散的层状钛酸，所得悬浮液的稳定性及颜色均随加入的 TAA^+/H^+ 摩尔比变化显示较大的不同，反映出体系中层状钛酸剥离程度及剥离所得纳米片层尺寸的不同（图 5-22）。当向层状钛酸体系中加入低摩尔比 TAA^+/H^+ 膨润离子（如 TMA^+/H^+=0.5，1；TBA^+/H^+=0.5，1，2），剥离过程处于主导地位，得到淡蓝色的胶体悬浮液，且该胶体悬浮液能够稳定

二维无机材料
剥离、纳米层组装及其功能化

存在 6 个月以上。相反，当向层状钛酸体系中加入高摩尔比 TAA$^+$/H$^+$ 膨润离子（如 TMA$^+$/H$^+$ ≥ 5，TBA$^+$/H$^+$ ≥ 10），所得白色悬浮液未能显示淡蓝色，可能与分散在体系中大尺寸粒子的强光散射相关。同时，所得悬浮液的稳定性也大大降低，高摩尔比 TAA$^+$/H$^+$ 膨润离子所得悬浮液放置一天，即可观察到分离的液体和沉淀物。将"粒子尺寸"分析结果与悬浮液肉眼观察结果结合，可以推断出剥离纳米片层胶体分散液的稳定性与介质中加入的 TAA$^+$/H$^+$ 膨润离子大小有关。对于较大离子 TBA$^+$ 剥离所得二氧化钛纳米片层，剥离所得悬浮液的稳定性随剥离纳米片层尺寸减小而增强。而对于相对较小 TMA$^+$ 剥离的二氧化钛纳米片层，剥离所得悬浮液的稳定性似乎与纳米片层尺寸大小关系不密切。所以，所得悬浮液稳定性与剥离纳米片层尺寸大小关联性不高，如分离所得沉淀物与通过 XRD 和 SAXS 测定所得的渗透膨润相一致，在 TMA$^+$/H$^+$ 摩尔比为 0.5 条件下所得悬浮液表现出了明显的、独特的丝滑外观各向异性流，显示出了液晶的基本特征。因此，TAAOH 处理层状钛酸所得悬浮液的稳定性及外观，很大程度上取决于 TAA$^+$/H$^+$ 比率，而受反应模式影响较小。

图 5-22
机械振动处理层状钛酸所得悬浮液外观颜色变化[17]（扫二维码看彩图）
（a）低 TAA$^+$/H$^+$ 摩尔比下、稳定 6 个月以上所得悬浮液呈浅蓝色；（b）高 TAA$^+$/H$^+$ 摩尔比下摇动后；（c）高 TAA$^+$/H$^+$ 摩尔比下悬浮液放置 1 天；（d）TMA$^+$/H$^+$ 摩尔比为 0.5 时所得悬浮液显示液晶相各向异性

5.5
二氧化钛纳米片层的性质

5.5.1 光学性质

与层状二氧化钛块体材料相比，剥离所得二氧化钛纳米片层厚度在 1 nm 以内，独特的二维结构使得二氧化钛纳米片层显示了特殊的物理化学性质。相对于块体金红石相二氧化钛纳米粒子，剥离所得二氧化钛纳米片层 Ti$_{0.91}$O$_2^{0.36-}$ 悬浮

液在 265 nm 左右显示了强的吸收峰，发生了显著蓝移[21]。同时，相比块体锐钛矿、金红石和层状钛酸，剥离得到的 $Ti_{0.91}O_2^{0.36-}$ 纳米片层的峰顶光子能量约为 4.67 eV，大于块体二氧化钛材料的。通过改变剥离悬浮液中 $Ti_{0.91}O_2^{0.36-}$ 纳米片层的浓度，以纳米片层浓度与紫外吸收作图，曲线呈线性变化，遵从朗伯-比尔定律，反映出剥离纳米片层在悬浮液中没有重组而是高度分散的属性。在吸收峰对应波长 265 nm 处，$Ti_{0.91}O_2^{0.36-}$ 纳米片层的摩尔吸收系数约为 1.2×10^4 L/（mol·cm）。

当用其它元素对二氧化钛纳米片层中的 Ti 元素或 O 元素位置进行掺杂，掺杂后的层状钛酸前驱体剥离，所得掺杂二氧化钛纳米片层显示特殊的光学性质。同未掺杂的二氧化钛纳米片层吸收光谱相比，金属或非金属掺杂纳米片层的吸收光谱通常会向可见光区发生明显红移，将为二氧化钛材料光催化性质的改善和开发提供新途径。与前驱体层状钛酸相比，剥离所得纯二氧化钛纳米片层的带隙约为 3.8 eV，比未剥离的层状钛酸前驱体的带隙大约低 0.6～0.8 eV。因此，从光催化应用角度考虑，显然剥离所得纯二氧化钛纳米片层对于可见光的利用率不高，对其光催化性质提升不利。向纯二氧化钛层板中掺杂其它具有特殊磁、电化学或电解质客体的元素或物种，将拓宽二氧化钛纳米片层的光吸收范围和应用途径。

金属元素掺杂二氧化钛纳米片层的研究工作已经开展了多年，取得了许多有价值的研究成果。尽管利用金属元素掺杂 TiO_2 纳米片层的机制有所不同，且有些机制还存在争议，但是结论普遍认为掺杂形成的低于 Ti-3d 轨道最小高导带的一些局部态，有助于二氧化钛纳米片层的带隙变窄。在利用固相焙烧法制备层状钛酸盐前驱体时，在反应体系中添加适量 Fe_2O_3 或 NiO，同时加入 K_2CO_3 用于固态煅烧，可以将 Fe 或 Ni 掺杂到 TiO_2 前驱体中，分别制备得到 $K_{0.8}Fe_{0.8}Ti_{1.2}O_4$ 和 $K_{0.8}Ni_{0.4}Ti_{1.6}O_4$ 层状钛酸盐。这些 Fe 或 Ni 掺杂钛酸盐前驱体同样可以用酸进行离子交换，随后在 TBAOH 溶液中通过剥离处理，即可得到 Fe 或 Ni 掺杂的二氧化钛纳米片层。同纯二氧化钛纳米片层剥离悬浮液相比，金属元素掺杂二氧化钛纳米片层悬浮液表现出了明显的颜色变化。但是，金属掺杂所得二氧化钛纳米片层的光催化活性并不理想，原因可能是掺杂金属离子充当了重组中心的角色所致。过渡金属如 Co 和 Nb 也可以掺杂取代二氧化钛纳米片层中 Ti 位置，如 Co 元素掺杂所得 $Ti_{0.8}Co_{0.2}O_2$ 纳米片层显示了强的铁磁耦合特性[22]。除单一金属元素掺杂外，层状钛酸还可以发生双金属元素共掺杂，如锂离子和锰离子可以掺杂到二氧化钛前驱体中，通过共掺杂得到 $K_{0.8}Ti_{(5.2-2x)/3}Li_{(0.8-x)/3}Mn_xO_4$ 层状前驱体。掺杂过程中可以通过调节 Li^+ 的含量，达到 Mn 的控制掺杂，同时保持系统的电荷平衡。位于八面体位置的 Li^+，随后可以在离子交换过程中

二维无机材料
剥离、纳米层组装及其功能化

被交换，得到锰掺杂 $Ti_{(5.2-2x)/6}Mn_{x/2}O_2^{(3.2-x)/6-}$（$x=0 \sim 0.8$）二氧化钛纳米片层。与纯二氧化钛纳米片层剥离悬浮液相比，Mn 掺杂所得二氧化钛纳米片层悬浮液的颜色发生了很大变化，从乳白色半透明逐渐变为深棕色（图 5-23），且所得纳米片层显示了优异的磁光特性[13]。

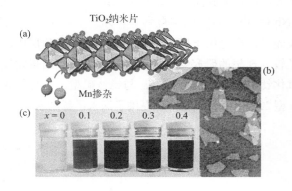

图 5-23
Mn 掺杂所得 $Ti_{(5.2-2x)/6}Mn_{x/2}O_2^{(3.2-x)/6-}$ 纳米片层的晶体结构（a）、AFM 照片（b）及不同掺杂量（$x = 0.0 \sim 0.4$）所得纳米片层悬浮液的光学照片（c）[13]

5.5.2　电学性质

二氧化钛纳米片层带隙位移的确定，对更好地了解其电子结构非常重要。材料的简单带隙能量位移通过公式（5-3）中的参数确定，可实现对光谱蓝移的参数控制。

$$\Delta E_g = \frac{h^2}{4\mu_{xy}L_{xy}^2} + \frac{h^2}{8\mu_z L_z^2} \tag{5-3}$$

式中，μ_{xy} 和 μ_z 分别表示沿平行（xy）和垂直（z）方向的激子有效降低质量；h 是普朗克常数。由于纳米片层的横向尺寸（L_x，L_y）远远大于其厚度（L_z），量子尺寸效应主要归因于极薄纳米片层的性质。但是，要精确测量电子能带结构，如带隙值和能带位置，电化学和光电化学方法可以提供更详细的信息。对在导电铟掺杂氧化锡（ITO）玻璃基材上的 $Ti_{0.91}O_2^{0.36-}$ 纳米片层组装的多层膜，施加一个负偏压，通过原位 UV-Vis 吸收测量电化学研究，可以估算该纳米片层的带隙能为 3.84 eV。同时，在相同膜上通过光电流作用谱测得的带隙能为 3.82 eV，两种测试方法得到的带隙能值高度吻合。与锐钛矿型块体二氧化钛带隙能相比，二氧化钛纳米片层的带隙能大约高 0.6 eV（图 5-24）。需要注意的是，相比锐钛矿型块体二氧化钛，剥离所得二氧化钛纳米片层稍高的导带最小值和稍低的价带最大值，对光诱导反应是有利的，因为在其导带和价带之间的光激发电子和空穴将分别具有更强的还原和氧化能力。但是，该纳米片层的带隙结构特征也具有缺陷，即纳米片层系统需要更强的紫外线来激活。使用电化学和光电化学方法，许多剥离掺杂二氧化钛纳米片层如 $TiNbO_5^-$、$Ti_2NbO_7^-$、$Ti_5NbO_{14}^{3-}$ 和 $Ca_2Nb_3O_{10}^-$ 电子带隙结构得到了研究 [23]。此外，高分辨率光发射光谱和 X 射线吸收光谱，也可用于研究剥离二氧化钛纳米片层中的价带和导带位置，而且取得了较为理想的研究结果。用这种方法估算结果发现，采用真空沉积所得单层二氧化钛纳米片层的带隙值，与锐钛矿型二氧化钛相似，但其费米能级接近块状 n 型二氧化钛中间值，这提供了深入了解纳米片层电子结构的途径。

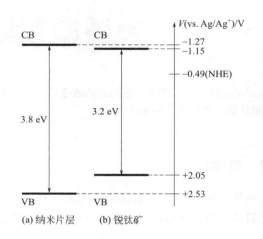

图 5-24
剥离 $Ti_{0.91}O_2^{0.36-}$ 纳米片层和锐钛矿 TiO_2 的电子能带结构

5.5.3 催化性质

　　二氧化钛基纳米材料在光催化分解水方面显示了广阔的应用前景。经过几十年研究发现，具有高活性晶面二氧化钛的可控制备，是改善此类材料光催化性能的有效手段。通过使用一些表面活性剂，可以选择性地控制高活性晶面如（001）、（010）、（101）或更高（105）晶面二氧化钛优先生长，而且实验和理论研究证明，这种高活性晶面二氧化钛显示了特殊的表面反应活性。层状钛酸剥离得到的二氧化钛纳米片层，是具有特殊晶面的二氧化钛纳米催化材料。因此，充分认识这种具有各向异性二氧化钛纳米片层的反应活性位点，对于此类纳米片层催化材料的应用开发意义重大。例如纤铁矿型结构 $K_{0.8}Ti_{1.73}Li_{0.27}O_4$ 纳米片层在 UV 照射条件下，可以光沉积 Ag、Cu、Cu_2O 和 MnO_2，所得材料显示了良好的光催化反应活性。研究发现 Ag、Cu 和 Cu_2O 的光沉积（即光还原）主要发生在二氧化钛纳米片层的横向边缘，表明光生电子在纳米片层 Ti^{4+} 离子网络中移动。另一方面，二氧化锰的光沉积（即光氧化）反应发生在纳米片层的所有表面，表明光生空穴存在于纳米片层的 O^{2-} 表面，这些光沉积反应说明由于二氧化钛纳米片层独特的晶体特征，在二维各向异性结构中的载流子分离和扩散途径具有区别 [24]。在二氧化钛纳米片层中原子依 O-Ti-O-Ti-O 层排列，因而光激发导带电子可以被限制在二维结构，在 Ti^{4+} 3d 轨道网络内扩散，而空穴可以随着位于纳米片层最顶部表面 O 原子的 2p 轨道移动。这种光感应电荷分离和转移界面的重要实例在由 "$Ti_{0.91}O_2^{0.36-}$ 纳米片层 + 甲基紫精（MV^{2+}）" 和 "介孔氧化硅 + 卟啉" 组成的精密双层薄膜中已得到验证 [25]。

5.5.4 理论分析

通过理论预测分析，不仅可以预测实验上难以得到的二氧化钛纳米片层的物理和化学性质，而且也能更好地理解这种独特的性质。利用第一原理，可以预测二氧化钛单层或多层片层模式下的电子、介电和力学性质。对于剥离的 $Ti_{0.91}O_2^{0.36-}$ 纳米片层，利用密度泛函理论（DFT）研究其带隙能 E_g 为 3.15 eV，该值也比锐钛矿（2.67 eV）和金红石（2.28 eV）的带隙能高，取得了计算和实验趋势相同的研究结果。尽管实验预测的 $Ti_{0.91}O_2^{0.36-}$ 纳米片层带隙能值小于通过光电化学和电化学实验测量所得到的结果，但是通过对不同结构二氧化钛的理论预测，仍然是设计和了解此类材料性质的有效手段。

对于经过结构修饰或掺杂的纳米片层前驱体材料，通过理论预测研究，可以为理解材料的特性变化提供有价值的途径。例如通过氮掺杂，层状钛酸的光学性质表现出特殊的红移现象，通过态密度理论研究表明，层状钛酸片层上的 O 被 N 原子部分取代，将导致由混合 O 原子 2p 轨道和 N 原子 2p 轨道组成的最大低价带带隙减小。将吸附的 I_2 作为客体分子柱撑到二氧化钛纳米片层之间，聚沉产物也会导致带隙变窄，态密度研究暗示了不同的掺杂机制。吸附在二氧化钛纳米片层间的 I_2 可以促进带间态的形成，该带间态与最大低价带隙重叠，导致复合材料的价带宽化。因为剥离的氧化物纳米片层代表了多种不同组成和结构的材料，通过理论预测将发现许多有趣的功能，即理论研究不仅是对实验结果的解释，而且对于材料设计及性质开发具有重要作用。

5.6
二氧化钛纳米片层的组装及功能化

　　层状二氧化钛前驱体及其掺杂所得的前驱体衍生物在一定条件下均可发生剥离，形成组成和表面电荷不同的二氧化钛纳米片层。这种不同组成和表面电荷的二氧化钛纳米片层可以作为设计、组装不同性质纳米层状材料的二维构建模块，将为设计、组装不同形貌、结构和性质的材料提供了可行性。同时，剥离得到的纳米片层也可以作为新型独特各向异性种子诱导晶体结构的控制生长，将为晶面及性质可控纳米晶体材料提供新的设计和制备方法。

5.6.1　组装二维薄膜

（1）滴铸和电泳沉积

　　滴铸是从剥离纳米片层胶体分散液中制备二维薄膜的一种最简单的方法。将剥离得到的二氧化钛纳米片层悬浮液滴铸在基材上，可以形成纳米片层随机堆积包含多层的二氧化钛薄膜。通常在层状钛酸剥离过程中，所用的插层剥离剂是 TBA$^+$，剥离所得悬浮液中同时还存在部分 TBA$^+$，其作用是作为剥离二氧化钛纳米片层的抗衡离子存在。因此，当采用滴铸法从剥离二氧化钛纳米片层制备二维薄膜时，TBA$^+$ 镶嵌进入到纳米片层之间，生成片层层间距增大的纳米片层组装薄膜。另外，由于剥离所得纳米片层具有稳定性及带电荷性，使得电泳沉积技术在制备纳米片层基薄膜材料方面显示了优势。通过向 ITO 电极施加 $0.04 \sim 2.5 \ mA/cm^2$ 的恒定电流，带负电的 $Ti_{0.91}O_2^{0.36-}$ 纳米片层将被驱动，而快速沉积在电极的阳极[25]。纳米片层的沉积量可以通过调整溶液的 pH、黏度和添加剂如聚乙烯醇（PVA）等实现。电泳沉积技术的优点是简单和低成本，所得薄膜的厚度可达微米。但是，电泳沉积技术在薄膜厚度的准确性控制和薄膜功能化调整方面具有局限性。

（2）层层沉积技术

　　层层沉积技术的发展历史可以追溯到 20 世纪 60 年代，是一种将带相反电荷的离子或粒子组装制备薄膜材料的方法。1997 年，Decher 等人将层层沉积技术进一步发展，开发了仅用烧杯镊子的方式将带相反电荷的聚电解质通过静电 LbL 组装制备二维薄膜的方法，开辟了 LbL 组装薄膜材料的新时代[26]。LbL 组装过程是通过吸附溶液中带电的聚电解质分子到带相反电荷如玻璃、硅片或聚合物基板上进行，静电引力是驱动自组装聚电解质分子吸附到异电性基板上的主要作用力，且自发改变基板表面的电性。在层层沉积过程中，聚电解质充当"胶"或"黏合剂"（即链接剂），因此选择具有足够表面电荷的聚电解质分子显得非常重要。聚乙烯亚胺（PEI）和聚二烯丙基二甲基氯化铵（PDDA）是非常有效的阳离子链接剂，而聚 4- 苯乙烯磺酸钠（PSS）和聚丙烯酸（PAA）是非常有效的阴离子链接剂，常用于组装带正电荷的物质。LbL 组装方法具有成本低和组装材料多功能性等优点，将为许多纳米结构离子或粒子物种组装制备多层薄膜提供实现可行性。目前，除了许多有机物种组装单元外，一些无机物种材料包括纳米颗粒 / 量子点，一维纳米管 / 线 / 棒和二维纳米片也是基本组装单元，在平面基板或三维结构上可通过 LbL 设计、组装薄膜或核壳复合材料。

剥离的纳米片层是通过 LbL 组装方法制备二维薄膜或三维网络结构的理想组装单元。通过 LbL 组装技术，Mallouk 及其同事最早以聚烯丙胺盐酸盐阳离子（PAH）作为聚电解质链接剂，成功将剥离的 α-Zr(HPO$_4$)$_2$ 和 Ti$_2$NbO$_7^{2-}$ 纳米片层组装到各种基材上[27]，随后他们应用此技术将 PAH 与剥离的 GO 纳米片层组装制备了 PAH/GO 多层复合薄膜。研究者使用其它类型的聚电解质如 PEI 和 PDDA 与剥离的 Ti$_{0.91}$O$_2^{0.36-}$ 纳米片层通过 LbL 组装，制备了三明治状结构薄膜。组装的薄膜厚度不仅随组装次数而稳定增长，而且薄膜的紫外吸收随组装次数呈线性变化。同时，薄膜的 XRD 研究结果中，所得薄膜层间距为 1.4 ～ 1.7 nm，是两个 Ti$_{0.91}$O$_2^{0.36-}$ 纳米片层厚度的加和[28]。对组装薄膜进行湿度性研究发现，多层薄膜的层间距随湿度而发生可逆的膨润行为。LbL 组装方法的优势是可以精确控制薄膜厚度，每个沉积周期可使薄膜厚度增加 1 ～ 2 nm，相应的层层组装过程、多层薄膜紫外吸收光谱与每两层沉积 PDDA/Ti$_{0.91}$O$_2^{0.26-}$ 关系及 XRD 图谱变化如图 5-25 所示。

通常所用的聚电解质离子是绝缘的，这种聚电解质离子存在于二氧化钛纳米片层之间，不利于研究具有半导体性质的二氧化钛纳米片层的电性能。针对此实际情况，一般采用煅烧去除二氧化钛纳米片层之间的聚电解质离子，但需注意的是过高煅烧温度可能会部分损坏纳米片层结构。由于 Ti$_{0.91}$O$_2^{0.36-}$ 纳米片层自身具有光催化性能，通过紫外线照射组装多层薄膜，能有效分解纳米片层间聚电解质离子，在不破坏二氧化钛 Ti$_{0.91}$O$_2^{0.36-}$ 纳米片层结构的基础上，可实现层间聚电解质离子的有效去除。通过光降解去除层间的聚电解质离子，生成的无机薄膜的光诱导响应能力得到显著改善。为了克服纳米片层间聚电解质离子不导电的弊端，可以利用聚苯胺（PANI）作为 Ti$_{0.91}$O$_2^{0.36-}$ 纳米片层组装的链接剂，通过仔细调节 PANI 溶液的 pH，可以简单组装制备 PANI/Ti$_{0.91}$O$_2^{0.36-}$ 多层薄膜[29]。所制备的多层薄膜作为光电极，在不同 pH 条件下，急剧变化的原位结构构型和在复合膜内质子化时导电 PANI 分子电导率的变化，将使得多层薄膜表现出从 n 型到 p 型独特的切换光电流能力。除了聚电解质离子可以组装到二氧化钛纳米片层间，一些无机物离子或粒子也可以组装到二氧化钛纳米片层之间，形成高稳定性或新功能薄膜材料。利用带正电荷亚纳米级金属氧化物 Al_{13} Keggin 离子（$[AlO_4Al_{12}(OH)_{24}(H_2O)_{12}]^{7+}$），同带负电性剥离所得的纳米片层如 $Ti_{0.91}O_2^{0.36-}$、MnO_2^{8-}、$\alpha\text{-}Zr(HPO_4)_2$ 层层沉积，可以制备功能无机薄膜[30]。由于 Al_{13} 团簇以柱撑剂形式存在于二氧化钛纳米片层之间，使得组装制备的功能无机薄膜不仅具有改善的热稳定性，而且具有纳米孔结构。另外，其它具有相似阳离子电荷大小的无机物离子或粒子，如钌聚阳离子 $[(NH_3)_5Ru^{III}\text{-}O\text{-}(NH_3)_4Ru^{IV}\text{-}O\text{-}Ru^{III}\text{-}(NH_3)_5]^{6+}$ 也具有与剥离纳米片层组装成薄膜的能力。

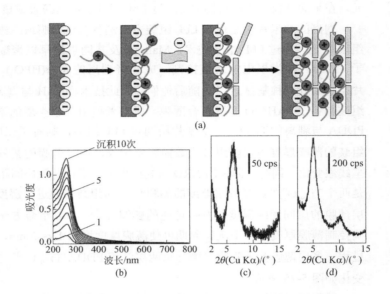

图 5-25
（a）层层沉积过程示意图；（b）10 层组装的多层薄膜紫外吸收光谱与 PDDA/ $Ti_{0.91}O_2^{0.26-}$ 沉积关系图；（c）、（d）多层薄膜 XRD 图谱[28]
样品：（c）沉积在石英玻璃上的 PEI/ $Ti_{0.91}O_2^{0.36-}$ /PDDA/ $Ti_{0.91}O_2^{0.36-}$ 多层膜；（d）PDDA/ $Ti_{0.91}O_2^{0.36-}$ 聚沉粉末试样

与较小尺寸的聚电解质离子或无机团簇离子相比，大尺寸无机物种在与纳米片层组装过程中很难实现吸附动力学及热力学平衡静电吸引，导致利用大尺寸无机物种进行 LbL 组装具有很大的挑战性。但是，可以使用聚电解质作为链接剂，修饰较大组装物种的表面，包括零维纳米颗粒、一维纳米管 / 金属丝和二维纳米片层，随后表面修饰的大尺寸无机物种可以组装到纳米片层之间。例如胶体 TiO_2 纳米颗粒具有正电荷表面，通过使用两种聚电解质如带正电荷的 PDDA 和带负电荷的 PSS，可以实现将纳米粒子尺寸约为 6.3 nm TiO_2 组装到

二维无机材料
剥离、纳米层组装及其功能化

$Ti_{0.91}O_2^{0.36-}$ 纳米片层之间，得到 TiO_2 纳米粒子 /$Ti_{0.91}O_2^{0.36-}$ 纳米片层薄膜[31]。利用同样原理，也可以将 Ag^+ 引入到 PEI 链接剂溶液中，由于 PEI 骨架上的有机配体对 Ag^+ 螯合，使得 Ag^+ 附着在 PEI 上，组装制备 Ag^+-PEI/$Ti_{0.91}O_2^{0.36-}$ 多层薄膜。随后通过紫外线处理组装制备的 Ag^+-PEI/$Ti_{0.91}O_2^{0.36-}$ 多层薄膜，薄膜中的 Ag^+ 还原成 Ag 纳米粒子，最终形成 Ag-PEI/$Ti_{0.91}O_2^{0.36-}$ 多层薄膜。同样，金纳米粒子也可以组装到原始或 N 掺杂 $Ti_{0.91}O_2^{0.36-}$ 纳米片层之间，随后光诱导 $AuCl_4$ 原位转化为 Au 纳米颗粒。另外，LbL 技术的广泛适用性意味着更大尺寸纳米材料也可以通过层层沉积方式组装。在强碱 NaOH 溶液中，TiO_2 在水热条件下可以相转换为长度可达几百纳米尺寸以上的钛酸纳米管，使用超声处理和 pH 调节，可使钛酸纳米管表面带负电荷，能够很好地分散在水性悬浮液中。当使用聚阳离子 $PDDA^+$ 作为链接剂时，表面带负电荷的钛酸纳米管和 $PDDA^+$ 通过层层沉积，可在各种基材上组装制备多层膜材料。通过原子力显微镜可以观察钛酸纳米管对基材表面的密集覆盖，紫外可见吸收光谱用于证实 PDDA/钛酸纳米管层连续生长。在此基础上，用 $AgNO_3$ 或 $HAuCl_4$ 水溶液处理钛酸纳米管，然后化学还原可以获得单晶 Ag 和 Au 纳米颗粒负载的钛酸纳米管。钛酸纳米管不仅具有多孔特征，而且负载单晶 Ag 和 Au 纳米颗粒，使得钛酸纳米管可作为功能性薄膜[32]。

利用剥离二氧化钛纳米片层所具有的二维平面特征，可以开发具有各种组成和结构的紧密接触的纳米片层组成薄膜。大多数剥离的无机纳米片层如黏土纳米片层、$Ti_{0.91}O_2^{0.36-}$、$MnO_2^{\delta-}$ 和 $Nb_3O_8^-$ 呈带负电性，利用带正电性聚电解质离子作为链接剂，通过层层沉积可以组装制备超晶格结构 $Ti_{0.91}O_2^{0.36-}$/$MnO_2^{\delta-}$、$Ti_{0.91}O_2^{0.36-}$/$Nb_3O_8^-$ 和 $Ti_{0.8}Co_{0.2}O_2^{0.4-}$/$Ti_{0.6}Fe_{0.4}O_2^{0.4-}$。在这种层层沉积组装过程中，$Ti_{0.91}O_2^{0.36-}$ 和其它相邻纳米片层，通过异电性聚电解质调节电荷平衡。交互积层制备薄膜的组装过程，可以通过紫外可见吸收光谱的线性增长变化来跟踪，如利用 $PDDA^+$ 作为链接剂，以剥离的 $Ti_{0.91}O_2^{0.36-}$ 和 $MnO_2^{\delta-}$ 纳米片层为组装单元，组装薄膜的紫外可见吸收光谱随组装次数的变化及吸收峰位置与沉积次数的关系如图 5-26 所示。这种层层组装技术，可以用于剥离的石墨烯纳米片层与 $Ti_{0.91}O_2^{0.36-}$ 纳米片层组装功能性薄膜。当使用 PEI 或 PDDA 聚电解质作为链接剂，剥离的 GO 或石墨烯可以与 $Ti_{0.91}O_2^{0.36-}$ 纳米片层通过 LbL 组装多层结构薄膜。组装的多层结构薄膜中，由于 $Ti_{0.91}O_2^{0.36-}$ 纳米片层的光催化活性，该膜暴露于紫外线辐射条件下，结构中的 GO 可以原位被光还原为石墨烯，由此形成的 $Ti_{0.91}O_2^{0.36-}$ 和石墨烯相邻层薄膜，具有超快电子转移等功能[33]。

除聚合物阳离子在剥离纳米片层组装过程中作为链接剂外，剥离的正电性纳米片层也是多层薄膜组装的基本单元和电荷平衡物种，代表性的正电性纳米

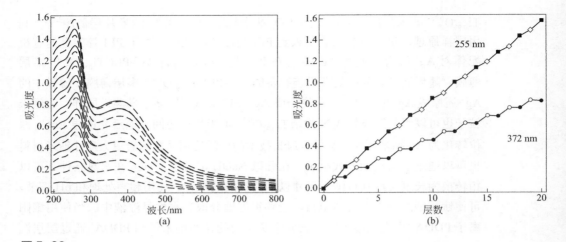

图 5-26

（a）LbL 组装的（PDDA / Ti$_{0.91}$O$_2^{0.36-}$ / PDDA / MnO$_2^{\delta-}$）$_{10}$ 多层薄膜的 UV-Vis 吸收光谱（实线和虚线分别表示 Ti$_{0.91}$O$_2^{0.36-}$ 和 MnO$_2^{\delta-}$ 纳米片层）；（b）Ti$_{0.91}$O$_2^{0.36-}$（空心）和 MnO$_2^{\delta-}$（实心）纳米片层的吸收峰与沉积层关系 [33]

片层是双金属水合氢氧化物（LDHs）剥离所得到的纳米片层。LDH 氢氧化物层属于典型水镁石结构，其中 +2 价金属离子被 +3 价金属离子部分取代，导致主体层板带有部分正电荷。由于层板间主要作用力是静电引力，因此 LDHs 在一定条件下也会发生剥离，剥离所得纳米片层带有部分正电荷，当与负电性无机纳米片层组装时，则可以在分子水平制备具有紧密接触的异电性无机片层薄膜。如剥离的正电性 Mg$_{2/3}$Al$_{1/3}$(OH)$_2^{0.33+}$ LDH 纳米片层和负电性 Ti$_{0.91}$O$_2^{0.36-}$ 纳米片层组装，可以形成多层超晶格薄膜。超晶格薄膜的 HR TEM 照片显示具有 1.2 nm 的层间距，反映出是由 Ti$_{0.91}$O$_2^{0.36-}$/Mg$_{2/3}$Al$_{1/3}$(OH)$_2^{0.33+}$ 双层纳米片层组成的堆积结构（图 5-27）[34]。

（3）Langmuir-Blodgett 沉积

对于纳米片层层沉积组装制备多层薄膜来说，在分散介质中剥离所得纳米片层形状的不规则性以及带相反电荷物种之间的非选择性强静电引力，使得通过 LbL 层层沉积组装的多层薄膜随机发生而导致规整性较差，且不可避免地产生一些重叠和组装不到位的地方。为了更好地在温和条件下组装高质量的薄膜，开发了 Langmuir-Blodgett（LB）制备多层薄膜新方法。研究者受到两亲分子在空气 - 水界面处能够形成单层现象的启发，将固体基质在适当的液体中浸入或提起，沉积过程可以使两亲分子均匀沉积在固体基质上，该组装成膜技术能相对精确地控制薄膜厚度，可广泛应用于无机和有机物种组装功能薄膜 [35]。

166

二维无机材料
剥离、纳米层组装及其功能化

利用两性铵阳离子作为链接剂，$Ti_{0.91}O_2^{0.36-}$纳米片层也可以漂浮在空气 - 水界面处，形成紧密堆积的单层，且用 LB 沉积纳米片层显示了比 LbL 更好的组装规整度。TBA^+ 剥离所得 $Ti_{0.91}O_2^{0.36-}$ 纳米片层不需要使用两亲性添加剂，将 TBA^+ 与 $Ti_{0.91}O_2^{0.36-}$ 纳米片层悬浮液漂浮在空气 / 水界面，并施以适当的表面压缩，就可以组装制备几乎完美结构的 $Ti_{0.91}O_2^{0.36-}$ 纳米片层，主要原因是 TBA^+ 具有类似两亲性添加剂的辅助功能。比较重要的是当使用如图 5-28 所示的 LB 膜组装设备，

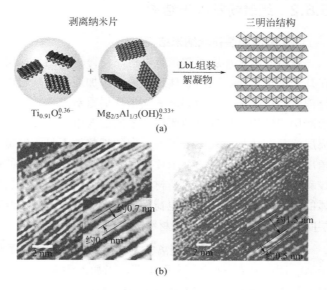

图 5-27
（a）使用相反电性的 $Ti_{0.91}O_2^{0.36-}$ 和 LDH 纳米片层作为组装单元，制备三明治状纳米复合材料的形成过程；（b）两种絮状粉末的 HR TEM 图像样品：左图为 $Ti_{0.91}O_2^{0.36-}$ /$Mg_{2/3}Al_{1/3}(OH)_2^{0.33+}$，右图为 $Ca_2Nb_3O_{10}$/$Mg_{2/3}Al_{1/3}(OH)_2^{0.33+}$[34]

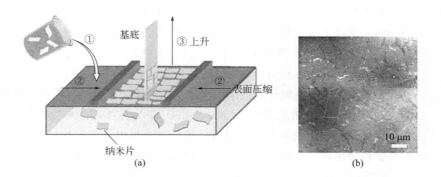

图 5-28
$Ti_{0.87}O_2^{0.52-}$ 纳米片层 LB 组装过程（a）和基材上组装纳米片层薄膜 AFM 图像（b）[35]

通过缓慢提起基材，则可以将组装薄膜转移到基材表面，在优化表面压力下单层薄膜覆盖率可超过95%。而且该转移组装技术可以重复所需的次数，最终达到组装设计厚度的多层膜。目前比较适合的沉积基材有石英、ITO、玻璃、金和硅衬底等，可以应用于在各种基材上沉积剥离的不同尺寸和成分的纳米片层，形成几乎完美的薄层膜。

5.6.2 组装粉状纳米结构

（1）絮凝组装粉状纳米结构

剥离的纳米片层通常带有电荷，使得剥离纳米片层胶体悬浮液能够稳定存在几天甚至半年。当向胶体悬浮液中添加适当的其它电解质时，稳定的胶体悬浮液就会被破坏，随后剥离的纳米片层重新堆叠，形成层间嵌入电解质离子的絮凝层状结构。尽管组装所得的层间嵌入电解质离子的絮凝层状结构，与未剥离层状前驱体相比在三维堆叠方向的规整性不足，但是从纳米结构材料的设计角度考察，由于剥离的纳米片层具有与客体离子反应的极大比表面积，将为通过剥离纳米片层开发功能新材料提供了途径。同传统层状材料的插层化学受客体的大小、形状、构型和电荷密度限制相比，剥离 - 组装过程使得客体插入到层间更加容易，且所得层状材料具有纳米多孔优势。

第一个用于絮凝聚沉剥离 $Ti_{0.91}O_2^{0.36-}$ 纳米片层的离子是 Al_{13} Keggin 离子，由于 Al_{13} 团簇具有 +7 价高表面电荷，当加入到剥离 $Ti_{0.91}O_2^{0.36-}$ 纳米片层悬浮液中时，二者之间产生强烈静电作用力，导致剥离胶体悬浮液很快发生絮凝聚沉，生成 Al_{13} Keggin 离子柱撑的层间距为 1.6 nm 层状材料[36]。通过调整 Al_{13} Keggin 离子与剥离 $Ti_{0.91}O_2^{0.36-}$ 纳米片层的质量比，可以获得系列不同层间距，且最大为 2.6 nm 的层状材料。由于 Al_{13} 离子尺寸大小约为 0.86 nm，结合剥离 $Ti_{0.91}O_2^{0.36-}$ 纳米片层的厚度，可以推测 Al_{13} Keggin 离子以双层柱状结构存在于纳米片层之间。这样形成的柱状结构具有介孔特征，比表面积大约为 300 m^2/g，是具有明显酸性活性位点的催化材料。另外，使用较小的离子如 Li^+、H^+ 或稀土金属簇 $Eu(phen)_2$ 也容易诱导剥离纳米片层絮凝聚沉。除了尺寸较小的纳米粒子以外，尺寸较大的金属氧化物纳米粒子也可以用来絮凝聚沉剥离的二氧化钛纳米片层。利用金属氧化物如 TiO_2、CrO_x 和 FeO_x 作为柱撑剂，可以制备系列金属氧化物柱撑的二氧化钛多孔复合材料，随后进一步可扩展到包括其它金属氧化物、金属和金属硫酸盐柱撑的多孔复合材料。将剥离的二氧化钛纳米片层与其它剥离的 Zn-Cr 基 LDH 或石墨烯纳米片层组装，还可以制备具有纳米孔结构的三明治层状材料[37]。

二维无机材料
剥离、纳米层组装及其功能化

通过与层板带相反电荷的离子诱导剥离纳米片层絮凝聚沉，即利用异电性离子破坏剥离所得纳米片层胶体悬浮液，很容易实现纳米片层的组装。此外，也可以通过剥离所得纳米片层的大比表面积所具有的高吸附能力，吸附一些具有氧化还原能力且不带电荷的中性分子，从而实现剥离纳米片层的絮凝聚沉。通过 I_2 分子部分极化性介导，使得非极性 I_2 分子与剥离的带负电荷的二氧化钛纳米片层 $Ti_{0.91}O_2^{0.36-}$ 之间产生静电相互作用，可以实现剥离的半导体二氧化钛纳米片层带隙变窄。根据吸附的 I_2 量，可以调节组装层状材料的层间距。同时，在 I_2 分子高掺杂水平下，通过二氧化钛价带最大值的移动，可使其固有吸收扩展到可见光区域，且主体层几何结构保持完整不变。采用实验与第一性原理计算相结合，可以发现二氧化钛纳米片层中电子结构调节机理与吸收的 I_2 分子浓度变化有关。因此，根据非极性分子的吸附策略，可用于带隙较大的其它带电金属氧化物纳米片层的能带调节，且赋予纳米片层新的功能 [38]。

剥离的二氧化钛纳米片层的重新堆叠常常认为是一种随机堆积过程，但是通过详细显微镜观察和力场计算，发现剥离的 $Ti_{0.87}O_2^{0.52-}$ 纳米片层重组过程中也遵循一些规律，即相邻重叠纳米片层旋转角度与晶格畸变率 a/c 有一定的相关性。剥离分散于悬浮液中的二氧化钛纳米片层不是很平整，具有一定程度晶格畸变的 $Ti_{0.87}O_2^{0.52-}$ 纳米片层可导致堆叠程度略有不同。该重组行为也可能适用于除二氧化钛纳米片层以外的其它纳米片层体系，但更精确地控制堆垛过程仍然不具有可行性 [39]。在光催化材料制备过程中，两种金属氧化物的纳米共轭，期待增强和改善制备材料的功能和特性，如由钛和钨氧化物组成的光催化剂，因为氧化钛的激发电子移动到钨的导带，促进了氧化钛和氧化钨之间的电荷分离，是光催化反应的有力候选体系，特别在纳米尺度的纳米共轭新材料开发方面，可赋予材料新的功能和性质。使用剥离的金属氧化物纳米片层进行纳米结构控制，是实现纳米共轭新材料在纳米尺度的精准设计和制备的有力手段。为此，利用点击化学原理，可以控制剥离二氧化钛纳米片层的絮凝聚沉，为实现交替纳米共轭提供新方法。点击化学是一种容易在特定官能团之间形成稳定连接的反应，硫醇-烯反应是点击化学的代表之一，当自由基引发剂与硫醇基开始反应时，高产率硫醇-烯反应开始。因此，将剥离的 $Ti_{0.91}O_2^{0.36-}$ 和 WO_3 两种类型纳米片层分别用烯烃和烷基硫醇基团修饰后分散到有机溶剂中，随后将自由基引发剂加入到分散体系，引起硫醇-烯点击反应，可制备得到数百层二氧化钛-氧化钨交替堆叠层状化合物粉末，其制备过程如图 5-29 所示。烯烃改性的二氧化钛和硫醇改性的氧化钨在小角度区域出现较强的衍射峰，烯烃改性二氧化钛层间距为 1.93 nm，硫醇改性氧化钨的层间距为 2.49 nm，分别保留了它们的层状结构。但是，当点击反应发生后，二氧化钛-氧化钨交替堆叠层状化合物的层间距变为 1.58 nm，分层的（001）和（002）平面结构强烈暗示形成了交替多层结构[40]。通过点击化学反应，制备的二氧化钛与氧化钨异质纳米层状结构表现出增强的光催化反应，为交替积层金属氧化物异质结构材料制备提供了新手段。

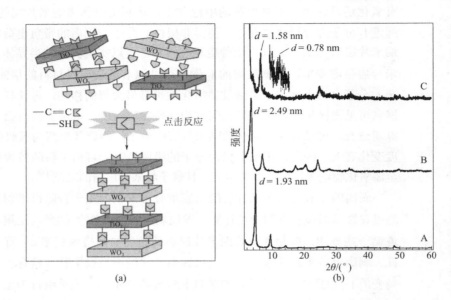

(a) (b)

图 5-29
点击化学制备二氧化钛 - 氧化钨交替堆叠层状化合物过程（a）及相应层状结构的 XRD 衍射图谱（b）[40]
（b）图中曲线：A—烯烃改性二氧化钛层状结构；B—硫醇改性氧化钨层状结构；C—二氧化钛 - 氧化钨交替堆叠层状结构

（2）有机 - 无机杂化纳米结构

多年前，研究者将剥离得到的铝硅酸盐纳米片层作为填料加入到聚合物中，成功制备了聚合物 - 无机纳米复合材料。由于此类复合材料制备成本低并且具有良好的机械 / 热稳定性等优点，使得采用聚合物单体与剥离纳米片层原位聚合或将聚合物插入到黏土纳米片层层间等手段，成功制备了大量应用范围广泛的防火、包装用填料和阻隔膜材料等有机-无机杂化纳米结构材料。以此技术开发作为基础，有机-无机杂化纳米结构材料体系中的无机成分迅速扩展，发展了包括 MoS_2、MoO_3、氧化石墨和石墨烯等在内的层状材料。随着人们对于无机层状材料剥离过程及剥离所得纳米片层理解的不断深入，特别是剥离所得二氧化钛纳米片层所具有的二维结构和光催化特征，使得以剥离二氧化钛纳米片层作为组装单元与有机聚合单体进行聚合组装，期待制备具有特殊结构和性能的二氧化钛-有机杂化材料。将聚合物如聚环氧乙烷（PEO）或聚乙烯吡咯烷酮（PVP）

二维无机材料
剥离、纳米层组装及其功能化

溶液，加入到剥离的 $Ti_{0.91}O_2^{0.36-}$ 胶体悬浮液中，随后添加质子诱导聚合使得聚合物组装到二氧化钛纳米片层层间，可以制备良好性能的聚合物 - 二氧化钛杂化复合纳米结构[41]。

（3）喷雾和冷冻干燥制备粉末纳米结构

除客体物种在胶体悬浮液中引起的纳米片层絮凝重组以外，喷雾干燥和冷冻干燥是在无需太多化学作用条件下，强制性促使纳米片层絮凝的方法，一些特殊结构特征的粉末纳米结构可通过强制干燥纳米片层重新堆叠而得到。将剥离的 $Ti_{0.91}O_2^{0.36-}$ 纳米片层冷冻干燥，可以得到棉花外观形貌的聚集体，聚集体横向尺寸可达数十微米，但其厚度仅为数十纳米左右。随后将棉花外观形貌聚集体在一定温度下煅烧，可以除去剥离过程中存在于层间的 TBA^+ 物种，是制备具有较高比表面积金属氧化物纳米结构材料的有效途径。另外，将剥离的 $Ti_{0.91}O_2^{0.36-}$ 纳米片层胶体悬浮液加入喷雾干燥器中，在较高温度下喷雾液滴中的水分子快速蒸发，可以制备球形聚集体 $Ti_{0.91}O_2^{0.36-}$ / TBA^+ 复合材料。随后将该球形聚集体复合材料在 650 ℃下煅烧，复合材料中的 TBA^+ 热解损失，形成壳层厚度小于 100 nm、直径约数十微米的独特空心球。另外，向 $Ti_{0.91}O_2^{0.36-}$ 纳米片层胶体悬浮液中直接加入 H^+，使得剥离的二氧化钛纳米片层絮凝得到 $H_{0.68}Ti_{1.83}\square_{0.17}O_4 \cdot H_2O$ 沉淀。H^+ 的加入使得絮凝聚沉所得沉淀中不包含剥离时所用的 TBA^+，因而避免了絮凝沉淀需要再煅烧等后处理过程。絮凝得到 $H_{0.68}Ti_{1.83}\square_{0.17}O_4 \cdot H_2O$ 沉淀随后重新分散并喷雾干燥，改进的喷雾干燥方法可为制备大比表面积、高活性功能材料提供新思路。因此，通过喷雾干燥过程，以 TiO_2 作为起始基元，是制备片状和空心形貌微观结构材料的有效控制方法。

（4）纳米层层组装核 - 壳及空壳结构材料

纳米层层自组装技术（LbL 技术）不仅可用于组装制备薄膜，而且也是设计、组装核-壳结构的有效手段。剥离的 $Ti_{0.91}O_2^{0.36-}$ 纳米片层具有负电荷属性，使得利用层层组装技术制备 $Ti_{0.91}O_2^{0.36-}$ 纳米片壳 @ 聚合物球核三维复合功能材料成为可能。同时，剥离 $Ti_{0.91}O_2^{0.36-}$ 超薄纳米片层所具有的柔软灵活性，赋予了其可以很好地覆盖在某些"基材"球形表面的能力，从而为组装核 - 壳结构功能材料提供了可能。但是，由于一般剥离的 $Ti_{0.91}O_2^{0.36-}$ 纳米片层平均横向尺寸为数百纳米，层层组装时选择具有合适尺寸的"基材"聚合物模板非常重要，因为当选择尺寸小于 100 nm "基材"聚合物模板时，将不可避免地导致剥离的 $Ti_{0.91}O_2^{0.36-}$ 纳米片层相互覆盖模板粒子，使得组装所得产物似乎是包裹的粒子，而不是所需要的单个核-壳结构。因此，合适的模板粒径应是大于剥离 $Ti_{0.91}O_2^{0.36-}$ 纳米片层的平均横向尺寸。这种通过纳米片层层层组装所得的核-壳结构，随后经过煅烧或紫外线照射，核-壳结构中的聚合物核得以除去，得到模板形状复制的球状二氧化钛空心球。随着剥离无机纳米片层种类和性质的不断拓展，这种纳米片层层层组装制备技术，也可用于其它剥离无机纳米片层组装核-壳结构功能材料的制备，如剥离的 $MnO_2^{0.4-}$ 纳米片层、LDHs 纳米片层和石墨烯纳米片层与不同异电性纳米片层及异性物种之间的组装。由于这种纳米片层组装所得的核-壳结构具有可精确控制的外壳厚度、较大的内部空隙以及客体物种可以透过的多孔壳，使得组装材料在纳米容器、反应器和药物输送载体应用领域前景广阔。

5.6.3 诱导相转移

剥离的二氧化钛纳米片层是一类典型的二维结构纳米材料，其不仅可以作为基本组装单元制备各种形貌和结构的功能材料，而且在一定诱导条件下，可以从二维结构转化为其它纳米结构，为功能二氧化钛纳米结构材料的制备提供新途径。

（1）湿化学诱导相变过程

通过简单地调节剥离氧化物纳米片层胶体悬浮液的离子强度，可以将剥离的二维纳米片层转换为其它结构。通常，强碱氢氧化钠作为絮凝剂可以诱导沉淀各种剥离氧化物纳米片层，在诱导沉淀过程中，室温下一些剥离纳米片层可以卷成管状结构形貌，如剥离的主体层结构为不对称 M-O $Nb_6O_{17}^{4-}$ 纳米片层，室温下可以自发驱动形成管状结构。但是，室温下剥离的纳米片层卷曲成管状形貌的过程不具有规律性，一些具有对称 M-O 主体结构剥离所得纳米片层，如 $Ti_{0.91}O_2^{0.36-}$ 纳米片层和 $MnO_2^{0.4-}$ 纳米片层，室温下不能很好地卷曲生成其相应的管状结构形貌。近些年来，钛酸纳米管得到了广泛研究，如锐钛矿 TiO_2 纳米粒子在高浓度 NaOH 溶液中水热处理，可以制备得到涡旋状分层纳米片结构钛酸纳米管。在这方面，通过卷曲过程机制，剥离的 $Ti_{0.91}O_2^{0.36-}$ 纳米片层可以组装得到二氧化钛纳米管[42]。基于层状钛酸、二氧化钛纳米片层和质子化钛酸纳米管结构的相似性，人们研究了这些功能材料结构与其催化性能的关系。研究结果发现，在各种不同 pH 和温度条件下，剥离的 $Ti_{0.91}O_2^{0.36-}$ 纳米片层悬浮液经过水热处理，二氧化钛纳米片层可以转换为具有如图 5-30 所示的不同晶相（如锐钛矿和金红石）和丰富形貌的纳米结构[43]。两种机制认为剥离的 $Ti_{0.91}O_2^{0.36-}$ 纳米片层可向不同晶相二氧化钛转换，既包括形成锐钛矿的 $Ti_{0.91}O_2^{0.36-}$ 纳米片原位定势结构转化形成机制，又有在极端酸性条件下的溶解沉积反应生成金红石相转换形成机制。通过水热反应，这种从剥离层状二氧化钛纳米片层转化成其它二氧化钛晶相的制备路线，从基础研究角度理解材料的形成机制非常有意义。另外，层状钛酸盐的关键特性之一是其离子交换能力，质子化钛酸盐是潜在的固体酸催

二维无机材料
剥离、纳米层组装及其功能化

化剂，而剥离的 $Ti_{0.91}O_2^{0.36-}$ 纳米片层的酸性及其絮凝产物由于裸露晶面及比表面积的不同，显示了不同的催化活性。

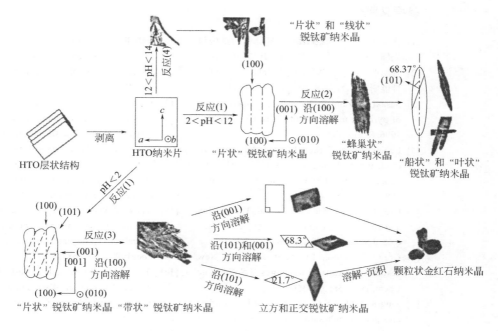

图 5-30
二氧化钛纳米片层（标记为 HTO）水热诱导转换成不同晶相 TiO_2 过程示意图[43]

（2）热致相变转换

剥离的二氧化钛纳米片层絮凝聚沉制备的聚集体，因为其在三维空间分布了足够多的 Ti 和 O 原子，因而在相对较低的温度范围 400～500℃煅烧，可以促使二氧化钛从层状结构转换为锐钛矿相。但是，当剥离的 $Ti_{0.91}O_2^{0.36-}$ 纳米片层在基板上进行热处理时，其相变行为可以彻底改变。应用全反射荧光 X 射线吸收近边缘结构测量和平面 X 射线衍射分析，研究由剥离 $Ti_{0.91}O_2^{0.36-}$ 纳米片层组装的不同层数薄膜结构的转变结果发现，相比纳米片层絮凝聚集体的相变温度，基板上所得不同层数薄膜的层状结构转换为热力学稳定锐钛矿相的稳定温度可在 800℃以上，至少比纳米片层絮凝聚集体相变温度高 300℃。如此宽范围的相转移温度变化，主要归于纳米片层独特的空间构型，这种独特空间构型未为锐钛矿相原子核生长提供三维友好环境。一般由 5 层或更多层剥离纳米片层组装的薄膜，其相转移温度逐渐降低，而由较少纳米片层组装的薄膜，由于提供形成 Ti-O 单位晶胞锐钛矿的能力弱，使得热相转换温度较高。另外，由于剥离纳米片层的二维"模板效应"，导致由超薄膜转换为锐钛矿相变沿 c 轴优先生长的可能性增大。

参考文献

[1] 张文韬，殷彤蛟，田鹏 . 二氧化钛的结构和光催化机理研究 . 山东化工，2017, 46: 34-35.

[2] 孙明明 . 层状钛基多酸盐的合成及其光催化性能研究 . 合肥：安徽理工大学，2012.

[3] Sasaki T, Izumi F, Watanabe M. Intercalation of pyridine in layered titanates. Chem Mater, 1996, 8: 777-782.

[4] Eenland W A, Birkett J E, Goodenough J B, et al. Ion exchange in the $Cs_x[Ti_{2-x/2}Mg_{x/2}]O_4$ structure. J Solid State Chem, 1983, 49: 300-308.

[5] Grey I E, Li C, Madsen I C, et al. The stability and structure of $Cs_x[Ti_{2-x/4}\square_{x/4}]O_4$, $0.61 < x < 0.65$. J Solid State Chem, 1987, 66: 7-19.

[6] Grey I E, Madsen I C, Watts J A, et al. New cesium titanate layer structures. J Solid State Chem, 1985, 58: 350-356.

[7] Jung K T, Shul Y G, Synthesis of high surface area potassium hexatitanate powders by sol-gel method. J Sol-Gel Sci Technol, 1996, 6: 227-233.

[8] Sasaki T, Watanabe M, Komatsu Y, et al. Layered hydrous titanium dioxide: Potassium ion exchange and structural characterization. Inorg Chem, 1985, 24: 2265-2271.

[9] Izawa H, Klkkawa S, Koizumi M. Ion exchange and dehydration of layered titanates, $Na_2Ti_3O_7$ and $K_2Ti_4O_9$. J Phys Chem, 1982, 86: 5023-5026.

[10] Sasaki T, Komatsu Y, Fujiki Y. Protonated pentatitanate: preparation, characterizations, and cation intercalation. Chem Mater, 1992, 4: 894-899.

[11] Sasaki T, Watanabe M, Michiue Y, et al. Preparation and acid-base properties of a protonated titanate with the lepidocrocite-like layer structure. Chem Mater, 1995, 7: 1001-1007.

[12] Harada M, Sasaki T, Ebina Y, et al. Preparation and characterizations of Fe- or Ni-substituted titania nanosheets as photocatalysts. J Photochem Photobiol A-Chem, 2002, 148: 273-276.

[13] Dong X, Osada M, Ueda H, et al. Synthesis of Mn-substituted titania nanosheets and ferromagnetic thin films with controlled doping, Chem Mater, 2009, 21: 4366-4373.

[14] Liu G, Wang L, Sun C, et al. Nitrogen-doped titania nanosheets towards visible light response. Chem Commun, 2009: 1383-1385.

[15] Sasaki T, Watanabe M. Osmotic swelling to exfoliation. Exceptionally high degrees of hydration of a layered titanate. J Am Chem Soc, 1998, 120: 4682-4689.

[16] Jr Reynolds R C, Bish D L, Post J E. Modern Powder Diffraction. Washington, D.C.: The Mineralogical Society of America, 1989: 159-163.

[17] Maluangnont T, Matsuba K, Geng F, et al. Osmotic swelling of layered compounds as a route to producing high-quality two-dimensional materials. A comparative study of tetramethylammonium versus tetrabutylammonium cation in a lepidocrocite-type titanate. Chem Mater, 2013, 25: 3137-3146.

[18] Sasaki T, Ebina Y, Kitami Y, et al. Two-dimensional diffraction of molecular nanosheet crystallites of titanium oxide. J Phys Chem B, 2001, 105: 6116-6121.

[19] Osada M, Sasaki T. Exfoliated oxidenanosheets: new solution to nanoelectronics. J Mater Chem, 2009, 19: 2503-2511.

[20] Tanaka T, Ebina Y, Takada K, et al. Oversized titania nanosheet crystallites derived from flux-grown layered titanate single crystals. Chem Mater, 2003, 15: 3564-3568.

[21] Sasaki T, Watanabe M, Semiconductor

二维无机材料
剥离、纳米层组装及其功能化

nanosheet crystallites of quasi-TiO$_2$ and their optical properties. J Phys Chem B, 1997, 101: 10159-10161.

[22] Osada M, Itose M, Ebina Y, et al. Gigantic magneto-optical effects induced by (Fe/Co)-cosubstitution in titania nanosheets. Appl Phys Lett, 2008, 92: 253110.

[23] Akatsuka K, Takanashi G, Ebina Y, et al. Electronic band structure of exfoliated titanium- and/or niobium-based oxide nanosheets probed by electrochemical and photoelectrochemical measurements. J Phys Chem C, 2012, 116: 12426-12433.

[24] Yasumichi M, Shintaro I, Taishi I. Photodeposition of metal and metal oxide at the TiO$_x$ nanosheet to observe the photocatalytic active site. J Phys Chem C, 2008, 112: 11614-11616.

[25] Yui T, Mori Y, Tsuchino T, et al. Synthesis of photofunctional titania nanosheets by electrophoretic deposition. Chem Mater, 2005, 17: 206-211.

[26] Decher G. Fuzzy nanoassemblies: toward layered polymeric multicomposites. Science, 1997, 277: 1232-1237.

[27] Keller S W, Kim H N, Mallouk T E. Layer-by-Layer assembly of intercalation compounds and heterostructures on surfaces: toward molecular "beaker" epitaxy. J Am Chem Soc, 1994, 116: 8817-8818.

[28] Wang L, Tang F, Ozawa K, et al. Layer-by-Layer assembled thin films of inorganic nanomaterials:fabrication and photo-electrochemical properties. Int J Surf Sci Eng, 2009, 3: 44-63.

[29] Seger B, McCray J, Mukherji A, et al. An n-type to p-type switchable photoelectrode assembled from alternating exfoliated titania nanosheets and polyaniline layers. Angew Chem Int Ed, 2013, 52: 6400-6403.

[30] Wang L, Sakai N, Ebina Y, et al. Inorganic multilayer films of manganese oxide nanosheets and aluminum polyoxocations: fabrication, structure, and electrochemical behavior. Chem Mater, 2005, 17: 1352-1357.

[31] Wang Z S, Sasaki T, Muramatsu M, et al. Self-assembled multilayers of titania nanoparticles and nanosheets with polyelectrolytes. Chem Mater, 2003, 15: 807-812.

[32] Ma R, Sasaki T, Bando Y, Layer-by-Layer assembled multilayer films of titanate nanotubes, Ag- or Au-loaded nanotubes, and nanotubes/nanosheets with polycations. J Am Chem Soc, 2004, 126: 10382-10388.

[33] Sakai N, Fukuda K, Omomo Y, et al. Hetero-nanostructured films of titanium and manganese oxide nanosheets: photoinduced charge transfer and electrochemical properties. J Phys Chem C, 2008, 112: 5197-5202.

[34] Li L, Ma R, Ebina Y, et al. Layer-by-Layer assembly and spontaneous flocculation of oppositely charged oxide and hydroxide nanosheets into inorganic sandwich layered materials. J Am Chem Soc, 2007, 129: 8000-8007.

[35] Wang L, Sasaki T, Titanium oxide nanosheets: graphene analogues with versatile functionalities. Chem Rev, 2014, 114: 9455-9486.

[36] Kooli F, Sasaki T, Rives V, et al. Synthesis and characterization of a new mesoporous alumina-pillared titanate with a double-layer arrangement structure. J Mater Chem, 2000, 10: 497-501.

[37] Gunjaker J L, Kim T W, Kim H N, et al. Mesoporous Layer-by-Layer ordered nanohybrids of layered double hydroxide and layered metal oxide: highly active visible light photocatalysts with improved chemical stability. J Am Chem Soc, 2011, 133: 14998-15007.

[38] Liu G, Sun C, Wang L, et al. Bandgap narrowing of titanium oxide nanosheets: homogeneous doping of molecular iodine for improved photoreactivity. J Mater Chem, 2011, 21: 14672-14679.

[39] Wang Y, Sun C, Yan X, et al. Lattice distortion oriented angular self-assembly of monolayer titania sheets. J Am Chem Soc, 2011, 133: 695-697.

[40] Mochizuki D, Kumagai K, Maitani M M, et al. Alternate layered nanostructures of metal

oxides by a click reaction. Angew Chem Int Ed, 2012, 51: 5452-5455.

[41] Sukpirom N, Lerner M M. Preparation of organic-inorganic nanocomposites with a layered titanate. Chem Mater, 2001, 13: 2179-2185.

[42] Ma R, Bando Y, Sasaki T. Directly rolling nanosheets into nanotubes. J Phys Chem B, 2004, 108: 2115-2119.

[43] Wen P, Itoh H, Tang W, et al. Single nanocrystals of anatase-type TiO_2 prepared from layered titanate nanosheets: formation mechanism and characterization of surface properties. Langmuir, 2007, 23: 11782-11790.

二维无机材料
剥离、纳米层组装及其功能化

第 6 章
层状双金属氢氧化物

层状双金属氢氧化物（layer double hydroxides，简称 LDHs）是一类阴离子型层状化合物，也被称为阴离子黏土（anionic clays）或水滑石类化合物（hydrotalcite-like compounds 简称 HTLc）。天然水滑石是一种典型的 LDHs 材料，1842 年前后瑞典科学家发现了天然水滑石矿物（Mg-Al LDHs），1915 年意大利教授 Manasse 等首次确定了这种天然矿物精确分子式为 $Mg_6Al_2(OH)_{16}CO_3 \cdot 4H_2O$。1942 年 Feitknecht 等首次通过混合金属盐溶液与碱金属氢氧化物反应制备了 LDHs，并提出了双层结构的设想，从此开辟了层状双金属氢氧化物材料的研究热潮。1969 年 Allman 等测定了 LDHs 单晶结构，首次确定了 LDHs 的层状结构。20 世纪 60 年代末物理学家和化学家对具有丰富光、电、磁、离子交换和吸附等性能 LDHs 研究产生了浓厚的兴趣。1970 年第一个 LDHs 类加氢催化剂专利问世，从而引起了人们对 LDHs 材料应用研究的极大关注，Miyata 等人通过对 LDHs 材料结构的详细研究，发现该类层状材料是性能良好的催化剂和催化剂载体。20 世纪 80 年代 Reichle 等人研究了 LDHs 及其焙烧产物在有机催化反应中的应用，指出其在碱催化和氧化还原过程中有着重要的价值；20 世纪 90 年代以来，LDHs 的研究进展加快，其独特的孔结构和阴离子可交换性，使其在许多应用领域表现出良好前景。1999 年 9 月 5 日—9 日，欧洲黏土协会在波兰科拉科召开了主题为"水滑石类阴离子黏土"的专题研讨会，使得层状双金属氢氧化物在世界范围内日益受到研究者的关注。

6.1
LDHs 的组成、结构和性质

6.1.1　LDHs 的组成和结构

LDHs 基本构造单元是金属 -(氢) 氧八面体，八面体中心是金属离子，六个顶角是 OH^-。相邻八面体间靠共用边相互联结而形成二维延伸的配位八面体结构层，即单元晶层，单元晶层面与面堆叠形成晶体颗粒。LDHs 的一般化学组成通式为 $[M^{2+}_{1-x}M^{3+}_x(OH)_2]A^{n-} \cdot mH_2O$，其中 M^{2+} 为 Mg^{2+}、Mn^{2+}、Fe^{2+}、Co^{2+}、Zn^{2+}、Ca^{2+} 等二价金属阳离子，M^{3+} 为 Al^{3+}、Cr^{3+}、Mn^{3+}、Fe^{3+}、Co^{3+} 等三价金属阳离子，A^{n-} 为无机阴离子如 Cl^-、OH^-、NO_3^-、CO_3^{2-}、SO_4^{2-} 和有机阴离子等阴离子，x 为 $M^{3+}/(M^{2+}+M^{3+})$ 的摩尔比（一般 $0.2 < x < 0.33$），m 是每个 LDHs 分子中结晶水的个数。二价和三价金属离子的不同配对，组成了种类繁多的具有不同性能

二维无机材料
剥离、纳米层组装及其功能化

的层状双金属氢氧化物。

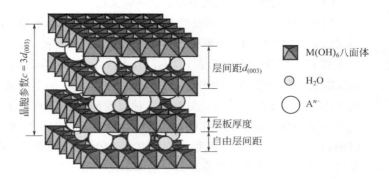

图 6-1
典型 LDHs 的结构示意图

　　LDHs 的主体结构类似于天然水镁石层板结构，水镁石的主体层板由 $Mg(OH)_6$ 正八面体（正八面体中心为 Mg^{2+}，六个顶点为 OH^-）通过共用边的形式形成层，层与层对顶重叠在一起，层间通过氢键缔合（如图 6-1）。水镁石层板上的 Mg^{2+} 可以在一定范围内被半径相似的 M^{3+} 金属离子同晶取代，使得主体层板带永久性正电荷，这些正电荷被位于层间的 A^{n-} 平衡。A^{n-} 与层板以静电引力以及通过层间 H_2O 或层板上的 OH^- 以氢键方式结合起来，形成了稳定的 LDHs 层状结构[1]。

　　LDHs 有两种不同的对称堆积方式，即菱形堆积（3R）或六方堆积（2H），通常 LDHs 多以 3R 堆积顺序进行堆积[2]。从晶型上来讲，LDHs 属六方晶系，晶胞参数 $a=b$ $[a=2d_{(110)}]$。晶胞参数 a 为相邻六方晶胞中金属离子间的距离，反映了（003）晶面上的原子排列密度，与该晶面中原子组成比以及层板上的离子半径有关。层板上金属离子的半径增大，a 值随之增大。其晶胞参数为晶胞厚度 c（$c=3d_{(003)}=6d_{(006)}$），反映了（001）晶面间距，其中 $d_{(003)}$ 为层间距，包括一块层板厚度和两层板之间通道的高度。晶胞参数 c 与层间阴离子的半径和层板电荷密度有关。随着 M^{2+}/M^{3+} 摩尔比的增大，层板电荷密度减小，削弱了层板与层间阴离子间的静电作用力，使层间距 $d_{(003)}$ 及晶胞参数 c 呈现逐渐增大的趋势。

6.1.2　LDHs 的性质

　　LDHs 材料具有特殊的空间结构，使其具备了层板组成可调控性、层间阴离子可交换性、记忆效应和微介孔性等特殊的物理化学性质，在分离、吸附、催化、催化剂载体、生物传感、药物传递、光化学和军工材料等诸多领域展现出广阔的应用前景。

（1）层板化学组成和电荷密度的可调变性

LDHs 化学组成的可调变性主要表现在：①金属离子种类的可调变性。研究结果表明，M^{2+} 和 M^{3+} 金属离子只要其离子半径与 Mg^{2+} 相差不大，就能形成类似水镁石的层状结构而形成 LDHs，且 M^{2+} 与 M^{3+} 的半径越接近，越容易形成稳定的层板。一般 Be^{2+} 的半径太小，而 Ca^{2+} 和 Ba^{2+} 的半径又太大，这三种金属离子不易形成 LDHs 结构。另外，三种或四种金属离子组合在一定条件下可以制备三元或四元金属离子 LDHs 材料。由于组成的多变性及多组合特征，导致 LDHs 的性能与金属离子的种类关系很大。②金属离子即 M^{2+}/M^{3+} 摩尔比的可调变性。通常，二价和三价金属离子的摩尔比一般在 2～4 之间，可形成的 LDHs 纯相如图 6-2 所示[3]。由于金属离子与羟基构成的 $M(OH)_6$ 八面体是形成 LDHs 层板的基本单元，因此主体层板各种金属的摩尔比将直接决定层板的电荷密度，即通过调变金属离子的相对比例，达到对水滑石层板电荷密度调节，可以进一步控制水滑石的化学性质。例如，MgAl LDHs 主体层板上正电荷密度的大小和分布，与同晶取代 Mg^{2+} 形成正电荷中心的 Al^{3+} 密切相关。由于 Al^{3+} 离子半径（0.054 nm）小于 M^{2+} 离子半径（0.065 nm），因此随着 M^{2+}/Al^{3+} 摩尔比的增加，代表相邻阳离子平均距离的晶胞参数 a 值增大，层板电荷密度降低；而当主体层板与层间阴离子的静电力减小时，制备材料的层间距 c 值增大。一般当 M^{2+}/Al^{3+} 摩尔比大于 2 小于 4 时，得到无其它杂质相的单一晶相 LDHs。同时，受静电排斥作用的影响，层板 M^{3+} 离子之间彼此隔离，达到在层板上高度均匀分布。而随着 M^{2+}/Al^{3+} 摩尔比的减小，层板相邻 M^{3+} 氧八面体增加，将可能形成 $M(OH)_3$ 杂相；而在较大 M^{2+}/Al^{3+} 摩尔比条件下，导致 M^{2+} 氧八面体在

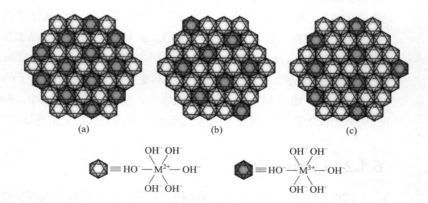

(a)　　　　　　　　(b)　　　　　　　　(c)

图 6-2
不同 M^{2+}/M^{3+} 摩尔比 $M(OH)_6$ 在主体层板上的排布示意图[3]
（a）$M^{2+}/M^{3+}=2$；（b）$M^{2+}/M^{3+}=3$；（c）$M^{2+}/M^{3+}=4$

二维无机材料
剥离、纳米层组装及其功能化

层板中的数目增多，易于生成 $M(OH)_2$ 沉淀。在三元 LDHs 层板中，通过调节两种半径不同的二价金属离子的比例，能够实现层板电荷密度及晶胞参数 a 值的调控。

（2）层间阴离子的可交换性

LDHs 层间的阴离子与层板之间主要是以静电引力结合，这种弱的作用力赋予 LDHs 层间阴离子具有离子交换特性，可与多种阴离子进行离子交换反应。常见的无机阴离子如 CO_3^{2-}、NO_3^-、F^-、Cl^-、Br^-、I^-、CrO_4^{2-}、$H_2PO_4^-$、PO_4^{3-}、SO_4^{2-}、SO_3^{2-} 等，有机阴离子如己二酸根、丙二酸根和对苯二甲酸根等，同多酸阴离子和杂多酸阴离子如 $[PMo_{12}O_{40}]^{3-}$、$[PW_{12}O_{40}]^{3-}$ 和 $[SiW_9V_3O_{40}]^{7-}$ 等，以及配合物阴离子如 $[Fe(CN)_6]^{3-}$、$[Fe(CN)_6]^{4-}$ 和 $[Zn(BSP)_3]^{4-}$ 等均可以在一定条件下，与 LDHs 层间阴离子发生离子交换反应。因此，通过与层间阴离子交换反应，可以获得多种具有较大层间距和特殊性能的柱撑 LDHs 功能材料。通常，由于 LDHs 层板正电荷密度高，导致其离子交换容量一般较大，为 3 mmol/g。在相同离子交换条件下，高价态阴离子容易交换进入层间，而低价态离子则容易被交换出来。一般 LDHs 阴离子的交换能力与其层间阴离子种类有关，高价阴离子交换能力强于低价阴离子。LDHs 层间阴离子的数目、体积、来源以及阴离子与层板羟基作用力的强弱，决定了 LDHs 层间距 $d_{(003)}$ 的大小。根据应用需要，利用主体层板的分子识别能力，采用插层或离子交换方式进行超分子组装，可以将不同类有机或无机阴离子、同多酸或杂多酸阴离子以及金属配合物阴离子插层进入层间，得到相应插层结构的 LDHs 功能材料。同时，也可以用体积较大的阴离子取代体积较小的阴离子，得到更多反应空间和暴露更多活性中心，实现对制备产物层间距的调控。通过改变层间离子种类及数量，进而可以使 LDHs 的整体性质发生较大幅度的变化。此外，层间阴离子的数量、尺寸、价态、构型及阴离子与层板羟基的键合将显著影响 LDHs 的性质，包括阴离子交换容量、层间定位排列、层间距、比表面积和热稳定性。表 6-1 给出了沿 c 轴方向不同阴离子 MgAl LDHs 的层间距，层间阴离子不同，LDHs 层间距不同，但在 a 轴方向上晶面不受层间距的影响。利用 LDHs 的这种性质可以调变 LDHs 层间阴离子的种类，赋予插层 LDHs 不同的性质。

表 6-1　常见无机阴离子插层 MgAl LDHs 的层间距

阴离子	OH^-	CO_3^{2-}	F^-	Cl^-	Br^-	I^-	NO_3^-	SO_4^{2-}	ClO_4^-
层间距 /nm	0.755	0.765	0.766	0.786	0.795	0.816	0.879	0.858	0.920

（3）热稳定性和记忆效应

LDHs 受热时随温度的升高将逐步发生脱水分解，生成具有催化活性的复合金属氧化物，这是其重要的化学性质之一。LDHs 的热分解过程一般认为包括脱层间水、脱层间阴离子和层板羟基脱水等步骤。每一阶段的温度均受到层板金属性质和组成、层间阴离子性质等许多因素的影响，尤其是层间阴离子的脱除，其温度范围随着层间阴离子的改变会发生很大的变化。这种变化主要是由于各种阴离子本身的分解温度不同，它们相互间作用力及其在 LDHs 层间的排列方式不同，以及阴离子与层板间作用力不同而导致。在分解过程中，LDHs 的有序层状结构将被破坏，导致生成产物的比表面积和孔径增加。一般当加热温度超过 600 ℃时，分解后形成的金属氧化物烧结生成尖晶石相，致使表面积降低和孔体积减小。

当 LDHs 在低于 600 ℃条件下煅烧后，形成的金属复合氧化物在适当条件下如 H_2O 和 CO_3^{2-} 存在条件下，可以复原为原来 LDHs 层状结构，这一性质被称为 LDHs 的记忆效应[4]。因此，如果在含不同阴离子的溶液中处理 LDHs 煅烧所得复合金属氧化物，就可以在 LDHs 重建过程中使不同阴离子插入 LDHs 层间，形成不同阴离子插层的柱撑 LDHs 材料。通常，记忆效应与热分解的温度有关，一般认为在低温下焙烧不会引起晶粒微孔变化，也不会破坏层状结构，层状微孔结构仍能保持，重构其前驱体是允许的。当温度过高时，分解产物形成尖晶石相后就无法恢复 LDHs 的层状结构。

（4）酸碱性和协同效应

LDHs 的层板由二价、三价金属氧八面体组成，因此具有酸碱双中心。不同 LDHs 的碱性强弱与其组成中二价金属的碱性强弱基本一致。一般 LDHs 材料具有很小的比表面积（5 ～ 20 m²/g），导致表观碱性较小；而 LDHs 煅烧产物具有较高的比表面积（约 200 ～ 300 m²/g），因而往往具有较强的碱性。同时，由于 LDHs 煅烧产物存在充分暴露的三种强度不同碱性中心（O^{2-}、O^- 和 OH^-）和酸性中心，使其具有比 LDHs 煅烧前驱体更强的碱性。当加热温度超过 600 ℃时，开始形成尖晶石相，混合金属氧化物烧结所得材料的表面积大大降低，孔体积减少，从而导致碱性减弱。LDHs 的酸性与三价金属氢氧化物的酸性强弱有关，也与二价金属氢氧化物的碱性强弱有关，而且还与层间阴离子有关，如柱撑水滑石酸性有时来自于柱撑阴离子。

一般 LDHs 煅烧所得复合氧化物中的各活性元素呈高度均匀分散，存在多种强度和性质不同的活性中心，从而在反应中表现出酸碱协同效应、氧化还原协同效应和催化协同效应等。LDHs 层板上金属离子种类越多，其协同效应越强。

二维无机材料
剥离、纳米层组装及其功能化

6.2
LDHs 制备技术

LDHs 在催化、生物、电子、吸收、储能及环保等领域显示了巨大的应用前景，促使人们对 LDHs 进行了大量制备实验研究，制备方法得到了迅速发展。根据制备材料的使用领域及关注点不同，LDHs 制备技术包括共沉淀法、均相沉淀法、水热制备法、离子交换法、焙烧复原法、表面原位制备技术和模板法等制备方法和技术。

6.2.1　共沉淀法

共沉淀法是制备 LDHs 材料最基本的方法之一。1942 年 Feitknecht 等首先用共沉淀法制备了 LDHs。共沉淀法制备 LDHs 材料的优点是：①适用范围较广，具有相似离子半径的 M^{2+} 和 M^{3+} 都可形成相应的 LDHs 材料；②产品品种较多，通过调整 M^{2+} 和 M^{3+} 的原料比例，可制得一系列不同 M^{2+}/M^{3+} 摩尔比的 LDHs 材料；③可使不同阴离子存在于层间，得到不同阴离子柱撑的 LDHs 材料。缺点是：过饱和度高，产物结晶性差，有时会有少量无定形氢氧化物生成。共沉淀法的制备过程可表示为：混合盐溶液→加碱→沉淀→晶化→过滤→洗涤→干燥。

以构成 LDHs 层板的金属离子混合溶液和碱溶液通过一定方法混合使之发生共沉淀，得到的胶体悬浮液在一定条件下晶化，就可形成目标产物 LDHs[5]。通常，共沉淀的基本反应条件是体系中离子浓度达到饱和。根据达到饱和条件方式不同，共沉淀法主要可分为以下三种。

① pH 变化法　pH 变化法又称单滴法或高过饱和度法，将 M^{2+} 和 M^{3+} 金属离子混合盐溶液在剧烈搅拌的条件下，滴加到含有所需阴离子基团的混合碱溶液中，随后所得悬浮液在一定温度下晶化。pH 变化法的特点是在滴加过程中混合溶液体系 pH 持续变化，使体系处于高度过饱和状态。而在高度过饱和条件下，体系中的搅拌速度远低于沉淀速度，因而常伴有氢氧化物或者难溶盐等杂相生成，导致 LDHs 产品纯度和结晶性降低。

② 恒定 pH 法　恒定 pH 法又称双滴法或低过饱和度法。将 M^{2+} 和 M^{3+} 金属离子混合盐溶液 A 和另一种含有所需阴离子基团的碱溶液 B，在搅拌条件下通过控制相对滴加速度同时缓慢加到另一种容器中，滴加完后所得的悬浮液在一定温度下晶化一段时间，再经过滤、洗涤、干燥即可得到 LDHs 材料。维持混合溶液体系中的 pH 一般通过控制滴加速度来实现。该方法的特点是在溶液滴加

过程中，体系的 pH 保持恒定，因而容易得到单一晶相 LDHs 材料。但是，该方法的缺点是制备的 LDHs 材料晶形不完整，晶粒尺寸较小。

③ 成核 / 晶化隔离法　传统共沉淀法中由于 LDHs 的形成都是渐次的，从第一个晶核的形成到最后一个晶核的形成往往需要经过较长时间，这将导致体系中晶核的生长条件有较大差异，因此很难控制晶粒的尺寸和分布。为了克服传统共沉淀法制备 LDHs 材料结晶度差和晶粒尺寸不均一等缺点，研究者开发了成核 / 晶化隔离法制备 LDHs 材料。该方法是将配制好的混合盐溶液和碱液加入到全返混液膜反应器中，利用反应器液膜间的高剪切力使两种物料发生强的相互作用，在相同的过饱和度下，1 ～ 2 s 瞬间完成成核。然后将悬浮液在一定温度下晶化，经过滤、洗涤、干燥得到 LDHs 材料 [6]。成核 / 晶化隔离法严格控制了反应条件，使得 LDHs 晶核和晶粒的生长条件最大限度地保持一致，从而可控制 LDHs 晶粒尺寸分布。因此与传统方法相比，成核 / 晶化隔离法提高了制备的 LDHs 材料结晶性，晶粒尺寸也很均一。但由于过饱和度高，导致所得 LDHs 材料的晶粒尺寸较小。

6.2.2　均相沉淀法

为了改善传统共沉淀法制备 LDHs 材料所导致的晶粒尺寸较小、结晶性较差及结晶纯度不高等缺陷，研究者开发了均相沉淀法制备高结晶性、较大尺寸 LDHs 材料。均相沉淀法是利用尿素或六亚甲基四胺在一定温度下发生缓慢水解释放出 NH_3 的性质，通过控制反应温度使尿素或六亚甲基四胺缓慢水解，从而使金属离子在非常低的过饱和度条件下发生沉淀。操作过程主要包括将盐和尿素或六亚甲基四胺按一定的比例溶于水，形成均一溶液，然后将溶液在一定温度下进行水热或回流处理，所得沉淀经过滤、洗涤、干燥得到 LDHs 材料。由于在反应过程中沉淀剂是随着水解缓慢产生，所以溶液过饱和度很低，成核速度慢，从而有利于高结晶性、规则均一形貌 LDHs 材料的生成。Sasaki 研究团队用尿素作均相沉淀剂，利用均相沉淀法在低金属离子浓度条件下制备出了高结晶度、规则六边形形貌的 Co-Al LDHs 材料 [7]。随着该制备技术的成熟，研究小组还将此方法用于其它二元组分 FeAl、NiAl、ZnAl，三元组分 FeCoAl 和 ZnCoAl 的 LDHs 材料，也得到了高结晶性和均一形貌的 LDHs 材料，使得均相沉淀法成为制备高结晶性、均一规则形貌 LDHs 材料的一种有效技术。

6.2.3　水热制备法

水热制备法是将含 M^{2+} 和 M^{3+} 的金属离子混合盐溶液与碱液在剧烈搅拌条

二维无机材料
剥离、纳米层组装及其功能化

件下缓慢或快速混合，然后将得到的悬浮液转移至高压釜中，在一定温度下水热处理一段时间，再经洗涤、过滤、干燥制得 LDHs 材料。水热制备法常用于 LDHs 的制备，其特点是通过水热反应提高陈化温度和压力，促进晶化过程，使 LDHs 材料的结晶度更高，晶相结构更完整，是传统共沉淀法制备 LDHs 材料的有力改进。另外，水热制备法也可用于以难溶性氧化物或氢氧化物为原料，在高温高压下以水为反应介质，制备层板含有构成金属离子的 LDHs 材料。Pausch 等以 MgO 和 Al_2O_3 机械混合物为原料，在 $100 \sim 350\ ℃$、压力为 100 MPa 条件下，反应 $7 \sim 42$ 天制备了高铝含量（Mg/Al 比为 1.3）LDHs 材料[8]。

通常，水热制备法可以制得纯度高、晶体生长完全、分散性好和颗粒均匀的 LDHs 材料。尽管传统的均相沉淀法可以用于制备高结晶性、规则形貌的 $M^{2+}Al^{3+}$ LDHs 材料，但由于制备过程中要用到 Al^{3+} 的两性，所以不能用于非 Al 基 $M^{2+}Fe^{3+}$ LDHs 材料的制备。为了制备高结晶性、规则形貌的 $Ni^{2+}Fe^{3+}$ LDHs 材料，我们以柠檬酸三钠为络合剂、尿素为沉淀剂，在 $Ni(NO_3)_2 \cdot 6H_2O$、$Fe(NO_3)_3 \cdot 9H_2O$、$CO(NH_2)_2$ 和 $C_6H_5Na_3O_7 \cdot H_2O$ 摩尔比为 $3:1:7:0.05$ 的条件下，所得溶液在 $150\ ℃$ 水热处理两天，成功制备了高结晶性、规则六边形形貌的 $[Ni_{0.75}Fe_{0.25}(OH)_2](CO_3)_{0.125} \cdot 0.5H_2O$ LDH 材料。高结晶性六边形形貌 NiFe LDHs 材料的成功制备，将为剥离获得大片层镍铁氧化物纳米片层创造条件，为应用该大片层镍铁氧化物纳米层组装新型功能层状纳米结构材料奠定基础[9]。研究结果发现，络合剂柠檬酸三钠的浓度对不同镍铁摩尔比所得产物的结晶性和形貌有很大影响：当镍铁摩尔比为 4 时，调节柠檬酸三钠的浓度可以制备高结晶性、规则六边形形貌的 NiFe LDHs 材料。而当镍铁摩尔比为 2.4 时，不论怎样调节柠檬酸三钠的浓度，均不能制备出高结晶性规则六边形形貌 NiFe LDHs 材料。另外，通过调节柠檬酸三钠浓度，可以提高 NiFe LDHs 材料的结晶性，改变 NiFe LDHs 的形貌。

6.2.4　离子交换法

离子交换法也叫插层组装法，是基于 LDHs 材料层间阴离子可交换性发展起来制备 LDHs 材料技术。通过离子交换反应将目标阴离子引入到层板之间，是制备具有较大阴离子基团 LDHs 材料的重要方法。需要注意的是该方法制备过程中，由于 LDHs 对 CO_3^{2-} 离子具有比较强的亲和力，所以插层组装反应过程一般需要氮气气氛保护，且实验用水要进行脱 CO_2 处理过程。通常，依据交换过程所采用的方法，离子交换法又可分为加热交换法、微波交换法和盐-酸体系交换法等。通过控制离子交换反应条件，不仅可以保持 LDHs 原有层状结构和形貌，还可以对层间阴离子的种类和数量进行设计和组装，从而得到具有不同结构和功能的阴离子插层 LDHs 材料，是通过对 LDHs 材料改性制备具有某些特殊功能 LDHs 材料最有效的方法[10]。

离子交换法反应进行的程度由下列因素决定：

① 离子的交换能力 一般情况下交换离子电荷越高、半径越小，交换能力越强。通常，一价阴离子的交换能力为 $I^- > NO_3^- > Br^- > Cl^- > F^- > OH^-$，二价阴离子的交换能力为 $CO_3^{2-} > SO_4^{2-}$，且高价阴离子交换能力强于低价阴离子。

② 层板膨润与膨润剂 选用合适的溶剂和在适宜膨润条件下有利于 LDHs 层间距的调整，从而使离子交换反应容易进行，如水溶剂体系有利于无机类阴离子交换反应，而在有机溶剂体系中有机阴离子交换过程的实现较为容易。另外，提高反应体系温度有利于交换过程进行，但要考虑温度对 LDHs 结构的影响。

③ 交换过程 pH 通常条件下，交换体系的 pH 越小，越有利于减小层板元素与层间阴离子的作用力，有利于交换过程进行。但是，交换介质 pH 过低对 LDHs 的碱性层板有破坏作用，通常交换过程中溶液的 pH 一般要大于 4。

④ 某些情况下，LDHs 材料的组成对离子交换反应也产生一定影响，如 MgAl LDHs 和 ZnAl LDHs 材料通常易于进行离子交换，而 NiAl LDHs 则较难交换。这种交换能力差异与 LDHs 结构中水的结合形态有关，即层间结合水多有利于交换，而表面结合水多则不利于交换。同时，层板电荷密度也会对交换反应产生影响，层板电荷密度高则不利于交换进行[11]。

6.2.5 焙烧复原法

焙烧复原法是建立在 LDHs 材料"结构记忆效应"基础上的一种制备方法。在一定温度下将 LDHs 材料焙烧所得产物复合金属氧化物，加入到含某种阴离子的水溶液中，或置于一定浓度的水蒸气中，此时将发生 LDHs 层状结构的重建反应，目标阴离子进入层状材料层间，形成新的 LDHs 材料。在采用焙烧复原法制备 LDHs 材料时，主要根据母体 LDHs 的组成来选择相应的焙烧温度。一般情况下 LDHs 材料焙烧温度在 400 ～ 500 ℃，这对于后续重建 LDHs 结构是有利的；温度太高会导致产物中有尖晶石相生成，从而导致 LDHs 结构不能复原。另外，焙烧时采用逐步升温技术，可以提高复合金属氧化物的结晶度，若升温速度太快，CO_2 和 H_2O 的迅速逸出容易导致层板结构破坏。

6.2.6 表面原位制备技术

表面原位制备技术主要用于 LDHs 复合材料制备。通过化学或物理方法，将一种化合物或功能材料负载在另一种材料基质表面，使得这种材料的力学性

二维无机材料
剥离、纳米层组装及其功能化

能、热稳定性能和分散性等性能大大提高，同时得到具有材料本身以及载体基质共同优点的复合材料。如分别以氨水和尿素为沉淀剂，调节反应体系 pH，以硝酸镍、硝酸镁为原料，通过激活 γ-Al_2O_3 载体表面的 Al，在 γ-Al_2O_3 孔道内表面可原位制备 NiAl LDHs/γ-Al_2O_3 和 MgAl LDHs/γ-Al_2O_3 复合材料：在硝酸镍溶液中加入浓氨水，使之生成镍氨络合物；然后采用强碱氢氧化钠作为沉淀剂，可在 Al_2O_3 载体空腔内生成 NiAl LDHs；用 γ-Al_2O_3 作为载体，将其浸渍在含有 Co^{2+}、Ni^{2+} 或 Zn^{2+} 的溶液中，通入氮气控制溶液的 pH 在 7～8.2，可在 γ-Al_2O_3 载体表面形成 LDHs[12]。

6.2.7 模板法

模板法是制备特殊形貌目标材料的有效手段。依据采用模板性质不同，模板法常分为软模板法、硬模板法。由于硬模板法制备过程中需要最后去除模板剂，造成制备过程复杂、成本高，使得硬模板在特殊形貌材料制备过程中缺乏优势。软模板法是利用有机分子或高分子聚合物作为模板剂（如表面活性剂、生物分子等），通过有机 - 无机材料之间的相互作用，在无需复杂设备条件下自组装形成介孔、中空材料的制备方法，因而在特殊形貌材料制备中可得到广泛应用。同时，软模板法能有效控制材料的形貌、结构和尺寸，且制备过程简单和模板剂多样。因此，研究者将软模板法技术应用到 LDHs 材料的制备中，如利用柠檬酸钠作为模板剂，可以制备用于 N_2 吸附的 NiAl LDHs 微球；用磺化三聚氰胺甲醛缩聚物作为模板剂，可以制备用于研究铝酸三钙水化影响的花状 CaAl LDHs 微球；选取 SDS 为模板剂，以硝酸镁、硝酸铝和尿素为原料，在水热合成条件下通过 SDS 与反应物离子的相互作用，可以合成出三维花状 MgAl LDHs。

模板法制备材料一般按照下列步骤进行，即先形成有机物自组装体，无机组分在自组装聚集体与溶液相的界面处发生化学反应，在形态可控的自组装体模板作用下形成 LDHs/ 有机复合体，随后在一定条件下将有机模板去除，即可得到具有一定形状的 LDHs 材料。如利用 LDHs 粒子与 $K_2[Ru(CN)_4L]$ 相互作用，在云母片上线性负载 $K_2[Ru(CN)_4L]$ 化合物，可制备单层 LDHs 薄膜；在正烷烃 - 十二烷基磺酸钠-水的乳液中共沉淀反应，可以制备纤维形状 MgAl-CO_3 LDHs 材料。一般通过模板法制备的 LDHs 材料具有一定形状、尺寸、取向和结构，且比表面积较大。

6.2.8 其它制备方法

除了通常的 LDHs 材料制备技术外，研究者也相继发展了一些新的 LDHs

制备方法，如盐 - 氧化物法、双粉末合成法以及气液接触法等方法。

盐 - 氧化物制备法是由 Boehn 等人于 1977 年在制备 ZnCr-C1 LDHs 时提出的，Valente 等人随后对其进行了进一步改进，制备出了多种含 Al^{3+} LDHs 材料。制备过程是将三价金属和二价金属盐按照一定比例配成溶液，在该溶液中加入水铝石使其成为悬浊液 A，再将二价金属氧化物加水形成悬浊液 B。将制备的两种悬浊液按一定比例混合，得到的浊液在 80 ℃反应 6 h，可制备得到 $M^{2+}Al^{3+}$ LDHs 材料。盐 - 氧化物法的优点是仅用金属氧化物和盐，不用任何碱液，因而环境污染小、反应时间短，且产物不需要洗涤，但该法仅限于含 Al^{3+} LDHs 材料的制备。

双粉末合成法是用天然或者合成的含镁固体粉末与含铝固体粉末在水浆液中反应，形成羟基镁铝中间体。然后将生成的羟基镁铝中间体用二氧化碳或者其它阴离子处理，最终转化成目标产物 LDHs。如通过机械混合 MgO 和 Al_2O_3，可以制备得到 MgAl-CO_3 LDHs 材料。双粉末法的优点是可以降低 LDHs 制备成本，且制备过程中不用氢氧化钠或者碳酸钠等碱性物质，可以大大降低钠离子造成的污染。

气液接触法是通过控制 $(NH_4)_2CO_3$ 的分解，制备晶形较好且粒径分布均匀的 MgAl-CO_3 LDHs 和 ZnAl-CO_3 LDHs 材料。一般制备过程是，首先将 $Mg(NO_3)_2 \cdot 6H_2O$、$Zn(NO_3)_2 \cdot 6H_2O$ 和 $Al(NO_3)_3 \cdot 9H_2O$ 置于 200mL 去离子水中，配制成金属盐溶液，使金属离子总浓度为 0.06 mol/L。然后将盛有金属盐溶液烧杯放入干燥容器中，加有 $(NH_4)_2CO_3$ 培养皿放到干燥容器底部，将干燥器密封放入到 60 ℃烘箱中反应。反应过程中通过控制 $(NH_4)_2CO_3$ 的用量和分解温度，来调节反应体系中 CO_3^{2-} 浓度梯度和 pH 梯度，最终制备得到粒度均匀的 LDHs 材料。

6.3
LDHs 剥离过程

层状双金属氢氧化物（LDHs）是一类由带正电性水镁石状层板及层间包含电荷补偿阴离子和溶剂化分子组成的化合物。同其它层状化合物类似，由于 LDHs 材料层间作用力是静电引力，因而在一定条件下层间静电引力可以打破，即发生 LDHs 层状材料剥离反应。剥离得到的 LDH 纳米片层带有正电性，是通

二维无机材料
剥离、纳米层组装及其功能化

过纳米层组装制备其它纳米层状功能材料的理想正电性组装单元。但是，与蒙脱石和皂石等阳离子黏土层状化合物在水体系中剥离形成正电性纳米片层过程相比较，由于 LDHs 层状材料层板拥有高的电荷密度和层间含有高的阴离子含量，使层板间具有强的静电相互作用和显著的亲水性特征[13]。同时，层间存在的大量氢键网络，也使得层板紧密堆叠。这些因素导致在水中或其它非水溶剂中 LDHs 剥离困难。因此，发展 LDHs 材料剥离得到正电性 LDH 纳米片层技术具有挑战性。

通常，研究者采用如图 6-3 所示的自上而下或自下而上两种方法，制备层厚度大约 1 nm，横向尺寸微米级大小的正电性纳米片层。相比自下而上制备正电性纳米片层技术，自上而下的方法仍然是得到正电性纳米片层的有效手段。但是，从表 6-2 可以看出，一般 LDHs 材料具有比蒙脱石和皂石等阳离子黏土高的层板电荷密度，导致这些 LDHs 材料在水中剥离得到相应正电性纳米片层困难。为了实现在特定介质中 LDHs 材料的有效剥离，需要对 LDHs 层板环境进行修饰及选择合适的溶剂体系。例如用阴离子表面活性剂十二烷基硫酸根离子同 LDHs 层板间的阴离子进行离子交换，较长脂肪族十二烷基硫酸根存在于层

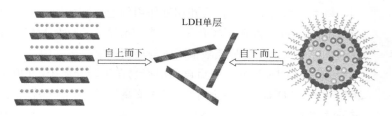

图 6-3
自上而下及自下而上制备 LDHs 纳米片层过程

表 6-2　典型层状材料 LDHs 层板电荷密度比较

层状材料	一般化学组成	电荷密度 / (e/Å^2)
LDHs	Mg$_3$Al-NO$_3$	0.031
	Zn$_2$Al-NO$_3$	0.041
	Ca$_2$Al-Cl	0.035
	LiAl$_2$-NO$_3$	0.041
	Zn$_2$Cr-NO$_3$	0.040
	Ni$_2$Al-NO$_3$	0.040
褐铁矿	Na$_{0.7}^+$[(Si$_8$Mg$_{5.5}$Li$_{0.4}$)O$_{20}$(OH)$_4$]$^{0.7-}$	0.014
锂锰脱石	Na$_{0.3}$(MgLi)$_3$(Si$_4$O$_{10}$)(F, OH)$_2$	0.008 ～ 0.010
蒙脱土	(Na,Ca)$_{0.33}$(Al, Mg)$_2$(Si$_4$O$_{10}$)(OH)$_2$ · nH$_2$O	0.011 ～ 0.017

板之间，且呈现出很高的交质化，从而使得 LDHs 层间距增大而层间作用力减弱，为后续在合适溶剂中的剥离创造条件。

6.3.1 层间环境改善条件下剥离

层间环境改善条件下 LDHs 剥离机制的指导思想：通过在正电性层板间插入较大尺寸的阴离子，达到修饰层板间环境使得其从亲水性向疏水性改变，导致插层阴离子和随后加入的溶剂／分散剂之间的吸引力改变，从而最终实现 LDHs 材料的剥离。

（1）醇介质中剥离

层状 LDHs 能否成功剥离形成正电性纳米片层，主要是与能否有效破坏层板间的静电引力和氢键有关。因此，通过一定条件下的层间环境修饰改善，将为该类层状化合物在一定条件下的剥离创造条件。由于 LDHs 材料是很好的阴离子交换体，层间的无机阴离子可以同较大体积的有机阴离子如脂肪酸阴离子或阴离子表面活性剂进行交换，使得 LDHs 层板表面性质从亲水性修饰为疏水性。同时，由于这些较大体积阴离子插层，使得层间的范德华相互作用削弱，将为非水溶剂介质插层和相互作用创造有利环境。基于这些思想，1999 年 Adachi-Pagano 等人在丁醇介质中，将 Zn_2Al-Cl LDHs 材料与十二烷基硫酸钠进行离子交换，十二烷基硫酸根离子与层间的氯离子（Cl⁻）发生离子交换，而插入到 Zn_2Al LDHs 层间。随后该插层产物在丁醇介质中、120 ℃条件下回流处理 16 h，Zn_2Al LDHs 材料完全剥离，所得剥离悬浮液中纳米片层含量约为 1.5 g/L，且该悬浮液能够稳定存在 8 个月以上。在该实验基础上，他们依次发现比丁醇更高碳链的戊醇和己醇，也可以作为分散剂实现 LDHs 材料剥离[14]。为了对十二烷基硫酸根离子插层 Zn_2Al LDHs 材料在不同介质中的剥离规律性进行观察，研究者在相同条件下进行了插层产物在其它分散剂如水、甲醇、乙醇、丙醇和正己烷中的剥离行为研究，发现十二烷基硫酸根离子插层 Zn_2Al LDHs 材料在这些介质中仅部分剥离，且在这些介质中剥离所得分散液不稳定，经过几小时就发生沉降。这些实验结果表明，十二烷基硫酸根离子插层 Zn_2Al LDHs 材料的水合状态是其能否在介质中剥离的关键：仅仅使用湿法制备的新鲜 LDHs，或 80 ℃条件下完全真空干燥 24 h 有机基团修饰的 LDHs 材料，不能够有效剥离；而只有室温干燥 24 h 有机基团修饰的 LDHs 材料，才能完全剥离。由于十二烷基硫酸根离子尺寸大，其插层到 Zn_2Al LDHs 层间湿态下，将导致层间距由前驱体的 0.77 nm 增大到 2.52 nm。但是，80 ℃条件下完全真空干燥 1 天的十二烷基硫酸根插层 Zn_2Al LDHs，将形成层间距为 1.68 nm 十二烷基硫酸根插层 Zn_2Al LDHs 新相。同层间距为 2.52 nm 层状结构相比，1.68 nm 十二烷基硫酸根插层 Zn_2Al

二维无机材料
剥离、纳米层组装及其功能化

LDHs 新相由于层间距变小及层间一层十二烷基硫酸根离子存在，将导致层状结构更加紧密，使得插层产物剥离效率大幅下降。因此，十二烷基硫酸根插层 Zn_2Al LDHs 剥离实现的可能机制是，在回流温度下用较高沸点丁醇完全取代层间水分子。

在十二烷基硫酸根插层 Zn_2Al LDHs 在丁醇介质中，120 ℃条件下回流处理 16 h 成功实现剥离工作基础上，Connolly 等人研究了不同链长烷基硫酸盐表面活性剂插层 $LiAl_2$-Cl·H_2O LDHs 的剥离行为[15]。分别选择了不同链长烷基硫酸盐表面活性剂如辛基硫酸钠（SOS）、十二烷基硫酸钠（SDS）、4-辛基苯磺酸钠（SOBS）和十二烷基苯磺酸钠（SDBS），在水介质中依次将 $LiAl_2$-Cl·H_2O LDHs 与不同链长烷基硫酸盐表面活性剂进行阴离子交换反应，所得不同链长烷基硫酸盐表面活性剂插层 $LiAl_2$-Cl·H_2O LDHs 的产物，在丁醇介质中 120 ℃条件下回流处理 16 h。结果表明不同链长烷基硫酸盐表面活性剂插层产物 $LiAl_2$-Cl·H_2O LDHs 的剥离行为区别很大。其中辛基硫酸钠和十二烷基硫酸钠插层产物不能剥离，而 4-辛基苯磺酸钠和十二烷基苯磺酸钠插层产物成功实现了剥离。因此，在丁醇介质中，不同链长烷基硫酸盐插层 $LiAl_2$-Cl·H_2O LDHs 所得产物能否成功剥离，与插层烷基硫酸盐表面活性剂的烷基链长度以及基团端位大小密切相关，体积较大的苯磺酸端基能够使剥离产物稳定，而体积较小的硫酸根则不能。2006 年，Venugopal 等人在丁醇介质中，将 4-辛基苯磺酸钠和十二烷基苯磺酸钠 LDHs 插层产物剥离结论拓展到一系列二价和三价金属组成的不同摩尔比 LDHs 层状材料剥离研究中，插层前驱体包括不同摩尔比二价和三价金属组成的 Mg_2Al-Cl LDHs、Ni_2Al-Cl LDHs 和 Zn_2Al-Cl LDHs[16]。在不同性质的分散介质如 1-丁醇、1-己醇、1-辛醇、1-癸醇、正己烷和水中，这些前驱体与 4-辛基苯磺酸钠和十二烷基苯磺酸钠插层 LDHs 产物进行处理。结果发现对于低 M^{2+}/M^{3+} 摩尔比的 LDHs 前驱体，4-辛基苯磺酸钠和十二烷基苯磺酸钠插层产物在极性醇类分散剂中的剥离效果最好，在非极性分散介质如己烷中仅发生部分剥离，而在水分散介质中完全不能剥离，且剥离产率与所得悬浮液的稳定性与插入到 LDHs 层间阴离子表面活性剂的尺寸关系密切。不同组成 LDHs 材料的剥离研究结果表明，最适宜剥离的有机醇类溶剂是丁醇、己醇、戊醇和癸醇，在非极性溶剂己烷中则只有极少量剥离，且剥离分散液不稳定，而在水中则完全不能剥离。剥离过程是需要先将阴离子型表面活性剂插入 LDHs 层间，以增大层间距，增强层间亲油性，进而在短链醇溶剂中热处理。尽管 LDHs 层状材料在有机醇类介质中可以实现剥离，但存在剥离条件复杂（需要加热回流或者超声）、剥离时间较长及剥离浓度较低等缺点。

将一定组成 $MgAl$-CO_3 LDHs 材料通过脱碳酸根离子，随后在乙酸中进行层间阴离子交换，可将层间 CO_3^{2-} 转化为层间为乙酸根的 $MgAl$-AcO LDHs 材料。

MgAl-AcO LDHs 材料随后进一步与较大尺寸的 DS⁻ 阴离子交换，生成 MgAl-DS LDHs。层间阴离子交换修饰的 MgAl-DS LDHs 材料在超临界乙醇中处理，可促使 MgAl-DS LDHs 材料剥离成 MgAl 纳米片层[17]。层状材料能够在超临界流体中剥离的主要因素是，超临界流体具有低的界面张力、优异的润湿性能和高的扩散系数，二维材料在其中处理时，溶剂分子可渗透进入到层间，从而扩大了层间距离，减小了层间静电引力，最终实现层状材料在超临界介质中的剥离。MgAl-DS LDHs 材料在超临界乙醇中处理后，AFM 图像表明所得 MgAl 纳米片层的厚度在 2 ～ 4 nm 范围内。与大多数情况下 LDHs 材料在甲酰胺中液相剥离相比较，超临界乙醇剥离技术无害且介质容易除去。

（2）甲苯介质中剥离

近几十年来，随着高分子纳米复合材料的快速发展，研究人员希望能够开发非极性溶剂中 LDHs 的剥离技术，以便剥离的 LDHs 纳米片层可直接用于制备各种聚合物纳米复合材料。2004 年，在甲苯和四氯化碳介质中，Jobbágy 等人首先研究了 $Mg_{0.71}Al_{0.29}(OH)_2(CO_3)_{0.015}(C_{12}H_{25}SO_4)_{0.26} \cdot 1.2H_2O$ 的剥离和纳米片层重组行为[18]。室温下在封闭试管中，将十二烷基硫酸钠（SDS）插层产物在甲苯和四氯化碳介质中超声处理 30 min，随后再平衡 2 h。结果发现，在甲苯介质中插层产物疏水层空间发生膨润而导致层间距增大，但剥离不能顺利实现；而在 CCl_4 介质中是热动力学有利的剥离过程。

但是，随后研究者发现 SDS 插层的 MgAl、CoAl、NiAl、ZnAl 的 LDHs 材料可以在甲苯中完成剥离。在高纯甲苯介质中，将一定量 SDS 插层产物加入到大量甲苯介质中，当插层产物与甲苯量之比较小情况下，所得悬浮液搅拌和超声处理，可以获得具有丁达尔效应的透明胶体分散液。该透明胶体分散液放置一周后，变为透明区域和凝胶状区域。同时，在甲苯介质剥离过程中，发现没有展现出通常层间距增大而导致的膨润过程，而直接得到凝胶状态。因此，随着在甲苯介质中分散的 SDS 插层产物量增加，得到的分散体为类似凝胶状物质。为了解释 SDS 插层产物在甲苯介质中的剥离行为，研究者利用分子动力学模拟手段进行了计算，结果发现在长链表面活性剂 SDS 插层 LDHs 材料中，锚定在无机层板上的表面活性剂链之间的分散力或范德华相互作用，将纳米片层连接在一起，甲苯分子犹如"分子胶"，将表面活性剂修饰的 LDH 片层连接在一起而形成凝胶。因此，剥离过程就是通过破坏或削弱无机层板之间的范德华相互作用。SDS 插层到层板间使得 LDHs 层板性质由亲水性变成疏水性而易分散在非极性溶剂甲苯中，从而导致层状材料剥离。

（3）聚合物 / 单体中剥离

除了将有机阴离子插层到 LDHs 层间，通过改变层间性质以实现 LDHs 的剥离外，还可以直接将聚合物 / 单体插入 LDHs 层间，该剥离技术也得到了较

二维无机材料
剥离、纳米层组装及其功能化

快发展。各种丙烯酸酯单体，包括甲基丙烯酸 -2- 羟基乙酯（HEMA）、乙基甲基丙烯酸酯、甲基丙烯酸甲酯、丙烯酸乙酯和甲基丙烯酸酯等可以用作分散剂，以实现 SDS 插层 LDHs 的剥离[19]。将 $Mg_2Al(OH)_6(C_{12}H_{25}SO_4)$ LDH 加入丙烯酸酯单体中，70 ℃下所得混合物在高剪切力下搅拌 20 min 后，停止加热和搅拌，24 h 后发现大部分固体仍然分散在所得悬浮液中。其中在甲基丙烯酸 -2- 羟基乙酯中，形成的最大 10%（质量分数）剥离量悬浮液可以稳定存在数周，而在其它丙烯酸酯单体中形成的剥离均匀悬浮液，经过数小时后就分层成纯聚合物单体和凝胶状 LDHs。

LDHs 在有机聚合物单体中发生剥离的主要原理是，高剪切力使得层板相互滑动，最终可促进其剥离。前躯体 $Mg_2Al(OH)_6$-Cl LDH 的层间距为 0.78 nm，当 $C_{12}H_{25}SO_4^-$ 与层间 Cl^- 发生交换后，所得插层产物 $Mg_2Al(OH)_6(C_{12}H_{25}SO_4)$ LDH 的层间距增大到 2.6 nm。将 $Mg_2Al(OH)_6(C_{12}H_{25}SO_4)$ LDH 在甲基丙烯酸 2- 羟乙酯（HEMA）中剥离，所得悬浮液滴在玻璃板上后真空干燥，得到白色薄膜。该白色薄膜 XRD 衍射结果仍然显示了强的（001）衍射峰，对应层间距仍然为 2.6 nm，该结果归于聚合物单体蒸发后 $C_{12}H_{25}SO_4^-$ 阴离子插层产物。但是，将在 HEMA 中剥离所得悬浮液进行聚合处理后冷冻干燥，所得试样 XRD 仅显示出在 c 方向上，（001）布拉格反射弱的远距离有序吸收峰，表明 $Mg_2Al(OH)_6(C_{12}H_{25}SO_4)$ LDH 材料在聚合状态下完全剥离（图 6-4）。

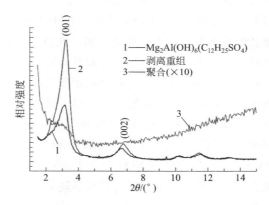

图 6-4
SDS 插层产物 $Mg_2Al(OH)_6(C_{12}H_{25}SO_4)$ 及其在 HEMA 中剥离重组以及进一步在 HEMA（5%）中聚合后的 XRD 图谱

另外，将组成为 Zn_3Al-NO_3 LDH 前驱体用 $C_{12}H_{25}SO_4^-$ 离子交换取代，氮气流下所得插层产物在二甲苯中回流 24 h，随后向该悬浮液体系中加入聚苯乙烯，在 140 ℃下搅拌 3 min 后，向该混合物中加入乙醇快速沉淀。结果表明剥

离的 $Zn_3Al\text{-}NO_3$ LDH 片层分散在聚苯乙烯中，制备了 LDHs 最大剥离加入量为 10% 的聚苯乙烯复合纳米材料。利用低密度聚乙烯的直接熔融插层反应，可使 $C_{12}H_{25}SO_4^-$ 离子交换修饰的 Mg_3Al LDHs 部分剥离，能够制备 LDHs 含量不超过 10% 聚合物/LDH 纳米复合材料。剥离机制的解释机理为，由于 $C_{12}H_{25}SO_4^-$ 阴离子比前驱体中的 NO_3^- 大得多，它们存在于层板间产生足够空隙，使得聚苯乙烯链在熔体插层过程中更容易渗透。

（4）甲酰胺中剥离

通过表面活性剂修饰可以改性 LDHs 层板空间环境，使得层间能够吸收大量溶剂，最终实现 LDHs 材料剥离。依据该剥离思想，Hibino 等人在甲酰胺中成功完成了 Mg_nAl_k LDHs 材料（摩尔比 $n:k=2:1$，$3:1$，$4:1$）的有效剥离。选择的插层氨基酸阴离子嵌入剂包括甘氨酸、丝氨酸和 L-天冬氨酸；极性溶剂如水、乙醇、丙酮、甲酰胺、乙二醇和二乙基醚作为分散剂。通过原位插入方法，而不是阴离子交换方法，直接制备了含有氨基酸的 Mg_nAl_k LDHs 材料[20]。所有氨基酸及介质组合研究结果表明，以甘氨酸作为阴离子嵌入剂和甲酰胺作为分散剂，所得到的 Mg_nAl_k LDHs 材料剥离效果最佳。0.03 g Mg_3Al-甘氨酸 LDH 材料在 10 mL 甲酰胺中搅拌几分钟，可迅速实现 Mg_3Al-甘氨酸 LDH 材料剥离。

同时，对于 Mg_3Al-甘氨酸 LDH 材料和 Mg_4Al-甘氨酸 LDH 材料，每升甲酰胺中可以有效剥离 3.5 g 固体试样，且所得胶体悬浮液能够至少稳定存在 3 个月。但是，对于组成为 Mg_2Al-甘氨酸 LDH 材料，即使加入更多量甲酰胺，也仅能使其发生部分剥离而非完全剥离。该类 LDHs 材料剥离过程的原理是，甘氨酸阴离子嵌入剂与分散剂甲酰胺间具有较强的氢键作用，大量的甲酰胺因氢键作用而进入 LDHs 层间，使得层间距增大而最终导致 LDHs 剥离。此方法简便、快捷、不需加热和回流等条件。将剥离的胶体悬浮液重复多次滴到载玻片上，25 ℃干燥后发现可重组成 LDHs 层状结构。随后，研究者进一步扩展了插入层间的氨基酸种类（包括亮氨酸等 14 种氨基酸）及类水滑石的金属元素种类（Co、Al、Zn、Al 和 NiAl 型类水滑石），发现氨基酸的插入量对剥离效果影响很大。一般条件下，插入的氨基酸负电荷数与层板正电荷数之比控制在 15%～20% 为宜。如果氨基酸插入量过高，因氨基酸分子之间形成氢键网络，反而不利于 LDHs 的剥离。但是，插入氨基酸的负电荷数与层板正电荷数之比没有最低值，如精氨酸和谷氨酸在其比值小于 1% 的条件下，仍可实现相应 LDHs 材料的完全剥离。另外，研究发现 LDHs 材料的金属元素种类不影响其剥离效果，如甘氨酸插层的 CoAl、Zn 和 NiAl 型 LDHs 材料均可以在甲酰胺中剥离。为证实氢键作用是 LDHs 剥离的驱动力，研究者做了三个验证实验。第一个验证实验是选取水和甲醇等系列溶剂，分别以体积比 1∶1，与剥离的 MgAl-

甘氨酸 LDH 胶态分散体混合，得到的体系均很稳定。但是，这些稳定悬浮液体系在 1500 r/min 离心 10 min 后发现，在以甲醇、乙醇、丙酮或碳酸丙烯酯配制的体系中出现了胶状沉淀物，而以水和甲酰胺配制体系未出现沉淀。为此，研究者认为剥离所得悬浮液的稳定性与溶剂的相对介电常数有关，相对介电常数越低，颗粒之间的库仑力越小，越容易产生沉淀。与甲酰胺相比，甲醇、乙醇、丙酮或碳酸丙烯酯的相对介电常数（$D=20 \sim 65$）均远低于甲酰胺的 D 值（$D=110$），而水和四-甲基甲酰胺混合体系的 D 值（$D=80 \sim 180$）高于甲酰胺的 D 值，由此得出在甲酰胺中剥离所得 LDHs 层片之间靠静电力稳定。第二个验证实验是将 MgAl-甘氨酸 LDH 加入到含有不同浓度（$0.001 \sim 0.5$ mol/L）的氯化钠甲酰胺中，发现当氯化钠浓度大于 0.1 mol/L 时，大部分 LDHs 不能剥离且迅速产生沉淀，表明盐的存在扰乱了 LDHs 与甲酰胺之间的溶剂化作用，而溶剂化作用通常是由静电相互作用（如偶极、偶极引力和氢键）引起。第三个验证实验是选取水和甲醇等一系列极性溶剂，考察溶剂的剥离能力，发现甲酰胺是剥离 LDHs 的最优溶剂。鉴于以上三个验证实验结果，研究得出氢键作用是 MgAl-甘氨酸 LDHs 在甲酰胺中剥离的主要驱动力。氢键是分子间一种特别强的偶极-偶极引力作用，其中氢原子被共价键键合到强负电性元素如氧和氮上。甲酰胺分子中含有一个氧原子和一个氮原子，其强负电性元素与其它元素之比在所测试的溶剂中最高，因此其形成氢键的能力最强。

6.3.2　机械力驱动剥离

（1）Al 基 LDHs 剥离

2005 年，Li 等人没有利用有机客体阴离子如脂肪酸盐或氨基酸对 LDHs 材料进行改性，而直接在甲酰胺介质中实现了大尺寸 Mg_2Al-NO_3 LDHs 的成功剥离[21]。研究者将 $Mg(NO_3)_2 \cdot 6H_2O$、$Al(NO_3)_3 \cdot 9H_2O$ 和六亚甲基四胺混合液，在高压釜中 140 ℃加热 24 h，首先制备了层间为 CO_3^{2-} 阴离子的 Mg_2Al-CO_3 LDH 材料。随后 Mg_2Al-CO_3 LDH 材料用 $NaNO_3$（1.5 mol/L）和 HNO_3（0.05 mol/L）的混合溶液处理，层间 CO_3^{2-} 离子被 NO_3^- 离子取代，得到了横向尺寸大于 10 mm，类似于碳酸盐 LDH 的 Mg_2Al-NO_3 LDH 材料。用氮气吹扫后，脱 CO_3^{2-} 的 Mg_2Al-NO_3 LDH 材料与一定量的甲酰胺在烧瓶中混合，密闭条件下通过机械剧烈搅拌该混合物，最终形成了透明的无沉淀胶体悬浮液。原子力显微镜表征剥离所得 Mg_2Al LDH 纳米片层的平均厚度为 (0.81 ± 0.05) nm，表明得到了单层 Mg_2Al LDH 纳米片（其理论厚度为 0.48 nm）（图 6-5）。脱 CO_3^{2-} 的 Mg_2Al-NO_3 LDH 材料在一定量甲酰胺介质中剧烈搅拌处理即可直接剥离，产生剥离的驱动力显得非常重要。通过计算制备材料的结构因子及对剥离所得纳米片层分析，研究者认为在通常 Mg₂Al-CO₃ LDH 材料层间存在大量水分子，这些水分子通过氢键既与层板上的 OH⁻ 键合，又与层间阴离子配位，使得层板间拥有密度较大的氢键结合力，导致无表面活性剂离子修饰，就不能实现在甲酰胺介质中的直接剥离。但是，当脱 CO_3^{2-} 的 Mg₂Al-NO₃ LDH 材料在一定量甲酰胺介质中剧烈搅拌处理时，因为甲酰胺是高度极性分子，其羰基取代了层间水分子与 LDH 主体中 OH⁻ 之间的氢键作用，而甲酰胺分子另一端的 NH₂ 又无法与层间阴离子建立牢固的键合，因此，一旦层板间水分子被甲酰胺替换，它削弱了层间通过强氢键网络构成的吸引力，在强烈搅拌下最终导致层状材料剥离。

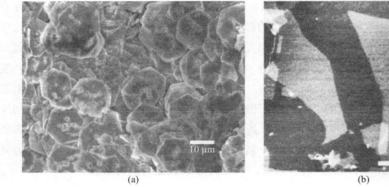

图 6-5
Mg₂Al-NO₃ LDHs 材料的 SEM 照片（a）和剥离得到的 Mg₂Al LDH 纳米片层沉积在硅片上的 AFM 照片（b）

伴随 Mg₂Al-NO₃ LDH 材料在甲酰胺介质中成功剥离，研究者进一步改变层板组成及层间阴离子，依据类似方法制备了一系列大尺寸 LDHs 材料，借助强烈机械搅拌，成功在甲酰胺介质中实现了不同组成及层间阴离子构成 LDHs 材料的剥离[7]。在制备层间为 CO_3^{2-} 阴离子、大尺寸 Co₂Al-CO₃ LDH 前驱体基础上，将前驱体在 1 mol/L NaCl 和 3.3 mmol/L HCl 的混合溶液中进行脱 CO_3^{2-} 阴离子处理，制备得到层间阴离子为 Cl⁻ 的 Co₂Al-Cl LDH 材料。利用 Co₂Al-Cl LDH 材料容易与其它较大阴离子发生离子交换反应的特性，通过常规的离子交换反应，可以交换得到层间阴离子为 ClO_4^-、CH_3COO^-、CH_3CHCOO^-、$C_{12}H_{25}SO_4^-$ 和 $CH_3(CH_2)_7CH=CH(CH_2)_7COO^-$ 的 Co₂Al LDHs 材料。将这些层间不同阴离子的 Co₂Al LDHs 材料在甲酰胺介质中强烈搅拌处理，结果发现仅有层间阴离子为 NO_3^- 的 Co₂Al LDH 材料展现了最佳剥离性能，所得剥离悬浮液展示了显著的丁达尔效应。但是，在相同条件下，其它阴离子如 Cl⁻、ClO_4^-、CH_3COO^-、

二维无机材料
剥离、纳米层组装及其功能化

$C_{12}H_{25}SO_4^-$ 和 $CH_3(CH_2)_7CH=CH(CH_2)_7COO^-$ 插层的 Co_2Al LDHs 材料表现出了不同程度的剥离，剥离效率分别大约为 75%、50%、60%、95%。这些结果表明，不同组成 LDHs 在甲酰胺中的剥离效率与其层间阴离子类型有关。

既然不同层间阴离子组成 LDHs 在甲酰胺中借助外部机械力所导致的剥离效率与层间阴离子类型有关，清楚阐明剥离机制非常重要。为此，通过设计一组实验，可达到了解 LDHs 在甲酰胺中的剥离规律。将 0.1 g Co_2Al-NO_3 LDH 分别加入 0.25 mL、0.50 mL、0.75 mL 甲酰胺中，借助外部机械处理，所得悬浮液离心后获得的凝胶状试样进行 X 射线衍射分析，结果如图 6-6 所示。当使用 0.25 mL 甲酰胺处理 LDH，所得凝胶状试样在低角度范围内显示一系列平行规则基础衍射峰，根据衍射峰数据估算层状材料的层间距增大到约为 6 nm（图 6-6 中插图）。层间距增大的原因归因于大量的甲酰胺分子被吸附进入层间，即层状 Co_2Al-NO_3 LDH 由于吸收甲酰胺而发生膨润过程。同时，在较高角度范围内仍然显示出 Co_2Al-NO_3 LDH 的部分衍射峰，表明在该条件下部分 Co_2Al-NO_3 LDH 仍然没有膨润而使层间距增大。当甲酰胺的体积增大至 0.5 mL 时，所得凝胶状试样的衍射峰进一步移向较低角度，且仅仅观察到甲酰胺被吸附的完全膨润相。当甲酰胺加入量进一步增加到 0.75 mL，即使在低角度范围内也观察不到基础衍射峰，仅仅在 20°～30° 范围内观察到了由于溶剂甲酰胺导致的特征衍射包，表明 Co_2Al-NO_3 LDH 完全处于剥离状态。向上述凝胶状试样中再次加入大量水处理，可以恢复原前驱体 Co_2Al-NO_3 LDH 相，表明吸附进入层间的甲酰胺分子被水分子置换。

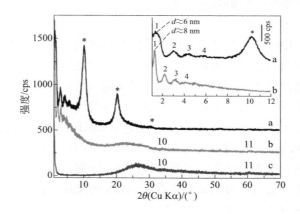

图 6-6

将 0.1 g Co_2Al-NO_3 LDH 粉末加入不同体积甲酰胺介质中处理所得凝胶状样品的 XRD 谱

甲酰胺体积：a—0.25 mL；b—0.5 mL；c—0.75 mL；

插图为试样 a 和 b 低角度区域放大后图谱；

星号标记峰为前驱体 Co_2Al-NO_3 LDH 相关的反射序列

需要重点说明的是，甲酰胺处理 Co_2Al-NO_3 LDH 膨润相只有在机械剪切力或超声力辅助作用下才能完全剥离。基于以上实验结果，辅助于机械力作用，Co_2Al-NO_3 LDH 在甲酰胺介质中的剥离过程可以表示为如图 6-7 的两个过程，迅速膨润过程和随后膨润相缓慢剥离过程。膨润过程是一种快速反应，高度膨润相非常类似于一些其它层状材料剥离过程，即只有在机械力或超声协助下连续摇晃渐进过程。在理解了 Co_2Al-NO_3 LDH 材料在甲酰胺介质中的剥离行为后，研究者进一步将该剥离方法拓展到含有过渡金属的、具有良好结晶性的二元 LDHs 材料，如 Zn_2Al-NO_3 和 Ni_2Al-NO_3 LDHs，以及具有不同摩尔比组成的三元 LDHs 材料如 $Zn_nCo_tAl_k-NO_3$ LDHs，研究了这些不同组成过渡金属二元及三元材料在甲酰胺中的剥离行为，取得了与前面相类似的研究结果。采用类似的方法，研究者将 1 g $[Ni_3Fe(OH)_2](CO_3)_{0.38}NO_3$ LDH 加入 1 L 甲酰胺介质中，剧烈搅拌 3 天且定期进行超声处理，成功实现了纯过渡金属二元 LDH 材料的剥离 [22]。

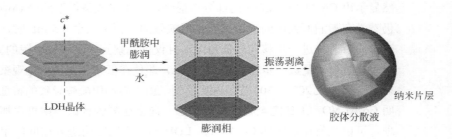

图 6-7
LDHs 在甲酰胺介质中的剥离机制示意图

由于甲酰胺是高沸点的极性有机溶剂，导致在该介质中剥离所得纳米片层的应用受到了极大限制。为此，将在甲酰胺中剥离得到的 LDHs 正电性纳米片层悬浮液用水洗涤，发现插入层间的甲酰胺逐渐被水取代，或剥离所得纳米片层被其它有机分子阻止了重组装，而得到新型层状 LDHs 材料 [23]。通过研究水对在甲酰胺介质中剥离得到的 MgAl LDHs 纳米片层悬浮液堆积的影响，发现仅用 40 mL 水洗涤剥离的 MgAl LDHs 纳米片层悬浮液，所得试样 XRD 衍射结果表明，纳米片层立即重新堆积组装在一起。洗涤三遍之后，层间甲酰胺被水分子完全取代，即剥离的正电性 LDHs 纳米片层胶体悬浮液在水中不稳定，去除甲酰胺会立即导致纳米片层堆积。同时，堆积所得试样经过干燥，XRD 图谱也显示为层间距 0.87 nm 的 $MgAl-NO_3$ LDHs 结构。因此，为了防止剥离的正电性纳米片层重新堆积，向剥离所得 MgAl LDHs 纳米片层悬浮液中加入羧甲基纤维素（CMC），正电性纳米片层被吸附在 CMC 表面而不发生堆积，且剥离所得胶

二维无机材料
剥离、纳米层组装及其功能化

体悬浮液能够稳定存在，即 CMC 存在阻止了正电性纳米片层的重新堆积。将
CMC 存在的胶体悬浮液干燥，可以得到层间距为 1.75 nm 的 LDH-CMC 纳米复
合材料（如图 6-8），显示出通过剥离方法制备纳米复合材料具有广阔的前景。

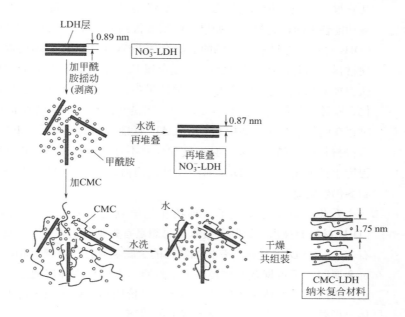

图 6-8
剥离－重组装制备 LDH–CMC 纳米复合材料示意图

（2）大尺寸、高结晶性非 Al 基 LDH 剥离

通常，LDHs 一般是在弱碱性条件下，将构成 LDHs 的二价和三价金属离子
通过共沉淀方法获得，这种方法所得产品通常为凝胶状、且结晶性低。由于高
度结晶性、大尺寸 LDHs 材料在离子交换、催化以及电活性/光活性材料方面具
有巨大的潜在应用，因而研究者使用尿素及六亚甲基四胺（HMT）作为 OH^- 离
子提供剂，通过其缓慢逐步水解使溶液呈现碱性，发展了均相沉淀生成良好结
晶 Al 基 LDHs 材料，一系列 Al 基 LDHs 材料如 MgAl、CoAl、ZnAl 和 FeAl 二
元 LDHs 及组成为 M-M′-Al 的三元 LDHs（M，M′ 为：Fe^{2+}、Co^{2+}、Ni^{2+} 或 Zn^{2+}）
均可通过均相沉淀制备得到。在这些高结晶性 Al 基 LDHs 材料制备中，两性离
子 Al^{3+} 在均相沉淀技术中起着至关重要的作用。在尿素或 HMT 最初水解阶段，
水解生成的 OH^- 与溶液中存在的 Al^{3+} 首先生成 $Al(OH)_3$。随着尿素或 HMT 水解
不断进行和碱溶液浓度逐渐增加，最初生成的 $Al(OH)_3$ 由于其两性性质而溶解，
随后与溶液中的二价阳离子形成高结晶性 Al 基 LDHs 材料。这些制备的微米级、

高结晶度 Al 基 LDHs 材料，为通过剥离制备大尺寸、高结晶性纳米片层提供了实现的可行性。

由于 Al 元素的功能性存在许多缺陷，能否将 Al 基 LDHs 材料中的 Al^{3+} 用其它过渡金属三价阳离子如 Fe^{3+}、Co^{3+} 等替代，而制备大尺寸、高结晶性非 Al 基功能性 LDHs 材料呢？如果能够制备得到大尺寸、高结晶性过渡金属 $Fe^{3+}Co^{3+}$ LDHs 材料，通过剥离得到的过渡金属 $Fe^{3+}Co^{3+}$ LDHs 主体层板有望用作二维磁性材料。同时，将制备得到的过渡金属 $Fe^{3+}Co^{3+}$ LDHs 层状材料煅烧，则有可能获得如 $Co_xFe_{3-x}O_4$（也称为非化学计量尖晶石）类材料，这些材料在磁性、催化、脱硫、储能等方面有一定潜力。但是共沉淀技术在制备非 Al 基 LDHs 材料时存在明显的弊端，如用 Fe^{3+} 取代 Al^{3+} 直接与二价阳离子（Mg^{2+}、Co^{2+}）共沉淀，所得材料的结晶性较差，且纯度和尺寸不好。尽管通过水热处理，能够在一定程度上改善非 Al 基 LDHs 的结晶性，但微米尺寸非 Al 基 LDHs 单分散晶体的制备仍然困难。

为此，研究者发展了一种拓扑化学氧化制备大尺寸、高结晶性非 Al 基 LDHs 材料的技术。该制备技术的思想是首先制备出大尺寸、高结晶性的与水滑石非 Al 基 LDHs 材料具有相似结构的金属氢氧化物水镁石相，在水镁石相中二价金属阳离子占据八面体羟基产生位点，八面体主体层通过范德华力结合在一起。随后将八面体主体层中一小部分二价阳离子氧化成三价阳离子，而使八面体层板带部分正电荷，为此溶液中的阴离子和水分子插入层板之间以平衡层板正电性，层板与层间阴离子通过静电相互作用以及主体层板、阴离子和层间水之间的氢键结合，形成大尺寸、高结晶性非 Al 基 LDHs 材料。依据该拓扑氧化制备技术，研究者首先通过沉淀过渡金属阳离子如 Co^{2+}、Fe^{2+}、Co^{2+}，形成高结晶性水镁石相 $Co(OH)_2$、$Fe(OH)_2$ 或 $Co_xFe_{1-x}(OH)_2$，然后通过拓扑氧化将层板上部分二价离子氧化为三价离子，制备了系列大尺寸、高结晶性非 Al 基 LDHs 材料。例如在氯仿介质和氮气保护环境下，以六亚甲基四胺为 OH^- 水解剂，通过均相沉淀反应，首先制备了微米级尺寸、六角形薄片、高结晶性 $Co_{2/3}Fe_{1/3}(OH)_2$ 水镁石相；然后将该 $Co_{2/3}Fe_{1/3}(OH)_2$ 水镁石相在弱氧化剂 I_2 环境下缓慢氧化，使得层板上的部分 Fe^{2+} 转化为 Fe^{3+}，得到由类似水镁石前驱体 $Co_{2/3}Fe_{1/3}(OH)_2$ 转变为水滑石相 $Co_{2/3}Fe_{1/3}(OH)_2I_{0.33}$ LDH。其中层板中 Fe^{2+} 被氧化为 Fe^{3+}，使得八面体羟基层带正电荷，而阴离子 I^- 插入到层板中间，制备的 $Co_{2/3}Fe_{1/3}(OH)_2I_{0.33}$ LDH 水滑石相保留了前驱体水镁石相的高结晶度、大尺寸和六角形形貌 [24]。

为了使制备的高结晶度、大尺寸和六角形形貌 $Co_{2/3}Fe_{1/3}(OH)_2I_{0.33}$ LDH 水滑石相容易剥离，将其与 $NaClO_4$ 溶液在氮气保护下进行离子交换反应，较大半径 ClO_4^- 阴离子与层间 I^- 离子交换而插入到层间，得到 $Co_{2/3}Fe_{1/3}$-ClO_4 LDH 材料。将 0.1 g 交换得到的 $Co_{2/3}Fe_{1/3}$-ClO_4 LDH 材料加入 100 mL 甲酰胺中，氮气

二维无机材料
剥离、纳米层组装及其功能化

保护气氛下所得分散液超声处理 30 min，得到具有丁达尔效应透明胶体分散液。将该胶体分散液过滤掉未剥离的前驱体，2000 r/min 转速下离心 5 min，最终得到剥离的大尺寸、高结晶度和六角形貌 $Co_{2/3}Fe_{1/3}$ 纳米片层分散液，其拓扑制备及剥离过程示意图如图 6-9 所示。但是，必须强调 $Co_{2/3}Fe_{1/3}$ LDH 材料在甲酰胺中通过机械搅拌，不能得到剥离的纳米片层悬浮液，且与层间阴离子种类无关。而 $Co_{2/3}Fe_{1/3}$-ClO_4 LDH 材料在甲酰胺介质中的剥离是在超声条件下实现的，且只有层间离子为 ClO_4^- 阴离子时剥离过程才能够发生。该拓扑氧化剥离过程可以进一步拓展到具有不同 Co^{2+} : Co^{3+} 摩尔比的单金属 Co_nCo_k LDHs 制备及剥离 [25]。在首先制备了 β-$Co(OH)_2$ 前驱体基础上，乙腈介质中利用氧化剂 Br_2 将 β-$Co(OH)_2$ 层板上的部分 Co^{2+} 氧化为 Co^{3+}，得到了 Co^{2+} : Co^{3+} 比例为 2 : 1 的 $Co_2^{2+}Co^{3+}$-Br LDH。$Co_2^{2+}Co^{3+}$-Br LDH 在 $NaClO_4$ 溶液中进行离子交换，得到 $Co_2^{2+}Co^{3+}$-ClO_4 LDH。$Co_2^{2+}Co^{3+}$-ClO_4 LDH 在甲酰胺介质中超声处理，即可得到 Co^{2+} : Co^{3+} 比例为 2 : 1 的 $Co(OH)_2$ 正电性纳米片层。

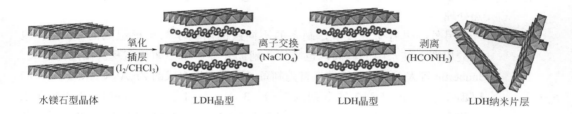

氧化
插层
($I_2/CHCl_3$)

离子交换
($NaClO_4$)

剥离
($HCONH_2$)

水镁石型晶体   LDH晶型   LDH晶型   LDH纳米片层

图 6-9
大尺寸、高结晶性 $Co^{2+}Fe^{3+}$ LDH 拓扑制备及剥离过程示意图

6.3.3 水介质中剥离

尽管 LDHs 材料能够在极性有机介质中实现剥离，但是有机介质的使用为后续剥离纳米片层悬浮液的应用造成障碍，因此在水介质中实现 LDHs 的有效剥离意义重大。Gardner 等人 [26] 首次报道了 Mg_3Al-MeO LDHs 材料在水中能够剥离，实验结果给出了剥离证据，但结论中没有使用剥离一词。2005 年 Hibino 等人 [27] 报道了乳酸插层 MgAl LDHs 在水中的剥离，将乳酸镁和乳酸铝的混合液滴加到由两种手性乳酸等量混合的乳酸溶液中，通过 NaOH 调节反应体系 pH，采用共沉淀法制备了不同 Mg : Al 摩尔比的乳酸插层 Mg_nAl_k-$CH_3CHOHCOO$ LDHs 层状材料。乳酸插层镁铝 LDHs 经离心、洗涤后，湿样直接分散于水中，室温下搅拌 3 ~ 5 天，所得悬浮液变为透明，即实现了 Mg_nAl_k-$CH_3CHOHCOO$ LDHs 层状材料在水中剥离。剥离过程中所用水均为脱碳酸根离子水，此方法剥离浓

度较高，胶体分散液中纳米片层的浓度可达 20 g/L。剥离速度随温度的增加而加快，当剥离温度升至 60 ℃时，经过一个晚上即可实现 LDHs 完全剥离。作为对比实验，未经乳酸插层的 Mg_nAl_k LDHs 在水中放置 3 个月，也未能实现层状材料剥离。同时，为了探索 LDHs 在水中的剥离机制，研究者以甘氨酸与乳酸作为共嵌入离子，制备了层间含有甘氨酸与乳酸的 Mg_nAl_k LDHs，发现这种淡黄色 LDHs 在 1 ～ 3 个月后能够发生剥离。但是，纯乳酸插层 LDHs 的剥离要比甘氨酸与乳酸共同插层的 Mg_nAl_k LDHs 剥离速度快，即层间甘氨酸的存在不利于 LDHs 的剥离。此外，层间存在的阴离子为 NO_3^- 时，所得到 Mg_3Al-NO_3 LDH 在水中也不能实现剥离，由此得出乳酸插层 LDHs 在水中剥离的原因，归于插入层间乳酸和水之间的相互作用。这种在脱碳酸根离子纯水中简便、有效且环保的 LDHs 剥离方法具有以下优点：一是水是从 LDHs 前驱体制备到剥离唯一使用的溶剂，因而 LDHs 在剥离前不必从制备或洗涤介质中分离出来；二是剥离所得 LDHs 纳米片层稳定胶体悬浮液中纳米片层的剥离量（10 ～ 20 g/L），要高于先前其它方法报道量（1.5 ～ 3.5 g/L）；三是在准备和剥离过程中不需要热处理。

另外，也有研究发现，制备的不同层间阴离子与层板组成的 LDHs 在脱碳酸根离子纯水中的剥离，也与体系辅助外界作用力如超声及机械搅拌有关。Jaubertie 等人采用共沉淀法，首先制备了不同层板组成的 Zn_nAl_k-$CH_3CHOHCOO$ LDHs，其中 $n:k$ 摩尔比分别为 2 : 1、3 : 1、4 : 1[28]。该不同组成 LDHs 在水中的剥离与外界辅助手段有关，将 Zn_nAl_k-$CH_3CHOHCOO$ LDHs 在水或丁醇介质中回流处理，发现该材料不能剥离。但是，Zn_nAl_k-$CH_3CHOHCOO$ LDHs 在水中所得分散体系借助超声处理，则能够实现该物质剥离，且剥离速度与剥离量、辅助超声功率密切相关。随后，研究者将水中超声剥离技术，成功拓展到不同组成 Mg_nAl_k-$CH_3CHOHCOO$ LDHs。

不同层间阴离子组成 LDHs 在水中能否成功剥离，一个非常重要的因素是控制制备系统中 CO_3^{2-} 离子生成或降低其浓度。六亚甲基四胺在水中能够缓慢水解释放 OH^-，在一定温度及低于一定 pH 条件下不生成 CO_3^{2-}，可以为 LDHs 在水中剥离创造条件。研究结果表明，利用六亚甲基四胺（HMT）在水中水解反应可以成功制备 LDHs，但是当反应体系温度低于 100 ℃时，很难制备结晶性好的 LDHs 材料，且制备的 LDHs 材料层间存在 CO_3^{2-} 阴离子，使得制备的 LDHs 在水中剥离困难。但是，人们发现当反应体系温度低于 80 ℃时，HMT 会水解生成 OH^-，从而抑制体系中 CO_3^{2-} 的生成；在此基础上发展了利用 HMT 低温水解，一步法制备层间无 CO_3^{2-} 的过渡金属 LDHs 材料技术[29]。将二价和三价金属硝酸盐［如 $Co(NO_3)_2$、$Al(NO_3)_3$］按照摩尔比 2 : 1 加入到 80 mL 水中，混合得到金属总含量为 1 mol/L 混合溶液；随后依据 $[Co^{2+}+Al^{3+}]$: [HMT] 摩尔比为

二维无机材料
剥离、纳米层组装及其功能化

1：1.5，将 120 mL HMT 加入到二价和三价金属硝酸盐溶液中；所得混合溶液用 N_2 保护 30 min，不搅拌 80 ℃条件下油浴反应 4 天，制备得到了高结晶性层间阴离子为 NO_3^- 的 Co_2Al-NO_3 LDH 材料。制备过程中反应体系温度非常重要，反应温度在 80 ℃以内，可以保证反应过程中体系 pH 在 6～6.5。而当反应温度增加到 90 ℃以上，反应体系 pH 将超过 8，从而导致溶液中大量 CO_3^{2-} 阴离子生成，最终得到层间为 CO_3^{2-} 的 LDHs 材料，这将不利于 LDHs 材料在水中剥离。2.5 g 低温制备的湿态 Co_2Al-NO_3 LDH 材料加入 50 mL 水中，氮气氛保护下 120 ℃水热处理 12 h，可以实现 Co_2Al-NO_3 LDH 材料在水中部分剥离，剥离纳米片层悬浮液浓度可达 2.5 g/L。在水中剥离所得 CoAl 纳米片层悬浮液显示了明显的丁达尔效应，且在室温下可以稳定保存 8 个月以上。另外，将 0.05 g 低温制备的干燥 Co_2Al-NO_3 LDH 材料加入 50 mL 甲酰胺介质中，氮气氛保护下，将所得悬浮液机械搅拌 2 天，可以实现 Co_2Al-NO_3 LDH 材料在甲酰胺中完全剥离，该方法可以进一步拓展到反应体系 pH 为 5～6.5 的 LDHs 制备。

氨基酸是一类含有酸基和碱基的两性化合物，在不同 pH 介质中显示阳离子或阴离子性质，因而既可以作为阳离子交换剂、也可以作为阴离子交换剂进行层状化合物的插层。根据氨基酸的两性特征，在一定 pH 条件下，将氨基酸羧基化成阴离子，其与 LDHs 层间的阴离子可以发生离子交换反应，可将不同尺寸的氨基酸插层到 LDHs 层间。插入到层间的氨基酸阴离子在酸性条件下处理，层间氨基酸阴离子可质子化为阳离子，此时客体阳离子与带正电荷的 LDHs 层板之间将产生静电斥力作用。利用该静电斥力作用，可以开发水体系中 LDHs 剥离新方法[30]。称取 4.4 g 十一烷基氨基酸（AUA）溶于 100 mL 去离子水中，用 1 mol/L NaOH 溶液逐滴调节溶液 pH，直至氨基酸完全溶解。将 8 mL $NiCl_2 \cdot 6H_2O$（1 mol/L）和 2 mL $FeCl_3 \cdot 6H_2O$（1 mol/L）（Ni/Fe = 4）溶液混合，与 1 mol/L NaOH 溶液同时滴加到氨基酸溶液中，共沉淀终点 pH 为 10.4，共沉淀反应制备了层间距为 1.72 nm AUA 插层组装的水滑石 NiFe-AUA LDH。NiFe-AUA LDH 在 pH 为 2 的酸性溶液中搅拌一天，所得胶体悬浮液系列表征分析发现，层状 NiFe LDHs 在水溶液中剥离成为 NiFe 纳米片层，实现了水滑石类 NiFe LDHs 在水溶液中的剥离反应，开辟了水滑石类 NiFe LDHs 剥离新途径，为加速此类纳米片层材料开发应用奠定了基础。

6.3.4 低温碱介质中剥离

碱-尿素水溶液体系是非常有趣的溶剂系统，有研究报道指出，该体系可以溶解具有较大分子间和分子内氢键且晶体结构完整的纤维素。溶解的主要动力是在低温下，"NaOH 水合物"很容易被吸附在纤维素链而形成新的氢键网络，然后"尿素水合物"可以自组装，在 NaOH 氢键纤维素表面形成包合物，最终导致纤维素溶解。该实验结果表明，NaOH-尿素水溶液在低温短时间内（大约 2 min），就能够破坏纤维素分子内的氢键和晶体结构。由于 LDHs 材料和纤维素的结构具有很多共同点，如 LDHs 材料主体层上有大量羟基，因此 LDHs 材料也类似于纤维素而易形成强的氢键。因此，从理论上分析，低温下 LDHs 材料用 NaOH/ 尿素溶液体系处理，也应该能够破坏其分子内强的氢键和层状结构。基于此设计思想，研究者首先在室温下将 6% ~ 9%（质量分数）NaOH 与 10% ~ 15%（质量分数）尿素在烧杯中混合，所得溶液冷却到 -10 ℃；随后将用回流法制备的 5%（质量分数）ZnAl LDHs 立即加入到混合溶液中搅拌 3 min，通过 2000 r/min 转速离心 10 min 除去未剥离的 ZnAl LDHs，得到无色透明的 ZnAl 纳米片层胶体悬浮液（图 6-10）。悬浮液呈现清晰的胶体丁达尔效应，剥离的 ZnAl 纳米片层呈单层分散在介质中，片层的平均厚度为 0.6 nm[31]。

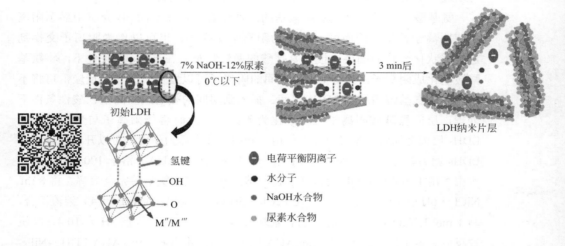

图 6-10
ZnAl LDHs 在 NaOH-尿素混合溶液中低温剥离过程示意图（扫二维码看彩图）

　　LDHs 材料的剥离大部分是在室温或加热环境下完成，而在 NaOH-尿素水溶液中低温下快速剥离则是一个非常有趣的现象。分析和明辨剥离的机制非常必要。从 LDHs 材料的组成分析，通常两个相邻的 LDH 主体层之间存在三种相互作用力，即氢键、范德华力和化学键。普遍结果认为，在 LDHs 材料这三种作用力中，氢键相对比较重要，因为氢键的量与层板上正离子的多少成正比，而范德华力和化学键都受到距离的制约。所以 LDHs 材料在 NaOH-尿素水溶液中的剥离，主要受 LDHs 材料结构中原有氢键网络的破坏和新氢键网络形成

二维无机材料
剥离、纳米层组装及其功能化

的难易程度影响。当 NaOH-尿素水溶液温度低于 −10 ℃或更低时，NaOH 和尿素则分别形成相应的水合物。形成的 NaOH 水合物插入 LDHs 层间，并吸附在 LDHs 层板上，从而导致原来 LDHs 材料中强的氢键网络破坏，而在 NaOH 水合物与层板上的 OH⁻ 基团之间形成新的氢键网络。虽然尿素水合物不能直接吸附在 LDHs 主体层上，但它们很容易在 NaOH 水合物表面进行自组装，从而稳定剥离的 LDHs 纳米片层悬浮液，以达到防止剥离纳米片层团聚。NaOH-尿素混合溶液在低温条件下，使得 LDHs 相邻层板间原有强的氢键网络破坏，最终实现 LDHs 材料迅速剥离，其剥离过程示意图如图 6-10 所示。

6.3.5　等离子体诱导剥离

等离子体诱导剥离技术是剥离二维层状材料的有效方法之一，在石墨烯材料的剥离和表面改性方面取得了很大成功。等离子体诱导剥离技术的核心是选择性刻蚀，刻蚀的影响因素主要由等离子处理条件和元素种类决定。类似于层状石墨烯材料，LDHs 材料可以对金属层板和层间阴离子进行等离子体刻蚀，但层间阴离子的蚀刻作用更强。在适当的等离子处理条件下，层间阴离子可完全被刻蚀，从而使得纳米片层和层间阴离子之间的相互作用显著削弱，最终导致 LDHs 剥离。同时，由于等离子蚀刻影响了金属层板结构以及生成缺陷，因而在改善纳米片层性能方面具有积极意义。

同其它液相 LDHs 材料剥离技术相比较，等离子体诱导剥离技术可以对 LDHs 粉体材料直接进行处理，而不需要加入有机介质。另外，该方法处理过程中无须进行剥离分散液的干燥处理，从而可避免干燥过程中导致的纳米片层重组以及纳米片层被溶剂分子包围所造成的纳米片层本征性能表征受限。首次将等离子体技术引入到 LDHs 材料剥离所采用的等离子体源为 Ar 气，剥离物质为层状 CoFe LDHs 材料。将盛入 20 mg CoFe LDHs 前驱体粉体的石英舟放入等离子反应器中，将反应器以 2 mL/min 的流速泵入 Ar 气氛，直至压力降低至 0.2 ～ 0.4 Pa。随后使用功率为 100 W 的 Ar 等离子体处理 CoFe LDHs 粉体不同时间，即可得到不同程度剥离的 CoFe LDH 纳米片层。AFM 图像结果表明，通过等离子体处理 CoFe LDHs 前驱体粉体，所得纳米片层的层厚度由前驱体的 20.6 nm 下降到 0.6 nm，前驱体的（003）和（006）X 射线规则衍射峰消失，确认等离子诱导 CoFe LDHs 材料剥离成功 [32]。同时，等离子体处理也诱导金属层板产生缺陷空位，导致纳米片层电子结构可调，进而增强纳米片层性质功能化。同液相剥离技术相比，等离子体诱导剥离技术是一种干净快捷的方法（几秒钟到几分钟），因而可广泛应用于不同成分 LDHs 粉体材料剥离形成超薄纳米片层和纳米片层功能化修饰。

等离子体源类型对 LDHs 粉体材料剥离成超薄纳米片层和功能化修饰具有显著影响，将 Ar 等离子处理改为 N_2 射频等离子体，用于 CoFe LDHs 诱导剥离，发现 CoFe LDHs 粉体材料不仅能够剥离成厚度仅为 1.6 nm（两个原子层厚）的纳米片层，而且可同时发生纳米片层 N 的掺杂，原子尺寸孔洞刻蚀及大量裸露不饱和原子产生。这种独特超薄 CoFe LDH 纳米片层结构具有更多反应位点、孔洞导致的大比表面积和不饱和的边缘位点，是实现纳米片层功能化的有效保证[33]，N_2 等离子体诱导剥离 CoFe LDHs 粉体材料过程示意图如图 6-11 所示。

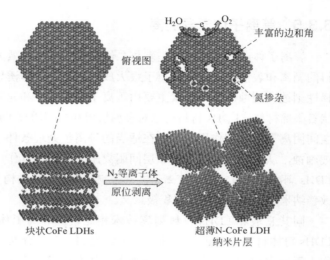

图 6-11
N_2 等离子体诱导剥离 CoFe LDHs 粉体材料过程示意图

6.3.6 奥斯特瓦尔德熟化 – 驱动剥离

奥斯特瓦尔德（Ostwald）熟化是由溶液中生成的相对较小颗粒溶解，而沉积到大颗粒表面平衡的热力学过程。通过水热制备技术，将 0.27 mmol $Ni(NO_3)_2 \cdot 6H_2O$ 和 0.054 mmol $Fe(NO_3)_3 \cdot 9H_2O$ 溶解于 45 mL 去离子水和 DMF（体积比为 2：1）组成的混合溶液中，剧烈搅拌 20 min，所得混合溶液加入不锈钢内衬高压釜中，然后将前处理所得 Cu_xO/Cu 网孔转移并浸入混合溶液。高压釜密封后加热至 120 ℃保持 15 h，然后依次升高温度至 160 ℃并保持 8 h，最终得到在 Cu_xO/Cu 网格上剥离的 NiFe LDH 纳米片层。利用奥斯特瓦尔德熟化-驱动过程，可以实现 LDHs 材料的剥离，其剥离原理如图 6-12 所示[34]。首先在较低水热温度下，许多不同尺寸小片层紧密堆积，形成的块状镍铁 LDHs 纳米

二维无机材料
剥离、纳米层组装及其功能化

线束在 Cu_xO/Cu 网孔表面生长，随后在不添加任何其它试剂或表面活性剂条件下，随水热处理进行奥斯特瓦尔德熟化过程，沉积在 LDH 表面上相对较小的堆叠层，随水热处理进行而溶解在溶液中，溶解的物质以较低的能量依次重新沉积在较大 LDH 层上，导致片层沿 X 和 Y 方向的尺寸增大，而在 Z 轴方向厚度减小。随着水热过程奥斯特瓦尔德熟化过程进一步进行，最终在 Cu_xO/Cu 网孔表面生成超薄且稳定的 NiFe LDH 纳米片层。与其它液相 LDHs 材料剥离过程相比，奥斯特瓦尔德熟化驱动剥离方法是节省时间、绿色及无表面活性剂分子吸附的高效技术。该方法是在基板铜电极上原位完成，可以方便观察剥离过程中的离子尺寸及形貌变化。另外，剥离后的纳米片层以具有良好完整结构而垂直排列在电极上，使得纳米片层与基板之间具有良好的电接触，也可以有效避免剥离纳米片层的重新堆叠。因此，奥斯特瓦尔德熟化驱动剥离技术将在制备高比表面积、大暴露活性位点、超薄高稳定纳米片层方面显示出巨大优势。

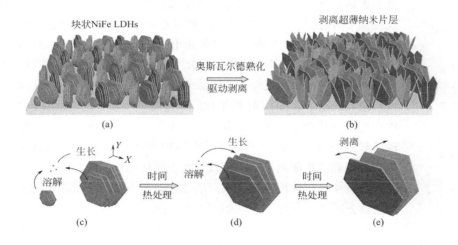

图 6-12
奥斯特瓦尔德熟化 – 驱动剥离 NiFe LDH 纳米片层原理示意图
（a）基板铜电极上生长块状 NiFe LDHs；（b）剥离所得超薄 NiFe LDH 纳米片层；（c）～（e）奥斯特瓦尔德熟化 - 驱动剥离过程

6.3.7 LDHs 纳米片层直接制备

自上而下 LDHs 材料剥离技术取得了迅速发展，得到了不同尺寸和大小的 LDH 纳米片层，为研究 LDHs 材料剥离机制及利用剥离的纳米片层组装不同纳米功能材料提供了正电性组装单元。但是，自上而下 LDHs 材料剥离技术具有很大不足，剥离需要制备相应的层状 LDHs 材料前驱体，使得剥离过程复杂而耗时。为此，研究者将目光聚集到 LDHs 材料的自下而上直接制备正电性 LDH

纳米片层的技术开发，相继成功开发了微乳化法的"微反应器"技术、层生长抑制剂的抑制层生长法及激光束照射水溶液的金属机械法等技术。

借助反向微乳液制备技术，2005 年研究者开发了一步简单制备 MgAl LDH 单层纳米片层新方法[35]。将 18.34 g Mg(NO₃)₂·6H₂O 和 9.00 g Al(NO₃)₃·9H₂O 溶于 30 mL 超纯水中配制成溶液 A，将 6.97 g NaNO₃ 和 4.8 g NaOH 溶解在 30 mL 水中配制成溶液 B，4 mol/L NaOH 溶液用于调节反应过程中的 pH。将 1.73 g 溶液 A 逐滴加入包含 0.72 g 十二烷基硫酸钠（SDS）和 0.76 g 1-丁醇的 50 mL 异辛烷溶液中形成透明溶液，随后采用同样分散方法将 1.25 g 溶液 B 和 0.47 g NaOH 溶液分散形成清晰的反向微乳液，并逐滴添加到溶液 A 构成的透明溶液中。所得分散溶液油浴中连续磁力搅拌，75 ℃加热 24 h，反应混合体系由半透明转变为最终的乳白色牛奶状。在该反向微乳液制备过程中，将传统滴定法（其中镁盐和铝盐 pH ≥ 10）LDH 晶体生长所需要的元素分散在油相如异辛烷中，形成被表面活性剂十二烷基硫酸钠包围的反应液滴。这些液滴充当纳米反应器，仅仅提供 LDH 层板生长的有限空间和需要元素，使得生成的 LDH 层板的直径和厚度得到有效控制。同时，结合在正电性 LDH 层板上的十二烷基硫酸根离子作为平衡电荷，使得 LDH 层板由亲水性变为疏水性，有利于生成的 LDH 层板稳定存在于反应体系。反向微乳液法一步制备 LDH 纳米片层过程如图 6-13 所示。反向微乳液技术制备 LDH 纳米片层操作简单、效率高。但由于分散体系中存在的十二烷基硫酸根离子带负电荷，其作为电荷平衡阴离子与正电性层板之间形成了较强结合力，使得制备所得的 LDH 纳米片层后续应用过程中，需要除去十二烷基硫酸根阴离子，从而导致制备纯化过程复杂。为此，在反向微乳液法制备过程中，可以用阳离子表面活性剂取代十二烷基硫酸根阴离子，这样就不需要除去阴离子表面活性剂的纯化过程了。

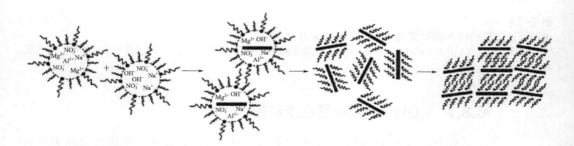

图 6-13
反向微乳液法一步制备 LDH 纳米片层的成核和生长过程示意图[35]

LDHs 材料层板间强的氢键结合，使得直接制备 LDH 纳米片层困难。而如

二维无机材料
剥离、纳米层组装及其功能化

果能够有效地克服层板间强的氢键所导致的引力，可为直接制备创造条件。基于该思想，研究者利用层板间 H_2O_2 分解过程中生成 O_2 所产生的较强压力，使得 LDH 层板直接分散在反应体系中，从而发展了一步法 LDH 超薄片层 H_2O_2 辅助制备技术[36]。该制备方法是将 $Mg(NO_3)_2$、$Al(NO_3)_3$ 和尿素溶解在 30 mL 30%（质量分数）H_2O_2 中，溶液中各物质的浓度分别为 $[Mg^{2+}]=0.01mol/L$、$[Al^{3+}]=0.005$ mol/L 和尿素浓度为 0.05 mol/L。将该混合溶液转移到水热反应釜中，150 ℃水热反应 24 h，得到包含 MgAl 纳米片层的透明胶体分散液。一步法 LDH 超薄片层 H_2O_2 辅助制备技术的关键控制因素，是反应体系中高浓度 H_2O_2 使用；反应机制是在加热条件下 H_2O_2 分解为 H_2O 和 O_2，随着反应体系温度升高，反应溶液中的尿素慢慢水解导致反应体系变成均质弱碱性，在弱碱性条件下 MgAl LDH 开始形成。由于生成的 LDH 能够催化并加速 H_2O_2 分解，因而在 LDH 纳米片层间存在大量 H_2O_2 和 O_2 分子。同时，由于层板间 H_2O_2 分解所产生的 O_2 在层间剧烈运动，导致 LDHs 的层间距增大和静电相互作用减少。当层间距增大到一定程度，层间作用力消失，最终导致生成的 LDHs 在水热反应体系中同步剥离，LDH 纳米片层分散成为具有丁达尔效应的胶体分散液，一步法 LDHs 超薄片层 H_2O_2 辅助制备过程如图 6-14 所示。

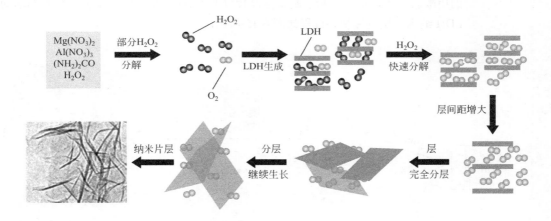

图 6-14
H_2O_2 辅助一步法制备 LDHs 超薄片层过程示意图[36]

从层状 LDHs 材料的自下而上制备过程来说，如果抑制片层在某一方向的生长，使得纳米片层在水平方向生长许可，而在片层 z 轴方向生长受到抑制，是否可以制备得到 LDH 纳米片层呢？依据该思路，研究者开发了抑制剂一步法制备 LDH 纳米片层新技术，开辟了 LDH 纳米片层制备新途径[37]。纳米片层堆积最终形成 LDHs 材料的关键因素是层板间作用力的变化，即层间生长涉及的弱作用力如范德华力、弱静电相互作用或氢键。通过抑制剂削弱弱作用力，从而使得整体层间相互作用减弱，而使片层仅在平面内生长而不发生层堆叠，就可以一步制备 LDH 纳米片层。研究发现甲酰胺是理想的层板堆积抑制剂，在 LDH 纳米片层一步制备过程中起到多功能作用。除了甲酰胺分子中的羰基与 LDH 层板上的 OH$^-$ 之间的作用力外，甲酰胺非常高的介电常数也是需要考虑的重要因素。甲酰胺的存在弱化了正电荷 LDH 层板与负电荷平衡离子之间的静电作用力，减弱了层板之间的作用力。当反应体系中甲酰胺体积分数为 23% 时，利用共沉淀法在室温条件下可快速制备 Mg$_2$Al LDH 纳米片层。而利用相同的反应条件，在没有甲酰胺存在时，仅得到 Mg$_2$Al LDH 材料。AFM 表征结果表明，制备的 Mg$_2$Al LDH 平均层厚度约为 0.8 nm，由于 Mg$_2$Al LDH 单层的厚度为 0.5 nm，说明其表面吸附了阴离子和甲酰胺分子。进一步研究结果表明，反应体系中存在的甲酰胺浓度的高低对制备 LDH 单层纳米片层有很大影响。高浓度甲酰胺介质中，将导致甲酰胺与生成的正电性 LDH 纳米层板间强的作用力，从而发挥更有效的层板堆积抑制效果，如 30%（体积分数）甲酰胺存在下，可以一步制备得到更好结晶性的 LDH 纳米片层。另外，高电荷密度 LDH 层板能够吸附更多的甲酰胺分子，从而有利于制备结晶性好的 LDH 纳米片层，层生长抑制剂辅助 LDH 纳米片层直接制备过程如图 6-15 所示。

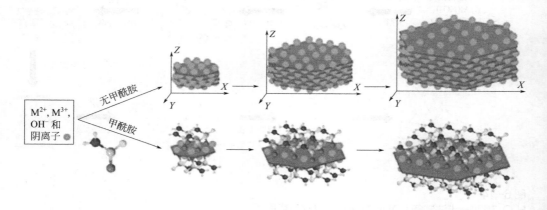

图 6-15
层生长抑制剂辅助 LDH 纳米片层直接制备过程示意图 [37]

此外，针对纳米片层制备过程中需要使用如甲酰胺等有机溶剂，会造成制备成本、环境问题及分离困难等弊端，研究者利用环境友好的水作为诱导剂，开发了水诱导自剥离大规模制备氢氧化物超薄纳米片层新技术。该技术

二维无机材料
剥离、纳米层组装及其功能化

制备过程中，反应体系中得到的前驱体通过水诱导水解和剥离，最终制备氢氧化物超薄纳米片层。利用该制备技术，制备了氢氧化钴超薄纳米片层[38]。将 $Co(CH_3COO)_2 \cdot 4H_2O$ 溶解在乙醇中得到需要的反应体系，分散在乙醇中的 Co^{2+} 和 Ac^- 与少量的 H_2O 和 OH^- 在乙醇中重结晶，形成新的粉红色前驱体醋酸钴氢氧化物 $Co_5(OH)_2(CH_3COO)_8 \cdot 2H_2O$。向该乙醇体系中加入水，导致 $Co_5(OH)_2(CH_3COO)_8 \cdot 2H_2O$ 水解成层状氢氧化钴。在水分子的诱导作用下，新形成的层状氢氧化钴几秒钟内快速剥离成几乎单层的 $Co(OH)_2$ 纳米片层，分散到介质中形成 $Co(OH)_2$ 纳米片层透明分散液。与其它介质中一步制备 LDH 纳米片层技术相比，该纳米片层制备方法更加省时和高效，使用过的溶液和废液都可以回收，是真正绿色、高效且无模板或表面活性剂使用的制备 LDH 纳米片层技术。只需更换过渡金属醋酸盐，通过该方法即可制备其它层状金属氢氧化物纳米片层，水诱导自剥离大规模制备氢氧化物超薄纳米片层过程如图 6-16 所示。

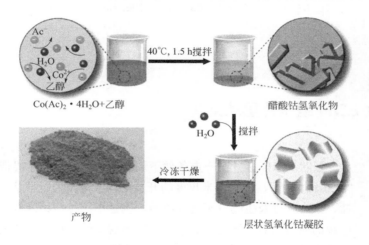

图 6-16
水诱导自剥离大规模制备氢氧化物超薄纳米片层过程示意图[38]

从正电性 LDH 纳米片层的制备技术来看，无外乎自上而下的剥离过程和自下而上的直接生长过程。对于自上而下常规剥离包括两步，即通过各种方法制备层状 LDHs 材料前驱体和大分子插入层板间的诱导剥离，正确的溶剂选择对于实现剥离至关重要。而对于 LDH 单层直接生长过程来说，限域反应时间、空间及反应物质量需要充分考虑。部分层状 LDHs 材料在不同剥离条件下的剥离行为归纳在表 6-3。

表 6-3　部分层状 LDHs 材料不同剥离条件下的剥离行为

序号	LDHs	插层离子	分散剂	过程	稳定性	剥离程度
1	Zn_2Al LDH	DS^-	正丁醇	120 ℃，回流 16 h	至少 8 个月	完全剥离
2	$LiAl_2$ LDH	OS^-, DS^-, OBS^-, DBS^-	正丁醇	120 ℃，回流 16 h	OBS 和 DBS 稳定	OS^- 和 DS^- 不剥离 OBS^- 和 DBS^- 剥离
3	Mg_3Al LDH Mg_4Al LDH Mg_2Al LDH	甘氨酸	甲酰胺	搅拌几分钟 搅拌	至少 3 个月 不确定	完全剥离 部分剥离
4	$Mg_{0.67}Al_{0.33}$ LDH $Co_{0.67}Al_{0.33}$ LDH $Ni_{0.67}Al_{0.33}$ LDH $Zn_{0.67}Al_{0.33}$ LDH	DS^-	甲苯	搅拌后超声 5 min 搅拌后超声 5 min	不确定	成功
5	$Mg_{0.71}Al_{0.29}$ LDH	DS^-	四氯化碳	超声 30 min 和 2 h	不确定	成功

注：DS^-—十二烷基硫酸根；OS^-—辛基硫酸根；OBS^-—辛基苯磺酸根；DBS^-—十二烷基苯磺酸根。

6.4
正电性 LDH 纳米片层功能化

　　层状 LDHs 材料在一定条件下剥离的 LDHs 纳米片层带正电荷，可被看作"无机高分子"，具有纳米尺度的开放结构，可作为新型基元材料与多金属氧酸盐、聚合物以及生物分子进行组装，构建不同功能纳米复合结构或材料，具有广阔的应用前景。同时，通过掺杂、形貌及组成控制、缺陷化等手段，可以拓宽正电性 LDH 纳米片层的性质，实现其功能化及应用领域。由于剥离的正电性 LDH 纳米片层正电性大小与其主体层板组成紧密关联，因此要利用剥离所得 LDH 纳米片层的正电性特征，就需要对主体层板的组成、结构和元素分布进行合理的设计和组装。

6.4.1　层板阳离子掺杂功能化

　　通常，LDHs 材料主体层板是以不同价态一种元素或不同价态两种元素组成，其剥离所得的纳米片层性质主要取决于层板元素的性质及其氧化数。因此，通过调节主体层板的元素组成或价态变化，可赋予 LDH 纳米片层高的活性位点、大的比表面积、合理的缺陷数量及理想的电子结构和电导率，使得功能化

二维无机材料
剥离、纳米层组装及其功能化

LDH 纳米片层在催化、储能、磁性等应用领域显示出广阔的应用前景。而合适的主体层板阳离子掺杂改性，是实现 LDH 纳米片层功能化的有效途径。

研究结果表明，第一过渡金属氧化物和氢氧化物是可再生能源用低成本理想候选催化剂，特别是由已共边八面体 MO_6 层组成的层状氢氧化物、羟基氧化物以及层状前驱体剥离所得的 LDH 纳米片层。当其它具有特征性质的阳离子掺杂到主体层板时，由此构成的复合元素层状氢氧化物 / 氧化物可展示出比未掺杂层板优越的物理化学性质。因此，通过阳离子掺杂改性，可以改善 LDH 纳米片层的功能性质。NiFe LDHs 材料由于主体层板 Ni 及 Fe 元素的特殊性质，使得组装的层状材料在磁性、催化及储能领域应用潜力巨大，如 $Ni_{10}Fe$ LDH 材料作为水分解析 O_2 反应的有效催化剂，得到了研究者的高度重视。为了进一步改善该类材料的催化活性，向制备的 $Ni_{10}Fe$ LDH 材料溶液中控制加入 Co^{2+} 离子，采用水热技术，可制备组成为 $FeNi_{10-x}Co_x$ LDH 超薄纳米片层[39]。这种三金属 $FeNi_{10-x}Co_x$ LDH 超薄纳米片层具有原子级厚度，同反应体系中未加 Co^{2+} 离子相比，制备的 $FeNi_{10-x}Co_x$ LDH 超薄纳米片厚度随加入 Co^{2+} 离子量增加而逐渐降低。$FeNi_{10}$ LDH 纳米片层的厚度约为 2 nm，而 $FeNi_9Co$ LDH 纳米片层的厚度为 1.5 ~ 1.8 nm，$FeNi_8Co_2$ LDH 纳米片层的厚度更加降低到 1.2 ~ 1.5 nm。同时，纳米片层厚度的变化及层板组成的改变，也引起纳米片层比表面积变化，$FeNi_{10}$ LDH 纳米片层比表面积为 46 m^2/g，$FeNi_9Co$ LDH 纳米片层的比表面积为 54 m^2/g，而 $FeNi_8Co_2$ LDH 纳米片层的比表面积则进一步增加到 80 m^2/g。纳米层板的厚度减小和层板比表面积增加，能够暴露更多的催化活性位点，使得改性后的 NiFe LDH 纳米片层展示出增强的析 O_2 催化性能。此外，Co^{2+} 掺杂也调节了层板主体活性位点的电子结构，大大改善了活性位点的内在动力，因而使得 NiFe LDH 纳米片层的电导率提高，电荷转移阻力与快速反应速率降低，增强了催化剂的电催化性能。将 Mn^{4+} 掺杂到 NiFe 纳米片层中，可以缩小 NiFe 纳米片层的带隙，得到更多导电电子结构，从而增大 NiFe LDH 纳米片层的电导率[40]。掺杂制备的 NiFeMn LDHs 是由三元 LDH 纳米片组装而成的花状结构，平均横向尺寸约 50 nm，厚度约为 3.7 nm，显示出了极佳的水分解析 O_2 反应催化性能。NiFeMn LDHs 盘状颗粒薄层电阻为 $1.6×10^3$ Ω/sq，而 NiFe LDHs 盘状颗粒薄层电阻为 $2.2×10^3$ Ω/sq。可以看出 Mn^{4+} 掺杂到 NiFe 层板中，所得到的 NiFeMn LDH 纳米片层的电导显著改善，将有助于对 $^*O$ 和 $^*OH$ 中间体的吸附，从而使得析 O_2 催化性能增强。因此，通过对 LDH 层板的阳离子掺杂，是改善主体层板性质的有效手段。阳离子掺杂不仅可以改变 LDHs 层板的形态、厚度、纳米片层尺寸及比表面积，而且也可以调节纳米片层表面的电子结构和表面化学环境，从而协调周围活性原子数和元素的化合价，使得材料的电导率发生变化，动力学过程加快，材料的本征物理化学性质得到改善。

6.4.2 纳米片层缺陷功能化

LDHs 材料固有的层状结构，是由不同金属氧化物以 MO_6 八面体共边结合而成。当 LDHs 材料通过合适手段制备形成 LDHs 纳米片层时，则在层板上产生了配位不饱和金属阳离子，这些存在的配位不饱和金属阳离子通过缺陷表现出来，最终会影响纳米片层的性质。因此，通过 LDHs 纳米片层的处理，使得层板上的缺陷变化，将是 LDHs 纳米片层功能化的有效手段。

采用自下而上的反相微乳液技术，可以制备不同层板组成且含有未配位饱和 $Zn_{d+}(d<2))$ 的超薄 ZnAl LDH 纳米片层。在水蒸气存在下，该超薄 ZnAl LDH 纳米片层对于 CO_2 光还原为 CO，表现出异常高的反应活性。同块体 ZnAl LDHs 材料相比，制备的超薄 ZnAl LDH 纳米片层的横向尺寸由块体的 5 μm 降低到 30 nm，且片层厚度很薄，使得层板中未配位饱和 Zn^{2+} 增多，层板上氧空位密度（V_o）缺陷增加，导致制备的超薄 ZnAl LDH 纳米片层显示出高的反应活性。超薄 ZnAl LDH 纳米片层中形成的 Zn^+-V_o 复合体，可以通过 X 射线吸收精细结构（XAFS），电子自旋共振（ESR）及正电子湮没谱测量（PALS）进行表征。超薄 ZnAl LDH 纳米片层中存在的 Zn^+-V_o 复合物用作捕集位点，促进了 CO_2 在该位点的吸附和电子转移到反应物，从而增强了超薄 ZnAl LDH 纳米片层光催化 CO_2 还原速率。正电子湮没谱测量结果表明，超薄 ZnAl LDH 纳米片层中缺陷最长分量 $\tau_3=(2.4 \sim 2.5)$ ns，归因于材料内大孔的产生。最短分量 τ_1 主要归因于材料大部分区域单空位的存在，τ_2 分量主要与较大俘获正电子缺陷如氧空位簇，即在氧化物材料表面上形成的 Zn-V_o 缔合体有关。各种缺陷分量的相对浓度可以从正电子寿命强度（I）得到，且寿命强度比值可以说明缺陷的变化。对于 Zn/Al=1 的超薄 ZnAl LDH 纳米片层，其 I_2/I_1 之比为 0.39，大于 Zn/Al=3 超薄 $ZnAl_3$ LDH 纳米片层的 0.35，表明大尺寸表面缺陷 I_2 在 Zn/Al=1 的超薄 ZnAl LDH 纳米片层材料中占优势。因此，当 LDH 纳米层板的横向尺寸降低到纳米级别，高比例的配位不饱和金属离子导致的缺陷将引起层板结构明显变化，使得通过层板缺陷浓度变化，调节 LDH 纳米片层化学活性成为可能[41]。

另外，较小横向尺寸和结构柔韧性超薄纳米片层的可控制备仍然是具有挑战性的工作。二维石墨烯氧化物依据其独特的柔性平面结构，通常能够诱导各种无机物在其表面生长／自组装，复制具有可控尺寸和良好结构稳定性的复合纳米片层结构。但是，这些复合纳米片层具有常见的杂化结构和／或无机纳米粒子负载到石墨烯上表面，而使得石墨烯完美结构不能有效复制，导致制备材料的性能不理想。为此，如何使石墨烯完美结构得到有效复制，且制备出具有超薄和高度柔韧性的无机纳米片层，对于材料性能开发意义重大。借助于石墨烯表面限域模板作用，可以复制制备石墨烯结构和尺寸大小的超薄高柔韧性 NiCo LDH 纳米片层。氧化石墨烯表面的 C/O 官能团作为氧化位点，促进 Co^{3+} 离子的形成，并诱导 NiCo- 氢氧化物（NiCo-OH）从 β 相转化到 LDH 相。由于 NiCo LDH 纳米片层在氧化石墨烯表面的生长受限和 / 或引导，使得生成的 LDH 主体层板和氧化石墨烯表面之间受到独特静电场约束，从而导致生成的超薄 NiCo LDH- 石墨烯（NiCo LDH-G）纳米片层显示了类似石墨烯的高度曲折结构和卓越的化学物理性能[42]。与 NiCo-OH 纳米片层相比，制备的 NiCo LDH-G 纳米片层 X 射线吸收光谱相应峰强度明显下降，归因于在纳米片层上原位形成氧空位和 Co^{3+} 的 3d 轨道与 O 原子的 2p 轨道杂化状态的减弱。该结果也进一步说明，NiCo LDH-G 纳米片层的超薄特征，导致 Co^{3+} 的 3d 电子结构重新排列，在纳米片层上形成了大量的悬空键。

6.4.3 纳米片层孔洞功能化

由于 LDH 纳米片层具有大的比表面积、高表面裸露原子及易电荷转移行为，其在能量转换与储存领域显示了应用前景。而在 LDH 纳米片层上通过引入丰富且分布均匀的纳米孔，即制备超薄 LDH 纳米筛，将赋予 LDH 纳米片层新的功能和特性。受奥斯特瓦尔德熟化机制的启发，研究者提出了二维限域刻蚀夹层奥斯特瓦尔德熟化工艺制备超薄 LDH 纳米筛技术，应用该技术可实现多孔 $β-Ni(OH)_2$ 单晶超薄纳米筛的可控制备[43]。由于制备的 $β-Ni(OH)_2$ 单晶超薄纳米筛具有丰富而均匀的纳米孔，使得从 $β-Ni(OH)_2$ 到电活性 β-NiOOH 相变显著增强，从而为该材料在催化及能量转换方面的应用提供了丰富的活性物质及活性中心。同时，超薄纳米筛可以起到缓冲材料结构变形作用，使得材料使用过程中的电化学稳定性增强，是理想的催化和储能候选材料。

奥斯特瓦尔德熟化是一个自发过程，是通过降低总表面能驱动，制备核 - 壳纳米结构的有效方法。通过尿素水解水热共沉淀制备块体 NiAl LDHs 材料，随后块体 NiAl LDHs 材料在甲酰胺介质中超声剥离，得到 NiAl LDH 超薄纳米片层。将剥离得到的 NiAl LDH 超薄纳米片层在剧烈搅拌下分散到超纯水中，随后加入一定量 NaOH 溶液超声搅拌 15 min，所得 NiAl LDH 超薄纳米片层分散液 180 ℃水热处理 24 h，即可得到 $β-Ni(OH)_2$ 单晶超薄纳米筛。制备 $β-Ni(OH)_2$ 单晶超薄纳米筛的关键点是剥离的 NiAl LDH 超薄纳米片层为前驱体。碱性介质中纳米片层组分铝首先选择性刻蚀后，在 $β-Ni(OH)_2$ 骨架限域下发生原位内层奥斯特瓦尔德熟化过程，即 $β-Ni(OH)_2$ 骨架中突出部位和边缘中热力学不稳定的 Ni 物种开始溶解，溶解的 Ni 物种依次沉积到大孔边缘以降低整体能量，导致大孔收缩而最终形成高密度孔径 3 ～ 4 nm 且孔分布均匀的 β-Ni(OH)$_2$ 单晶超薄纳米筛。制备的 β-Ni(OH)$_2$ 单晶超薄纳米筛厚度为 0.56 ～ 1.45 nm，相当于 1 ～ 3 层 β-Ni(OH)$_2$ 纳米片层的重叠厚度。β-Ni(OH)$_2$ 单晶超薄纳米筛具有丰富而均匀分布的多孔特征，使得材料能够提供丰富的活性位点，展示出具有高催化电流、低过电势、小的塔菲尔斜率及高的周转频率，而在光催化水释放 O$_2$ 方面展示了良好的催化性能。另外，基于 NiFe LDHs 作为光催化分解水催化剂，具有成本低、释放 O$_2$ 效率高的特点及铁在改善镍基层主体材料释放 O$_2$ 过程中的关键作用。研究者对 NiFe LDHs 材料给予了高度关注，特别是 Fe^{3+} 在镍基层主体材料中高度均匀分布的 NiFe LDHs 材料。在通过二维限域刻蚀夹层，奥斯特瓦尔德熟化工艺制备多孔 β-Ni(OH)$_2$ 单晶超薄纳米筛分解水光催化剂基础上，为了进一步说明超薄纳米筛中纳米孔是改善催化剂固有活性，还是仅通过增加其比表面积而达到改善材料性能这个基础问题，研究者首先通过尿素水解，水热制备了 ZnNiFe LDHs 材料，随后其在甲酰胺介质中超声处理，剥离得到了 ZnNiFe LDH 纳米片层。以 ZnNiFe LDH 纳米片层为前驱体，将其分散在 NaOH 溶液中 140 ℃ 水热处理 12 h，最终得到高度孔分布特征的 NiFe LDH 超薄纳米筛[44]。NiFe LDH 超薄纳米筛中存在的纳米孔，使得催化反应过程中从 LDH 相转变到电活性 α-NiOOH 相较容易，赋予了制备材料好的催化性能。NiFe LDH 超薄纳米筛层板中的孔径约为 3 nm 以下，前驱体 ZnNiFe LDH 纳米片层在 NaOH 介质中水热处理时，主体层板中的两性组分 Zn 被选择性刻蚀，随后纯化过程导致纳米孔在 NiFe 层板上均匀生成。受益于高度多孔二维形貌，有效促进了催化活性高价相态的生成，实现了材料释放 O$_2$ 能力的显著增强。此外，二维超薄纳米筛层板中存在的丰富纳米孔，可以提供足够的空间，达到缓冲氧化还原反应重复过程中的体积变化，有效避免了材料结构变形，提高了材料在催化反应过程中的结构稳定性。

参考文献

[1] Rives V, Ulibarri M A. Layered double hydroxides (LDHs) intercalated with metal coordination compounds and oxometalates. Coord Chem Rev, 1999, 181: 61-120.

[2] Kobayashi Y, Ke X, Hata H, et al. Soft chemical conversion of layered double hydroxides to superparamagnetic spinel platelets. Chem Mater, 2008, 20: 2374-2381.

[3] 李丹. 水滑石类层状化合物插层选择性及机理的研究 [D]. 北京：北京化工大学，2004.

[4] Hibino T, Tsunashima A. Characterization of repeatedly reconstructed Mg-Al hydrotalcite-like compounds: gradual segregation of aluminum from the structure. Chem Mater, 1998, 10: 4055-4061.

[5] Kannan S, Swamy C S. Synthesis and physicochemical characterization of cobalt aluminium hydrotalcite. J Mater Sci Lett, 1992, 11: 1585-1587.

[6] Williams G R, Hare D O. Towards understanding, control and application of layered double hydroxide chemistry. J Mater Chem, 2006, 16:

二维无机材料
剥离、纳米层组装及其功能化

3065-3074.

[7] Liu Z, Ma R, Osada M, et al. Synthesis, anion exchange, and delamination of Co-Al layered double hydroxide: assembly of the exfoliated nanosheet/polyanion composite films and magneto-optical studies. J Am Chem Soc, 2006, 128: 4872-4880.

[8] Pausch L, Lohse H H, Schunnann K, et al. Synthesis of disordered and Al-rich hydrotaleite-like compounds. Clay Clay Miner, 1986, 34: 507-510.

[9] Han Y, Liu Z H, Yang Z, et al. Preparation of Ni^{2+}-Fe^{3+} layered double hydroxide material with high crystallinity and well-defined hexagonal shapes. Chem Mater, 2008, 20: 360-363.

[10] Meyn M, Beneke K, Lagaly G. Anion-exchange reactions of layered double hydroxides. Inorg Chem, 1990, 29: 5201-5207.

[11] 赵芸. 层状双金属氢氧化物及氢氧化物的可控制备和应用研究 [D]. 北京：北京化工大学，2007.

[12] Paulhiac J L, Clause O. Surface coprecipitation of Co(Ⅱ), Ni(Ⅱ), or Zn(Ⅱ) with Al(Ⅲ) ions during impregnation of γ-alumina at neutral pH. J Am Chem Soc, 1993, 115: 11602-11603.

[13] Yu J, Liu J, Clearfield A, et al. Synthesis of layered double hydroxide single-layer nanosheets in formamide. Inorg Chem, 2016, 55: 12036-12041.

[14] Adachi-Pagano M, Forano C, Besse J P. Delamination of layered double hydroxides by use of surfactants. Chem Commun, 2000, 1: 91-92.

[15] Singh M, Ogden M I, Parkinson G M, et al. Delamination and re-assembly of surfactant-containing Li/Al layered double hydroxides. J Mater Chem, 2004, 14: 871-874.

[16] Venugopal B R, Shivakumara C, Rajamathi M. Effect of various factors influencing the delamination behavior of surfactant intercalated layered double hydroxides. J Colloid Interf Sci, 2006, 294: 234-239.

[17] Zhang Y, Wen L, Bai X, et al. A new strategy of preparing two-dimensional nanomaterials by exfoliating LDH using supercritical ethanol. Chem Lett, 2019, 48: 1148-1151.

[18] Jobbágy M, Regazzoni A E. Delamination and restacking of hybrid layered double hydroxides assessed by in situ XRD. J Colloid Interf Sci, 2004, 275: 345-348.

[19] O'Leary S, O'Hare D, Seeley G. Delamination of layered double hydroxides in polar monomers: new LDH-acrylate nanocomposites. Chem Commun, 2002, 14: 1506-1507.

[20] Hibino T, Jones W. New approach to the delamination of layered double hydroxides. J Mater Chem, 2001, 11: 1321-1323.

[21] Li L, Ma R, Ebina Y, et al. Positively charged nanosheets derived via total delamination of layered double hydroxides. Chem Mater, 2005, 17: 4386-4391.

[22] Abellan G, Coronado E, Marti-Gastaldo C, et al. Hexagonal nanosheets from the exfoliation of Ni^{2+}-Fe^{3+} LDHs: a route towards layered multifunctional materials. J Mater Chem, 2010, 20: 7451-7455.

[23] Kang H, Huang G, Ma S, et al. Coassembly of inorganic macromolecule of exfoliated LDH nanosheets with cellulose. Phys Chem C, 2009, 113: 9157-9163.

[24] Ma R, Liu Z, Takada K, et al. Synthesis and exfoliation of Co^{2+}-Fe^{3+} layered double hydroxides: an innovative topochemical approach. J Am Chem Soc, 2007, 129: 5257-5263.

[25] Ma R, Takada K, Fukuda K, et al. Topochemical synthesis of monometallic (Co^{2+}-Co^{3+}) layered double hydroxide and its exfoliation into positively charged $Co(OH)_2$ nanosheets. Angew Chem Int Edit, 2008, 47: 86-89.

[26] Gardner E, Huntoon K M, Pinnavaia T J. Direct synthesis of alkoxide-intercalated derivatives of hydrotalcite-like layered double hydroxides: precursors for the formation of colloidal layered double hydroxide suspensions and transparent thin films. Adv Mater, 2001, 13: 1263-1266.

[27] Hibino T, Kobayashi M. Delamination of layered double hydroxides in water. J Mater Chem, 2005, 15: 653-656.

[28] Jaubertie C, Holgado M J, Román M S S, et al. Structural characterization and delamination of lactate-intercalated Zn, Al-layered double hydroxides. Chem Mater, 2006, 18: 3114-3121.

[29] Antonyraj C A, Koilraj P, Kannan S. Synthesis of delaminated LDH: A facile two step approach. Chem Commun, 2010, 46: 1902-1904.

[30] Hou W, Kang L, Song R. Exfoliation of layered double hydroxides by an electrostatic repulsion in aqueous solution. Colloids Surface A, 2008, 312: 92-98.

[31] Wei Y, Li F, Liu L. Liquid exfoliation of Zn-Al layered double hydroxide using NaOH/urea aqueous solution at low temperature. RSC Adv, 2014, 4: 18044-18051.

[32] Wang.Y, Zhang Y, Liu Z, et al. Layered double hydroxide nanosheets with multiple vacancies obtained by dry exfoliation as highly efficient oxygen evolution electrocatalysts. Angew Chem Inter Ed, 2017, 56: 5867-5871.

[33] Wang Y, Xie C, Zhang Z, et al. In situ exfoliated, N-doped, and edge-rich ultrathin layered double hydroxides nanosheets for oxygen evolution reaction. Adv Funct Mater, 2018, 28: 1703363.

[34] Chen B, Zhang Z, Kim S, et al. Ostwald ripening driven exfoliation to ultrathin layered double hydroxides nanosheets for enhanced oxygen evolution reaction. ACS Appl Mater Interf, 2018, 10: 44518-44526.

[35] Hu G, Wang N, O′Hare D, et al. One-step synthesis and AFM imaging of hydrophobic LDH monolayers. Chem Commun, 2006, 3: 287-289.

[36] Yan Y, Liu Q, Wang J, et al.Single-step synthesis of layered double hydroxides ultrathin nanosheets. J Colloid Interf Sci, 2012, 371: 15-19.

[37] Yu J, Martin B R, Clearfield A, et al. One-step direct synthesis of layered double hydroxide single-layer nanosheets. Nanoscale, 2015, 7: 9448-9451.

[38] Gao R, Huang Q, Zeng Z, et al. General water-induced self-exfoliation strategy for the ultrafast and large-scale synthesis of metal hydroxide nanosheets. J Phys Chem Lett, 2019, 10: 6695-6700.

[39] Long X, Xiao S, Wang Z, et al. Co intake mediated formation of ultra thin nanosheets of transition metal LDH-an advanced electrocatalyst for oxygen evolution reaction. Chem Commun, 2015, 51: 1120-1123.

[40] Lu Z, Qian L, Tian Y, et al. Ternary NiFeMn layered double hydroxides as highly-efficient oxygen evolution catalysts. Chem Commun, 2016, 52: 908-911.

[41] Zhao Y, Chen G, Bian T, et al. Defect-rich ultrathin ZnAl-layered double hydroxide nanosheets for efficient photoreduction of CO_2 to CO with water. Adv Mater, 2015, 27: 7824-7831.

[42] Yang J, Yu C, Hu C, et al. Surface-confined fabrication of ultrathin nickel cobalt-layered double hydroxide nanosheets for high-performance supercapacitors. Adv Func Mater, 2018, 28, 1803272.

[43] Xie J, Zhang X, Zhang H, et al. Intralayered ostwald ripening to ultrathin nanomesh catalyst with robust oxygen-evolving performance. Adv Mater, 2017, 29: 1604765.

[44] Xie J, Xin J, Wang R, et al. Sub-3 nm pores in two-dimensional nanomesh promoting the generation of electroactive phase for robust water oxidation. Nano Energy, 2018, 53: 74-82.

二维无机材料
剥离、纳米层组装及其功能化

第 7 章
层状过渡金属碳化物

层状过渡金属碳化物（MXene）是一种新型过渡金属碳化物或碳/氮化物二维晶体，具有类似于石墨烯的层状结构，化学通式为 $M_{n+1}X_nT_z$，其中 M 为早期过渡金属元素，X 为碳或氮元素，T 为纳米层板表面的 F^-、OH^-、O_2^- 等活性官能团，n=1、2、3。类石墨烯层状材料是指具有石墨烯结构，但包含其它元素的二维原子晶体或化合物，如单原子层六方 BN、MoS_2、WS_2 等。通常，大部分二维晶体材料通过化学刻蚀或机械剥离等方法，以破坏三维层状前驱物层间较弱的结合力而得到，但是剥离层间结合力较强的三维层状化合物存在困难。2011 年，Gogotsi 等人利用氢氟酸（HF）选择性刻蚀三维层状化合物 Ti_3AlC_2 中的 Al 原子层，得到了具有类石墨烯结构的二维原子晶体化合物 Ti_3C_2[1]。之后，他们采用同样方法蚀刻了具有类似 Ti_3AlC_2 结构的 MAX 相材料［Ti_2AlC、Ta_4AlC_3、$(Ti_{0.5},Nb_{0.5})_2AlC$、$(V_{0.5},Cr_{0.5})_3AlC_2$、$Ti_3AlCN$］，成功制备出了 Ti_2C、Ta_4C_3、$(Ti_{0.5}Nb_{0.5})_2C$、$(V_{0.5}Cr_{0.5})_3C_2$、Ti_3CN 等相应的二维过渡金属碳化物或碳氮化物[2]。为了强调蚀刻剂 HF 对 MAX 相材料中 Al 元素的选择性蚀刻作用，以及新材料具有类石墨烯的二维结构，将这种新材料命名为 MXene 相材料。由于 MAX 相数量众多，且包含多种元素，因而通过刻蚀 MAX 相，可以制备出大量具有特殊性能的 MXene 材料，将为这类二维晶体材料的制备及应用研究提供重要保障。该类材料具有独特的二维层状结构、较大的比表面积及良好的导电性、稳定性、磁性能和力学性能，期待在能源存储、催化、吸附、电磁和吸波材料等领域展示出广阔的应用。

7.1
MAX 相的结构、制备及性质

7.1.1　MAX 相的结构

MAX 相材料是兼具金属和陶瓷优良性能的三维层状材料，是由 Barsoum 在 2000 年综述前面相应工作时，将早期发现的 H 相 M_2AX 和 Ti_3SiC_2 等具有 $M_{n+1}AX_n$ 化学通式的层状化合物统称为 MAX 相[3]。因此，MAX 是 $M_{n+1}AX_n$ 的缩写，M 代表前过渡金属元素如 Sc、Ti、V、Cr、Zr、Nb、Mo、Hf、Ta 等，A 代表一些第三或第四主族元素如 Al、Si、P、S、Ga、Ge、As、In、Sn、Ti、Pb 等，且大部分 MAX 相材料中 A 位元素主要为 Al 元素，X 为 C 或 N，n=1 ～ 3。近些年来，研究者们制备了更多 MAX 相新材料，不仅数量和组元大

二维无机材料
剥离、纳米层组装及其功能化

幅增加，而且原子晶体结构也展现出新特征。迄今为止，MAX 相家族的成员已经达到 100 多种，组成元素中 M 位元素从 Ti、V、Cr 等前过渡族金属元素拓展到了 Ce、Pr 等稀土元素，A 位元素也从熟知的 ⅢA 和 ⅣA 族元素扩展到了 Au、Ir、Zn 和 Cu 等后过渡族金属元素，且 X 位元素也增加了 B 元素。

MAX 相具有六方晶格结构，晶体呈六方对称性，空间群为 $D_{6h}^4 - P_{63}/mmc$，由 $M_{n+1}X_n$ 单元与 A 原子面交替堆垛而成，晶体结构中 $M_{n+1}X_n$ 单元层具有较强的共价键，而 A 层原子与相邻的 M 原子电子云重叠较低，导致以较弱的共价键结合，而 M-M 之间以金属键结合。根据 n 值不同，通常将 MAX 相分为 211、312、413 相等。除此之外，研究表明存在有更高 n 值的 MAX 相如 514、615 和 716 相等。211、312、413 相的主要区别在于晶体中每两层 A 原子层之间 M 原子个数，如 Ti_2SC、Ti_3SiC_2 和 Ta_4AlC_3 晶体结构如图 7-1 所示，每两层 A 原子层之间 M 原子个数分别为 2、3 和 4 个，这种特殊的原子排列方式使 MAX 相具有层状结构特点。

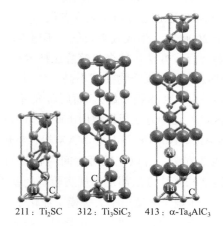

211：Ti_2SC 312：Ti_3SiC_2 413：α-Ta_4AlC_3

图 7-1
典型 MAX 相结构示意图

7.1.2 MAX 相的制备

通常，采用传统高温固相法制备 MAX 相材料，典型的制备工艺往往为将 M 位、A 位和 X 位的元素球磨混合后，加热至高温反应（一般在 1200 ℃以上），生成目标 MAX 相。在高温固相制备过程中，各组元容易反应生成各种稳定的合金相中间产物，使得目标层状晶体结构与其它同结构相形成竞争。对副族元素

（Fe、Co、Ni、Cu、Zn 等）来说，由于其与 Ti、V、Cr 等常见 M 位元素形成的合金相稳定性远高于以这些副族元素为 A 位的 MAX 相材料，导致传统高温固相制备法难以用于探索 A 位为副族元素的新型 MAX 相材料，也鲜有文献报道 A 位为副族元素的 MAX 相材料。最近，研究者提出了一种基于高温路易斯酸熔盐中 A 位元素置换反应制备策略，利用 MAX 相 $M_{n+1}X_n$ 亚层与 A 层原子分别与路易斯酸反应性不同的特点，在高温熔盐条件下将 A 位原子转化为阳离子，并生成易挥发的氯化物，同时路易斯酸中的阳离子则被还原成金属原子并嵌入原有 A 位晶格位，从而得到了一系列以 Zn、Cu 为 A 位元素的全新 MAX 相材料[4]。元素置换过程保持了 MAX 相原有的拓扑结构，避免了 M 位和 A 位原子生成竞争相的可能。这种自上而下的 A 位元素置换策略有别于传统的自下而上粉末冶金法及物理气相沉积制备法，为新型 MAX 相探索以及功能化设计提供了新途径。但是，根据制备 MAX 相物理形态不同，如块体、粉末及薄膜形态 Ti_3SiC_2 材料，其制备条件具有明显差别。

（1）块体 Ti_3SiC_2 MAX 相的制备

早期 Ti_3SiC_2 是通过气相反应或者化学气相沉积反应（CVD）制备，制备过程温度高于 2000 ℃，生成效率较低，不适合块体 MAX 相材料制备。为此，研究者利用燃烧合成方法，结合热等静压技术制备了块体 Ti_3SiC_2 相，该方法虽然反应速度快，但是生成产物纯度不高，生成物中 TiC 杂质较多，Ti_3SiC_2 最高含量大约 80%～90%（体积分数）。随后研究者利用热压和热等静压方法，制备了高纯度 Ti_3SiC_2，这种方法很快被用于制备如 Ti_3GeC_2、Ti_2AlC、Ti_2AlN、Ti_2GeC、V_2AlC、Ta_2AlC、Nb_2AlC 等其它 MAX 相。与热压制备 MAX 过程相似，利用放电等离子烧结方法，可以在较短时间内制备如 Ti_3AlC_2 等 MAX 相层状化合物。但是，上述这些烧结方法都是常规实验室制备手段，不适合大量生产 MAX 相。相比之下，无压烧结更适用于大规模工业化生产 MAX 相。早期的无压烧结通常是先进行机械合金化，再进行无压烧结，导致生成物中含有大量杂质相。为了提高制备 MAX 块体材料的纯度，利用无压烧结方法，通过向反应原料中加入少量 Al，成功地制备了纯度很高的 Ti_3SiC_2[5]。Al 元素的加入不仅提高了产品的致密度，而且促进了 Ti_3SiC_2 的生成，成为利用纯净粉末进行无压烧结制备 MAX 相工业化生产的重要途径。

（2）薄膜 Ti_3SiC_2 MAX 相的制备

采用化学气相沉积法，早期制备了薄膜 Ti_3SiC_2 MAX 相。但是，没有获得单一相 Ti_3SiC_2，显示出化学气相沉积法在 MAX 薄膜制备中的局限性。随后，将物理气相沉积技术应用到 MAX 相薄膜制备中，使得 MAX 相薄膜制备取得了较大进展。物理气相沉积技术利用等离子体轰击组成元素靶材，形成高能气态原子或带电离子，这些气态粒子在磁场作用下均匀混合并沉积到基板材料上，

二维无机材料
剥离、纳米层组装及其功能化

反应生成目标 MAX 相薄膜材料。物理气相沉积过程中组成元素能够在原子级别上实现均匀混合，为反应动力学即原子间的扩散提供了较大的便利，因此能够显著降低 MAX 相的生成温度。例如物理气相沉积一步制备 V_2AlC 薄膜材料，成相温度可以降低至 600 ℃，同时该方法也可用于制备 Ti_3SiC_2 相以及其它 Ti-Ge-C、Ti-Al-C、Ti-Al-N 等系列三元层状化合物薄膜。此外，阴极脉冲电弧、等离子喷涂及高速氧化喷射等技术也可应用于 MAX 相薄膜的制备，但这些方法的缺陷是制备温度高和存在杂质相，限制了这些方法的应用。因此，低温纳米复合膜制备技术被广泛地应用在 MAX 相薄膜制备中，成功地在 Si 基体和钢上制备出纳米 Ti-Si-C 薄膜，制备温度仅为 300 ℃，制备 Cr_2AlC 薄膜所需温度也仅仅为450 ℃。制备的低温纳米薄膜因其具有高导电性、耐磨损和耐腐蚀性能，在电接触材料应用领域前景广阔。

（3）粉末 Ti_3SiC_2 MAX 相的制备

与块体 Ti_3SiC_2 MAX 相制备不同，早期利用氧化反应制备粉末相 Ti_3SiC_2，但是制备所得材料纯度差，最高纯度仅为 55%。随后研究发现，向反应原料中加入少量 NaF 进行固液反应，可以得到纯度达 85% 左右 Ti_3SiC_2 粉末。利用固液反应并向原料中加入少量 Sn，成功制备了 Ti_2SnC 粉末。将 Ti-Si-TiC 粉末混合均匀后进行等温加热，可以制备具有均匀等轴晶粒，颗粒粒径大约为 2 ~ 4 μm，纯度高达 99.3% 的 Ti_3SiC_2 粉末[6]。

7.1.3　MAX 相的性质

MAX 相的组成元素改变，会引起晶体结构中成键强度和电子结构改变，从而进一步对 MAX 相材料结构稳定性、力学、导热、导电甚至磁性等物理性能造成较大影响。当副族元素介入 MAX 相材料的 A 位原子层时，有望增加制备材料在光电、催化、磁性、储能等领域的应用。

MAX 相独特的层状晶体结构是其具有高强度和高断裂韧性的主要原因，Ti_3SiC_2 在室温和 1300 ℃ 高温条件下的强度分别为 600 MPa 和 260 MPa，杨氏模量约为 320 GPa。同时，Ti_3SiC_2 具有层间撕裂和基础面滑移等断裂能吸收机制，断裂韧性显著高于普通陶瓷，且具有室温可加工性。MAX 相是电和热的良导体，室温电阻率一般从 0.07 ~ 2 μΩ·m 不等，且大多数 MAX 相电阻率都低于金属钛。Ti_3SiC_2 陶瓷的室温电导率和室温热导率分别达到 4.5×10^6 S/m 和 43 W/(m·K)，为金属 Ti 的 1.6 倍和 2.0 倍，优异的导电性和导热性使得 MAX 相材料在高温电接触应用方面具有独特优势。MAX 相的硬度范围为 1.4 ~ 8 GPa，且硬度具有各向异性，层状结构及低的硬度特点使该类材料具有良好的机械加工性能，像传统陶瓷一样，MAX 相材料的抗压强度比其抗拉强度和弯曲强度高。由于六方结构 MAX 相层间滑动导致位错产生，进而产生塑性变形。MAX 相塑性变形产生的流线与金属塑性变形产生的流线很相似，表明 MAX 相具有很好的塑性变形能力，这种微观塑性与良好的导热性能，使 MAX 相具有良好的抗热震性能。此外，由于部分 MAX 相中 A 位元素能够在高温氧化环境下快速扩散至材料表面，并形成致密氧化膜，这为氧扩散进入 MAX 相材料内部提供了屏障，如 TiC 在 500 ℃ 左右即开始快速氧化，而 Ti_3SiC_2 由于表面生成致密含 Si 氧化物，使得其氧化则相当缓慢。对于 A 位 Al 基 MAX 相如 Ti_2AlC 和 Cr_2AlC 等，由于在 MAX 相材料表面形成连续致密 Al_2O_3 层，赋予 Al 基 MAX 相材料更优的抗氧化性能。另外，MAX 相材料近年来被认为是下一代事故容错和燃料包壳涂层的优选材料，大量高能离子模拟辐照和中子辐照研究均显示，MAX 相材料可以表现出良好的耐辐照损伤性能。美国能源部和欧盟能源署均对 MAX 相材料的核能应用给予了足够的重视。在 MAX 相功能应用方面，MAX 相作为摩擦磨损器件、电触头器件和复合材料增强相等多方面的应用，均取得了较好的研究成果。

7.2
MXene 的结构、制备及性质

7.2.1　MXene 的结构

MXene 的结构与其前驱体 MAX 相一致，均为六方晶体，同属于 $P6_3/mnc$ 空间群。在 MAX 相中，M 原子和 X 原子以共价键方式连接形成 MX_6 八面体，X 原子位于八面体的中心。由于 A 原子的活性较高，键能较小，因而可以采用化学刻蚀法有选择性地去除 A 层原子，而不破坏 M—X 键，从而获得二维层状堆垛排列结构，即 MXene 材料。MXene 命名来自两个方面，"ene"指该类材料具有类似于石墨烯的二维原子结构，"MX"是来自于其前驱体 MAX 相。过渡金属碳化物、氮化物和碳氮化物 MXene 材料通式表示为 $M_{n+1}X_nT_x$，其中 n 介于 1 和 3 之间。由于采用液体刻蚀法制备的 MXene 表面活性极高，能迅速与溶液中的水、氟离子、氧等发生反应，达到降低整个体系的能量，使得 MXene 表面一般吸附有如 OH^- 和 F^- 等官能团，因而 T 为刻蚀过程中酸插层导致层板上吸附负电性官能团。MXene 材料表面不仅具有好的亲水性，而且显示了高的导电性，MXene 亲水性薄膜显示出约 8000 S/cm 的高电导率。由于 MAX 前驱体相中 n 的取值范围是 1 ～ 3，使得通常生成的 MXene 材料存在三种如图 7-2 所示

二维无机材料
剥离、纳米层组装及其功能化

的 M_2X、M_3X_2 和 M_4X_3 的晶体结构。MXene 材料是三个或更多原子层厚度的二维层状材料，虽然是通过选择性刻蚀 MAX 前驱体相中 A 层得到，但与三维块体前驱体具有不同明显的性质。

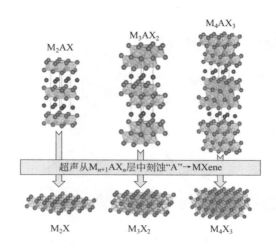

图 7-2
典型 MAX 相及其酸刻蚀所得相应 MXene 结构示意图

$Ti_3C_2T_x$ 是第一个制备得到的 MXene 材料，其结构如图 7-3 所示。2013年，研究者使用 EDX 分析所得 MXene 相中 Ti、C、O 和 F 原子比例，计算出 $Ti_3C_2T_x$ 相的化学式是 $Ti_{2.94}C_2F_2O_{0.55}(OH)_{0.65}$[7]。由于采用酸刻蚀法制备 MXene 会受诸多外界因素的影响，且在制备材料洗涤及干燥过程中也会造成元素的流失，因此单纯通过 EDX 分析而不结合其它方法确定 MXene 材料中的各元素比例存在局限。由于在 $Ti_3C_2T_x$ 中含有不等比例的官能团，这些官能团随机排布的位置和顺序导致确定 $Ti_3C_2T_x$ 结构困难。此外，$Ti_3C_2T_x$ 结构中含有一定量的 C 空位和 Ti 空位以及一些缺陷，也是导致 $Ti_3C_2T_x$ 结构确定困难的因素。现阶段一般采用第一性原理建立 MXene 相结构，随后进行假设和优化确定 MXene 相结构。最典型的假设是 MXene 相是无缺陷结构，而且其表面官能团是唯一且均匀分布。图 7-4 给出了两种官能团吸附在 $Ti_3C_2T_x$ 单层，且官能团不同方式混合的 MXene 结构模型及多层 MXene 结构模型[8]。

7.2.2　MXene 材料的制备

MXene 材料的制备一般是通过选择性刻蚀具有相似晶体结构 MAX 相中 A 原子层，获得 M 和 X 交替排列的 MXene 二维片层材料。迄今为止，大多数可

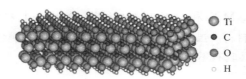

图 7-3
层状 $Ti_3C_2T_x$（$T=OH^-$，F^-，O_2^-）结构示意图

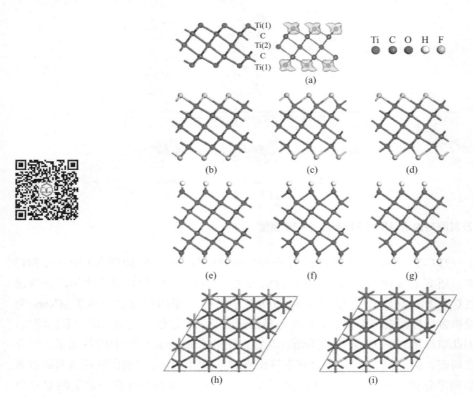

图 7-4
结构优化的 $Ti_3C_2T_x$ 单层及其表面覆盖 F^- 和 OH^- 结构形式 [8]（扫二维码看彩图）
（a）Ti_3C_2 单层侧面视图（左）和自旋密度分布（中）；（b）I -$Ti_3C_2F_2$；（c）II -$Ti_3C_2F_2$；（d）III -$Ti_3C_2F_2$；（e）I -$Ti_3C_2(OH)_2$；（f）II -$Ti_3C_2(OH)_2$；（g）III -$Ti_3C_2(OH)_2$ 的侧面视图；（h）和（i）是 I -$Ti_3C_2F_2$ 和 II -$Ti_3C_2F_2$ 的顶视图

蚀刻的 MAX 相前驱体主要是含 Al 金属层相，而最近也从含 Si 元素 Ti_3SiC_2 MAX 相中蚀刻 SiC，成功制备了 $Ti_3C_2T_x$ MXene 材料。以 MAX 相为刻蚀前驱体，自上而下刻蚀制备 MXene 材料所用的刻蚀剂主要是包含氟的酸或盐。这种含氟刻蚀剂主要分为两种，一种是含氟溶液基选择性刻蚀方法，主要包括 HF 水溶液体系及金属氟化物与酸生成 HF 体系，如 LiF+HCl 或 NH_4HF_2 反应刻蚀体系，而

二维无机材料
剥离、纳米层组装及其功能化

另一种是高温熔融氟盐刻蚀方法。另外，除含 Al MAX 相刻蚀前驱体外，一些如 Mo_2CT_x、$Zr_3C_2T_x$、U_2CT_x 等非 MXA 相也可以通过刻蚀技术，制备得到相应结构的 MXene 材料。研究结果指出，MAX 相的化学反应活性强烈依赖于 A 原子化学活性，且随着 MX 层厚度的增加而降低。而且在高温环境下，A 原子发生扩散脱离 $M_{n+1}AX_n$ 基体，导致 MAX 相发生部分分解。因此，通过适当方法选择性刻蚀 MAX 相中的 A 层原子，就可以获得 $M_{n+1}X_n$ 二维层状材料。从结构角度分析，尽管 M—A 键与 M—X 键相比较弱，但其结合力仍然很强，只能采用适当的处理手段才能在不破坏 M—X 结构前提下制备 MXene 材料，而强反应介质和反应环境将最终导致 MAX 相结构的破坏。MAX 相是一个拥有 100 种以上的化合物家族，发展通用、温和、环境友好的刻蚀制备 MXene 材料的技术显得尤为重要。化学液相刻蚀法从 MAX 相制备 MXene 材料，由于具有以上反应特征，在 MXene 材料制备中得到了广泛应用。但是，由不同的 MAX 相刻蚀制备 MXene 层状材料时，所选用的刻蚀途径与最终得到所需性质的 MXene 层状材料密切相关，因而在制备任何类型 MXene 时，必须了解制备材料所需的属性以及最终目标。

（1）液相 HF 酸刻蚀法

1）HF 溶液刻蚀制备

HF 酸刻蚀 MAX 相制备 MXene 材料，是较早的和比较成熟的 MXene 材料制备方法，通过 HF 溶液可以将 MAX 相刻蚀成相应的 MXene 二维层状材料。2011 年 Gogotsi 课题组采用该方法，首次制备了 Ti_3C_2 MXene 材料[1]。HF 刻蚀法的优点是制备所得 MXene 材料片层清晰和层间距均匀，缺点是由于 HF 是强腐蚀性酸，大量使用会对人体和环境造成危害。同时，利用 HF 刻蚀制备 MXene 片层，往往含有如孔洞等缺陷，导致 MXene 片层性能应用受到影响。因此，控制反应体系中 HF 浓度、刻蚀时间、反应温度及 MAX 相前驱体大小，是利用该法制备 MXene 层状材料的关键。

用 HF 刻蚀 Ti_3AlC_2 相制备 Ti_3C_2 MXene 层状材料过程如图 7-5 所示[9]。HF 对 Ti_3AlC_2 的刻蚀具有选择性，会优先选择键能较弱的 Ti-Al 键，从而与 Al 原子层连接的 Ti-C 层逐渐分离，结构不断沿着 c 轴膨胀，刻蚀方向平行于（0001）基面而生成相应的 MXene 相材料。同时，Al 原子层的刻蚀使得 Ti-C 层中的 Ti 元素裸露，其与溶液中富含的羟基、氟离子等官能团结合形成配合物，刻蚀主要反应为：

$$Ti_3AlC_2 + 3HF \longrightarrow AlF_3 + 3/2H_2 + Ti_3C_2 \tag{7-1}$$

$$Ti_3C_2 + 2H_2O \longrightarrow Ti_3C_2(OH)_2 + H_2 \tag{7-2}$$

$$Ti_3C_2 + 2HF \longrightarrow Ti_3C_2F_2 + H_2 \tag{7-3}$$

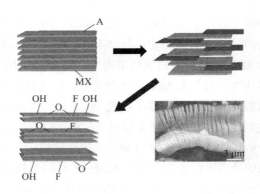

图 7-5
HF 刻蚀 Ti$_3$AlC$_2$ 相制备 Ti$_3$C$_2$ MXene 层状材料过程

HF 溶液浓度是刻蚀 Ti$_3$AlC$_2$ 制备 Ti$_3$C$_2$T$_x$ 材料的关键，当使用 3% ～ 50% HF 溶液时，刻蚀后所得产物的 XRD 图谱显示，前驱体 Ti$_3$AlC$_2$ 结构衍射峰消失，而在 $2\theta=9.5°$ 处出现了 MXene 材料（002）衍射峰，表明前驱体 Ti$_3$AlC$_2$ 结构中 Al 层完全除去。在刻蚀过程中，刻蚀所需时间与所用 HF 溶液浓度有很大关系，浓度不同使得所需刻蚀时间为 2 ～ 24 h 不等。如在室温下将 10 g Ti$_3$AlC$_2$ 前驱体粉末加入到 50% 的 HF 溶液中时，完成刻蚀仅需 2 h；而当 HF 浓度降低到 5%（质量分数）时，24 h 后才能保证 Al 层完全刻蚀。HF 浓度不仅对于刻蚀快慢重要，而且对于刻蚀所得 MXene 材料性质影响很大，不同浓度 HF 选择性刻蚀，将导致所得 MXene 材料表面负载的负电性离子数量和种类发生变化。当采用低浓度 HF 溶液时，刻蚀所得 MXene 材料表面总是负载过多 O$_2^-$ 等离子，而 F$^-$ 相对较少，即有利于制备高 O/F 比的 MXene 材料。相反，当使用高浓度 HF 溶液刻蚀时，所得 MXene 材料拥有更多的缺陷，不利于制备材料后续应用开发。因此，合适的 HF 溶液浓度，对于制备结构和性质优良的 MXene 材料非常重要。另外，MAX 经过 HF 酸刻蚀所得 Ti$_3$C$_2$T$_x$ 层状结构的晶格常数沿 c 方向明显增大，在一定程度上反映了 Al 层的成功刻蚀及所得层状材料层间距的增大。层间距增大可赋予制备层状材料更多的反应性能，如可以为离子或分子插层 - 脱出反应制备功能复合材料提供足够的反应空间，也可以为 MXene 层状材料的剥离提供新途径。这种简单 HF 酸刻蚀含 Al 层 M$_{n+1}$AlX$_n$ MAX 相制备层状 MXene 材料方法，可以进一步拓展到 Ti$_2$CT$_x$、Ta$_4$C$_3$T$_x$、(V$_{0.5}$Cr$_{0.5}$)$_3$C$_2$T$_x$、(Ti$_{0.5}$Nb$_{0.5}$)$_2$CT$_x$、Ti$_3$CN$_x$T$_x$、Nb$_2$CT$_x$、V$_2$CT$_x$、Nb$_4$C$_3$T$_x$、Mo$_2$TiC$_2$T$_x$、Mo$_2$Ti$_2$C$_3$T$_x$、Cr$_2$TiC$_2$T$_x$、(Nb$_{0.8}$Ti$_{0.2}$)$_4$C$_3$T$_x$ 等层状 MXene 的制备。在 HF 溶液刻蚀制备技术中，当 HF 浓度较低、反应时间太短或反应温度较低时，不能完全蚀刻掉 Al 层原子，导致得不到 MXene 纯相；反之，HF 浓度过大将导致较强腐蚀性，而使得 MAX 相结构破坏，甚至完

二维无机材料
剥离、纳米层组装及其功能化

全溶解掉 MAX 相。同时，HF 溶液毒性较大、腐蚀性较强及操作危险性使得该法的使用受到限制，因而寻找替代 HF 新刻蚀剂具有材料制备价值。

2）LiF+HCl 刻蚀反应体系

为了避免 HF 刻蚀 MAX 制备 MXene 层状材料过程中毒性大、腐蚀性强及操作危险等弊端，开发了利用 LiF 和 HCl 反应释放 HF 作为刻蚀剂的方法。在该混合刻蚀剂体系中，氟化盐与无机酸反应生成 HF 刻蚀剂，溶液中的 Li^+ 离子插层进入 MXene 层间，形成类似如"黏土"的 Li^+ 插层 MXene 材料。在 40 ℃条件下，利用 LiF 和 HCl 反应，制备的 HF 作为刻蚀剂与 Ti_3AlC_2 反应，刻蚀 Ti_3AlC_2 相制备得到层状结构 $Ti_3C_2T_x$ 材料，其中 T 为 F^-、OH^-、O_2^-，刻蚀制备过程如图 7-6 所示[10]。

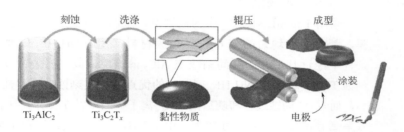

图 7-6
LiF+HCl 混合溶液刻蚀制备 MXene 层状材料过程示意图[10]

在该刻蚀体系中，LiF 和 HCl 的浓度比例对于刻蚀效果有很大影响。当 Ti_3AlC_2 前驱粉末加入到 5 mol/L LiF 和 6 mol/L HCl 混合溶液中，40 ℃搅拌 45 h，可以得到刻蚀的 $Ti_3C_2T_x$。在该刻蚀过程中，溶液中的 H^+ 和 F^- 发挥了关键作用，而溶液中的 Li^+ 插层到 MXene 层间或同 MXene 表面的 H^+ 发生交换反应，使得生成的 MXene 材料的层间距增大而层间的静电引力减弱，层间距的增大可以从制备材料 XRD 衍射峰向小角度移动确认。这种刻蚀机制制备的 MXene 层间作用力弱，随后借助超声振荡处理，可以容易实现 MXene 层状材料剥离。将 5 mol/L LiF 和 6 mol/L HCl 混合溶液改用 7.5 mol/L LiF 和 9 mol/L HCl 混合溶液，也可以刻蚀制备 $Ti_3C_2T_x$。与 5 mol/L LiF 和 6 mol/L HCl 混合溶液刻蚀体系制备的 $Ti_3C_2T_x$ 所不同的是，用 7.5 mol/L LiF 和 9 mol/L HCl 混合溶液刻蚀体系室温下制备的 $Ti_3C_2T_x$ 具有很好的膨润行为，随后在进行 MXene 材料剥离过程中，可以制备得到较大尺寸和较少缺陷的 MXene 片层，是制备大尺寸 MXene 片层的有效途径。除 LiF 盐可以和 HCl 组成刻蚀剂反应体系从 MAX 制备 MXene 层状材料外，其它氟化盐如氟化钠（NaF）、氟化钾（KF）、氟化铯（CsF）、氟化四丁基铵、氟化钙（CaF_2）可以代替 LiF，与 HCl 或 H_2SO_4 组成刻蚀溶液制备 MXene 材料，这种刻蚀方法也可应用于 Nb_2CT_x、Ti_2CT_x、$Cr_2TiC_2T_x$、$Mo_2TiC_2T_x$、$Mo_2Ti_2C_3T_x$、Mo_2CT_x、$(Nb_{0.8}Zr_{0.2})_4C_3T_x$ MXene 材料的制备。利用 LiF 和 HCl 混合溶液代替 HF 刻蚀 Ti_3AlC_2，制备的 $Ti_3C_2T_x$ 层状材料虽然层状形貌不明显，且在 $Ti_3C_2T_x$ 层表面有许多附着的小片状粒子，但是由于反应体系腐蚀性温和，可有效将 Al 原子层刻蚀，而不破坏原来的层状结构主体，使得制备的 $Ti_3C_2T_x$ 层状材料在随后的剥离过程相对容易，且在超声辅助作用下能够剥离得到质量高、产量高及横向尺寸大的单层或少层 $Ti_3C_2T_x$（少于 5 层）。同理，将 LiF 用 NaF 或 KF 取代，用相应盐与 HCl 或者 H_2SO_4 组成的混合溶液作为刻蚀剂，也能取得相类似的刻蚀效果。但是，该方法的缺点是刻蚀时间较长及刻蚀不完全，仅在刻蚀 Ti_3AlC_2 和 Cr_2TiAlC_2 相方面取得较为理想的刻蚀效果。

3）NH_4HF_2 刻蚀法

采用 1 mol/L NH_2HF_2 作为刻蚀剂，室温下可以刻蚀外延生长的 Ti_3AlC_2 薄膜，制备形貌均匀的 $Ti_3C_2T_x$ 外延膜材料。使用 NH_4HF_2 刻蚀剂，可以在室温条件下经过几小时的时间刻蚀 Ti_3AlC_2 薄涂层，或室温条件下 5 天左右的时间刻蚀 Ti_3AlC_2 粉末。NH_2HF_2 刻蚀法的优点是不仅刻蚀体系毒性小及刻蚀条件温和，而且 Al 刻蚀过程和随后的 NH_4^+ 离子插入刻蚀 $Ti_3C_2T_x$ 层间一步完成，刻蚀效率高且得到的片层尺寸较大。由于 NH_4^+ 离子在刻蚀过程中插层到 $Ti_3C_2T_x$ 层间，使得 $Ti_3C_2T_x$ 的层间距增大到 2.47 nm，NH_2HF_2 刻蚀法反应机理如方程（7-4）和方程（7-5）所示[11]。当将 NH_2HF_2 刻蚀剂改为其它碱金属二氟化盐，在刻蚀过程中也能观察到碱金属离子同时插层，进入制备 MXene 层状材料层间的现象，Li^+、Na^+、Mg^{2+}、K^+、Al^{3+} 等碱金属二氟化盐，均可作为 MAX 相刻蚀剂使用。但是，该方法的缺点是制备得到的 MXene 材料中，残存一定量的 $(NH_4)_3AlF_6$，导致制备的 MXene 材料纯度受到影响。

$$Ti_3AlC_2 + 3NH_4HF_2 \longrightarrow (NH_4)_3AlF_6 + Ti_3C_2 + 3/2H_2 \qquad (7\text{-}4)$$

$$Ti_3C_2 + aNH_4HF_2 + bH_2O \longrightarrow (NH_3)_c(NH_4)_dTi_3C_2(OH)_xF_y \qquad (7\text{-}5)$$

4）非 Al 层 MAX 相氧化辅助 HF 刻蚀法

与其它 A 元素构成 MAX 相比较，由于铝具有较低的还原电位，使得目前为止制备的大多数 MXene 材料是通过 HF 酸刻蚀含铝层 MAX 相而得到。通过 HF 刻蚀 Ti_3AlC_2 制备 $Ti_3C_2T_x$ MXene 材料的缺点是，Ti_3AlC_2 作为刻蚀前驱体时大量供应受到限制，且价格昂贵。相比而言，Ti_3SiC_2 不仅是研究最广泛的 MAX 相，而且其作为前驱体比 Ti_3AlC_2 价格便宜。因此，是否可以利用 HF 刻蚀含铝 MAX 相的类似方法，以 Ti_3SiC_2 为前驱体刻蚀制备 $Ti_3C_2T_x$ MXene 材料呢？由于在 HF 溶液中，不能有效破坏 MAX 相结构中的 Ti-Si 键，因而利用 HF 及其它

二维无机材料
剥离、纳米层组装及其功能化

刻蚀剂未能从 Ti_3SiC_2 制备得到 $Ti_3C_2T_x$。在以 Ti_3AC_2（A＝Al、Si、Ge）相作为前驱体时，由于 Ti–Al 键合比 Ti–Si 和 Ti–Ge 键合弱，使得 Ti_3SiC_2 对于强碱和包括 HF 强酸具有刻蚀惰性作用。为此，利用由 HF 和氧化剂组成的反应体系，在 HF 和氧化剂组成反应体系中处理 Ti_3SiC_2，可以对含 Si 材料进行湿化学蚀刻，常用的氧化剂包括 HNO_3、H_2O_2、O_3，过硫酸盐和高锰酸盐。HF 和氧化剂组成反应体系，刻蚀 Si 元素腐蚀机理分为两步过程，一是通过氧化剂逐步氧化 Si，二是生成的氧化硅被 HF 溶解。利用 HNO_3/HF 混合反应体系，可以选择性地刻蚀碳化硅多晶体，制备纳米级 SiC 薄层。因此，利用氧化剂辅助，打破硅与其它元素如 Si–C 之间强的化学键具有可行性。以 H_2O_2 作为氧化剂辅助 HF 刻蚀 Ti_3SiC_2 MAX 相中的 Si 层，制备得到 $Ti_3C_2T_x$ MXene 材料，开辟了 H_2O_2 氧化剂辅助 HF，刻蚀非 Al 层 $M_{n+1}AX_n$ MAX 相制备 $Ti_3C_2T_x$ 的新途径 [12]。

（2）熔融氟盐刻蚀法

对于 $Ti_{n+1}AlC_n$ 等过渡金属碳化物，采用液相 HF 酸刻蚀 MAX 相中 Al 层技术，可以除去 MAX 相中的 Al 层，得到 $Ti_{n+1}C_nT_x$ 类 MXene 层状材料。但是，通过第一性原理计算发现，$Ti_{n+1}AlN_n$ 等过渡金属氮化物中，$Ti_{n+1}N_n$ 的内聚能小于 $Ti_{n+1}C_n$，而 $Ti_{n+1}N_n$ 的形成能大于 $Ti_{n+1}C_n$。$Ti_{n+1}N_n$ 低的内聚能意味着其较低的结构稳定性；而高的形成能则意味着 $Ti_{n+1}AlN_n$ 等过渡金属氮化物中的 Al 原子具有较强的键合作用，刻蚀除去需要更高的能量。因此，利用液相 HF 酸刻蚀法处理 $Ti_{n+1}AlN_n$ 等过渡金属氮化物，不仅不能完全刻蚀 Al 原子，而且也可能造成 $Ti_{n+1}N_n$ 层的溶解。

相比相应碳化物 MXene 材料，氮化物 MXene 材料拥有一些潜在应用优势。氮化物 MXene 材料比相应碳化物 MXene 材料具有更高的电子电导率，适合用作电化学电容器电极候选材料。同时，由于 TiN 被认为是有前途的等离子体材料，预示氮化物 MXene 材料应该具有更好的变换光学和超材料器件性能，因而使得开发氮化物 MXene 材料制备技术显得尤为重要。为此，研究者以 Ti_4AlN_3 为刻蚀前驱体，以氟盐（质量分数）59% KF-29% LiF-12% NaF 熔融盐为刻蚀剂，混合体系在 Ar 气氛保护下 550 ℃保温 30 min 后，将混合物在稀 H_2SO_4 中反应 1 h，最后洗涤、离心、干燥，首次制备了 $Ti_4N_3T_x$ 二维层状过渡金属氮化物 MXene 材料。Ti_4AlN_3 氩气氛、550 ℃下与氟化物熔融盐刻蚀反应，随后在氢氧化四丁基铵（TBAOH）溶液中剥离制备 $Ti_4N_3T_x$ MXene 纳米片层过程示意图如图 7-7 所示 [13]。需要指出的是，虽然利用该方法可制备得到 $Ti_4N_3T_x$ MXene 材料，但是反应体系中引入了氟化物杂质，需要采用硫酸去除，导致制备过程复杂。同时，在后续剥离 $Ti_4N_3T_x$ MXene 材料时，所得材料的 XRD 结果显示可能会出现金红石型二氧化钛，从而影响制备 $Ti_4N_3T_x$ MXene 纳米片层应用。

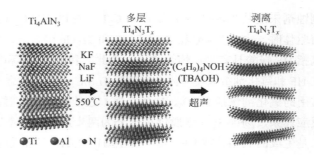

图 7-7
熔融氟盐刻蚀法制备 $Ti_4N_3T_x$ MXene 过程示意图[13]

（3）非 MAX 相前驱体刻蚀法

除过 MAX 相刻蚀制备 MXene 材料外，一些非 MAX 相材料也可以作为刻蚀前驱体，通过刻蚀得到如 Mo_2XT_x、$Zr_3C_2T_x$、U_2CT_x 等 MXene 材料。例如，利用非 MAX 相 Mo_2Ga_2C 作为前驱体，通过刻蚀掉 Mo_2Ga_2C 中的 Ga 层，制备了 Mo_2CT_x 层状材料。非 MAX 相 Mo_2Ga_2C 在 MoC 层间有两层 Ga 层，这为该类非 MAX 相材料的刻蚀创造了便利条件，刻蚀和剥离最终得到 Mo_2CT_x 纳米片层的过程如图 7-8 所示[14]。采用两种方法可以制备得到 Mo_2CT_x 纳米片层，一种是采用 3 mol/L LiF 和 12 mol/L HCl 组成的混合溶液作为刻蚀剂，1 g Mo_2Ga_2C 前驱体相粉末加入 20 mL 由 3 mol/L LiF 和 12 mol/L HCl 组成的混合溶液中，所得反应体系采用油浴于 35 ℃保温，磁力搅拌 16 天；所得悬浮液依次用 40 mL 1 mol/L HCl 溶液、40 mL 1 mol/L LiCl 溶液和超纯水洗涤 3 次，直到悬浮液 pH 约为 6，得到 Li^+ 插层的 Mo_2CT_x 层状 MXene 材料。另一种制备方法是刻蚀剂改为 14 mol/L HF 溶液，1 g Mo_2Ga_2C 前驱体粉末加入 40 mL 14 mol/L HF

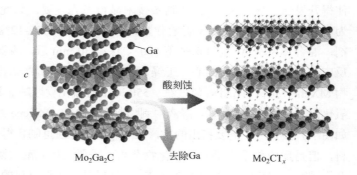

图 7-8
非 MAX 相 Mo_2Ga_2C 刻蚀制备 Mo_2CT_x MXene 材料过程[14]

二维无机材料
剥离、纳米层组装及其功能化

溶液中，所得反应体系采用油浴于 55 ℃保温，磁力搅拌 160 h；所得悬浮液用 40 mL 超纯水洗涤 3 次，得到刻蚀的 Mo_2CT_x 层状 MXene 材料。制备所得 Mo_2CT_x 层状 MXene 材料，其纳米片层形貌和尺寸大小受所选用刻蚀剂影响很大，3 mol/L LiF 和 12 mol/L HCl 混合溶液作为刻蚀剂时，由于反应相对温和，因而得到的 Mo_2CT_x MXene 纳米片层缺陷较少。另外，对于 $Zr_3Al_3C_5$ 及 $U_2Al_3C_4$ 等非 MAX 相材料，也可以通过刻蚀结构中的 Al_3C_3 层，得到 $Zr_3C_2T_x$ 及 U_2CT_x MXene 层状材料，使得刻蚀制备 MXene 层状材料前驱体选择范围扩大，丰富了 MXene 层状材料家族体系。

7.3
MXene 层状材料剥离

  一般，MXene 层状材料是通过刻蚀其前驱体 MXA 相中的 Al 层或非 Al 早期金属层制备得到。刻蚀所得的 MXene 层状材料由于破坏了 M-A 之间强的共价键结合，负载在 M-X 片层上的如 F^- 或 OH^- 等基团使得片层带有负电荷，而层间有正电性离子插层，导致层板之间以弱的分子间作用力如氢键和范德华力或静电引力相结合，这就为 MXene 材料在一定条件下最终剥离，形成 MXene 纳米片层提供了可行性。到目前为止，在成功刻蚀 MAX 相使其转化为 MXene 层状结构基础上，随后通过手动处理、超声处理、不同介质中处理、等离子体处理等多种方法，可成功实现 MXene 层状材料剥离，制备得到 MXene 纳米片层分散液及纳米片层。

  制备二维纳米片层的方法通常有两种：第一种是自下而上在各种基材上制备高质量薄膜的技术，如化学气相沉积（CVD），这种方法通常不用于制备 MXene 二维材料，因为获得的薄膜不是单层，而是非常薄的薄膜。例如使用 CVD 生产薄的 Mo_2CT_x MXene，即使是最薄 Mo_2CT_x MXene 膜，至少也包含有六个 Mo_2CT_x 片层，而不是单个 Mo_2CT_x 纳米片层。第二种方法即自上而下剥离技术，可进一步分为机械剥离和化学剥离。对于 MAX 作为前驱体，机械剥离法不适合用于制备 MXene 层状材料，主要原因是层板组成元素 M 与层间 Al 层或非 Al 元素层之间强烈的共价键作用。因此，发展液相条件下 MXene 纳米片层剥离技术是获得 MXene 纳米片层的关键。到目前为止，已经开发了多种通过刻蚀 MAX 相前驱体结构中的 Al 层，继而得到 MXene 层状材料，随后辅助机械搅拌或超声处理 MXene 纳米片层的制备技术。

7.3.1　MAX 相制备 MXene 材料的剥离能

MXene 纳米片层显示了独特的性质，使得采用自上而下化学剥离方法制备 MXene 纳米片层成为主要关注点。在综合考虑不同 MAX 相剥离能、键长及复杂化学键力常数等参数基础上，通过计算从 MAX 相制备 MXene 层状材料的剥离能，可以为 MXene 纳米片层的制备提供理论指导[15]。由于从 MAX 相到制备 MXene 的化学剥离过程是一个复杂的动态过程，因此通过计算模拟这样的过程就非常困难。但是，通过计算 MAX 相静态剥离能，可以帮助判断筛选从 MAX 相成功剥离得到二维 MXene 材料的可能性。为此，剥离能理论计算定义为 E_e：

$$E_e = -E(\text{MAX}) - 2E(\text{MXene}) - 2E(\text{A}) / 4S \tag{7-6}$$

式中，$E(\text{MAX})$、$E(\text{MXene})$、$E(\text{A})$ 分别是 MAX 相、MXene 和 A 元素最稳定相的总能量；S 是表面积，$S = \sqrt{3}a^2/2$，其中 a 是 MAX 相的晶格参数。

剥离每个 MAX 相时，每个 MAX 相晶胞总共产生 4 个表面的两个 MXene 层。因此，由式（7-6）计算 MAX 相剥离能时需除以 4。原则上从 MAX 相剥离形成 MXene 层状结构，就需要破坏 MAX 相结构中 A 原子与相邻 A 原子或 M 原子之间的键合作用。换句话说，为了从 MAX 相分离出 A 原子层相，至少要破坏六个 A–A 键和六个 M_1–A 键，因而计算选定 i 原子（=M、A、X）同其它原子间的总能量贡献即总力常数 FC_i 是需要的。$FC_i = \sum FC_{ij}$，其中 FC_{ij} 是原子 i 和 j 之间的力常数，且 j 代表了除原子 i 外在超晶格中的所有原子。通常，力常数 FC_i 是一个 3×3 二阶张量，因而将该张量视为 FC_{ij}。依据系统计算，研究者发现在大多数 MAX 相中，A 原子层与位于相邻第二邻近原子之间的力常数总是小。因此，A 原子层主要与最邻近原子如 M 或 A 原子相互作用。同时，研究还发现，X 或 M 原子的总力常数总是显著大于 A 原子层。这些理论计算结果提示，在 MAX 相刻蚀剥离过程中，一般由 A 和 M 原子形成的化学键容易被破坏，而由 M 和 X 原子之间形成的化学键不易被破坏。因此，为了能够通过计算判断哪个 MAX 相最适合成功剥离成二维 MXene，A 元素的总力常数 FC_A 是一个非常有用的物理量。以该总力常数 FC_A 作为一个简单判断标准，研究者就可以预期，具有较小总力常数的 MAX 相是最有希望成功剥离的 MAX 相前驱体，而这些前驱体通常均是含有 Al 原子层的 MAX 相材料。

7.3.2　插层 / 机械辅助剥离

MXene 层状材料一般是通过刻蚀其相应前驱体 MAX 相而得到，在其代表性表示式 $M_{n+1}X_nT_z$ 中，刻蚀层被不同基团 T_z 取代后，得到的层状结构材料 $M_{n+1}X_nT_z$，层间通过范德华力或氢键或静电引力将片层连接在一起。因此，不同

二维无机材料
剥离、纳米层组装及其功能化

刻蚀方法所得到的 $M_{n+1}X_nT_z$ 层状材料结构及作用力不同，其剥离过程也发生很大变化。$M_{n+1}X_nT_z$ 层状材料剥离得到其纳米片层的过程就是打破片层间弱的作用力，而通过不同尺寸离子插层到刻蚀 MXene 层状材料层间，将导致层间作用力减弱，随后伴随超声处理，是 MXene 层状材料剥离的主要手段。MXene 层状材料的插层和剥离，需要合适的插层离子或分子及合适的溶剂，当插层离子或分子插入到层间导致层间作用力减小，随后根据所需剥离纳米片层尺寸大小和浓度，分别采取不同外力处理，可实现 MXene 层状材料剥离。MXene 层状材料由于制备方法不同，所得 MXene 层状材料的性质具有差别，因而导致插层所用插层剂具有很大区别。常用的插层剂多种多样，从小半径的金属离子如 Li^+、Na^+ 等到大尺寸有机碱分子等。但是，不论何种插层剂，目的就是通过插层导致 MXene 层状材料膨润、层间作用力减弱，为后续剥离创造条件。

（1）胺插层 / 超声辅助剥离

从 MAX 相刻蚀所得的 MXene 层状材料，其纳米层通常负载 OH^- 或 F^- 离子，导致所得 MXene 层状材料不仅具有亲水性，而且层板负载 OH^- 或 F^- 离子带有负电荷，因而可以与有机碱和带正电离子发生相互作用，而使得这些分子或离子插层到层间。依据该原理，选择异丙胺作为插层剂，用于非 Ti 金属 MXene 如 Nb_2CT_x 的插层辅助剥离。异丙胺选择作为插层剂目的有两个，一是异丙胺与水接触混合后会形成铵阳离子 $R-NH_3^+$，随后在静电引力辅助下可以插层到 Nb_2CT_x 层间；二是异丙胺分子具有一个三碳原子烷基团，该基团大小可以克服插层过程中的空间位阻，插层到层间产生的膨润使得 Nb_2CT_x 层间作用力进一步变小而剥离。异丙胺插层的 Nb_2CT_x 随后在脱气水中超声处理，在防止 Nb_2CT_x 纳米片层氧化的同时，可实现 Nb_2CT_x 层状材料剥离成为 Nb_2CT_x 纳米片层胶体悬浮液。同样，在水介质中使用二甲基亚砜，也能实现其在 MXene 层间的插层反应，最终导致 MXene 剥离。异丙胺作为插层剂剥离方法具有通用性，如 $Ti_3C_2T_x$、$Nb_4C_3T_x$ 和其它 MXene 家庭成员。用此方法或其它胺类插层辅助超声剥离，可以实现这些 MXene 层状材料剥离[16]。

（2）有机碱插层 / 振荡辅助剥离

二维层状材料液相剥离技术是大规模制备二维纳米片层的有效方法。对于 MXene 层状材料，发展液相大规模制备其纳米片层，对于加快该类材料在催化、储能及磁性等领域应用非常重要。通过向刻蚀成功的 MXene 层状材料层间插入较大尺寸的有机碱分子，使得层间距离增大而膨润，随后膨润的层状 MXene 在一定外力如手动振荡，可以完成 MXene 层状材料在水介质体系中的剥离。该剥离过程对于 MXene 层状材料剥离具有普遍适用性，许多 MXene 层状材料在有机碱处理膨润下剥离过程如图 7-9 所示[17]。该方法成功应用在锂离子二次电极材料有最大插层量的 V_2CT_x 和具有双非金属 $C,N-Ti_3CNT_x$ 的剥离。1 g

MXene 层状材料用 10 mL 有机碱处理，将需要剥离的 MXene 层状材料加入到 54% ～ 56% 氢氧化四丁基铵（TBAOH）溶液中，所得分散液室温下搅拌不同时间。搅拌一定时间后，所得分散液 2000 r/min 离心半小时，下层沉淀泥浆（1 g）加入到 400 mL 超纯水，对 V_2CT_x 手动振荡 2 min 或 Ti_3CNT_x 超声 20 min，得到剥离的 V_2CT_x 和 Ti_3CNT_x 纳米片层分散胶体溶液。剥离的 MXene 纳米片层具有负电性，在水中形成了具有胶体特性的悬浮液。除过有机碱 TBAOH 外，氢氧化胆碱和正丁胺等有机碱液，也可以实现如 V_2CT_x 层状材料在水中的剥离。有机碱分子插层/振荡剥离过程，制备的 MXene 纳米片层中 F^- 离子含量显著降低，这对通过表面化学控制制备特殊性质的 MXene 纳米片层非常重要。

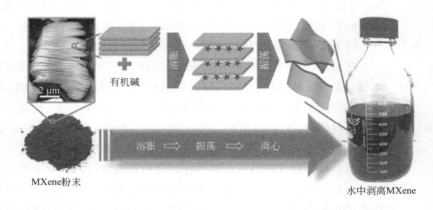

图 7-9
有机碱插层 / 振荡剥离 MXene 材料过程 [17]

利用 HF 作为刻蚀剂、TMAOH 作为插层剂，同样可以剥离得到 $Ti_3C_2T_x$ 纳米片层。在利用 TMAOH 剥离 $Ti_3C_2T_x$ 层状材料时，MAX 相刻蚀非常重要。将不同方法刻蚀得到的 100 mg MXene 层状粉末如 $5F\text{-}Ti_3C_2T_x$、$10F\text{-}Ti_3C_2T_x$、$30F\text{-}Ti_3C_2T_x$、或 $NH_4\text{-}Ti_3C_2T_x$ 分散于 10 mL 10mg/mL 的 TMAOH 水溶液中，室温搅拌 12 h。随后所得悬浮液离心洗涤两次至 pH 约等于 7，3500 r/min 离心分离 1 h，则可以得到剥离的 $Ti_3C_2T_x$ 胶体悬浮液。其中剥离的 $5F\text{-}Ti_3C_2T_x$ 纳米片层悬浮液浓度可达 0.5 mg/mL，尺寸大小在 0.2 ～ 0.7 μm。

（3）Li^+ 插层 / 超声辅助剥离

当使用含锂刻蚀剂时，如 LiF/HCl 混合刻蚀剂体系，氟化盐与无机酸反应生成 HF 刻蚀剂体系，溶液中的 Li^+ 随着层板电荷变化而插层进入 MXene 层间，形成类似如 "黏土" 的 Li^+ 插层 MXene 材料。在 40 ℃条件下，利用 LiF 和 HCl 反应制备 HF 作为刻蚀剂与 Ti_3AlC_2 反应，成功刻蚀 Ti_3AlC_2 相制备得到 $Ti_3C_2T_x$

二维无机材料
剥离、纳米层组装及其功能化

层状材料。在得到 Li^+ 离子插层 $Ti_3C_2T_x$ 层状材料后，随后对插层产物使用超声或手动振荡，均能够使 Li^+ 插层 MXene 最终剥离（随超声或手动振荡强度的不同，所得 MXene 纳米片层的大小和缺陷具有较大区别）。特别是对于期待得到大尺寸 MXene 纳米片层的剥离过程，从起初刻蚀剂的量到后续手动振荡方式均有特别要求。刻蚀混合体系中，LiF 与 MAX 相 Ti_3AlC_2 的质量比应大于 1（对应摩尔比 ≥ 7.5）。LiF/HCl 混合刻蚀剂体系中的 Li^+ 和 H^+ 离子浓度对于刻蚀效果和所得纳米片层尺寸大小起主要作用。如在大尺寸 MXene 纳米片层制备过程中，需要较高浓度的 Li^+ 离子。同时，当蚀刻剂中残留过量 HCl 时，更高浓度质子 H^+ 与 Li^+ 能够发生离子交换，导致膨胀的黏土状 $Ti_3C_2T_x$ 插层材料形成，可以通过手动振荡将膨润黏土状 $Ti_3C_2T_x$ 插层材料剥离，剥离分散液的浓度可达 1 mg/mL[18]。另外，剥离所得 $Ti_3C_2T_x$ 纳米片层具有独特笔直边缘，与 Ti_3AlC_2 相晶粒的原始形状相似。因此，如果期待剥离得到较大尺寸的 MXene 纳米片层，需要较大尺寸的 MAX 前驱体及后续温和的振荡处理手段。

（4）微波辅助液相剥离

液相剥离二维层状材料是从块体层状材料得到纳米片层的有效途径之一，其核心思想是在液相状态下，通过分子或离子插层到层状化合物层间，导致层间作用力减弱而实现层状化合物剥离。分子或离子插层到层状化合物层间而生成层间距增大的层状材料，随后需要辅助外力促使插层层状化合物最终实现剥离，常用的外力如超声处理、手动振荡及微波辅助处理等手段。范同祥等发明了微波辅助液相剥离二维层状材料新方法，该方法对于不同组成及结构二维层状材料的剥离显示了通用性。该方法的基本核心是选择液相有机溶剂，特别是极性有机溶剂和包含 PF_6^- 的离子液体作为处理介质，将块体 MXene 层状材料与一定量有机溶剂湿法球磨后，转移至全氟烷氧基烷烃聚合物内瓶的石英容器中，在氩气手套箱中微波处理并高速搅拌，可实现块体 MXene 的有效剥离。微波辅助方法的优点是不仅剥离时间较短，而且得到的大部分为单层或少层 MXene；缺点是剥离量相对较少，剥离量不到块体材料的 10%[19]。

（5）TMA$^+$ 离子插层 / 水热辅助剥离

MXene 层状材料研究虽然取得了许多有意义的结果，但是对于从 MAX 相采用两步法制备 MXene 纳米片层的低产量问题长期被忽视，严重阻碍了 MXene 层状材料的应用进程。尽管已经开发了多种 MXene 层状材料剥离制备其纳米片层方法，但是这些方法普遍率较低，一般通过传统的插层和剥离两步制备方法，得到的产率不超过 20%。剥离产率低的原因主要归于相邻 $Ti_3C_2T_x$ MXene 片层之间强的相互作用，理论计算表明，Ti–Ti 键和刻蚀残存的 Ti–Al 键具有很高的键能，因此导致插层分子或离子不能通过自身自由扩散而有效插入到层间，从而导致剥离产率降低。因此，提高 MXene 层状材料的剥离产率显得特别重要，而水热辅助插层剥离 $Ti_3C_2T_x$ 层状材料制备纳米片层技术，可使得 $Ti_3C_2T_x$ 层状材料的剥离率提高到 74%。该水热辅助插层剥离技术的核心思想是：在剥离体系中加入插层分子 TMAOH 和水溶性抗坏血酸抗氧化剂，选择 TMAOH 为插层试剂而不是其它有机物分子。原因如下：① TMAOH 被广泛用作 Al 的有效蚀刻剂，其在剥离体系中可以刻蚀残余连接相邻 $Ti_3C_2T_x$ 片层之间的 Al；②相对较大的 TMAOH 空间结构，足以削弱相邻 $Ti_3C_2T_x$ 片层之间的相互作用力；③当残余 Al 与 TMAOH 反应后，生成的 $Al(OH)_4^-$ 可以作为 Ti_3C_2 表面的钛介导部分进一步扩大层间空间。因此，在水热高温情况下，TMAOH 可以有效地嵌入 $Ti_3C_2T_x$ 层间，从而有利于剥离进行。同时，过量抗坏血酸水溶性抗氧化剂将有效保护剥离的 $Ti_3C_2T_x$ 纳米片层不被氧化，确保 $Ti_3C_2T_x$ 层状材料高的剥离产率，该水热辅助超声剥离过程如图 7-10 所示[20]。多层 $Ti_3C_2T_x$ 粉末分散在包含 TMAOH 作为嵌入剂和抗坏血酸作为抗氧化剂的去离子水中，然后将该混合物溶液转移至衬有特氟隆的不锈钢高压釜内，在 140 ℃水热处理 24 h。水热处理完成后，收集并洗涤 TMAOH 插层产物 $Ti_3C_2T_x$，随后超声处理之后再离心，获得大量片层厚度为 1.7 nm $Ti_3C_2T_x$ 纳米片层，剥离产率达到 74%。

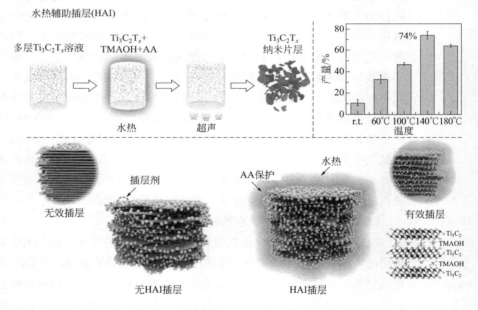

图 7-10
TMAOH 插层水热辅助超声剥离 MXene 材料过程[20]

二维无机材料
剥离、纳米层组装及其功能化

7.3.3　Al 两性下的 TMAOH 插层 / 剥离

　　研究者利用 MAX 相结构中 Al 元素的两性特征——既可以与酸反应，也可以同碱反应的性质，以有机碱 TMAOH 作为刻蚀剂，与 MAX 相中 Al 进行反应而刻蚀掉 MAX 相中的 Al 层。选择 TMAOH 作为刻蚀剂有两方面原因：一是 TMAOH 是进攻 Al 原子的有效试剂，这是它被广泛用作商业铝蚀刻产品的主要原因；二是 Al 与 TMAOH 反应生成的 $Al(OH)_4^-$ 可以用作碳化钛纳米片层表面上的钛介导部分。同时，反应过程中 Ti–Al 键的破坏使得较大的 TMA^+ 阳离子易于插层到碳化钛片层之间，有利于层状材料的剥离。更为重要的是，被铝氧阴离子修饰的碳化钛表面，赋予了纳米片层在近红外区域强而宽的吸收，从而导致对靶向肿瘤细胞具有优异的光疗行为。该 MXene 插层剥离过程完全不同于常规酸介质如强腐蚀性 HF 或 HCl 和氟化物混合体系的刻蚀剂反应体系，这样既避免了强腐蚀性 HF 体系的应用，又使得剥离得到的碳化钛纳米片层表面得到性质改善，从而为 MXene 纳米片层功能化提供了新途径。利用有机碱 TMAOH 作为刻蚀剂及插层剥离试剂制备 $Ti_3C_2T_x$ 过程如图 7-11 所示 [21]。

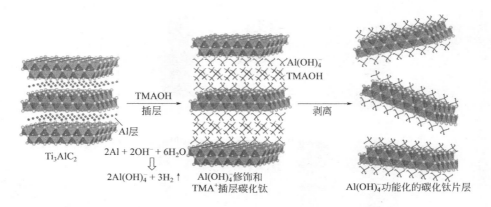

图 7-11
TMAOH 插层与剥离 Ti_3AlC_2 相过程示意图 [21]

7.3.4　无氟刻蚀剥离

　　针对传统氟刻蚀后超声处理剥离 MXene 层状材料导致的高氟污染，以及剥离所得纳米片层由于 OH^- 及 F^- 负载所造成的性质缺陷等弊端，发展了系列无氟刻蚀剥离 MXene 层状材料方法。受化学刻蚀本质上是由铝向其它物质的电子转移驱动电化学过程启发，开发了电化学蚀刻方法。为了选择性地刻蚀 MAX 相中的铝层，同时保持 $Ti_3C_2T_x$ 的二维层状结构，电解质的组成设计至关重要。在稀 NaCl、HCl 和 HF 溶液中，阳极刻蚀 Ti_3AlC_2 时会同时去除结构中的钛和铝原子而生成无定形碳；而使用中等浓度 HCl 溶液（2 mol/L），在 0.6 V 低偏置电压持续 5 天刻蚀，可选择性刻蚀块状 Ti_3AlC_2 外表面上部分 Al，但生成的薄保护性碳层阻止了蚀刻过程进一步进行，导致剥离得到的 Ti_3C_2 纳米片层量很少。为此，发展了在二元水性电解质体系中 $Ti_3C_2T_x$ 的高效、无氟电化学剥离的新方法[22]，该电化学刻蚀过程如图 7-12 所示。

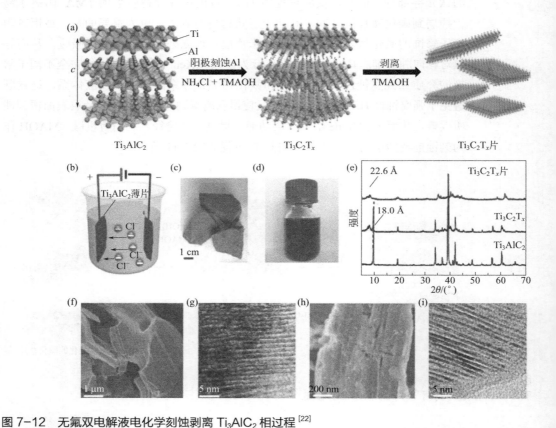

图 7-12　无氟双电解液电化学刻蚀剥离 Ti_3AlC_2 相过程[22]

（a）无氟双电解液电化学刻蚀剥离 Ti_3AlC_2 相过程示意图；（b）电化学电池结构；（c）块状 Ti_3AlC_2 光学图像；（d）剥离的 $Ti_3C_2T_x$ 分散液（0.15 mg/mL）；（e）Ti_3AlC_2、$Ti_3C_2T_x$ 和 $Ti_3C_2T_x$ 膜 X 射线衍射图；（f）Ti_3AlC_2 的 SEM 照片；（g）Ti_3AlC_2 的 HR-TEM 图像（h）$Ti_3C_2T_x$ 的 SEM 照片；（i）$Ti_3C_2T_x$ 的 HR-TEM 图像

　　刻蚀过程在两电极体系中进行，使用两块 Ti_3AlC_2 MAX 相分别作为阳极电极和阴极对电极，两块电极平行放置保持 2.0 cm 恒定距离。电解质由 1.0 mol/L NH_4Cl 和 0.2 mol/L TMAOH 组成水性电解质，其 pH > 9。在这个系统中只有阳极经历刻蚀反应，为避免刻蚀过程中大量 Ti_3AlC_2 掉落，阳极是用多孔塑料纱布

二维无机材料
剥离、纳米层组装及其功能化

包裹。给体系施加 +5.0 V 恒定电位，在室温下磁力搅拌电解液刻蚀 5 h 后，电解液变成灰白色悬浮凝胶状沉淀，而在反应器底部得到刻蚀的 MXene $Ti_3C_2T_x$ 黑色粉末和碎片。去离子水洗涤 3 次，直到上清液 pH 达到 7，得到 MXene $Ti_3C_2T_x$ 黑色粉末和碎片。然后将 1 g 刻蚀所得 MXene $Ti_3C_2T_x$ 黑色粉末分散到 30 mL 25%（质量分数）TMAOH 溶液中，室温下 300 r/min 持续搅拌 12 h，随后 5000 r/min 离心 10 min 后，弃去深棕色溶液，过量去离子水洗涤沉淀物除去残留盐。之后将所得粉末分散在连续氩气脱气水中，140 W 超声 1 h，制备的 $Ti_3C_2T_x$ 分散液再以 2000 r/min 离心 30 min，除去未剥离的颗粒和较厚的分层薄片，即得到剥离的 $Ti_3C_2T_x$ 纳米片层胶体悬浮液，90% 剥离的 MXene 是单层或双层，平均横向尺寸超过 2 mm，远大于经典 HF 刻蚀工艺所达到的尺寸。在该刻蚀过程中，溶液中的氯离子，可以快速发生阳极铝蚀刻并使得 Ti–Al 键破坏。同时，由于无氟刻蚀，使得剥离的 $Ti_3C_2T_x$ 纳米薄片不包含任何氟封端，该无氟电化学刻蚀机理如式（7-7）～式（7-9）所示。

$$Ti_3AlC_2 - 3e^- + 3Cl^- \longrightarrow Ti_3C_2 + AlCl_3 \qquad (7-7)$$

$$Ti_3C_2 + 2OH^- - 2e^- \longrightarrow Ti_3C_2(OH)_2 \qquad (7-8)$$

$$Ti_3C_2 + 2H_2O \longrightarrow Ti_3C_2(OH)_2 + H_2 \qquad (7-9)$$

同时，由于铝的刻蚀及铵根离子插层同时发生，反应过程中可能也包含如式（7-10）、式（7-11）所示的副反应。

$$AlCl_3 + 3NH_3 + 2H_2O \Longleftrightarrow AlO(OH) + 3NH_4^+ + 3Cl^- \qquad (7-10)$$

$$AlCl_3 + 2OH^- \Longleftrightarrow AlO(OH) + H^+ + 3Cl^- \qquad (7-11)$$

除了在二元水系电解质中电化学刻蚀 MAX 相，继而剥离形成高质量 MXene 纳米片层的方法外，对于 Ti_3AlC_2 MAX 相材料，理论上强碱可与其相结构中的两性 Al 元素结合而选择性刻蚀。从热力学角度来看，在热力学标准状态下，Ti_3AlC_2 MAX 相应该可以与 OH^- 反应。为此，受拜耳法制备 Al，即高温和高浓度 NaOH 条件下溶解铝土矿提取 Al 工艺的启发，研究人员开发了强碱 NaOH 辅助水热工艺刻蚀 Ti_3AlC_2 制备 $Ti_3C_2T_x$（T=OH^-、O_2^-）新方法：在 27.5 mol/dm³ NaOH 溶液和氩气保护气氛中，Ti_3AlC_2 MAX 相材料 270 ℃水热处理 12 h，实现了由 Ti_3AlC_2 MAX 相成功刻蚀剥离，制备得到了纯度 92%（质量分数），OH^- 和 O_2^- 负载的多层 $Ti_3C_2T_x$[23]。该强碱辅助水热刻蚀 MAX 相制备 MXene 法分为两步，即 MAX 相中的 Al 氧化为其氧化物或氢氧化物，随后铝（氧化物）氢氧化物在强碱中溶解。这种方法仅通过强碱刻蚀就能制备高纯多层 MXene，且整个制备过程中没有 F^- 参与，是无氟刻蚀 MAX 相制备 MXene 层状材料的新方法。

使用含氟刻蚀剂刻蚀 MAX 相制备 MXene 层状材料至少有三个不足：①所得刻蚀产物表面不可避免地残留有 F⁻ 基团，而影响 MXene 层状材料应用；②不仅 Al 层被刻蚀，而且 MAX 相中的 Ti 也部分被刻蚀；③蚀刻副产物之一 AlF₃ 在温和条件下不溶于任何溶剂，因而很难从混合物中去除。另外，剥离所得 MXene 纳米片层中，裸露 Ti 由于高的表面能而在空气中不稳定，需要通过与其它合适配体配位降低其表面能，而 OH⁻ 是合适的表面能降低配体。基于这些因素，开发了氢氧化钾和少量水刻蚀体系制备大尺寸 MXene 纳米片层技术[24]。

氢氧化钾与少量水组成的体系用作刻蚀剂，代替含 F⁻ 刻蚀体系刻蚀 Ti_3AlC_2 结构中的 Al 层，可以制备高品质、没有 F⁻ 负载的大横向尺寸单层 Ti_3C_2 纳米片层。将 Ti_3AlC_2 粉末与 KOH 和少量水磨成细粉糊，研磨过程中产生的 H_2 气泡提示刻蚀化学反应发生。然后将混合物转移到高压釜中，在 180 ℃ 处理 24 h，Ti_3AlC_2 结构中的 Al 层刻蚀完全，刻蚀过程中的简单反应如式（7-12）和式（7-13）所示。

$$Ti_3AlC_2 + KOH + H_2O \longrightarrow Ti_3C_2 + KAlO_2 + 3/2H_2 \qquad （7\text{-}12）$$
$$Ti_3C_2 + 2H_2O \longrightarrow Ti_3C_2(OH)_2 + H_2 \qquad （7\text{-}13）$$

因此，在少量水存在下，用 KOH 处理 Ti_3AlC_2 可以促进铝层刻蚀，并导致最终完全剥离。蚀刻过程中 Al 原子被 OH⁻ 基团取代，随后洗涤可以得到理论厚度为 0.95 nm 的超薄二维 $Ti_3C_2(OH)_2$ 纳米片层，剥离的 $Ti_3C_2(OH)_2$ 纳米片层实际厚度约为 1.5 nm，具有较大的横向尺寸。另外，剥离的 $Ti_3C_2(OH)_2$ 纳米片层干燥后，可以重新堆叠形成新的层状材料。而当重组堆积的 $Ti_3C_2(OH)_2$ 层状材料重新分散在水中手摇几小时，又可以重新得到剥离的 $Ti_3C_2(OH)_2$ 纳米片层。这种刻蚀剥离得到的 $Ti_3C_2(OH)_2$ 层状材料不仅易于剥离，而且剥离的 $Ti_3C_2(OH)_2$ 纳米片层也容易重新堆叠，加之剥离纳米片层固有的金属导电性和亲水性，使其成为理想的二维功能材料组装单元，大尺寸单层 MXene 纳米片层 KOH 剥离过程如图 7-13 所示。

7.3.5 冻结 – 融化辅助剥离

不论采用传统的两步剥离方法，还是电化学无氟刻蚀处理等方法，尽管能够剥离得到单层或少层 MXene，但是这些方法还存在一定的缺陷：剥离量普遍较低；剥离的 MXene 片层在水和氧气不稳定共存环境下，尤其是在后续处理中如高温水热处理、长时间超声处理或手动振荡处理过程中，导致剥离的单层或少层 MXene 纳米片层横向尺寸小于 1 μm，纳米片层结构完整性和物理化学性质

二维无机材料
剥离、纳米层组装及其功能化

变差。2020 年，Wu 等人为了剥离得到能够满足电子、光学和尺寸依赖性材料，提高大尺寸 MXene 片层剥离产率和效率，开发了利用水冷冻膨胀力，通过冻结-融解辅助方法，从 MXene 层状材料剥离制备高产率、大尺寸 MXene 纳米片层技术[25]。相比常规剥离的如金属有机纳米片层、硼氮化物纳米片层和氧化石墨烯二维层状材料，冻结-融化辅助方法可能更适合剥离层状 MXene。一般通过选择性刻蚀 MAX 相中 Al 原子层，而得到的 MXene 层状材料显示手风琴状形貌，导致在纳米层间存在较宽空隙，从而有助于嵌入充足水分子而使得 MXene 膨胀。应用该方法经过 4 次循环处理，在不使用超声等外部作用力条件下，能够得到较大尺寸、具有特殊皱纹形貌，且产率可达 39.0% 的 MXene 纳米片层。为了提高剥离产率，随后可以借助于超声处理 1 h，尽管所得纳米片层横向尺寸变小，但可以大幅提高 MXene 的剥离产率到 81.4%。

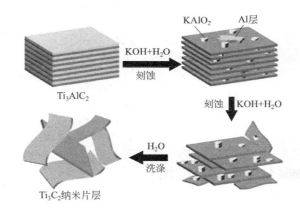

图 7-13
大尺寸单层 MXene 纳米片层 KOH 剥离过程[24]

　　冻结-融化辅助剥离技术的核心思想是：利用水在 4 ℃具有最小的体积及温度低于 0 ℃形成的蜂窝结构，能够对材料施加强大的挤压力。冷冻处理导致的体积膨胀，可破坏层状材料层间的范德华力，促进二维层状材料剥离，冻结-融化辅助剥离 MXene 层状材料过程如图 7-14 所示。首先选择混合酸溶液（盐酸和少量氢氟酸）作为刻蚀剂，选择性地刻蚀粒径为 200 目的 Ti_3AlC_2 相中的 Al 原子层，形成具有类似手风琴形貌的 MXene 层状材料，层与层之间产生的空余空间有利于水和锂离子的插入。将手风琴形貌的 MXene 层状材料均匀分散在水中，4 ℃冰箱中冷冻该分散液，使得更多水分子以最小密度嵌入层间。随后调节冷冻系统温度到 –20 ℃，使 4 ℃冰箱中冷冻处理、水分子嵌入的 MXene 层状材料冻结并膨胀，相邻 MXene 片层之间的空间变大。经过几次冷冻和解冻循环处理，冷冻混合物解冻成的液态悬浮液离心分离，最终导致 MXene 层状材料剥离成横向尺寸大、产率高的纳米片层。不用超声等处理措施，所得大尺寸 MXene 剥离分散液的最大浓度可达约 8 mg/mL，且具有胶体溶液的明显丁达尔效应。有趣的是，用这种技术得到的 MXene 薄片表面，显示由两层原子薄层组成的明显皱纹，证明了该薄片厚度很小。

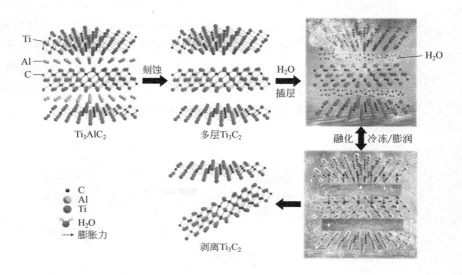

图 7-14
冻结－融化辅助剥离 MXene 层状材料过程[25]

7.3.6 藻类提取物剥离

针对 MXene 层状材料传统剥离方法所导致的反应条件恶劣、产率低和纳米片层结构破坏严重等弊端，开发了利用藻类提取物剥离 MXene 层状材料的新方法[26]。藻类是一类庞大的杂类水生生物，藻类提取物很多，包含不同类型的蛋白质、糖类、矿物质、脂肪、不饱和脂肪酸以及抗氧化剂和颜料的生物活性化合物等，具有出色的抗菌、抗氧化和消炎作用。受藻类提取物来源丰富和具有好的生物活性特性启发，通过用藻类提取物对 MAX 相 V_2AlC 处理，发现其对 V_2AlC 具有很好的刻蚀剥离行为，得到了剥离产物 V_2C 纳米片层，可开发藻类提取物剥离 MXene 新技术。

将约 100 mg V_2AlC 粉末与 20 mg 藻类提取液混合后，加入超纯水至总体积为 100 mL，室温下搅拌 1 天。将所得混合物用水和乙醇洗涤，离心后沉淀物再次分散到 50 mL 水中，室温下再搅拌 1 天。随后所得悬浮液以 5000 r/min 离心

二维无机材料
剥离、纳米层组装及其功能化

10 min，用乙醇和水洗涤三次除去其它残留物，得到剥离的 V_2C 纳米片层。藻类提取物剥离 MXene 技术的核心思想是：藻类提取物（pH=2.3）中的有机酸作为刻蚀剂，可以有效地刻蚀 V_2AlC 相结构中的两性铝，而大量生物活性剂插入 V_2C 纳米片层间，进而使得 V_2AlC 相结构中的 V-Al 键破坏及剥离过程发生。随着 V_2AlC 相被藻类处理时间的延长，其结构中的 Al 被有效刻蚀，因而得到的 V_2C 纳米片层的厚度和横向尺寸随处理时间显示规律性变化，所得片层尺寸为 50～100 nm，平均厚度为 1.8 nm。同时，进一步延长处理时间到 48 h，可以得到单层 V_2C 纳米片层，是一种低成本、环保和高剥离产率的 MXene 层状材料剥离新途径。

7.4
MXene 及纳米片层性质

MXene 的结构、机械、电子、表面、光学、磁性和传输等特性，显著受到制备前驱体、刻蚀剂、刻蚀过程、插入方法和超声处理频率等因素的影响。根据制备条件和方法不同，所得 MXene 层状材料显示了特有的性质，主要表现在离子交换性、缺陷性质、液晶相、表面化学及水溶液稳定性等方面。

7.4.1　MXene 插层性质

插层反应是所有二维层状材料所具有的基本特性，MXene 是由其 MAX 相前驱体，选择性刻蚀结构中的 A 元素层而得到的金属碳化物和 / 或氮化物 $M_{n+1}AX_n$。采用湿法化学蚀刻后，MXene 层板表面吸附 F^-、OH^- 和 O_2^- 基团，使得纳米片层带有负电荷，导致所得 MXene 层状材料展示不同的插层特性，这些不同插层材料在储能材料、吸附剂材料、催化材料等领域显示了广阔的应用潜力。

通常，通过金属离子和有机分子插层或碳粒子和聚合物嵌入到 MXene 层间，是控制和修饰 MXene 层状材料性质的有效手段。但是，不同制备方法制备的 MXene 层状材料插层反应具有显著区别，如单独使用 HF 刻蚀所得 MXene 层状材料，其与 HF 和 LiCl 混合刻蚀剂所得产物插层反应特性具有很大不同。HF 和 LiCl 混合刻蚀剂制备得到的 MXene 层状材料，具有类似于层状黏土阳离子交换插层能力，能够同 Na^+、K^+、Rb^+、Mg^{2+}、Ca^{2+} 等阳离子发生离子交换。根据离子水合程度不同，阳离子插层 MXene 层状材料的结构变化不同，使得不同阳离子插层 MXene 材料在电化学能源存储方面应用潜力巨大。作为储能电极材料，其离子渗透率和倍率性能，与 MXene 层状材料的层间距关系密切，而不同阳离子插层导致 MXene 结构变化，将对电极材料合适电解质的选择或起始 MXene 材料离子组成具有指导意义。另外，将阳离子插层材料用于水净化及脱盐时，插层材料与处理体系中离子之间的作用力，以及 MXene 薄膜结构变化或耐久性将是很重要的设计参数[27]。这些各种各样的离子、分子或粒子插层到 MXene 层状材料层间，使得插层所得 MXene 材料展示了不同性质。将各种金属阳离子插层到 $Ti_3C_2T_x$ MXene 片层之间，插层所得材料可以显示高的体积电容；将碳纳米粒子嵌入到 MXene 层间，能够有效阻止 MXene 纳米片层堆叠，使得制备所得材料电容性能增强；将各种有机分子如尿素、肼、DMF、DMSO 等插入到 MXene 层间，随后辅助于机械力可实现 MXene 层状材料剥离，剥离所得纳米片层显示进一步改善的锂离子电池性能和增强的电容性能；将不同大尺寸有机碱如氢氧化四丁基铵、氢氧化胆碱或正丁胺等插层到 V_2CT_x、Ti_3CNT_x、Mo_2CT_x 和 Nb_2CT_x 等 MXene 层状材料层间，随后辅助于外界弱作用力，可得到相应剥离的 MXene 纳米片层。同他们层状块体材料相比，这些 MXene 纳米片层显示了明显的电化学性能改善。同时，从材料设计角度考虑，将一些聚合物插入到 MXene 层间，通过功能性杂化，是设计和制备具有优良的化学、物理、力学和电化学性质功能材料的有效途径。MXene 层状材料具有的高导电性、反应性表面化学和亲水性特征，将为制备形貌、厚度、电导率和机械强度可控的 MXene/ 聚合物杂化材料提供独特的制备平台。将聚乙烯醇（PVA）插层到 MXene 层板之间，制备的 PVA/MXene 杂化薄膜具有电导率高、力学性能好及优异的电容性能；将高导电性聚合物聚吡咯（PPy）插层到 MXene 层间，借助于 PPy 的氧化还原行为，使得制备杂化材料的比电容显著提高。

7.4.2　纳米片层分散液的稳定性

MXene 层状材料是由弱的作用力将二维纳米片层结合在一起，因而在一定条件下可以剥离形成稳定的多层或单层 MXene 纳米片层胶体悬浮液。迄今为止，已经有如 $Ti_3C_2T_x$、Ti_2CT_x、Ti_3CNT_x、Nb_2CT_x、V_2CT_x、Mo_2CT_x、$Mo_2TiC_2T_x$ 等许多 MXene 层状材料实现了剥离，得到了它们相应的胶体悬浮液，其中 $Ti_3C_2T_x$ 纳米片层胶体悬浮液及其纳米片层得到了最广泛的研究。这些剥离得到的 MXene 胶体悬浮液，是组装、制造 MXene 薄膜或开发聚合物基复合增强材料最理想的基本单元。但是，这些多层 MXene 和其单层纳米片层，在潮湿空气或水溶液中逐渐被氧化，使得多层 MXene 和其单层纳米片层胶体悬浮液的稳定性显得特别重要。另外，剥离的 MXene 纳米片层的表面性质、尺寸大小及稳定性对于组装材料性质有很大影响，对于这些材料的应用有很大的结构和尺寸关联性，如小尺寸 MXene 片层应用于析氢反应效果好，而组装导电膜或机械加固材料，就需要大尺寸 MXene 纳米片层组装基元。

因此，MXene 纳米片层胶体分散液的氧化稳定性，与 MXene 纳米片层材料使用方式密切相关。为了延长 MXene 纳米片层胶体悬浮液的稳定性，一般采用两种方法储存 MXene 纳米片层胶体悬浮液：①将 MXene 纳米片层胶体悬浮液低温下（5 ℃），储存到充满氩气密封瓶中；②通过过滤胶体溶液，将 MXene 纳米片层以膜形式存储，当需要时再分散到分散介质中。同时，由于溶液中的 MXene 纳米片层氧化时从其边缘开始，且氧化过程遵循单指数衰减，导致 MXene 纳米片层氧化过程取决于纳米片层尺寸大小，一般较小尺寸纳米片层在胶体溶液中的抗氧化稳定性较差。因此，为了开发 MXene 纳米片层的应用，增强 MXene 纳米片层分散液的抗氧化能力，发展尺寸均匀，且尺寸较大的 MXene 纳米片层悬浮液非常关键[28]。

针对 MXene 纳米片层悬浮液在潮湿空气或水溶液中逐渐被氧化，而导致应用受到限制的弊端，将 MXene 纳米片层分散在有机溶剂中，可以阻止其被氧化和延长其保质期。为了得到高浓度及长时间 MXene 纳米片层有机分散液，分散介质的选择非常重要，通常有机介质的表面张力、沸点、分子量、黏度、极性指数和介电常数是可供选择的主要考虑参数。由于 MXene 二维材料具有较大的横向尺寸（几百纳米到几微米），这有助于溶剂与 MXene 纳米片层之间的作用。一般溶剂与纳米片层之间的相互作用和溶剂与溶剂之间的相互作用差异越小，MXene 纳米片层分散到有机介质中所得分散液稳定性就越好，而这些作用力所需能量与所分散溶剂的物理常数关系密切。通常，具有较高表面能的 MXene 纳米片层，较容易分散在高表面张力溶剂中，这有利于形成稳定性好的 MXene 纳米片层胶体分散液。同时，溶剂黏度也是获得 MXene 高分散稳定性悬浮液的重要参数，一般高黏度溶剂可提供高动力学分散稳定性。尽管分散性根本上不同于真正热力学上的分散稳定性，但是分散体系对于 MXene 纳米片层均匀流动，喷嘴印刷制备纳米材料非常有利，溶剂黏性可以帮助材料以精确的液滴或喷雾打印涂层。此外，具有高介电常数的溶剂，能够提供好的溶剂分散稳定性，主要归于高介电常数溶剂对带电 MXene 纳米片层具有较强的稳定能力，使得 MXene 层状材料在高介电常数溶剂如 DMF、NMP（N-甲基-2-吡咯烷酮）、DMSO、PC（碳酸亚丙酯）和水中显示出良好的分散性能。因此，与 $Ti_3C_2T_x$ 层状材料在水中分散性相比，其分散在极性有机溶剂中，可以减轻或减缓 MXene 纳米片层氧化，延长 $Ti_3C_2T_x$ 纳米片层分散液的稳定时间[29]。

7.4.3 纳米片层缺陷性质

在 MXene 层状材料剥离制备 MXene 纳米片层过程中，一般通过不同刻蚀剂刻蚀掉 MAX 相中的 Al 层后，所得 MXene 层状材料大部分在外界机械力或超声等作用下最终实现 MXene 层状材料剥离。但是，当超声处理时可能会导致材料产生杂质和缺陷。通常，在刻蚀 MAX 相过程中，一般随刻蚀时间延长而使刻蚀效率提高，但是产物中如 AlF_3 等杂相增多，MXene 层状结构（002）晶面强度降低，生成的 MXene 层状材料结构稳定性下降。研究经验表明，在 MAX 相刻蚀和 MXene 层状材料剥离过程中，超声时间 36 h、反应温度 50 ℃ 及 MAX 相质量分数 5%，是制备高质量 MXene 纳米片层分散液的最佳条件。

无缺陷 MXene 剥离纳米片层对于材料的特定应用非常重要，MXene 纳米片层的几何形状、纯度和尺寸对其特殊应用起决定作用。当 MXene 纳米片层用于良好电导材料开发时，通常选择几乎没有缺陷且较大尺寸 MXene 纳米片层有利于材料性能的增强。因此，在制备 MXene 纳米片层时选择较温和刻蚀，通过共面单层 MXene 片层之间的良好接触，从层间清除其它物质以及甚至无超声处理等手段，是得到无缺陷、大尺寸 MXene 纳米片层的有效途径。超声波照射能够将 MXene 薄片分解成较小尺寸，并且可能对 MXene 纳米片层施加纳米缺陷和杂质，但是"适当"的超声波处理不仅可以制备无缺陷 MXene，而且还可以制备各种粒径尺寸和形貌 MXene 材料。在甲醇介质中超声，可以去除剥离 Ti_3C_2 MXene 材料中的污染物，超声波辐射可有效分散二维 MXene 纳米材料，除去 $TiC_2(OH)_2$ 中的污染物 OH^-，而形成薄层 0.1 ~ 0.3 mm 的二维 Ti_3C_2[30]。另外，在制备 MXene 纳米片层过程中，氧化是导致材料杂质相的主要来源。因此，通过氩气保护反应体系，以及对反应介质中的溶解氧进行脱气等保护措施，可以降低氧化过程的进行；通过超声波脱气工艺，可以清除导致 MXene 纳米片层氧化而溶解在反应介质中的氧气和其它氧化性组分。另外，反应体系温度上升过高，可能会造成 MXene 纳米片层缺陷增多，进而影响制备的 MXene 纳米片层性质，因而保持反应体系温度恒定，是减小剥离 MXene 纳米片层缺陷的途径之一。

7.4.4 纳米片层液晶相

液晶（LC）是既具有液体流动性，又具有晶体有序结构特征的热力学稳定中间相。可以根据液晶的浓度、温度、剪切力、电场或磁场，调节 LC 材料的独特有序结构，这些独特有序结构材料在显示器件、智能眼镜和温度传感器等领域显示了巨大的应用背景。通常，典型的 LC 材料是基于带有杆和 / 或盘状形貌

二维无机材料
剥离、纳米层组装及其功能化

的有机分子，羟基磷灰石、碳纳米管和氧化石墨烯等纳米材料，其悬浮液分散体均可展示出 LC 相行为，为获得高度有序宏观结构纳米材料提供了简单工艺路线。碳纳米管和氧化石墨烯 LC 分散体，可湿法纺丝成用于柔性可穿戴器件的高强度导电纤维。因此，通过高度有序结构的宏观组装，赋予高导电和电化学活性纳米材料 LC 行为，可为创建下一代柔性器件提供实现平台。

剥离得到的 MXene 纳米片层，其 MXene 片层面上的亲水性基团，可赋予 MXene 片层具有类似于黏土纳米片层在水中的良好分散性，这将为剥离 MXene 纳米片层在水相中实现 LC 相提供了可能性。剥离的 MXene 纳米片层在其它 LC 相辅助下，组装形成材料显示了独特性质。利用 LC 表面活性剂和单壁碳纳米管作为辅助材料，在基板上垂直排列，可组装超级电容器用 Ti_3C_2 MXene 电极材料，Ti_3C_2 MXene 电极材料显著提高了离子传输速率。利用氧化石墨烯 LC 相辅助 Ti_3C_2 纳米片层，制备的 Ti_3C_2 纳米片层湿法纺丝可组装纤维。但是，这种利用其它 LC 相作为辅助材料，组装的 Ti_3C_2 纳米片层功能材料具有缺陷。使用表面活性剂分子，虽然增加了组装 MXene 薄片堆积对称性，但为了恢复 MXene 结构电导率和离子可交换性，这些表面活性剂分子通常需要在组装功能材料应用前除去。因此，利用剥离 MXene 纳米片层在水中实现 LC 相的可能性，可发展不含添加剂或不含黏合剂的 MXene 纳米片层组装不同维度纳米功能材料的方法。为此，研究者在小尺寸和大尺寸 Ti_3C_2 MXene 纳米片层分散液中发现了向列 LC 相现象。借助于 MXene 在各种溶剂中的出色分散性，小尺寸（约 310 nm）Ti_3C_2 MXene 纳米片层悬浮液，在高浓度（约 150 mg/mL）情况下可以形成 LC 相；而大尺寸（3.1 μm）、Ti_3C_2 纳米片层悬浮液，在低浓度（6.3 mg/mL）情况下可以形成 LC 相。即通过调整 Ti_3C_2 MXene 纳米片层纵横比和其悬浮液浓度大小，可以在无添加辅助相情况下，使得 Ti_3C_2 MXene 纳米片层悬浮液形成 LC 相[31]。溶致液晶 MXene 分散液形成的关键是：悬浮液中 MXene 纳米片层由各向同性向向列型转变（I → N）的浓度。研究指出，当盘状颗粒无量纲密度 nw^3 为 4.12 时（n 表示单位面积圆盘的数密度，w 表示圆盘形颗粒的直径），即可发生由各向同性到向列型的液晶相形成。对于 Ti_3C_2 MXene 纳米片层悬浮液体系，近似计算悬浮液中 MXene 纳米片层由各向同性向向列型转变浓度，对于判断和决定 Ti_3C_2 MXene 纳米片层悬浮液能否形成液晶相非常重要。

假设 Ti_3C_2 MXene 纳米片层为圆盘状颗粒，则单个 Ti_3C_2 MXene 纳米片层体积（V）可定义为：

$$V = \pi w^2 t/4 \tag{7-14}$$

式中，t 是 Ti_3C_2 MXene 纳米片层厚度。为了判断 Ti_3C_2 MXene 纳米片层各向同性到向列型转变，可以应用 Ti_3C_2 MXene 纳米片层密度（ρ），来确定其分散液的质量浓度（c）：

$$n = c/(V\rho) \qquad (7\text{-}15)$$

式中，Ti_3C_2 MXene 纳米片层密度 ρ 为其纳米片层理论密度平方数据，该数值为约 5.15 g/cm³。

结合式（7-14）和式（7-15），则 Ti_3C_2 MXene 纳米片层 nw^3 可以用式（7-16）定义计算得到，其值为 4.12。

$$nw^3 = cw^3/(V\rho) = cw^3/(\pi w^2 t/4\rho) = 4c\alpha/(\pi\rho) = 4.12 \qquad (7\text{-}16)$$

式中，α 由 Ti_3C_2 MXene 纳米片层宽度（w）除以其厚度（t）得到。

因此在 Ti_3C_2 MXene 纳米片层悬浮液中，MXene 纳米片层由各向同性到向列型转变的理论浓度，可以用式（7-17）计算得到：

$$c = 1.03\pi\rho/\alpha \qquad (7\text{-}17)$$

基于 Ti_3C_2 MXene 纳米片层长厚比 α，对不同大小尺寸及浓度的 Ti_3C_2 MXene 纳米片层悬浮液，从各向同性到向列型转变，即液晶相生成所对应的 Ti_3C_2 MXene 纳米片层尺寸和质量浓度的理论计算结果如图 7-15（b）所示，图中纵坐标为 Ti_3C_2 MXene 纳米片层尺寸，横坐标为其质量浓度。从图中可以看出，对于小尺寸 Ti_3C_2 MXene 纳米片层，即长厚比 α 为 500 ~ 200 的 Ti_3C_2 MXene 纳米片层，其从各向同性到向列型液晶生成的质量浓度范围为 33.3 ~ 83.3 mg/mL。而对于大尺寸 Ti_3C_2 MXene 纳米片层，即长厚比 α 为 1000 ~ 10000 的 Ti_3C_2 MXene 纳米片层，其从各向同性到向列型液晶生成的质量浓度范围为 1.7 ~ 16.7 mg/mL，显著低于小尺寸 Ti_3C_2 MXene 纳米片层所需质量浓度。为了研究 Ti_3C_2 纳米片层横向尺寸与其液晶相形成间的关系，采用类似于氧化石墨烯纳米片层分散液液晶形成过程，即假设分散液中大尺寸 Ti_3C_2 以单分散纳米片层存在。因此，根据 Onsager 理论[32]，纳米片层由各向同性到向列型液晶生成之间是熵驱动竞争，转化熵（可用自由体积）有利于各向同性状态，而旋转（堆积）熵促进向列相形成。当 Ti_3C_2 MXene 纳米片层质量浓度小时，MXene 片层存在导致的低排除体积，产生的平移熵强于 MXene 纳米片的旋转熵，从而导致 MXene 纳米片层在分散液中各向同性分散。但是，当 Ti_3C_2 MXene 纳米片层质量浓度由各向同性向向列型临界浓度转化时，游离态体积降低产生较高排除体积，导致 MXene 薄片堆积增加，因而旋转熵大于平移熵，有利于 MXene 纳米片层长距离有序排列，最终形成 Ti_3C_2 MXene 向列型液晶。Ti_3C_2 MXene 纳米片层由各向同性到向列型液晶转化的过程如图 7-15 所示。利用 Ti_3C_2 MXene 纳米片层液晶相形成机制，通过湿法纺丝技术，可以制备高导电纯 Ti_3C_2、Ti_2C 和 $Mo_2Ti_2C_3$ 纤维，且 MXene 纤维的微观结构能够通过相应纳米片层形貌、密度、圆度和薄片排列进行调控。

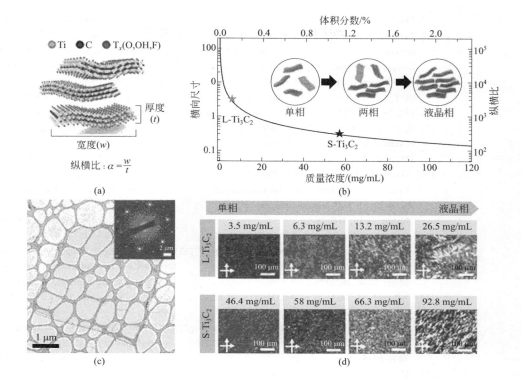

图 7-15
Ti₃C₂ MXene 纳米片层由各向同性向向列型液晶转化过程 [31]

（a）Ti₃C₂Tₓ 纳米片结构示意图；（b）理论计算所得 MXene 纳米片层分散液从各向同性向向列型（I-N）转换关系图；
（c）大尺寸 L-Ti₃C₂ 薄片 TEM 图像和选区电子衍射图；（d）各浓度大尺寸 L-Ti₃C₂ 纳米片和小尺寸 S-Ti₃C₂ 纳米片偏振光
学显微镜图像

参考文献

[1] Naguib M, Kurtoglu M, Presser V, et al. Two-dimensional nanocrystals produced by exfoliationof Ti₃AlC₂. Adv Mater, 2011, 23: 4248-4253.

[2] Naguib M, Mashtalir O, Carle J, et al. Two-dimensional transition metal carbides. ACS Nano, 2012, 6: 1322-1331.

[3] Barsoum M W. The M_{n+1}AX_n phases: a new class of solids; thermodynamically stable nanolaminates. Prog Solid State Chem, 2000, 28: 201-281.

[4] Li M, Lu J, Luo K, et al. Element replacement approach by reaction with Lewis acidic molten salts to synthesize nanolaminated MAX phases and MXene. J Am Chem Soc, 2019, 141: 4730-4737.

[5] Sun Z, Yang S, Hashimoto H, et al. Synthesis and consolidation of ternary compound Ti₃SiC₂ from green compact of mixed powders. Mater Trans, 2004, 45: 373-375.

[6] Yang S, Sun Z, Hashimoto H, et al. Synthesis of single-phase Ti₃SiC₂ powder. J Eur Ceram Soc, 2003, 23: 3147-3152.

[7] Mashtalir O, Naguib M, Dyatkin B, et al. Kinetics of aluminum extraction from Ti₃AlC₂ in hydrofluoric acid. Mater Chem Phys, 2013,

139: 147-152.

[8] Tang Q, Zhou Z, Shen P. Are MXene promising anode materials for Li ion batteries? Computational studies on electronic properties and Li storage capability of Ti_3C_2 and $Ti_3C_2X_2$ (X=F, OH) monolayer. J Am Chem Soc, 2012, 134: 16909-16916.

[9] 张建峰，曹惠杨，王红兵. 新型二维材料 MXene 的研究进展. 无机材料学报，2017, 32: 561-570.

[10] Ghidiu M, Lukatskaya M R, Zhao M, et al. Conductive two-dimensional titanium carbide 'clay' with high volumetric capacitance. Nature, 2014, 516: 78-81.

[11] Halim J, Lukatskaya M R, Cook K M, et al. Transparent conductive two-dimensional titanium carbide epitaxial thin films. Chem Mater, 2014, 26: 2374-2381.

[12] Alhabeb M, Maleski K, Mathis T S, et al. Selective etching of silicon from Ti_3SiC_2 (MAX) to obtain 2D titanium carbide (MXene). Angew Chem Inter Ed, 2018, 57: 5444-5448.

[13] Urbankowski P, Anasori B, Makaryan T, et al. Synthesis of two-dimensional titanium nitride Ti_4N_3 (MXene). Nanoscale, 2016, 8: 11385-11391.

[14] Halim J, Kota S, Lukatskaya M R, et al. Synthesis and characterization of 2D molybdenum carbide (MXene). Adv Funct Mater, 2016, 26: 3118-3127.

[15] Khazaei M, Ranjbar A, Esfarjani K, et al. Insights into exfoliation possibility of MAX phases to MXene. Phys Chem Chem Phys, 2018, 20: 8579-8592.

[16] Mashtalir O, Lukatskaya M R, Zhao M, et al. Amine-assisted delamination of Nb_2C MXene for Li-ion energy storage devices. Adv Mater, 2015, 27: 3501-3506.

[17] Naguib M, Unocic R R, Armstrong B L, et al. Large scale delamination of multi-layers transition metal carbides and carbonitrides "MXene". Dalton T, 2015, 44: 9353-9358.

[18] Alhabeb M, Maleski K, Anasori B, et al. Guidelines for synthesis and processing of two-dimensional titanium carbide ($Ti_3C_2T_x$

MXene). Chem Mater, 2017, 29: 7633-7644.

[19] Wu W, Xu J, Tang X, et al. Two-dimensional nanosheets by rapid and efficient microwave exfoliation of layered materials. Chem Mater, 2018, 30: 5932-5940.

[20] Han F, Luo S, Xie L, et al. Boosting the yield of MXene 2D sheets via a facile hydrothermal-assisted intercalation. ACS Appl Mater Interf, 2019, 11: 8443-8452.

[21] Xuan J, Wang Z, Chen Y, et al. Organic-base-driven intercalationand delamination for the production of functionalized titanium carbide nanosheets with superior photothermal the rapeutic performance. Angew Chem Inter Ed, 2016, 55: 14569-14574.

[22] Yang S, Zhang P, Wang F, et al. Fluoride-free synthesis of two-dimensional titanium carbide (MXene) using a binary aqueous system. Angew Chem Inter Ed, 2018, 57: 15491-15495.

[23] Li T, Yao L, Liu Q, et al. Fluorine-free synthesis of high-purity $Ti_3C_2T_x$ (T=OH, O) via alkali treatment. Angew Chem Inter Ed, 2018, 57: 6115-6119.

[24] Li G, Tan L, Zhang Y, et al. Highly efficiently delaminated single-layered MXene nanosheets with large lateral size. Langmuir, 2017, 33: 9000-9006.

[25] Huang X, Wu P. A facile, high-yield, and freeze-and-thaw-assisted approach to fabricate MXene with plentiful wrinkles and its application in on-chip micro-supercapacitors. Adv Funct Mater, 2020, 30: 1910048.

[26] Zada S, Dai W, Kai Z, et al. Algae extraction controllable delamination of vanadium carbide nanosheets with enhanced near-infrared photothermal performance. Angew Chem Inter Ed, 2020, 59: 6601-6606.

[27] Ghidiu M, Halim J, Kota S, et al. Ion-exchange and cation solvation reactions in Ti_3C_2 MXene. Chem Mater, 2016, 28: 3507-3514.

[28] Zhang C John, Pinilla S, McEvoy N, et al. Oxidation stability of colloidal two-dimensional titanium carbides (MXene). Chem Mater, 2017, 29: 4848-4856.

[29] Maleski K, Mochalin V N, Gogotsi Y.

二维无机材料
剥离、纳米层组装及其功能化

Dispersions of two-dimensional titanium carbide MXene in organic solvents. Chem Mater, 2017, 29: 1632-1640.

[30] Sang X, Xie Y, Lin M, et al. Atomic defects in monolayer titanium carbide ($Ti_3C_2T_x$) MXene. ACS Nano, 2016, 10: 9193-9200.

[31] Zhang J, Uzun S, Seyedin S, et al. Additive-free MXene liquid crystals and fibers. ACS Central Science, 2020, 6: 254-265.

[32] Onsager L. The effects of shape on the interaction of colloidal particles. The New York Academy of Sciences, 1949, 51: 627-659.

第 8 章
过渡金属硫族化合物

二维过渡金属硫族化合物（two-dimensional transition metal dichalcogenides），简称 TMDs，是类石墨结构层状化合物，层与层之间通过范德华力堆积在一起，常用分子式 MX_2 表示，其中 M 代表 Mo、W、Nb、Re 等过渡金属元素，X 代表 S、Se、Te 等硫族元素。由于组成元素的多样性，由不同过渡金属和硫族元素组成了一个庞大的 TMDs 材料家族。通常，组成 TMDs 材料家族的过渡金属元素和硫族元素在元素周期表中的分布如图 8-1 所示[1]。TMDs 材料超薄的单层原子级厚度、巨大的比表面积、丰富的边缘位点、良好的化学稳定性和可调控禁带宽度等优异的理化性质，使得该类材料有望在光电器件、光催化剂、锂离子电池及超级电容器和固体润滑剂等领域得到广泛应用。

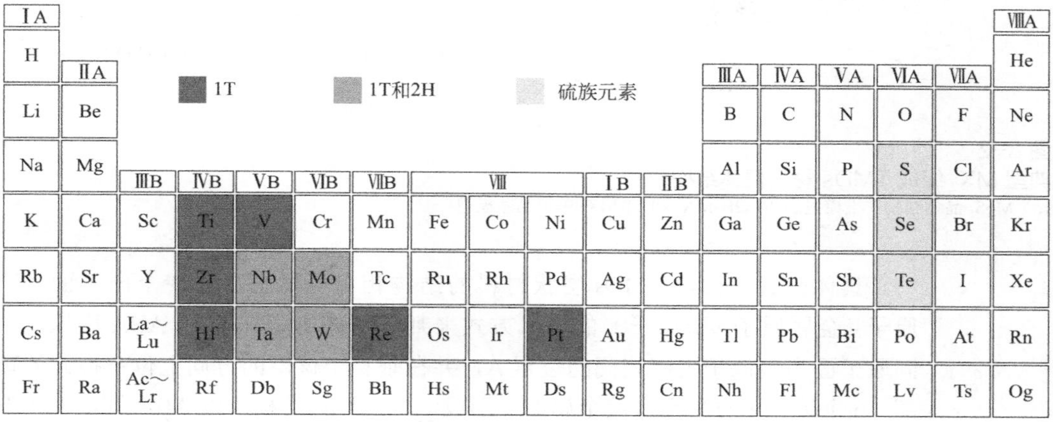

图 8-1
TMDs 材料组成元素在元素周期表中的分布[1]

8.1
TMDs 层状结构

　　尽管二维 TMDs 材料具有典型的层状结构特征，但其结构组成不像层状石墨烯那样由在一个平面的碳原子组成的原子级厚度纳米片层，而是每一个单层 TMDs 纳米片层由 3 个原子层组成，其中过渡金属原子层夹在两个硫族原子层中间，形成类似"三明治"结构的层状材料（如 MoS_2、WS_2、WSe_2 等）。同层状石墨烯及其它范德华固体层状材料一样，层与层之间通过弱的范德华相互作用连接，层间距约为 0.65 nm；而层内原子间则以强烈的共价键相互结合，使得 TMDs 纳米片层具有相对稳定性。由于过渡金属原子配位方式不同，导致 TMDs 层状材料具有多种相结构，其中最常见的是如图 8-2 所示的金属原子以三棱柱 （2H）和八面体（1T）配位的两种相结构[2]，属六方晶系。

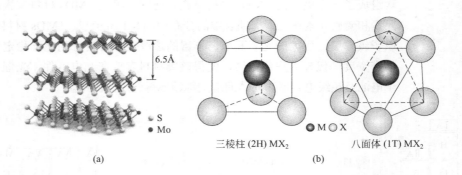

图 8-2
典型 MX$_2$ 组成 TMDs 材料晶体结构[2]
（a）MoS$_2$ 晶体结构三维模型；（b）2H-MX$_2$ 和 1T-MX$_2$ 单位晶胞模型

　　具体来说，二维 TMDs 层状材料的结构相可以从每一层 3 个原子面（硫原子 - 金属原子 - 硫原子）的堆垛方式来判断，2H 结构对应于 ABA 堆垛，不同原子面中硫原子占据相同的位置 A，并在垂直于该层的方向上位于彼此的顶部，6 个硫原子与一个过渡金属原子形成一个三棱柱结构，以 ABA 堆垛方式形成的 2H-TMDs 材料绝大多数表现出半导体特性（如 2H-MoS$_2$、2H-MoSe$_2$、2H-WS$_2$ 和 2H-WSe$_2$ 等）。而 1T 结构相对应于 ABC 堆垛，6 个硫原子与一个过渡金属原子组成的两个四面体相对旋转 180°，形成一个八面体结构，这种 1T-TMDs 材料通常表现出金属特性，如 1T-MoS$_2$ 和 1T-WS$_2$。2H 相和 1T 相可以通过层面内原子之间的移动而容易转换，如通过 Li 或 K 插层 2H-MoS$_2$，可使得半金属 2H-MoS$_2$ 相转化为金属 1T-MoS$_2$ 相。同时，由于 1T-MoS$_2$ 是热力学不稳定相，在室温状态下该相可以逐渐转化为三棱柱形 2H-MoS$_2$ 相。此外，另有部分二维 TMDs 材料，如 1T'-ReS$_2$ 和 1T'-MoTe$_2$ 具有与 1T 相结构相似的 ABC 堆垛方式[3]，但由于其结构中过渡金属原子的二聚作用，诱导结构发生畸变形成扭曲的八面体结构，即 1T' 相结构。

　　TMDs 层状材料的研究历史已经历数十年，包括从绝缘体到金属材料 60 多种。由于 TMDs 层状材料纳米层化学组成和结构组合的多样性，使得研究材料的性质发生了很大变化，从绝缘体性质（HfS$_2$ 和 ZnS$_2$）、到半导体性质（MoS$_2$ 和 ReS$_2$）、再到半金属性质（WTe$_2$ 和 NbTe$_2$）及真正金属性质（NbS$_2$ 和

二维无机材料
剥离、纳米层组装及其功能化

CoTe$_2$）。TMDs 层状材料的典型代表是层状 MoS$_2$，由于纳米片层中原子的不同排列，MoS$_2$ 层状材料可形成 2H-MoS$_2$ 相和 1T-MoS$_2$ 相，展示出完全不同的电子其性质。为了理解所得相结构及其性质，最简单的方法是利用拉曼光谱，可以轻松识别制备层状 MoS$_2$ 1T 和 2H 相结构。尽管 1T-MoS$_2$ 相和 2H-MoS$_2$ 相均分别在约 380 cm^{-1} 和约 410 cm^{-1} 处显示 A$_{1g}$ 和 E$_{2g}$ 振动模式，但是由于它们结构的对称性差异，使得 1T-MoS$_2$ 相显示了另外几个拉曼振动模式，指定为 J1（约 160 cm^{-1}）、J2（约 230 cm^{-1}）和 J3（约 330 cm^{-1}），而这些振动模式对于 2H-MoS$_2$ 相是惰性的，从而可以通过拉曼光谱区别 MoS$_2$ 晶相。由于 MoS$_2$ 这些振动模型响应性较弱，仅仅通过拉曼光谱不易对相应晶相进行确切定量分析。为此，可以通过 X 射线光电子能谱定量化分析 1T 和 2H 相，MoS$_2$ 晶相的 Mo 3d XPS 图谱，通常显示能量为 220 eV 和 232 eV 的两个能带，分别对应于 Mo^{4+} 3d$_{5/2}$ 和 Mo^{4+} 3d$_{3/2}$ 光电子吸收。对于纯 1T-MoS$_2$ 相，Mo 3d 在约 228.1 eV 和约 231.1 eV 处出现吸收能带，比报道的纯 2H-MoS$_2$ 相（约 229.5 eV 和约 232.0 eV）结合能较低。因此，通过对 Mo^{4+} 3d$_{5/2}$ 和 Mo^{4+} 3d$_{3/2}$ 吸收能带的分峰处理，就可以获得 1T 和 2H 相相对含量 [4]。

8.2
TMDs 剥离

TMDs 层状材料具有类似于层状石墨烯的结构，因此从石墨烯块体剥离制备石墨烯纳米片层的自上而下和直接合成自下而上两种方法，均适用于 TMDs 层状材料的制备。鉴于本书主要限定在层状纳米片层是通过块体前驱体剥离而得到，为此主要关注点是块体 TMDs 层状材料通过自上而下剥离方法制备 TMDs 纳米片层。TMDs 层状材料层与层之间是弱的范德华作用力，因而借助外力作用通过减弱块体层与层之间的弱作用力，从而获得 TMDs 纳米片层。TMDs 层状材料按照剥离途径，主要方法包括机械剥离法、液相剥离法、插层剥离法、电化学剥离法和减薄法等。根据对制备所得 TMDs 纳米片层的结构和性质要求不同，可以选择使用不同方法实现 TMDs 层状材料的有效剥离。

8.2.1 机械剥离法

机械剥离法是一种传统且相对成熟的从块体二维层状材料制备纳米片层技术，通过特制的黏性胶带，将块体前驱体材料反复粘贴以克服层间分子间范德华力，从而使得块体前驱体剥离为少层或单层薄片。2004 年 Novoselov 等[5] 采用机械剥离法，从块体前驱体成功剥离制备得到了石墨烯、BN、MoS$_2$、NbSe$_2$ 等纳米片层二维晶体。机械剥离法由于不涉及化学反应，获得的二维纳米片层能够保持其晶体结构和固有性质，且无杂质、表面缺陷少，适合于材料结构 - 性能关系有关的实验研究。但是，机械剥离法生产效率低、可控性较差、不适于大规模生产，在实际应用中局限性较大。同时，机械剥离法得到的少层 MX$_2$ 典型尺寸范围在 25 ～ 200 μm，但要在成千上万个薄片中寻找剥离的 MX$_2$ 纳米片层比较困难，不仅需要较大视野光学显微镜，而且要有足够的分辨率和对比度。一旦找到并确定 MX$_2$ 单层或纳米片薄层，可以通过原子力显微镜（AFM）和拉曼光谱进行更准确的分析。

同块体石墨烯结构相类似，TMDs 纳米片层间也是以弱的范德华力相结合，因而可以将 TMDs 块体层状材料沿层间方向剥离成纳米片层。机械剥离技术用于块体 TMDs 层状材料的方法主要有机械剥离法和纳米机械剥离法两种，机械剥离方法也称为苏格兰胶带剥离法，该方法简便、不需要大量昂贵的设备，是第一个完全实现从块体层状材料制备得到少层或单层二维纳米片层的技术，特别适用于制备如晶体管原型研究需要的大尺寸和高质量纳米片层场合。

图 8-3 给出了一般机械剥离法制备单层或少层 TMDs 纳米片层的主要步骤，包括减薄和转移两个过程[6]。首先是 TMDs 块体层状材料胶带减薄过程，从大小为 1 cm×1 cm 平面单晶前驱体开始，使用普通黏合剂胶带连续减薄晶体。将处理获得的 TMDs 晶体新鲜表面放置在胶带黏性面上，以使晶体的底面平行于胶带的平面，通过胶带撕裂得到约 1 mm 厚度的 TMDs，使其与前驱体 TMDs 晶体分离。随后将另一块胶带的黏性面放在减薄晶相对面的另一侧，形成胶带 / TMDs/ 胶带三明治结构，然后将两条胶带拉开。由于 TMDs 晶体层间的作用力弱于晶体和胶带之间的黏合力，因此 TMDs 晶体分裂成两个表面积相同但厚度较小的晶体。该过程重复数次，通过多次重复折叠和展开胶带，直到在胶带表面肉眼几乎看不到 TMDs 材料。然后将减薄黏附 TMDs 材料的胶带粘贴到用 90 nm 或 285 nm 厚的 SiO$_2$ 覆盖的硅基板上，用干燥海绵轻轻摩擦胶带，随后去掉胶带使减薄的 TMDs 留在基板上。通常，在薄层 TMDs 从黏附胶带转移到 SiO$_2$/Si 基材之前，需要对转移 Si 基材进行彻底清洁，清洁过程包括标准 RCA 清洁、在丙酮和异丙醇中煮沸 5 min 及最后用氧等离子再次清洗 5 min，以除去其表面残存的环境吸附物。注意在去掉胶带使减薄 TMDs 留在 Si 基板过程中，大部分情况下少许胶带残留物会残存在基板上，这些残存物可以通过异丙醇清洁基材除去。随后将黏附有薄层 TMDs 的 Si 基板在丙酮中浸泡 6 h，再依次用丙酮、甲醇和异丙醇分别洗涤 30 s、15 s 和 30 s。这些清洗可以除去比较厚的 TMDs 片层，而比较薄的 TMDs 片层（少于 10 层）由于范德华力和毛细作用而仍然黏附在基板

二维无机材料
剥离、纳米层组装及其功能化

上，得到所需厚度的剥离 TMDs 片层。

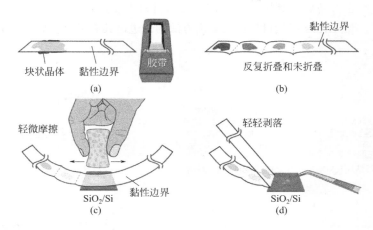

图 8-3
块体层状材料机械剥离法过程[6]

机械剥离法是得到较大片层尺寸、高质量少层 TMDs 片层的有效手段。但是，该方法的缺陷是剥离产率低，主要是单层 TMDs 片层产率低。为此，通过改进该方法，可以达到提高单层剥离效率和得到更大尺寸片层。如在机械剥离石墨烯过程中，与已建立的流程类似，使用 SiO_2/Si 作为基板，而胶带作为转移介质。机械剥离法的主要过程是胶带粘到 SiO_2/Si 基板后，立即进行剥离处理。而为了得到单层产率高、尺寸更大的石墨烯，在空气中将粘有胶带的 SiO_2/Si 基板在传统加热板上于 100 ℃加热 2 ～ 5 min 进行退火处理，样品冷却至室温后将胶带撕下完成石墨烯剥离。经过改进处理过程，光学显微镜结果显示，少层石墨烯成功转移到 SiO_2/Si 衬底上，且厚度均匀的石墨烯线性尺寸区域约 20 μm，甚至高于 100 μm，且薄片（几层）最大尺寸可以达到 100 μm[7]。

对于块体层状材料，实现单层胶带剥离的可行性是剥离晶体（N-1）层保留在胶带上，而仅仅单层转移到 SiO_2 衬底上，这样操作实现的困难很大，且层数和尺寸很难控制。TMDs 层状材料与基材 SiO_2 的相互作用较弱，因而利用通常胶带剥离实现获得 TMDs 单层可能性更低，不易实现对薄片大小控制。但是，研究结果发现，金元素对硫元素有很强的亲和力，它们之间可形成键强度约为 45 kcal/mol（188.28 kJ/mol）的半共价键，且硫原子和金之间相互作用，已经用于在金表面上自组装形成单分子硫醇化有机分子和硫醇金络合物。受到这些研究工作启发，借助于 TMDs 层状材料结构中丰富的硫元素，可否实现高质量、大尺寸 TMDs 纳米片层的可控机械剥离呢？为此，经过对已有胶带剥离石墨烯方法改进，利用 TMDs 层状材料中的硫与金之间的作用力，大于 TMDs 同片层之间的范德华力的实际，开发了在 TMDs 层状材料最表面片层上选择性镀上金薄膜，利用金与 TMDs 层状材料中硫元素强结合力，可实现大尺寸、高质量 TMDs 层状材料机械剥离方法的改进，其剥离过程如图 8-4 所示[8]。

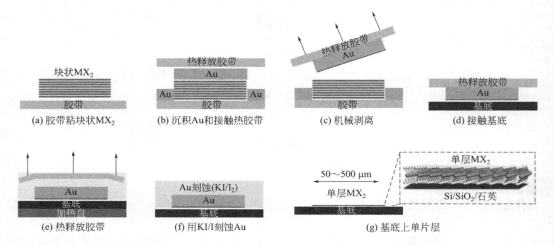

图 8-4
金薄膜辅助机械剥离 TMDs 块体层状材料过程[8]

将块体 TMDs 层状材料（MX_2）黏附在胶带上，随后将金属金（约 100～150 nm）蒸发到块体 MX_2（M=Mo 或 W；X=S 或 Se）晶体上，使得金原子与 MX_2 晶体最顶层片层中的硫族元素原子键合。由于 MX_2 晶体最外片层中硫族元素原子与金元素的键合作用力大于 MX_2 与底层相同片层间的范德华作用力，因而利用散热胶带剥离掉 MX_2 晶体最顶层片层。剥离得到的最顶层 MX_2 片层随后粘贴在目标基板如 SiO_2/Si 或石英上，然后在约 130 ℃热板上释放热敏胶带，在温和温度下用 O_2 等离子体处理黏附有 MX_2 纳米片层的基板，以除去负载在表面的污染物。在 O_2 等离子处理过程中，选择的功率和刻蚀时间要保持较低，以确保金在此过程中不被蚀刻。最后利用碘化钾和碘（KI/I_2）湿法刻蚀金膜，由于 TMDs 片层不会腐蚀而保留下来。用纯丙酮和异丙醇 10 min 洗涤所得 TMDs 片层，即可得到大面积、大尺寸 TMDs 纳米片层。

透明胶带剥离 TMDs 层状材料的机械剥离法，可以广泛用于 MX_2 纳米片层的制备，但是该方法随机性大，剥离纳米片层的厚度精确控制较难，且需要从剥离混合片层体系中寻找所需的纳米片层。为了克服这些缺陷，近年来研究者开发了一种原位透射电子显微镜探针剥离技术，即扩展的纳米机械剥离法，用于制备高质量、层数精确可控的 MX_2 纳米片层[9]。在纳米机械剥离方法中，

二维无机材料
剥离、纳米层组装及其功能化

被剥离的 MoS$_2$ 块体层状晶体沿基板的边沿方向加载，将厚度约 32 nm、长度 380 nm 左右、直径约 10 nm 的尖端锋利的钨探针用于剥离 MX$_2$ 薄片。钨探针由压电致动器控制，整个过程在高分辨率透射电子显微镜下原位监控，纳米机械剥离法的过程如图 8-5 所示。应用该纳米机械剥离技术，成功实现了块体层状 MoS$_2$ 从 23 层到单层剥离，且在剥离过程中发现，少层 MoS$_2$ 薄片弯曲过程中三个与厚度有关的动力学机制。少于 5 层 MoS$_2$ 纳米片弯曲时，可以实现所有层均匀地弯曲；10 层 MoS$_2$ 纳米片弯曲时，发生层间滑动；而 20 层厚 MoS$_2$ 纳米片弯曲时则形成缠绕。在 MoS$_2$ 纳米片少于 5 层弯曲时，3 层 MoS$_2$ 纳米片的柔韧性与单层 MoS$_2$ 纳米片相同，但是其弹性模量是单层的 200 倍以上，显示出少层 MoS$_2$ 在柔性器件方面的应用前景。

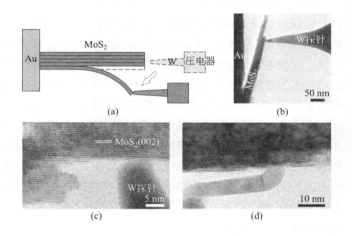

图 8-5
纳米机械剥离法过程示意图
（a）纳米机械剥离原理图；（b）钨探针和装在金基板边缘 MoS$_2$ 薄片的 TEM 图像；（c）（d）钨探针及 MoS$_2$ 薄片起初和 11 层剥离所得产物的 HRTEM 图谱[9]

该纳米机械剥离技术仍然处于不断改进发展阶段，且需要复杂的设备，但该方法非常适合层数可控高质量纳米片层的制备和应用。同时，机械剥离技术对于原子尺度加工，纳米片层弹性和弯曲动力学，层间滑动以及缠绕表征和表面能测定等有关的基础研究具有很好的适用性。

8.2.2 液相剥离法

液相剥离法是制备 TMDs 纳米片层和量子点的有效方法之一，是 TMDs 纳米片层简单易实现的大规模剥离技术。与其它块体层状材料液相剥离机制相似，块体 TMDs 层状材料液相剥离主要包含三步：一是 TMDs 粉末分散在适当溶剂中；二是借助于超声或剪切混合施加溶液剪切应力，借助表面活性剂稳定分散液，实现从块体 TMDs 层状材料到 TMDs 纳米片层剥离；三是通过离心分离剥离所得的 TMDs 纳米片层。围绕以上三个液相剥离步骤，在块体 TMDs 层状材料实际剥离过程中，首先需要通过外界的能量传递，破坏相邻薄片之间弱的吸引力，通过合适的溶剂或表面活性剂稳定剥离的纳米片层。这些合适的溶剂或表面活性剂扮演了双重角色，最大限度地减少了剥离所需净能量，同时吸附在纳米片层表面的合适溶剂或表面活性剂，使得它们不易在液体中重新堆积。另外，液相剥离法所产生的悬浮液呈现高度多分散，包含各种尺寸和厚度纳米片层，使得通过离心筛选纳米片层尺寸变得需要。

　　液相剥离法的剥离效率和所得纳米片层的质量，与剥离前驱体 TMDs 层状材料、反应试剂、溶剂或表面活性剂密切相关。对于层间作用力是范德华力块体层状材料如石墨烯、磷烯和氮化硼等，均可以在适当参数下剥离，是制备高质量、无缺陷及低氧化度与相应结构一致纳米片层的有效方法。同时，鉴于液相剥离技术的规模化产率及分散于液体介质中获得的稳定纳米片层分散液，剥离所得纳米片层在不同基板上组装，制备所得材料将在薄膜晶体管、喷墨印刷电子产品、光伏导电电极、储能和纳米复合材料等领域应用前景广阔。基于剥离和分散纳米片层的能量源不同，块体 TMDs 层状材料剥离主要分为超声液相剥离和剪切液相剥离两种路线，制备的二维纳米片层横向尺寸范围为 100 nm ～ 100 μm，其厚度范围为 1 ～ 10 个纳米片层，且纳米片层可在一定浓度范围的液相中生成。另外，尽管均是液相剥离，但采用的剥离方法不同，使得制备的纳米片层表现为有缺陷或几乎无缺陷之分。

（1）液相剥离机理

　　通常，液相剥离 TMDs 层状材料需要选择合适的剥离溶剂。对于非电解质体系，溶剂选择时主要考虑参数是混合体系的吉布斯自由能大小，其值为 $\Delta G_{mix} = \Delta H_{mix} - T\Delta S_{mix}$，其中 T 为混合体系热力学温度，ΔH_{mix} 和 ΔS_{mix} 分别是混合体系的焓变和熵变。为了将任何溶质分散在指定溶剂中，首先应该克服体系焓变 ΔH_{mix} 能垒，而 ΔH_{mix} 是溶质剥离形成纳米片层及剥离纳米片层被溶剂分子完全包围过程所需的能量。如果 $\Delta H_{mix} < T\Delta S_{mix}$（即 $\Delta G_{mix} < 0$），则此时所得混合物体系是稳定的，块体层状材料剥离可自发进行。相反，$\Delta H_{mix} > T\Delta S_{mix}$（即 $\Delta G_{mix} > 0$），该混合物为悬浮液或分散液。在这种情况下，为了降低剥离纳米片层与溶剂之间的表面张力而实现剥离，剥离混合体系中需要加入表面活性剂以稳定剥离纳米片层在溶剂介质中的分散。

　　因此，液相剥离法的主要策略是通过选择适当溶剂，达到降低剥离混合体系的 ΔH_{mix}，而 ΔH_{mix} 数值可以通过 Hansen（汉森）方程得到[10]。

二维无机材料
剥离、纳米层组装及其功能化

$$\Delta H_{mix} / V_{mix} \approx \phi(1-\phi) \left[(\delta_{D,sol} - \delta_{D,TMD})^2 + 0.25 \times (\delta_{P,sol} - \delta_{P,TMD})^2 + (\delta_{H,sol} - \delta_{H,TMD})^2 \right]$$

(8-1)

式中，V_{mix} 是混合物的最终体积；ϕ 是 TMDs 分散体积分数；δ_D、δ_P 和 δ_H 分别是 TMDs 与溶剂溶剂化过程中原子分散力、分子极性力和氢键对于汉森溶解度参数（hansen solubility parameter，简称 HSP）的贡献。

TMDs 溶质和溶剂间的汉森溶解度参数距离定义为：

$$R_a = \left[4 \times (\delta_{D,sol} - \delta_{D,TMD})^2 + (\delta_{P,sol} - \delta_{P,TMD})^2 + (\delta_{H,sol} - \delta_{H,TMD})^2 \right]^{0.5}$$ （8-2）

R_a 值越小，则固体溶解度越高。目前，已经测量了许多溶剂的汉森溶解度参数。在非常低的浓度下（$\phi \ll 1$），除溶剂类型外，混合体系的焓变低，可使块体二维层状材料实现剥离。但是在高浓度场合，实现剥离的可能性是溶剂和 TMDs 纳米片层必须具有相似的汉森溶解度参数值。表 8-1 给出了一些不同结构 TMDs 层状材料和液相剥离用一些常用溶剂的汉森溶解度参数，也给出了 MoS$_2$ 和这些溶剂之间的汉森溶解度参数距离（R_a）以便比较[11]。与 MoS$_2$ 具有相似溶解度参数值的溶剂是 N- 乙烯基吡咯烷酮（NVP），N- 环己基 -2- 吡咯烷酮（CHP），N- 甲基吡咯烷酮（NMP）和二甲基甲酰胺（DMF），它们均是 MoS$_2$ 层状材料剥离的良好溶剂，且已经通过实验得到了验证。但是，该判断数值有时也会表现出误差，如吡啶溶剂具有与 MoS$_2$ 相近的汉森溶解度参数，预期其对 MoS$_2$ 具有良好的剥离效果，但是实际情况是 MoS$_2$ 层状材料在吡啶溶剂中的剥离效果并不理想。该结果说明，溶剂与 TMDs 层状材料的汉森溶解度参数相近，仅仅是实现剥离的条件之一，同时还应该包括其它溶剂化机制。

表 8-1　不同结构 TMDs 层状材料和液相剥离常用溶剂的汉森溶解度参数及 MoS$_2$ 和这些溶剂之间的汉森溶解度参数距离

溶剂	δ_D/MPa$^{1/2}$	δ_P/MPa$^{1/2}$	δ_H/MPa$^{1/2}$	R_a(MoS$_2$)/MPa$^{1/2}$
MoS$_2$	17.8	9	7.5	—
MoSe$_2$	17.8	8.5	6.5	—
MoTe$_2$	17.8	8	6.5	—
WS$_2$	18	8	7.5	—
N-环己基-2-吡咯烷酮	18.2	6.8	6.5	2.5
吡啶	19	8.8	5.9	2.9
N-乙烯基吡咯烷酮	16.4	9.3	5.9	3.2
N-甲基吡咯烷酮	18	12.3	7.2	3.3
二甲基甲酰胺	17.4	13.7	11.3	6.1
甲苯	18	1.4	2	9.4
乙醇	15.8	8.8	19.4	12.6
水（混合物，完全混溶）	18.1	17.1	16.9	12.4
水（纯液体，单分子）	15.5	16	42.3	35.8

利用 TMDs 层状材料与一些溶剂具有相近的汉森溶解度参数这一条件，可以理论判断 TMDs 层状材料在该溶剂中的剥离行为。同时，也可以按照一定体积比例，将低沸点溶剂混合组成混合溶剂体系，通过调整混合体系汉森溶解度参数，在不需要表面活性剂情况下，利用混合溶剂策略，达到实现 TMDs 层状材料如 MoS_2 和 WS_2 的有效剥离[12]。根据混合规则，混合溶剂体系的汉森溶解度参数 δ_{blend} 可以通过式（8-3）计算：

$$\delta_{blend} = \Sigma \phi_{n,comp} \delta_{n,comp} \tag{8-3}$$

式中，$\phi_{n,comp}$ 和 $\delta_{n,comp}$ 分别是第 n 成分的体积分数和汉森溶解度参数。如根据乙醇和水的汉森溶解度参数，乙醇和水与 MoS_2 纳米片层的汉森溶解度参数距离（R_a）值分别为 12.6 $MPa^{1/2}$ 和 12.4 $MPa^{1/2}$，而 45% 体积乙醇与水组成的混合溶剂体系，与 MoS_2 纳米片层的汉森溶解度参数距离为 11.5 $MPa^{1/2}$。因此，对层状 MoS_2 剥离的不良溶剂乙醇和水，以一定比例混合所得混合体系可用作层状 MoS_2 的良好剥离溶剂。在混合溶剂体系中，层状 MoS_2 的剥离度分别比纯乙醇体系中高 13 倍，而比纯水体系中高 68 倍。另外，该混合溶剂策略也可在异丙醇/水及氯仿/乙腈组成的混合溶剂用于 TMDs 层状材料剥离中得到验证。

受混合溶剂策略启示，通过低毒和低沸点溶剂混合，可以得到如异丙醇/水、四氢呋喃/水和丙酮/水等低沸点混合溶剂体系。通过对这些混合体系的系统研究，丰富了层状二维材料液相剥离用溶剂的选择范围[13]。但是，应该需要说明的是，尽管汉森溶解度参数距离在预测和筛选 TMDs 层状材料剥离溶剂方面取得了一些成功，但是误差也很大，严格说主要用于预测如聚合物类固体溶解。由于 TMDs 层状材料不是分子溶质，特别是与溶剂的相互作用具有独特性，使得利用汉森溶解度参数不能充分描述溶剂和纳米结构之间的相互作用。因此，为了进一步了解溶剂与二维层状材料之间的相互作用，研究人员基于热力学理论分析，认为溶剂和二维层状材料之间的表面能差越低，越有利于二维层状材料的液相剥离。一方面，由于表面能与表面张力密切相关，因此使用表面张力筛选二维层状材料液相剥离用溶剂也就具有可行性；另一方面，物质的表面张力定义为其自由能变化的一半，而表面能与通过表面张力产生的内聚能密度相关，因而如果溶剂表面张力与二维层状材料表面张力匹配，就可以为 TMDs 层状材料液相剥离筛选优良溶剂。

通常，对固体具有良好溶解性能的溶剂应具有与固体相似的表面张力，这将导致溶剂-溶质界面张力最小化。因此，适用于 TMDs 层状材料剥离的溶剂，首先应该对 TMDs 层状材料具有良好的润湿性，在该溶剂中 TMDs 层状材料和溶剂间的界面张力最小，外观表现是层状 TMDs 在该溶剂中的接触角最小。一般，体系的总表面张力由两部分组成，即分散表面张力（σ_d）和极性表面张力

二维无机材料
剥离、纳米层组装及其功能化

（σ_p）。依据溶剂和 TMDs 纳米片层表面张力大小及 TMDs 纳米片层与溶剂之间表面张力分量匹配原则，也可以用表面张力替代汉森溶解度参数，来筛选层状 TMDs 材料实现剥离的合适溶剂。当具体利用表面张力大小筛选层状 TMDs 材料合适剥离溶剂时，首先要考虑层状 TMDs 材料和溶剂极性表面张力与分散表面张力分量比的匹配性，换句话说，即二维材料的 σ_d/σ_p 值应与溶剂的该值尽可能接近；其次，二维材料和溶剂的分散表面张力（σ_d）应该匹配，且它们的极性表面张力（σ_p）应该足够接近。因此，利用溶剂和 TMDs 层状材料表面张力的优化匹配，可以为如层状 TMDs 等二维材料液相剥离选择优良的剥离溶剂。同时，通过对不同表面张力溶剂的有效组合，形成的混合溶剂体系也在层状 TMDs 材料剥离方面显示了优势，如异丙醇 / 水组成的混合溶剂体系，当异丙醇体积分数为 80% 的混合体系，则是 MoS$_2$ 层状材料良好的剥离溶剂；当异丙醇体积分数为 50% 的混合体系，是 WS$_2$ 层状材料的良好剥离溶剂。

二维层状材料液相剥离过程如图 8-6 所示，分为溶剂和二维层状材料混合浸润，二维层状材料剥离和剥离二维纳米片层稳定化三个连续步骤[14]。二维层状材料与溶剂的充分浸润，是降低二维纳米片层间范德华作用力最有效的方法，而相邻片层之间的势能主要是由色散力贡献。溶剂和二维层状材料之间的表面张力分散分量越接近，则溶剂与层状材料间的相容性越高。在层状材料剥离之前，当溶剂与二维材料具有相似的表面张力分量时，才能发生溶剂与二维层状材料（尤其是从层状材料边沿）的有效浸润。而要实现二维层状材料剥离，需

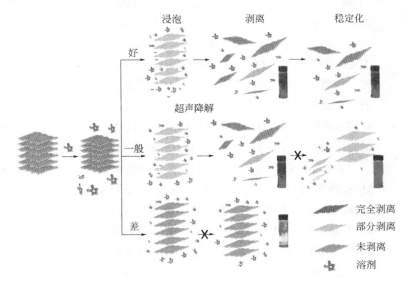

图 8-6
二维层状材料液相剥离过程示意图[14]
液相剥离选用有效溶剂的表面张力分量应与目标二维材料具有最佳匹配

要进一步克服相邻二维材料层与层之间的范德华作用力。因此，当采用和二维层状材料表面张力分散分量接近的溶剂时，溶剂充分浸润使得层与层之间的范德华作用力减弱，最终可实现层状材料液相剥离；当采用和二维层状材料表面张力分散分量具有差距的溶剂时，由于浸润效果不好，形成的分散液需要超声处理才能实现层状材料部分剥离；而当采用和二维层状材料表面张力分散分量相差较大的溶剂时，由于浸润效果差，不能实现层状材料剥离。同时，剥离形成的二维纳米片层和溶剂分子由于持续的布朗运动，剥离纳米片层稳定存在还是发生聚沉，也与采用溶剂的表面张力和二维材料表面张力匹配性有关。

（2）TMDs 溶剂辅助剥离

溶剂辅助超声剥离法是层间弱相互作用力二维层状材料的有效剥离技术，即先将二维层状材料分散在有机溶剂中，随后超声处理的方法。分散溶剂对于剥离产率起着关键作用，当溶剂的表面张力与剥离层状材料相匹配时，剥离所需的能量损耗最小。更为重要的是，合适的溶剂可确保剥离纳米片层不易重新堆积和聚集而稳定存在。TMDs 层状材料在液相介质中通过超声处理，剥离形成相应的 TMDs 纳米片层分散液。在某些稳定溶剂即适当溶剂和表面活性剂或聚合物溶液中，对 TMDs 块体层状材料施加探头超声、水浴超声或两种超声综合处理，可以得到少层 TMDs 纳米片层分散液。在不同超声处理条件下，液相-纳米片层界面作用力减少了 TMDs 层状材料的净剥离能，并形成非常稳定的纳米片层分散液，其浓度可以达到 1 g/L 以上。通常，超声处理适合的分散液体积为 50 ~ 100 mL，初始浓度为 20 ~ 50 mg/mL 及在 10 ~ 20 W/L 容器有效功率下处理。以 6 s 开和 2 s 关间隙比，在总功率60%（100 ~ 300 W）进行 5 ~ 7 h 探头超声处理，或进行 10~20 h 水浴超声处理，即可实现 TMDs 块体层状材料剥离[15]。但是，由于超声处理过程中的能量传输，对一些不良溶剂在长时间探头超声处理时，需要采用如冰浴等手段使处理体系降温。超声液相剥离的基本原理是，分散液中空化气泡在超声处理时破裂，利用其冲击波和微射流产生的能量，使得纳米片层从块状晶体剥离。超声处理后所得分散体，在 500 ~ 1500 r/min 下离心约 1 h，最终可以得到含有单层或少层 TMDs 纳米片层剥离分散液。

块体 MoS_2 层状材料在有机溶剂中超声处理，可以剥离形成单层或少层 MoS_2 纳米片层。研究发现块体 MoS_2 层状材料适宜的剥离溶剂表面张力大约为 40 mJ/m^2，其中 1-甲基-2-吡咯烷酮（NMP）是 MoS_2 层状材料最有效的剥离溶剂。在 NMP 溶剂中超声处理，剥离所得 MoS_2 纳米片层的横向尺寸在 50 ~ 1000 nm 之间，纳米片层分散液有效浓度为 0.3 mg/mL。通过对剥离块体材料起始质量、超声处理功率、超声处理时间和离心条件等实验参数优化，发现层状 MoS_2 在 NMP 中剥离所得 MoS_2 纳米片层悬浮液的浓度与初始层状 MoS_2 质量成正比，层状 MoS_2 初始最大化浓度可为 100 mg/mL。超声处理时间延长，

二维无机材料
剥离、纳米层组装及其功能化

可以增加 MoS$_2$ 纳米片层的剥离量，将超声处理时间增加到 200 h，剥离所得 MoS$_2$ 纳米片层悬浮液的浓度可以增加到 40 mg/mL。但随着超声处理时间延长，所得纳米片层的横向尺寸变小，且尺寸分布变宽。通过控制离心过程，可以获得平均尺寸约为 2 mm，最大为 4～5 mm MoS$_2$ 纳米片层[16]。此外，NMP 也是其它 TMDs 层状材料如 TiS$_2$、TaS$_2$ 和 MoSe$_2$ 的有效剥离溶剂。研究发现，H$_2$O$_2$ 和 NMP 的混合体系也是 MoS$_2$ 层状材料温和条件下剥离的有效介质，MoS$_2$ 纳米片层产率超过其重量的 60%。H$_2$O$_2$ 不仅会导致 MoS$_2$ 在 NMP 中的自然剥离，而且会导致 MoS$_2$ 纳米片层同时溶解。通过调整混合介质中的 H$_2$O$_2$ 浓度，可使剥离的 MoS$_2$ 从纳米片层变化到多孔纳米片层，直至其纳米量子点。尽管 NMP 和 H$_2$O$_2$ 组成的混合介质，可以提高 MoS$_2$ 层状材料的剥离效率，但是该法的缺点是操作困难，H$_2$O$_2$ 可能会导致 MoS$_2$ 过度氧化，并向 MoS$_2$ 纳米片层中引入缺陷[17]。

针对 NMP 作为 MoS$_2$ 剥离介质存在毒性及剥离所得纳米片层分离困难等弊端，发展了水或挥发性溶剂作为分散介质剥离方法。基于汉森溶解度参数理论，发展了一系列用于 MoS$_2$ 层状材料剥离混合溶剂体系。利用水和乙醇按照一定比例组成的混合溶剂体系，可以有效剥离 MoS$_2$ 层状材料，得到剥离的 MoS$_2$ 纳米片层分散液。当水和乙醇单独作为介质分散 MoS$_2$ 层状材料时，两种介质与块体 MoS$_2$ 层状材料存在较大的表面能，因而在单独水或乙醇介质中，块体 MoS$_2$ 层状材料不能有效剥离。但是，当体积为 45% 的乙醇与水组成的混合溶剂可使得 MoS$_2$ 层状材料的溶解度参数改变，导致块体 MoS$_2$ 层状材料在水和乙醇组成的混合溶剂中实现剥离，剥离所得 MoS$_2$ 纳米片层悬浮液的最大浓度约为（0.018±0.003）mg/mL。由于水和乙醇都是常用的无毒溶剂，且容易从剥离 MoS$_2$ 纳米片层悬浮液中除去，这将为剥离纳米片层的应用开辟新途径。

（3）表面活性剂 / 聚合物辅助超声剥离

在表面活性剂 / 聚合物辅助下，是实现 MoS$_2$ 等 TMDs 层状材料液相剥离的另一条可行途径。有机小分子、表面活性剂或聚合物，特别是那些对 MoS$_2$ 纳米片层晶面具有高吸附能的分子或离子，在液相介质中均可以辅助促进层状 MoS$_2$ 剥离。有机小分子胆酸钠的使用可作为在水介质中辅助超声剥离 MoS$_2$ 的一个典型事例，使用浓度为 1.5 mg/mL 的该物质，有助于层状 MoS$_2$ 剥离形成其纳米片层悬浮液[18]。水体系 MoS$_2$ 剥离过程中，胆酸钠不仅作为表面活性剂辅助 MoS$_2$ 剥离，同时胆酸钠吸附在 MoS$_2$ 纳米片层而使其稳定化。吸附胆酸钠的 MoS$_2$ 纳米片层表面电位测量值可达 –40 mV，相对 pH 变化处于稳定状态。同时，通过对不同烷基链长有机胺如丁胺、辛基酰胺和十二胺等分子辅助 MoS$_2$ 超声剥离实验研究，发现丁胺在 NMP 溶剂中对于层状 MoS$_2$ 辅助剥离效果明显，使得剥离产率大幅提高，且在一系列极性和非极性有机溶剂中，剥离的 MoS$_2$ 纳米片层可稳定存在数月。作为辅助 MoS$_2$ 剥离的稳定剂和分散剂，一系列非离子表面活性剂如聚氧乙烯脱水山梨醇单油酸酯、聚氧乙烯脱水山梨醇三油酸酯、聚乙烯吡咯烷酮、聚氧乙烯(4)十二烷基醚、聚氧乙烯(100)十八烷基醚、聚氧乙烯(9～10)辛基苯基醚、阿拉伯树胶、普朗尼克和正十二烷基-β-麦芽糖苷（DBDM）等，可用于辅助超声剥离层状 MoS_2，其中普朗尼克表面活性剂对 MoS_2 层状材料取得了好的剥离效果。另外，由于 PVP 在乙醇介质中具有极好的溶解性和润湿性能，很容易吸附在 MoS_2 纳米片层表面形成涂覆有 PVP 的 MoS_2 纳米片层，使得层状 MoS_2 在乙醇介质中超声剥离效果大为改善。除在不同介质中表面活性剂辅助超声液相剥离层状 MoS_2 材料外，在表面活性剂分散存在的水介质中，MoS_2、$MoSe_2$、$MoTe_2$、WS_2、WSe_2 及 WTe_2 二维层状材料超声处理，也可以剥离形成相应的 TMDs 纳米片层剥离分散液。

（4）离子插层液相剥离

对于 TMDs 层状化合物，相邻层之间可有效嵌入各种客体物种，包括简单原子、碱金属、聚合物和有机金属客体离子或分子。通常，电子供体和还原剂可以直接插入 TMDs 层状化合物层间，插入电子供体可转移到金属 d 轨道，并使得其氧化数从 M^{4+}（d^2）减小到 M^{3+}（d^3）。但是，一般电子受体离子或分子不容易插入 TMDs 层间，主要原因是电子受体离子与负电性 TMDs 层板之间的排斥作用。伴随着 TMD 插层反应进行，常常导致纳米片层从半导体相 $2H-MX_2$ 向金属相 $1T-MX_2$ 转化。TMDs 层状材料晶体参数与其组成元素离子半径间的关系表明，三配位 M^{6-n}（d^n，$n>2$）电子构型 $2H-MX_2$ 相不稳定，而 TMDs 层状材料通过电子给体插入反应，倾向于采用八面体结构（$1T-MX_2$）。

1）锂离子插层液相剥离

无机离子是改善层状材料剥离效率的有效插层剂，离子插层反应容易在层间相互作用较弱、且高度各向异性层状结构间发生[19]。层状 MoS_2 不仅层间相互作用较弱，而且层间距很小，大约为 0.65 nm，所以只有路易斯碱和半径小的碱金属离子才能够容易插层进入块状 MoS_2 层间。金属锂（Li）由于具有高的还原电势及在 TMDs 层间快速移动的能力，是优良的 TMDs 层状材料插层试剂。锂插层 TMDs 层状材料可通过化学和电化学方法进行。通常，有机锂化合物被用作锂化插层反应的前驱体，与小化合物如甲基锂（MeLi）相比，较大的有机锂化合物如正丁基锂（n-BuLi）和叔丁基锂（t-BuLi）是有效的锂插层试剂。

锂离子插层是剥离层状材料最流行且最有效的方法之一，该方法已经用于 MoS_2 等 TMDs 层状材料的剥离。通常，锂离子插层剥离层状材料需要三步：一是将 Li^+ 嵌入块体 MoS_2 层状材料层间；二是插层锂化合物浸入到水中；三是插层锂化合物在水中超声处理。值得注意的是，在层状 MoS_2 锂离子插层过程中，由于相互作用可能导致 MoS_2 结构由半导体三角形（2H）相转变到金属八面体（1T）相。在正己烷介质中，n-BuLi 作为插层剂进行锂离子插层 MoS_2 研究，插

层试剂 $Li^+(n\text{-}Bu)^-$ 与 TMDs 之间的化学反应，导致电子从 Bu^- 转移到 TMDs 纳米层板上，然后 Li^+ 嵌入到层间以平衡电荷。同时，导致 TMDs 插层材料晶格在 c 轴方向上的层间距增大，按照式（8-4）反应形成 Li_xMX_2 插层层状化合物。

$$x\ n\text{-}BuLi + MX_2 \longrightarrow Li_xMX_2 + x/2C_8H_{18} \tag{8-4}$$

$$Li_xMX_2 + xH_2O \longrightarrow MX_2（纳米薄片）+ x/2H_2 + xLiOH \tag{8-5}$$

Li_xMX_2 插层层状化合物加入到水中，其与水以式（8-5）反应式水解及随后在层间生成 LiOH 和 H_2，水解过程中常用超声波处理反应体系以促进羟基扩散，使 TMDs 层状材料剥离形成其纳米片层，形成带负电荷 TMDs 纳米片层胶体悬浮液。但是，直接 Li^+ 离子插层并在水介质中超声剥离制备 MoS_2 纳米片层的过程，由于反应条件苛刻，需要高温和较长反应时间。另外，插层过程中 Li^+ 的嵌入量控制较为困难。当 Li^+ 嵌入量低时，锂离子插层不完全而导致单层 MoS_2 纳米片层剥离量少，而过多 Li^+ 插层将导致插层化合物分解，生成金属纳米粒子和 Li_2S，使得剥离效果不理想。

为了增加剥离效果，进一步减小 MoS_2 层间作用力是最佳的处理方法。为此，开发了电化学锂化嵌入过程剥离 MoS_2 新方法，电化学剥离制备 MoS_2 纳米片层过程如图 8-7 所示[20]。在电化学电源组装中，阳极为锂箔，阴极为块体层状 MoS_2，电解液为 1mol/L $LiPF_6$。组装的原电池在放电过程中，Li^+ 嵌入 MoS_2 层中，随后将 Li^+ 嵌入化合物如 Li_xMoS_2（x 是 Li_xMoS_2 中 Li 原子数）浸入水中，使得块体层状 MoS_2 剥离，形成分散性良好的 MoS_2 单层纳米片层。该电化学剥离方法，MoS_2 纳米片层单层产率达 92%，更重要的是 Li^+ 的嵌入量可以通过控制放电过程进行调整。同时，在电化学剥离中，剥离所得 MoS_2 纳米片层具有两种结构相，且两种相比例可以通过放电过程调控。另外，Na^+ 也可以作为插层离

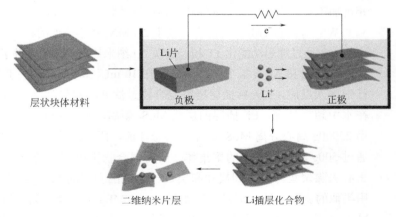

图 8-7
块体层状材料电化学锂化剥离制备二维纳米片层过程[20]

子，通过类似电化学方法控制 Na$^+$ 的嵌入，可追踪 Na$^+$ 插层过程中 MoS$_2$ 结构演变。由于插入的 Na$^+$ 含量与放电时间成正比，可以通过恒电流模式下调节截止放电电位或时间，从而实现从半导体 2H-MoS$_2$ 到金属 1T-MoS$_2$ 的相变控制 [21]。研究指出，每个 MoS$_2$ 结构中插入 1.5 个 Na$^+$（Na$_x$MoS$_2$、x=1.5），是 MoS$_2$ 结构演化的可逆性关键点。如果每个 MoS$_2$ 分子插入 Na$^+$ 离子量小于 1.5（即 x<1.5），则 MoS$_2$ 结构可部分恢复为 MoS$_2$；而当插入 Na$^+$ 离子量大于 1.5（x>1.5），则会引起 Na$_x$MoS$_2$ 不可逆分解为 Na$_x$S 和金属 Mo。

TMDs 层状材料在液相体系中的剥离过程，伴随着剥离进行会将金属相引入到剥离纳米片层中，使得剥离得到的 MoS$_2$ 纳米片层的组成和化学性质发生变化。为此，可以通过对剥离的 1T-MoS$_2$ 相干燥，随后在高于 300 ℃温度下 Ar 气氛中退火处理，可以将其还原为 2H-MoS$_2$ 相。但是，干燥 MoS$_2$ 纳米片层随后高温处理，将大大限制 MoS$_2$ 纳米片层进一步加工应用，而控制剥离纳米片层相组成的最理想的方法是在液相中完成。为此，利用如十八碳烯或邻二氯苯（ODCB）等高沸点有机溶剂作为分散剂，在该类介质体系中剥离的 MoS$_2$ 纳米片层受到保护，而在惰性环境下可以承受较高温度处理，不会使剥离的 MoS$_2$ 纳米片层受热破坏。但在这些高沸点有机溶剂中，剥离所得 MoS$_2$ 纳米片层具有高的负电荷表面，使得 MoS$_2$ 纳米片层在溶剂中的分散性差，导致进一步处理困难。同时，由于剥离 MoS$_2$ 纳米片层在高沸点有机溶剂中退火后，将恢复疏水性半导体相，诱发剥离 MoS$_2$ 纳米片层絮凝。另外，在部分氧化环境中加热剥离的 MoS$_2$ 纳米片层，容易导致其氧化，甚至在大多数极性溶剂中会迅速降解。为了解决这些问题，通过对剥离 MoS$_2$ 纳米片层表面功能化，使其从水相转移到各种惰性有机溶剂中，在惰性及高沸点溶剂中加热，可以调整相组成并控制金属半导体过渡转化。依据这种策略，功能化处理所得剥离 MoS$_2$ 纳米片层维持了其液相可加工性，为其组装柔韧性和可转移性薄膜提供了解决方案，且该方法可扩展到如 WS$_2$ 等其它 TMDs 材料 [22]。鉴于 2H-MX$_2$ 化学惰性的特征，这种共价官能化方法也为通过加热功能化 1T 相，实现 2H 纳米片层功能化开辟了一条新途径。

在室温和 Ar 气氛下，1 g MoS$_2$ 在 10 mL、0.8 mol/L 正丁基锂中分散，进行锂嵌入反应，3 天后插层所得混合物过滤并用己烷洗涤。随后锂插层化合物在水中超声处理，Li$^+$ 插层的层状 MoS$_2$ 剥离，形成 MoS$_2$ 纳米片层悬浮液，使用 25000g 离心分离 MoS$_2$ 纳米片层悬浮液，所得泥浆重新分散入水中，纯化后通过 500g 离心去除大的聚集体。所得混合物再用流水透析三天，最后用 500g 离心去除聚集体，得到尺寸和层数一定范围剥离的 MoS$_2$ 纳米片层悬浮液。利用类似的剥离方法，可以实现如 WS$_2$ 等 TMDs 的剥离。为了将在水相中剥离的 MoS$_2$ 纳米片层转移到有机相中，以实现在高沸点有机介质中剥离 MoS$_2$ 纳米片层的应用开发。转化过程是在加入 2.5% 油胺的有机溶剂（例如 ODCB）相和剥

二维无机材料
剥离、纳米层组装及其功能化

离的 MX$_2$ 纳米片层水相之间进行，将两相混合，剧烈摇动混合物 2 h 后使其分离。重复该过程，直至足够量剥离的 MoS$_2$ 纳米片层从水相转移到有机相中得到收集，真空下除去有机相中残留的水。将转移到有机溶剂中剥离的 MoS$_2$ 纳米片层加入到带有冷凝器的三颈瓶中，使用 N$_2$ 或 Ar 气吹扫三颈瓶中的空气，以 150 r/min 搅拌。以 10 ℃/min 的加热速率，使混合体系达到所需退火温度；在退火温度下搅拌保持 4 h 后，低转速下用离心机除去大的聚集体。剩余混合物在 5000 r/min 离心分离两次，处理所得剥离 MoS$_2$ 纳米片层随后再次分散在 2.5% 油胺己烷或 2.5% 油胺十八烯中，可以进一步进行剥离 MoS$_2$ 纳米片层相组成调控。

2）非锂离子插层液相剥离

两步膨胀和 N$_2$H$_4$ 插层过程是剥离 MoS$_2$ 层状材料，制备大尺寸、高质量 MoS$_2$ 纳米片层的有效途径。MoS$_2$、MoSe$_2$ 和 WS$_2$ 等 TMDs 层状材料，可以采用该方法剥离形成其大尺寸纳米片层。在水热反应条件下用肼（N$_2$H$_4$）处理块状 MoS$_2$ 等 TMDs 层状材料，将 N$_2$H$_4$ 分子插层到 MoS$_2$ 层间，其在层间分解实现 MoS$_2$ 层状材料的第一步膨胀，该过程可以导致 MoS$_2$ 晶体体积膨胀 100 倍以上。随后膨胀的 MoS$_2$ 晶体在 Ar 气氛下搅拌，与金属萘（金属包括 Li、Na 和 K）反应，Na$^+$ 或 K$^+$ 插层进入第一步膨胀的 MoS$_2$ 层状材料层间，完成第二步膨胀。将 Na$^+$ 或 K$^+$ 插层二次膨胀 MoS$_2$ 加入水介质中并轻微超声，超声处理促使 MoS$_2$ 最终剥离。该方法不仅实现了 MoS$_2$ 纳米片层 90% 的单层高产率，而且纳米片层的尺寸可达 400 μm^2，剥离过程如图 8-8 所示[23]。尽管剥离的 MoS$_2$ 纳米片层

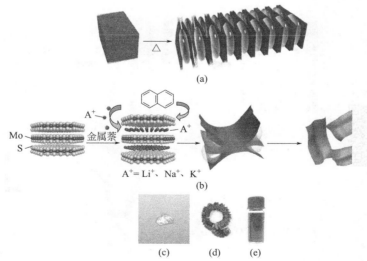

图 8-8
两步膨润和插层 MoS$_2$ 层状材料液相剥离过程[23]

（a）利用 N$_2$H$_4$ 分解导致块体 MoS$_2$ 前膨润；（b）前膨润 MoS$_2$ 与 A$^+$C$_{10}$H$_8^-$ 插层反应随后在水中剥离；（c）块体 MoS$_2$ 照片；（d）前膨润 MoS$_2$ 照片；（e）水介质中 Na$^+$ 插层剥离 MoS$_2$ 纳米片层分散液

具有良好的分散性和剥离效率高，但是操作过程中因为插入化合物可能会在空气中自发热、自燃或自爆，因而该方法危险性较大。

另外，尽管化学锂插层、随后TMDs层状材料剥离是一种简便有效制备TMDs纳米片层的方法，但是该方法剥离形成的TMDs纳米片层是亚微米小横向尺寸，单层剥离率低，处理过程中需要使用充满Ar或N_2手套箱，半导体性质损失，可控性差和锂化时间长。电化学锂嵌入虽然更快和更可控，但需要复杂的电化学设置，对环境条件高度敏感，大规模制备有困难。为此，研究者发展了利用SO_4^{2-}阴离子插层块体MoS_2层状材料，电化学剥离制备横向尺寸大小在5～50 μm范围MoS_2纳米片层的方法[24]。以Pt电极作为对电极，块状MoS_2层状晶体作为工作电极，0.5 mol/L Na_2SO_4为电解质溶液，该电化学剥离过程在环境温度下进行，不需要手套箱，且所得MoS_2纳米片层保留了其半导体性能。图8-9显示了该电化学剥离过程机制，首先给工作电极块体MoS_2施加10 V正向电压，导致溶液中H_2O分解形成·O和·OH自由基，插层到层间的·O、·OH自由基和SO_4^{2-}阴离子，使得MoS_2纳米片层间的静电引力减弱。插层到层间的·O、·OH自由基和SO_4^{2-}阴离子随后被氧化释放出O_2和SO_2气泡，使得MoS_2层间距进一步增大。MoS_2薄片被喷出的气体作用，从大量MoS_2晶体中脱落而进入溶液，形成大尺寸MoS_2纳米片层悬浮液。但是，该电化学剥离过程中，块体MoS_2表面可能受到氧化，将直接影响剥离所得MoS_2纳米片层的质量和氧化度。因此，通过优化实验条件，可以制备大尺寸、氧化度低的MoS_2纳米片层。

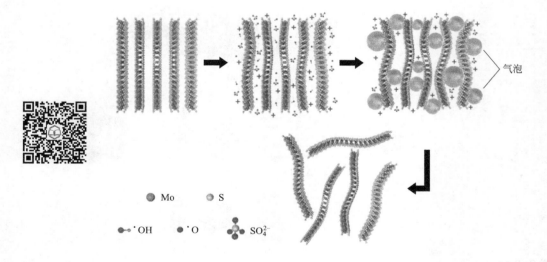

气泡

● Mo　　● S

●—·OH　　● ·O　　✦ SO_4^{2-}

图8-9
电化学SO_4^{2-}阴离子插层剥离制备大尺寸、低氧化度MoS_2纳米片层过程[24]（扫二维码看彩图）

二维无机材料
剥离、纳米层组装及其功能化

采用两步插层过程，也即串联分子插层剥离策略，可以增大层间距并减弱层间静电作用力，最终实现 TMDs 层状材料剥离。在两步插层反应中，其中第一步采用长度较短的插层剂，如乙醇钠首先扩展块体层状晶体如 MoS_2 和 WSe_2 等的层间距；然后第二步采用长度较长的主嵌入剂，如己酸钠插层反应而实现 MoS_2 和 WSe_2 等层状材料剥离，其剥离过程如图 8-10 所示[25]。串联分子插层方法采用的插层剂为路易斯碱，而块体 TMDs 层状材料为路易斯酸。较小路易斯碱插层剂首先插入 TMDs 层状材料层间，使得其层间距增大及层间作用力减弱。随后长插层路易斯碱分子与第一步插入到层间的小分子在回流状态下，在层间随机产生双层插层结构，该结构破坏了层与层之间的静电引力，而最终得到 TMDs 纳米片层，可成功实现路易斯酸碱主客体化学在层状材料剥离上的应用。串联分子插层剥离策略制备 TMDs 纳米片层条件温和，且避免了其它剥离技术过程中需要超声处理、产氢危险及剥离效率不高等弊端。

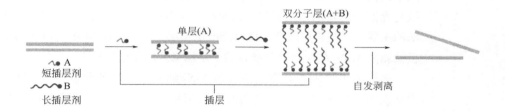

图 8-10
串联分子插层剥离策略制备 TMDs 纳米片层过程[25]

（5）减薄剥离技术

为了提高剥离效率，外力也可用于 TMDs 层状材料片层减薄，直至制备 MoS_2 纳米片层。TMDs 层状材料片层减薄方法主要分为三类，即以热为驱动力的升华法、以外部电场为驱动力的等离子处理法及高氧化试剂作用下的刻蚀法。TMDs 层状材料通常先用机械减薄，从块状 MX_2 晶体中获得少层 MX_2 薄片，然后在外界力量作用下连续变薄至所需厚度。一般，TMDs 层状材料的减薄在温和条件下实现，且制备相对较薄的 MX_2 片层比较简单。虽然 TMDs 层状材料的密度（5～10 g/cm^3）比石墨的密度（约 2.2 g/cm^3）大几倍，但是将层板连接在一起的层间单位面积范德华力几乎没有太大差别，说明 TMDs 层状材料采用物理方法更易实现片层减薄。除激光减薄方法外，一般减薄方法有两个主要挑战：一是采用相同处理方法从最顶层到最底层时，需要减少所得纳米片层不必要的缺陷；二是要防止薄片横向尺寸边缘层的损坏。

1）升华减薄技术

相对于石墨烯 $900 \sim 1400$ ℃的高升华温度，TMDs 层状材料具有层内弱的范德华力及 $300 \sim 700$ ℃相对较低的升华温度，因而通过升华减薄技术，从 TMDs 层状材料减薄得到需要层板厚度的材料具有可行性。升华方法主要分为，通过激光减薄的局部升华和整体升华热退火过程。局部升华在片层边缘上具有较高的可控性，但仅限于制造单层。相反，整体升华适用于逐层变薄，但边缘的可控性较差。激光减薄方法提供了一种有效制备具有可控质量 TMDs 纳米片层的技术，制备的纳米片层具有与机械剥离法或化学气相沉积法相比拟的效果。用适当功率的激光束进行局部加热，块体 MX_2 晶体上层升华，而与基材接触的底层由于基板散热作用仍然保留而不会受到影响。减薄后通过增加激光功率密度，可以将减薄所得纳米片层切成任意形状。例如对于块体 MoS_2 层状材料，使用 514 nm 的绿色激光，在 $80 \sim 140$ mW/mm^2 功率密度间升华，而当功率密度大于该值时，MoS_2 纳米片层将减小，激光处理 TMDs 纳米片层后的光学照片和拉曼光谱，清楚地指出制备了大面积单层 MoS_2 [图 8-11（a）][26]。激光薄化方法的主要缺点是其局限性，仅仅能产生单层而不是少层 MoS_2 纳米片层，同时与机械剥离 MoS_2 单层相比，制备的单层纳米片层粗糙度较大。

热退火也是制备具有所需厚度 MX_2 纳米片层简便而低成本技术。将在适当基板如 SiO_2/Si 上微机械剥离的多层 MX_2 纳米片置于管式炉中心，在 650 ℃、10 Torr❶ 氩气及 5 mL/min 气流速条件下，升华 1 h 可以得到 MoS_2 纳米片层。当最顶层开始升华时，层内的共价键开始破坏，与无缺陷的底层相比，层剩余部分更容易升华。因此，原则上该方法可以实现 MX_2 纳米片层的逐层薄化。通过热退火减薄技术，加热 7 h 后，MoS_2 逐渐变薄剥离成单层 [图 8-11（b）][27]。与其它减薄方法类似，制备的纳米片层尺寸大小变化明显。

2）等离子减薄技术

低能量（约 50 W）、低压（约 40 Pa）Ar^+ 等离子体辐射，可用于多层和少层 MX_2 薄片减薄为精度可控的 MX_2 单层制备，减薄机制可以通过削弱和除去两个重复步骤来完成[28]。第一步，Ar^+ 离子诱导均匀损坏 MX_2 晶体最顶层，并削弱其层间共价键以及该层与底层结合的范德华力。大约 1 min，当最顶层的缺陷变得高于阈值时，该整层几秒内在 Ar^+ 离子作用下自发去除，留下新的几乎没有受到影响的新层等待进一步等离子照射，O_2、O_2/Ar、CF_4、SF_6/N_2 均是 TMDs 层状材料物理或化学减薄的有效等离子源。同时，通过对 MoS_2 和 WSe_2 层状材料进行拓展微波等离子减薄处理，所得纳米片层具有与微机械剥离制备相比拟的质量。Ar 和 O_2 等离子体处理 MoS_2 层状材料，可以制备富缺陷、高密度催化

----

❶ 1 Torr=133.322 Pa，全书同——编者注

274

二维无机材料
剥离、纳米层组装及其功能化

活性中心，用于析氢反应的 MoS$_2$ 纳米片层。与块体石墨烯等离子体减薄相比，TMDs 层状材料等离子体减薄更容易实现，且去除每层后无须额外的刻蚀步骤。由于在 TMDs 层状材料中，X—M—X 层间结合不如石墨烯的 C—C 键合强，因而通过优化等离子体功率和辐射时间，可以一次连续地完成所需厚度 TMDs 层状材料的减薄。等离子减薄方法优点是具有很好的可复制性，并有使得晶圆尺寸规模扩大的能力。

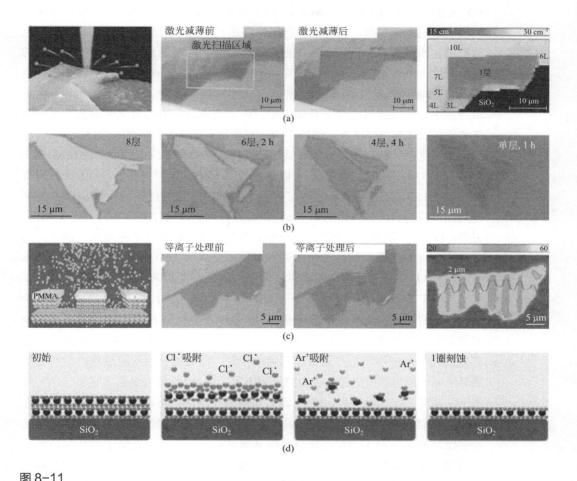

图 8-11
减薄剥离方法示意图 [26, 27]
（a）激光减薄法（升华）：激光前后多层 MoS$_2$ 薄片光学显微镜图像及 A$_{1g}$ 和 E$_{2g}^1$ 峰间的空间拉曼图）；（b）退火处理（升华）：650 ℃、10 Torr 氩气氛下 7 h 热退火，8 层微机械剥离 MoS$_2$ 减薄至单层光学显微镜图；（c）等离子体处理：MoS$_2$ 及等离子体处理图案化双层 MoS$_2$ 薄片光学显微镜图谱及制造的异质结构 E$_{2g}^1$ 峰拉曼强度图；（d）刻蚀：通过 Cl 自由基吸附和低能 Ar$^+$ 逐层刻蚀 MoS$_2$ 过程

3）刻蚀剥离技术

TMDs 层状材料可以通过湿法和干法刻蚀减薄。尽管 MoS_2 层状材料在室温下不会与普通酸如 HCl、HNO_3 和 H_2SO_4 和碱如 KOH 和 NaOH 反应，但其在热浓硝酸中可以实现湿法刻蚀。将衬底表面上负载有多层 MoS_2 薄片部分，在温度 80 ～ 90 ℃条件下浸入浓 HNO_3 中，而没有负载多层 MoS_2 薄片衬底部分保持在酸上方与空气接触。MoS_2 薄片从其边沿以高的产率 1 h 内刻蚀，反应产物是 SO_2 气体和溶于 HNO_3 的 H_2MoO_4。由于衬底的散热特效作用，当 MoS_2 薄片被刻蚀成双层或单层时，刻蚀过程自限性停止 [29]。过氧化氢（H_2O_2）是一种绿色的氧化还原试剂，不论是单独使用，还是与其它溶剂混合使用，由于其独特的浸出特性（MoS_2 的氧化溶解），可用于 MoS_2 的超声和剥离 [30]。因此，H_2O_2 也可以有效地用于湿法刻蚀 MoS_2 和其它 TMDs 层状材料。此外，在 $FeSO_4$ 电解质溶液中，可以通过电化学芬顿反应、离子液体溶液中的电化学刻蚀及水中的紫外诱导氧化刻蚀等手段，通过 TMDs 层状材料制备相应的量子点。

二氟化氙（XeF_2）是一种高氧化性气体，其可在干燥条件下刻蚀 MoS_2。在 1 Torr 压力和室温下，用 XeF_2 可以刻蚀减薄 MoS_2 层状材料 [31]。由于反应所有产物如 Xe、F_2、SF_6 和 MoF_3 均在室温下是气相，强氧化还原反应放出热量加速刻蚀反应进行，刻蚀后所得 MoS_2 薄片表面粗糙度与激光获得薄片表面相当。另外，O_2 是一个廉价而清洁的氧化剂，在空气或 Ar/O_2 气氛中用氧气通过热退火，约 350 ℃温度下持续几个小时，可以干法腐蚀 TMDs 层状材料。在 TMDs 层状材料 O_2 热退火处理刻蚀减薄过程中，刻蚀温度是关键参数，在 O_2 环境下高于 400 ℃进行热退火处理，将导致 MoS_2 完全氧化成片状 MoO_3。由于 TMDs 层状材料的氧刻蚀是各向异性反应，且优先以之字形 M 边缘和 X 边缘终止，因此被氧气刻蚀的薄片在表面上有高的三角形凹坑密度及大量边缘活性位点，使得刻蚀材料在催化应用方面前景广阔。同时，在这类刻蚀反应过程中，衬底散热对于刻蚀最后预留层起着重要的保护作用，将 WSe_2 薄片暴露于臭氧（O_3）环境下，通过干燥刻蚀过程，WSe_2 薄片自限性氧化减薄，可以得到单层至三层厚度 WSe_2。在这些通过氧化反应刻蚀过程中，实现逐层刻蚀比较困难，只能通过控制刻蚀时间来控制 TMDs 层状材料部分刻蚀减薄。为此，发展了循环两步原子层刻蚀技术，以解决逐层刻蚀困难的问题 [32]。在 MoS_2 两步原子层刻蚀减薄过程中，多层 MoS_2 薄片首先暴露在氯气中，使得 MoS_2 层状材料最外层的纳米片层进行氯化反应，达到削弱该纳米片层内的共价键及该层与 MoS_2 层状材料其余部分间的范德华作用力；然后，用低能量（20 eV）Ar^+ 离子束去除氯化吸附 Cl^- 的 MoS_2 层，且对下面的 MoS_2 片层没有造成破坏。这种用 Ar^+ 离子解吸去除 MoS_2 单层的过程由三个连续步骤构成，包括去除顶部 S 原子层，然后 Mo 原子层，最后是底部 S 原子层，最终可实现 TMDs 层状材料刻蚀减薄的可控操作。

二维无机材料
剥离、纳米层组装及其功能化

8.3
特殊结构与性质 TMDs 纳米片层

通过不同的剥离方法，可以从块体 TMDs 层状材料制备得到单层或层厚度不同的少层 TMDs 纳米片层。剥离方法的不同，使得制备的 TMDs 纳米片层显示了性质上的显著差异。为了扩大 TMDs 纳米片层应用范围，制备新型结构 TMDs 纳米片层显得特别重要。对于 TMDs 纳米片层的改性及结构设计，最初的研究主要集中在通过去除 TMDs 框架上的特定原子，向纳米片层结构中可控地引入缺陷，以期待缺陷 TMDs 纳米片层拥有光学 / 电子特性，而在光电子设备上得到应用。同时，将杂原子引入到 TMDs 纳米片层，使晶格产生缺陷，通过调节掺杂原子数量和产生缺陷多少，改变 TMDs 纳米片层特性，拓展其应用范围。依据 TMDs 层状材料具有从半导体到超导体宽范围特征，通过设计和制备 TMDs 合金和异质结构，调整其带隙和电子特性。另外，从结晶相观点来看，TMDs 纳米片层具有几种可能的多晶结构，如 MoS_2 单层半导体 2H（六角形）、金属 1T（三角形）和半金属 1T′（单斜）三个晶相，每个结构能够提供不同的光电性质。因此，通过 TMDs 纳米片层局部相转变，可以实现不同特性晶相在同一纳米片层中的结合，是一种非常有前途的调整 TMDs 纳米片层光电性质及应用的方法。到目前为止，独特结构的 TMDs 纳米片层有如图 8-12 所示的六种类型[33]，由于本书主要关注二维材料剥离制备相应纳米片层，因此依据 TMDs 前驱体及剥离纳米片层的改性，本节内容主要围绕缺陷 TMDs 纳米片层、异质原子掺杂 TMDs 纳米片层、1T/1T′ TMDs 纳米片层等纳米片层结构及性质展开。

8.3.1 缺陷纳米片层

TMDs 纳米片层中可包含许多结构缺陷，如硫属元素缺陷、过渡金属缺陷、边缘及孔缺陷等。在单层半导体 TMDs 纳米片层上引入这些缺陷，将使得载流子传输和生成 / 重组限制在二维平面，产生的缺陷容易实现纳米片层功能化化学反应。通常，在 TMDs 纳米片上引入缺陷的方法主要有两类，即化学制备过程（如 CVT 和 CVD）中原位生成缺陷和原始 TMDs 纳米片层的后处理。原位生成缺陷法主要依靠挥发性前驱体的化学反应，通过调节如金属 / 硫蒸气的流量和前驱体的反应量 / 比例等反应条件产生。在 CVD 生长的 MoS_2 纳米片层中，使用大角度环形暗场扫描传输电子显微镜（ADF-STEM），可以对制备的纳米片层中的固有原子缺陷如点缺陷、位错、晶界和边缘缺陷进行表征。在 MoS_2 纳米片层中，观察到六种类型点缺陷，包括单硫空位（V_S）、双硫空位（V_{S2}）、Mo 及邻近三个硫形成的复合空位（V_{MoS3}），Mo 与邻近三个双硫形成的复合空位（V_{MoS6}）和一个 Mo 原子取代一个 S2 原子柱（Mo_{S2}）或一个 S2 原子柱取代一个 Mo 原子（$S2_{Mo}$）形成的反位缺陷[34]。同时，MoS_2 纳米片层中点缺陷的主要类型与其制备方法高度相关，利用 ADF-STEM 表征技术，对机械剥离块体 MoS_2 制备的纳米片层、PVD 和 CVD 方法制备的 MoS_2 纳米片层研究发现，PVD 生长制备的 MoS_2 纳米片层中反位缺陷是主要缺陷，而在机械剥离和 CVD 生长制备的 MoS_2 纳米片层中，S 空位是主要缺陷，反映出制备方法对于 MoS_2 纳米片层缺陷的决定影响。

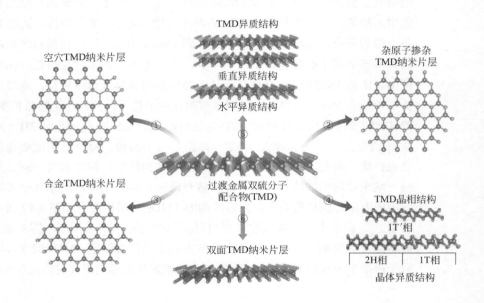

图 8-12
独特结构 TMDs 纳米片层[33]

通过机械剥离 T-TiSe$_{1.8}$ 单晶，可制备钛原子结合和硒阴离子空位的 T-TiSe$_{1.8}$ 纳米片层。控制 Ti/Se 的原料比例为 1∶1.8 并引入 Ti 原子，通过优化反应温度，可以在纳米片层上实现 Se 空位。由于在纳米片层上 Ti 原子的结合和 Se 空位形成，使得 T-TiSe$_{1.8}$ 纳米片层表现出高的自旋极化和局部磁矩[35]。同理，控制 $(NH_4)_6Mo_7O_{24} \cdot 4H_2O$ 和 NH_2CSNH_2 反应试剂的摩尔比，通过水热反应可以制备含有空位的 MoS_2 纳米片层，其空位浓度可通过调整水热过程中反应试剂的摩尔比实现。

二维无机材料
剥离、纳米层组装及其功能化

相比之下，各种方法制备的 TMDs 纳米片层的后处理，是在纳米片层上产生空位的有效可控途径。到目前为止，各种技术如离子／电子辐照、等离子体处理、热退火、电化学刻蚀、α粒子轰击、Mn⁺离子轰击、质子束辐照、臭氧（O_3）处理和激光照明，均被证明是在制备的 TMDs 纳米片层上后处理产生缺陷的有效方法。第一性原理计算指出，去除 TMDs 纳米片层中硫属元素，其基本所需能量为数万至数十万电子伏，该能量可以用最先进电子显微镜实现。当制备的 TMDs 纳米片层暴露于电子束下，可以产生硫属元素空位，电子束照射下的硫属元素空位可以流动，迁移并聚集形成空缺线或纳米级孔。在 60 kV 和 80 kV 加速电压下，利用像差校正 STEM 中埃尺寸探针，跟踪 MoS_2 纳米片层上亚纳米孔的实时形成过程，在 MoS_2 纳米片层上逐步建造亚纳米孔跟踪结果如图 8-13

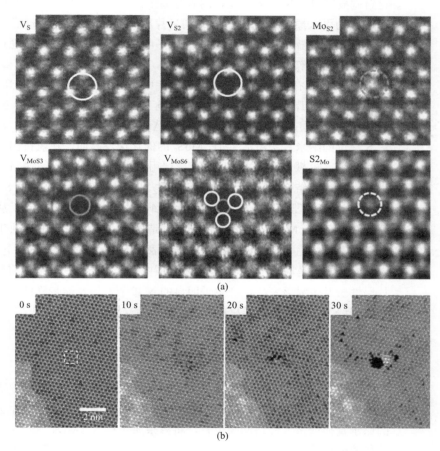

图 8-13
单层 CVD 法制备的 MoS_2 中存在的各种固有点缺陷原子分辨率 ADF-STEM 图像（a）和使用 80 kV 加速电压对单层 MoS_2 逐步在 0 s、10 s、20 s 和 30 s 处理后所得纳米孔的 ADF-STEM 图像（b）[36]

所示[36]。在最初 10 min 照射下，纳米片层辐照区域显示 S 空位聚集，20 s 后辐照区损坏原子数增加，单个 Mo 原子从晶格位移到表面。再进一步照射 30 s，形成直径为 0.9 nm 的纳米孔，且通过调整扫描速度大小，纳米孔可从去除单个 Mo 原子及其六个配位 S 原子，到产生超小三角形孔，最终变化到直径为几个纳米大孔。同样，通过使用聚焦电子光束，可以在 TMDs 纳米片层上产生孔径尺寸在 1 ~ 10 nm 和 2 ~ 25 nm 不等的孔。而且，仅可以生成 Mo、S、Mo 和 S 混合的三种类型孔边缘，可为设计具有所需功能纳米孔提供灵活性。

与电子束照射类似，等离子体处理是在 TMDs 纳米片层上，通过去除特定原子产生缺陷的另一种有效方法。许多等离子气体如 O_2、Ar、CF_4 和 CHF_3 等，可用于 TMDs 纳米片层表面原子的刻蚀。通过液相剥离技术，从块体 TaS_2 层状材料剥离所得 TaS_2 纳米片层，用氧等离子体刻蚀方法处理，在 TaS_2 纳米片层上可以成功引入原子级孔[37]。TaS_2 纳米片层经 O_2 等离子体处理后，纳米片层表面变得非常粗糙，在 ADF-STEM 图像下可观察到很多超小孔。通过改变暴露时间和曝光强度等 O_2 等离子体处理条件，可以调控制备孔的密度和形貌。但是，O_2 等离子处理存在缺陷，即在处理过程中不可避免地将 O 掺杂到纳米片层中，使得所得纳米片层的光电性质受到影响。为此，开发了清洁 Ar 等离子体处理 TMDs 纳米片层产生缺陷新技术。利用 Ar 等离子体处理 1H-MoS_2 纳米片层，创造 S 空位的纳米片层激活了 1H-MoS_2 的催化惰性晶面，在氢析出反应方面催化活性显著。机械剥离的 MoS_2 纳米片层用 H_2 等离子体处理，在不影响 MoS_2 纳米片层形貌和结构的情况下，可在 MoS_2 纳米片层上产生高密度 S 空位。此外，H_2 等离子体处理可以选择性去除 MoS_2 纳米片层一侧的硫原子，从而为实现后续不对称 Janus MoSSe 纳米片层制备创造条件。在用等离子刻蚀 TMDs 纳米片层时，需要优化等离子体功率，以打破表面 Mo-S 键，而不破坏下面二维 Mo-S 结构。重要的是，通过向 MoS_2 纳米片层中引入空位或缺陷位，将导致这些纳米片层性质发生显著变化，产生了明显的 N 掺杂效应及能带降低，从而为结构和性质可调 TMDs 纳米片层材料提供新的改性途径。

8.3.2 异质原子掺杂纳米片层

除通过去除 TMDs 纳米片层上的原子产生缺陷外，杂原子掺杂也可以用于 TMDs 纳米片层性质及结构的改性。杂原子掺杂是通过对纳米片层晶面晶格上的原子置换或挤入晶格间隙位置，将掺杂原子掺入 TMDs 纳米片层。掺杂原子选择的依据是其尺寸、氧化数、电负性和配位性，要与被置换 TMDs 纳米片层上的原子相匹配，且原则上掺杂浓度应低于一定比例，以确保 TMDs 主体纳米片层的固有晶体结构不被掺杂剂改变。

二维无机材料
剥离、纳米层组装及其功能化

杂原子掺杂 TMDs 纳米片层的控制制备和掺杂剂分布量化，对于理解掺杂行为和调制电子特性至关重要。对于 TMDs 层状材料的掺杂，起初主要通过溅射法和脉冲激光蒸发法，将金属掺杂原子掺杂进入 MoS₂ 和 WS₂ 薄膜中。到目前开发了许多新技术，可以成功将金属原子如 Re、Au、Co、Mn、Nb、Er、Cr、V 和 Pt 掺杂到 TMDs 晶格中。通过机械剥离杂原子掺杂的块体 TMDs 层状材料，可以得到超薄杂原子掺杂 TMDs 纳米片层。Nb 掺杂的 MoS₂ 块体层状材料 [Nb 掺杂量为 0.5%（原子分数）] 通过机械剥离，可以获得 Nb 掺杂 MoS₂ 纳米片层[38]。另外，Re 和 Au 可以共掺杂（原子分数 0.5% ~ 1%）进入 MoS₂ 纳米片层中，Re 和 Au 掺杂进入 MoS₂ 纳米片层的掺杂行为不同。不动 Re 原子位于替代 Mo 原子位置，而移动的 Re 原子与硫原子进行键合。相比之下，在电子束辐射下，与 S 原子键合的掺杂 Au 原子表现出更大的原子迁移率。另外，通过湿化学法也可以实现杂原子掺杂 TMD 纳米片层的大规模制备。将化学剥离的 MoS₂ 纳米片层和 Co 离子与硫脲的配合物 Co(CH₄N₂S)₄ 组成的分散液进行水热处理，可以制备 Co 掺杂 MoS₂ 纳米片层。对 Co 掺杂 MoS₂ 纳米片层进行扩展 X 射线吸收精细结构分析表明，掺杂 Co 作为孤立 Co 原子存在，而没有形成 Co 团簇或金属颗粒存在于纳米片层。与周围的 Mo 和 S 位点相比，Co 掺杂的 MoS₂ 单层膜 ADF-STEM 图像显示，Co 原子存在两个明亮对比点。扩展 X 射线吸收精细结构分析和密度泛函理论计算表明，Co 原子位于 MoS₂ 单层 Mo 位置的顶部，HAADF-STEM 线扫描强度和电子能量损失谱（EELS）进一步证明，具有 $L_{3,2}$ 边缘 Co 原子位于 Mo 的顶部（图 8-14）[39]。

8.3.3　合金化纳米片层

合金化 TMDs 纳米片层，也称为 TMDs 纳米片层固溶体。在合金化 TMDs 纳米片中，TMDs 主体纳米片层中的元素一部分被另一个元素取代，具有同质纳米片层的晶体结构。但是，与杂原子掺杂相比，合金 TMDs 中元素可以任意百分比取代。原则上，涉及等电二维 TMDs 合金形成的金属原子应同时遵循以下三个规则：一、$|a_1-a_2|/\max(a_1, a_2)<0.034$；二、$\Delta d_{M-X}<0.1$ Å；三、$(E_{g1}>0)\vee(E_{g2}>0)$。其中，a_1 和 a_2 是两种 TMD 材料的晶格常数；Δd_{M-X} 是金属 - 硫族元素键的差值；E_{g1} 和 E_{g2} 是两种 TMD 材料的带隙[40]。要形成合金化 TMDs 纳米片层，其中规则一和规则二要求两种 TMD 材料的晶格常数和金属 - 硫族元素键距之间匹配良好。同时，由于两种金属 TMD 混合材料不应具有有限带隙，因而规则三要求至少一种 TMD 材料必须为半导体。如 MoX₂ 和 WX₂ 具有相似的晶格 / 电子结构，且 Mo₁₋ₓWₓX₂ 合金化 TMD 形成能为负，因此从能量上看 Mo₁₋ₓWₓX₂ 合金形成是有利的。到目前为止，已经制备了三种类型二维 TMD 等电子合金纳

米片层，即 $M_xM'_{1-x}X_2$、$MX_xX'_{2(1-x)}$ 和 $M_xM'_{1-x}X_yX'_{2(1-y)}$。

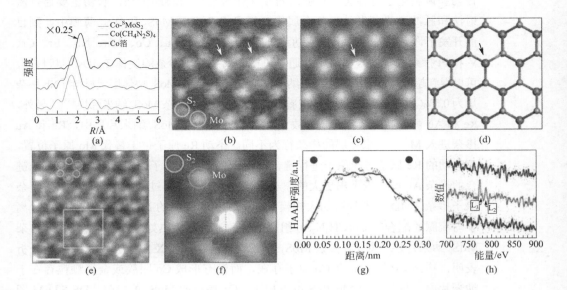

图 8-14
Co 掺杂 MoS_2 纳米片层分析图[39]
（a）Co 掺杂 MoS_2、$Co(CH_4N_2S)$ 和 Co 箔的 X 射线吸收精细结构光谱；（b）MoS_2 单层中两个明亮对比点（箭头）ADF-STEM 图像；（c）ADF 图像模拟以及（d）相应的原子模型，来自 Mo 顶部位点上单个 Co 的几何优化 DFT；（e）HAADF-STEM 图像，比例尺 =0.5 nm；（f）Mo 位点（（e）中方框图）上 Co 原子放大图；（g）和（h）是沿（f）中虚线处同时获取的 ADF 和 EELS 线

在 $M_xM'_{1-x}X_2$ 型合金纳米片层中，TMD 纳米片层中的过渡金属元素被另一元素部分取代。由于大多数 TMD 纳米片层具有相同的结构和相似的晶格参数，因而很容易形成相对无应变合金 TMD 纳米片层。采用机械剥离技术，可从块体 $Mo_{1-x}W_xS_2$ 层状晶体剥离制备组成可变合金化 $Mo_{1-x}W_xS_2$ 纳米片层[41]。合金化 $Mo_{1-x}W_xS_2$ 纳米片层的原子分辨 STEM 分析指出，Mo 和 W 原子在合金化 $Mo_{1-x}W_xS_2$ 纳米片层中随机排列，通过改变组成 x 值，合金化 $Mo_{1-x}W_xS_2$ 片层的带隙可以从 1.82 eV（x=0.2）连续调至 1.99 eV（x=1）。此外，与紊乱度有关的拉曼峰仅在合金化 $Mo_{1-x}W_xS_2$ 纳米片层中被检测到，而在纯 MoS_2 或 WS_2 纳米片层中未能检测出。在合金化 $Mo_{0.5}W_{0.5}S_2$ 纳米片层中，470 cm^{-1} 位置观察到了合金化 $Mo_{0.5}W_{0.5}S_2$ 纳米片层新的拉曼光谱峰，该峰也在纯 MoS_2 或 WS_2 纳米片层中没有观察到。通过 CVT 生长块状 $Mo_xW_{1-x}S_2$ 和 $MoS_{2x}Se_{2(1-x)}$ 层状晶体，随后进行 Li 嵌入反应和剥离，可以制备分散性好，横向尺寸为数百纳米、厚度约为 0.9 ~ 1.2 nm 的合金化 $Mo_{1-x}W_xS_2$ 和 $MoS_{2x}Se_{2(1-x)}$ 纳米片层[42]。W 和 Mo 原

二维无机材料
剥离、纳米层组装及其功能化

子随机分布在纳米片层中，且获得的合金化单层 $Mo_{1-x}W_xS_2$ 纳米片层具有高浓度的金属 1T 相。

8.3.4 纯 1T/1T′ 相纳米片层

纯 1T/1T′ 相 TMDs 纳米片层是一类具有特殊结构和特异性质的 TMDs 纳米片层。在 TMDs 层状材料家族中，一些材料以 1T/1T′ 相自然结晶存在，如 TiS_2、$TiSe_2$、TaS_2、HfS_2 和 WTe_2 本质上以 1T 相存在，而 VTe_2 和 ReS_2 以 1T′ 相自然存在。与 2H 相 TMDs 层状材料相比，纯 1T/1T′ 相 TMDs 层状材料由于其独特的结构，使得剥离形成的纯 1T/1T′ 相 TMDs 纳米片层具有不同的性能。例如超薄 TaS_2 和 $1T-TiSe_2$ 纳米片层显示电荷密度波（CDW）和超导性质，而 $1T'-ReS_2$ 纳米片层则具有金属特性 [43]。通过直接剥离块体 1T/1T′ 相 TMDs 层状材料，是制备得到纯 1T/1T′ 相 TMDs 纳米片层最直接的方法，各种超薄纯 1T/1T′ 相纳米片层如 TaS_2、$MoTe_2$、$NbSe_2$、WTe_2、ReS_2 和 $NbSe_2$ 已通过剥离其相应的块状晶体制备。

另外，CVD 方法也是制备高质量纯 1T/1T′ 相 TMDs 纳米片层的方法之一。一些纯 1T/1T′ 相 TMDs 与相应组成对应物 2H 具有非常相似的基态能量，如 $2H-MoTe_2$ 和 $1T'-MoTe_2$ 每个分子单位间的能量差仅约为 35 meV。因而在利用 CVD 法制备 $1T'-MoTe_2$ 层状材料时，需要精确控制如前驱体、衬底和生长促进剂等反应条件，以防止 $2H-MoTe_2$ 等相的形成。在 CVD 法制备高结晶度少层 2H 相和 $1T'-MoTe_2$ 薄膜时，发现 2H 相和 1T′ 相的生长对 Mo 前驱体非常敏感，选用 Mo 或 MoO_3 作为 Mo 源，将得到不同相 $MoTe_2$ 层状材料，使用 MoO_3 作为前驱体与 Te 反应容易形成 $2H-MoTe_2$，而 Mo 或 MoO_x（$x<3$）作为前驱体则倾向于形成均质 $1T'-MoTe_2$ 薄膜 [43]。除过前驱体对于 TMDs 相生成具有显著影响外，反应采用的衬底也对于在其上均匀制备高质量纯 1T/1T′ 相 TMDs 产生较大影响。以氟金云母（$KMg_3AlSi_3O_{10}F_2$）作为衬底，采用 CVD 法可以在其上外延生长 $1T-HfS_2$ 晶体 [44]。以 $HfCl_4$ 和 S 粉末作为反应前驱体，为了减少纳米粒子的沉积，在石英管的内部和外部放置两个磁铁。平坦且惰性表面氟金云母衬底有利于 HfS_2 晶体外延生长，促使二维 HfS_2 晶体横向快速生长。

通过湿化学方法也可以制备纯 1T/1T′ 相 TMD 纳米片层。在 300 ℃ 反应条件下，将 $MoCl_5$ 油酸溶液注射到三辛基膦、碲化三辛基膦、油胺和六甲基二硅氮烷的混合物中，通过湿法化学反应可制备 $1T'-MoTe_2$ 纳米片。制备的 $1T'-MoTe_2$ 纳米片显示出花状纳米结构，由几层纳米片层堆积而成。与 $1T'-MoTe_2$ 块状晶体相比，制备的 $1T'-MoTe_2$ 纳米片层具有多晶性质，并表现出约 1% 的晶格压缩率 [45]。重要的是，湿化学方法也有望用于制备如 MoS_2 和 WS_2 纯 1T/1T′-

TMDs，这些层状材料的热力学稳定晶型多为 2H 相，在高温条件下不易生成它们的纯 1T/1T′-TMDs 相。

8.3.5　纳米片层表面化学

单层 TMDs 仅表现出三角棱柱相和八面体相两个多晶体，前者属于 D_{3h} 点群，而后者属于 D_{3d} 点群，分别称为单层 1H（或 D_{3h}）和 1T（或 D_{3d}）MX_2，使用包括环形暗场模式下的高分辨率扫描透射电子显微镜等技术可以区分这些晶相。由于 MoS_2 和 WS_2 的 1H 和 1T 相晶格匹配，因而这两个相之间也可以形成相干界面。通常，TMDs 电子结构很大程度上取决于化合物中过渡金属的配位环境和 d 轨道电子数。在 1H 和 1T 两个相中，TMDs 的非键合 d 带位于 M—X 键键合轨道（σ）和反键合轨道（σ*）之间。TMDs 的八面体配位过渡金属中心（D_{3d}），可以分别形成能容纳 TMDs d 电子的简并 d_{z^2,x^2-y^2}（e_g）和 $d_{yz,xz,xy}$（t_{2g}）轨道。而在三角棱柱配位（D_{3h}）情况下，过渡金属 d 轨道分裂为 d_{z_2}（a_1）、$d_{x^2-y^2,xy}$（e）和 $d_{xz,yz}$（e）′，且前两组轨道之间的间隙具有约相当 1 eV 的能量差距。当过渡金属中心原子的 d 轨道部分填充时，$2H-NbSe_2$ 和 $1T-ReS_2$ 等单层 TMDs 显示出金属导电性；而当过渡金属中心原子的 d 轨道被完全占据时，$1T-HfS_2$、$2H-MoS_2$ 和 $1T-PtS_2$ 等单层 TMDs 材料显示出半导体特征。与金属原子相比，硫族原子对 TMDs 电子结构的影响较小。随着硫族元素原子序数的增加，d 带变宽而相应带隙减小，如从 $2H-MoS_2$、$2H-MoSe_2$ 和 $2H-MoTe_2$，随着硫族元素原子序数增大，响应材料的带隙从 1.3 eV 逐渐减小到 1.0 eV[46]。

当块体 TMDs 层状材料 MX_2 剥离成 TMDs 纳米片层时，棱柱形棱边和基面暴露，根据生长环境化学势，极有可能使得 M 或 X 原子棱边终止。剥离的重要结果是，将相邻的 MX_2 层从 s-p_z 轨道相互作用中释放出来，从而导致纳米片层的带隙变宽。同时，轨道杂化变化也使得单层 MX_2 从间接带隙半导体转变为直接带隙半导体，与块状材料相比，纳米片层的光致发光增强。因此，剥离纳米片层显示了边缘配位键类型决定的化学性质。另外，当块体 TMDs 层状材料剥离成纳米片层时，纳米片层的化学性质也受到片层形状或尺寸大小的控制。当三层 X-M-X 薄片横向尺寸减小时，产生的低配位梯度边缘、纽结和角原子，将引起纳米片层局部化学作用，一旦纳米片层中的原子密度降至临界阈值以下，与基面原子相比，边缘和拐角原子的影响占主导地位。因而通过修饰边缘原子，可以达到控制平衡团簇的形状。MX_2 纳米片边缘（有时也称为"开放位点"）的配位"缺失"会导致金属边缘态，如基材与这些边缘金属中心配位，对于材料催化性质具有重要意义。还有，纳米片层的量子尺寸效应可引起价带和氧化电势移动，从而赋予剥离纳米片层更优异的催化活性。

二维无机材料
剥离、纳米层组装及其功能化

在 H₂S 气体存在下，通过蒸发 Mo 原子制备了三角形 MoS₂ 纳米片层，可提供理解纳米片层尺寸与其催化性能细微变化模型。应用扫描隧道显微技术（STM），对金基底上生长的这种三角形 MoS₂ 纳米晶体尺寸与其催化性质依赖性进行研究，发现通过纳米片层边缘处过量 S 或空位优化，将为设计、制备不同稳定性 MoS₂ 纳米片层提供支持[47]。如图 8-15 所示，硫空位首先通过原子氢产生，是加氢脱硫的活性位点，对于燃料中难降解含硫分子脱除具有非常好的催化性能。因此，二苯并噻吩（DBT）这种难降解含硫分子，可用作测试设计制备的不同稳定性 MoS₂ 纳米片层催化活性探针分子。通过 STM 研究发现，在三角形团簇中，通过原子氢产生的硫空位对材料催化活性具有直接影响，从 S 空位形成的能量来看，大面积 MoS₂ 纳米片层有利于 S 空位在边缘处形成，而小尺寸 MoS₂ 纳米片层则倾向于在角落处形成。由于空间位阻的存在，大尺寸 MoS₂ 纳米片层阻止了 DBT 分子在边缘 S 空位上的吸附，但不限制 DBT 分子在小尺寸 MoS₂ 纳米片层角落处 S 空位上的良好吸附。因此，在小尺寸 MoS₂ 纳米片层情况下，由于材料的几何形状对边缘原子的能量高度敏感，因而材料的形状可以通过纳米片层边缘平面功能化设计制备，使得 MoS₂ 等 TMDs 纳米片层的反应性和电子性具有极大可调性。

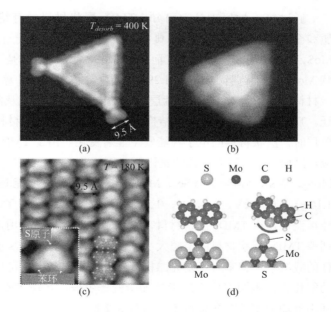

图 8-15
二苯并噻吩（DBT）吸附过程[47]

（a）Mo 边缘终止簇 300 K DBT 吸附后的 STM 图像（52 Å×52 Å）；（b）300 K DBT 吸附后 S 端终止簇的 STM 图像（22 Å×22 Å）；（c）DBT 分子 180 K 在原始 Au（111）表面上的图像（50 Å×50 Å），插图为 DBT 分子的 STM 特写照片（15 Å×15 Å）；（d）Mo 终止边团簇的角位点和 S 终止边团簇的角位点上的 DBT 分子吸附机制利用高密度活性边缘功能化机制，可以用过渡金属如 Co 或 Ni 取代 MoS₂ 中部分边缘位 Mo 原子，制备具有双金属催化位点的高效催化剂，如通过对 MoS₂ 单层纳米片层边缘修饰，可制备材料活性增强的加氢脱硫催化材料。当诸如 Ni 和 Co 之类激活原子吸附在 MoS₂ 边缘时，它们会修饰 MoS₂ 纳米片层边缘平面配位情况，并改变 MoS₂ 纳米簇的平衡形状，从而通过硫醇基团，改变分子与这些位点结合的亲和力。因此，通过块状材料剥离或自下而上制备，获得的单层或多层 TMDs 纳米片层，将根据纳米片层的组成、结构和尺寸，可提供单层和少层 TMDs 纳米片层丰富的化学性质。

8.4
TMDs 纳米片层性质

8.4.1　电子结构和光学性质

通过第一性原理计算可知，TMDs 层状材料中有绝缘体、半导体、半金属和金属等类型结构，其中典型例子是 MoS₂，它是一种半导体材料。体相中 MoS₂ 是一种间接带隙材料，而单层 MoS₂ 纳米片层却是一种直接带隙材料。块状 MoS₂ 是间接带隙大约为 1.29 eV 的半导体，理论计算预测，当块体 MoS₂ 层状材料被减薄为 MoS₂ 纳米片层时，d 电子系统将发生从间接带隙到直接带隙跃迁。TMDs 层状材料的能带结构依赖于层数，当块体材料厚度减少为多层或者单层时，层状材料的电子性能发生显著变化。由于 TMDs 层状材料具有量子效应，因而带隙会随着层数的变化而变化，当 TMDs 从块体材料变成单层材料时，MoS₂、WS₂、MoSe₂、WSe₂、MoTe₂ 和 WTe₂ 的带隙能量分别变化了 1.14 eV、1.16 eV、0.78 eV、0.64 eV、0.57 eV 和 0.37 eV，说明 TMDs 层状材料的能带带隙可调，使得 TMDs 层状材料在光电子学器件方面应用前景广阔。因此，通过调整 TMDs 层状材料的带隙大小，可增加由这些 TMDs 层状材料构成半导体器件的载流子迁移率或者发光二极管器件的发射效率。可以通过外加电场、化学功能化、纳米图案成形或者外加应变等手段，实现 TMDs 层状材料带隙调整，其中外加应变是改变材料带隙的有效手段之一。可以通过拉伸、压缩和纯剪切应变，达到调整 TMDs 层状材料的带隙，如外加应力增大，MoX_2 和 WX_2（X＝S、Se、Te）单层和双层材料将由直接带隙转化为间接带隙[48]。

各种不同厚度 MoS₂ 纳米片电子结构变化可以反映在它们的光致发光（PL）

光谱中，块体 MoS$_2$ 层状材料的 PL 不明显，而较薄 MoS$_2$ 纳米片在约 670 nm 和约 627 nm 处显示出布里渊区 K 点直接激子跃迁产生的明显发射，且这两个峰之间的能量差由价带自旋轨道的分裂能引起。同时，PL 强度反向取决于 MoS$_2$ 纳米片的层数，纳米单层表现出最强的 PL 强度和最高量子效率[49]。光吸收是与半导体能带结构相关的另一个材料特性。通常，沉积在 Si/SiO$_2$ 衬底上的 MoS$_2$ 薄层，在 1.85 eV（670 nm）和 1.98 eV（627 nm）显示两个特征吸附峰，对应于在布里渊区 K 点处的直接激子跃迁。尽管这些吸收峰位置随 MoS$_2$ 纳米片的厚度，几乎不发生变化，但是由于光干扰相移和材料不透明度变化，使得沉积在 Si/SiO$_2$ 衬底上的 MoS$_2$ 薄层光吸收对比与其厚度、MoS$_2$ 和 SiO$_2$ 的反射指数和吸收常数直接相关。利用这些区别，在绿光提供可区分图像对比度和在 90 nm 或 270 nm 波长下，通过测量 MoS$_2$ 纳米片绿光下图像的对比度，可以表征单层、双层和三层 MoS$_2$。在普通的光学显微镜发出的白光照射下，使用常用软件在 300 nm SiO$_2$ 上捕获的 MoS$_2$ 薄片彩色图像可分为 R（红色），G（绿色）和 B（蓝色）通道，且通道图像显示了纳米片层数与其强度之间的分布图。另外，MoS$_2$ 纳米片（1 层至 3 层）和 R 通道图像 300 nm SiO$_2$ 的强度差，也可直接用于确定 MoS$_2$ 纳米片的层数。因此，这种基于光学图像直接识别方法简单、快速且无损，可以加快基于 MoS$_2$ 纳米片基电子设备的制造过程。

通常，化学剥离 MoS$_2$ 纳米片层由于经历了从 2H 相到 1T 相的部分转换，使得其失去半导体性能。而当剥离的 MoS$_2$ 纳米片层在 300 ℃ 下退火，可以还原 2H 相，而发生类似于原 MoS$_2$ 纳米片层的 PL 强发光。不同厚度 MoS$_2$ 纳米片的拉曼散射光谱结果表明，所有不同厚度 MoS$_2$ 纳米片均能观察到强的面内 E$_{2g}^1$ 和面外 A$_{1g}$ 振动，且拉曼特征即频率、强度和两个峰的宽度均强烈受到纳米片层数目影响。随着 MoS$_2$ 纳米片层数增加，A$_{1g}$ 吸收振动发生蓝移，而 E$_{2g}^1$ 吸收振动发生红移。两个吸收峰发生相反方向的位移，部分原因归于库仑相互作用和层内键合变化引起的可能堆叠。

8.4.2　力学性质

与石墨烯相似，二维过渡金属硫化物材料也是一种薄而具有内在柔韧性的力学材料。将 AFM 尖端探头施加载荷到 MoS$_2$ 纳米片层悬空区域中心，可以测量厚度范围从 5 层到 25 层自由悬空 MoS$_2$ 纳米片的弹性特性，纳米片的形变（δ）可由方程 $\delta = \Delta Z_{piezo} - \Delta Z_c$ 确定，其中 ΔZ_{piezo} 是 AFM 扫描压电管的位移，ΔZ_c 是 AFM 悬臂的偏转[50]。通过对不同层数 MoS$_2$ 纳米片进行测定，发现不同厚度 MoS$_2$ 纳米片具有极高的平均杨氏模量 $E = (0.33\pm0.07)$ TPa，该值与氧化石墨烯相当，显示了二维过渡金属硫化物纳米片材料极高的弹性特征。同时，MoS$_2$ 纳米片的平均杨氏模量值也高于块状 MoS₂ 的杨氏模量（0.24 TPa），部分原因可能是纳米片中堆垛层错的密度降低所导致。此外，MoS₂ 纳米片表现出较低的预应变，可以承受高达数十纳米的弹性变形而不破坏。

进一步测得单层 MoS₂ 纳米片的杨氏模量约为 0.27 TPa，该值低于多层 MoS₂ 纳米片，但高于块体 MoS₂ 层状材料，且单层 MoS₂ 的强度在其杨氏模量 6% ～ 11% 范围内，是晶体中原子间内断裂强度理论的上限，表明机械剥离的 MoS₂ 单层高度结晶、且几乎没有缺陷。单层和多层 MoS₂ 纳米片出色的弹性性质，使其成为柔性电子和光电设备有吸引力的半导体及复合膜。

8.4.3　摩擦和热性质

减少不希望的摩擦就需要使用润滑剂，石墨、MoS₂ 和 WS₂ 是有效的固体润滑剂。尽管这些材料的形态处于固相，但它们的润滑和减磨就像液体润滑剂。同时，由于可以克服某些液体润滑剂的局限性，使得 TMDs 层状材料在润滑、减摩方面潜力巨大。通常，大多数润滑剂润滑特性源自它们的化学结构，三种化学特征决定着 MoS₂ 的摩擦学行为，即层状或洋葱状结构，弱范德华层间相互作用以及各向异性结构。TMDs 层状材料层内由较强的化学键相连接，层间由较弱的范德华力相连接，因而具有较低的剪切阻力和摩擦系数，使得 MoS₂ 和 WS₂ 等纳米结构可以作为润滑剂。

当剥离的 MoS₂ 纳米片层覆盖到某一设备的表面，形成的纳米涂层使得原来观察到的摩擦行为几乎消失。如果将 MoS₂ 纳米片层组装成富勒烯和纳米管，这些材料像滚动的树干一样，滚动时可以减少摩擦，证实了 MoS₂ 纳米片层优异的摩擦学性能。MoS₂ 纳米片层摩擦性能可通过使用无缺陷材料来改善，且摩擦系数取决于库仑力。另外，在超高真空条件下，MoS₂ 的摩擦系数数量级是 10^{-3}，而在一般环境条件下，其摩擦系数范围为 0.01 ～ 0.1。因此，TMDs 层状材料作为润滑材料，可以广泛应用于超真空和车动力系统中[51]。

同时，TMDs 层状材料具有较优异的热学稳定性，在高温下依然能保持较好的热稳定性，不易发生分解，可以应用于高温器件中。尽管 TMDs 层状材料具有优异的热力学传导性，但 MoS₂ 的热力学传导性比石墨烯的要低。因此，为了充分利用 MoS₂ 等 TMDs 层状材料的热力学传导性，通常将热力学传导性强的石墨烯纳米片层与 MoS₂ 纳米片层组装，形成二硫化钼／石墨烯纳米结构，通过组装异质结构来调节功能器件的热传导性[52]。

二维无机材料
剥离、纳米层组装及其功能化

参考文献

[1] Chhowalla M, Shin H S, Eda G, et al. The chemistry of two-dimensional layered transition metal dichalcogenide nanosheets. Nat Chem, 2013, 5: 263-275.

[2] Lv R, Robinson J A, Schaak R E, et al. Transition metal dichalcogenides and beyond: synthesis, properties,and applications of single- and few-layer nanosheets. Accounts Chem Res, 2015, 48: 56-64.

[3] Zhou J, Lin J, Huang X. A library of atomically thin metal chalcogenides, Nature, 2018, 556: 355-359.

[4] Voiry D, Salehi M, Silva R, et al. Conducting MoS_2 nanosheets as catalysts for hydrogen evolution reaction. Nano Lett, 2013, 13: 6222-6227.

[5] Novoselov K S, Geim A K, Morozov S V, et al. Electric field effect in atomically thin carbon films. Science, 2004, 306: 666-669.

[6] Samadi M, Sarikhani N, Zirak M, et al. Group 6 transition metal dichalcogenide nanomaterials: synthesis, applications and future perspectives. Nanoscale Horiz, 2018, 3: 90-204.

[7] Huang Y, Sutter E, Shi N N, et al. Reliable exfoliation of large-area high-quality flakes of graphene and other two-dimensional materials. ACS Nano, 2015, 9: 10612-10620.

[8] Desai S B, Madhvapathy S R, Amani M, et al. Gold-mediated exfoliation of ultralarge optoelectronically-perfect monolayers. Adv Mater, 2016, 28: 4053-4058.

[9] Tang D M, Kvashnin D G, Najmaei S, et al. Nanomechanical cleavage of molybdenum disulphide atomic layers. Nat Commun, 2014, 5: 3631-3638.

[10] Hansen C M. Hansen solubility parameters: a user's handbook. 2nd ed. Boca Raton: CRC, 2007.

[11] Cunningham G, Lotya M, Cucinotta C S, et al. Solvent exfoliation of transition metal dichalcogenides: dispersibility of exfoliated nanosheets varies only weakly between compounds. ACS Nano, 2012, 6: 3468-3480.

[12] Zhou K G, Mao N N, Wang H X, et al. A mixed-solvent strategy for efficient exfoliation of inorganic graphene analogues. Angew Chem Int Ed, 2011, 50: 10839-10842.

[13] Shen J, Wu J, Wang M, et al. Surface tension components based selection of cosolvents for efficient liquid phase exfoliationof 2D materials. Small, 2016, 12: 2741-2749.

[14] Shen J, He Y, Wu J, et al. Liquid phase exfoliation of two-dimensional materials by directly probing and matching surface tension components. Nano Lett, 2015, 15: 5449-5454.

[15] Backes C, Higgins T M, Kelly A, et al. Guidelines for exfoliation, characterization and processing of layered materials produced by liquid exfoliation. Chem Mater, 2017, 29: 243-255.

[16] Zhang X, Lai Z, Tan C, et al. Solution-processed two-dimensional MoS_2 nanosheets: preparation, hybridization, and applications. Angew Chem Int Ed, 2016, 55: 8816-8838.

[17] Dong L, Lin S, Yang L, et al. Spontaneous exfoliation and tailoring of MoS_2 in mixed solvents. Chem Commun, 2014, 50: 15936-15939.

[18] Smith R J, King P J, Lotya M, et al. Large-scale exfoliation of inorganic layered compounds in aqueous surfactant solutions. Adv Mater, 2011, 23: 3944-3948.

[19] Benavente E, Santa Ana M A, Mendizábal F, et al. Intercalation chemistry of molybdenum disulfide. Coord Chem Rev, 2002, 224: 87-109.

[20] Zeng Z, Yin Z, Huang X, et al. Single-layer semiconducting nanosheets: high-yield preparation and device fabrication. Angew Chem Int Ed, 2011, 50: 11093-11097.

[21] Wang X, Shen X, Wang Z, et al. Atomic-scale clarification of structural transition of MoS_2 upon sodium intercalation. ACS Nano, 2014, 8: 11394-11400.

[22] Chou S S, Huang Y K, Kim J, et al. Controlling the metal to semiconductor transition of MoS_2 and WS_2 in solution. J Am Chem Soc, 2015, 137: 1742-1745.

[23] Zheng J, Zhang H, Dong S, et al. High yield exfoliation of two-dimensional chalcogenides using sodium naphthalenide. Nat Commun, 2014, 5: 2995-3001.

[24] Liu N, Kim P, Kim J H, et al. Large-area atomically thin MoS_2 nanosheets prepared using electrochemical exfoliation. ACS Nano, 2014, 8: 6902-6910.

[25] Jeong S, Yoo D, Ahn M, et al. Tandem intercalation strategy for single-layer nanosheets as an effective alternative to conventional exfoliation processes. Nat Commun, 2015, 6: 5763-5769.

[26] Castellanos-Gomez A, Barkelid M, Goossens A M, et al. Laser-thinning of MoS_2: On demand generation of a single-layer semiconductor. Nano Lett, 2012, 12: 3187-3192.

[27] Lu X, Utama M I B, Zhang J, et al. Layer-by-layer thinning of MoS_2 by thermal annealing. Nanoscale, 2013, 5: 8904-8908.

[28] Liu Y, Nan H, Wu X, et al. Layer-by-layer thinning of MoS_2 by Plasma. ACS Nano, 2013, 7: 4202-4209.

[29] Amara K K, Chu L, Kumar R, et al. Wet chemical thinning of molybdenumdisulfide down to its monolayer. APL Mater, 2014, 2: 092509.

[30] Yun J M, Noh Y J, Lee C H, et al. Exfoliated and partially oxidized MoS_2 nanosheets by one-pot reaction for efficient and stable organic solar cells. Small, 2014, 10: 2319-2324.

[31] Huang Y, Wu J, Xu X, et al. An innovative way of etching MoS_2: Characterization and mechanistic investigation, Nano Res, 2013, 6: 200-207.

[32] Lin T, Kang B, Jeon M, et al. Controlled layer-by-layer etching of MoS_2. ACS Appl Mater Inter, 2015, 7: 15892-15897.

[33] Zhang X, Lai Z, Ma Q, et al. Novel structured transition metal dichalcogenide nanosheets. Chem Soc Rev. 2018, 47: 3301-3338.

[34] Zhou W, Zou X, Najmaei S, et al. Intrinsic structural defects in monolayer molybdenum disulfide. Nano Lett, 2013, 13: 2615-2622.

[35] Tong Y, Guo Y, Mu K, et al. Half-metallic behavior in 2D transition metal dichalcogenides nanosheets by dual-native-defects engineering. Adv Mater, 2017, 29: 1703123.

[36] Wang S, Li H, Sawada H, et al. Atomic structure and formation mechanism of sub-nanometer pores in 2D monolayer MoS_2. Nanoscale, 2017, 9: 6417-6426.

[37] Li H, Tan Y W, Liu P, et al. Atomic-sized pores enhanced electrocatalysis of TaS_2 nanosheets for hydrogen evolution. Adv Mater, 2016, 28: 8945-8949.

[38] Suh J, Park T E, Lin D Y, et al. Doping against the native propensity of MoS_2: Degenerate hole doping by cation substitution. Nano Lett, 2014, 14: 6976-6982.

[39] Liu G, Robertson A W, Li M M J, et al. MoS_2 monolayer catalyst doped with isolated coatoms for the hydrodeoxygenation reaction. Nat Chem, 2017, 9: 810-816.

[40] Lin Z, McCreary A, Briggs N, et al. 2D materials advances: from large scale synthesis and controlled heterostructures to improved characterization techniques, defects and applications. 2D Mater, 2016, 3: 042001.

[41] Chen Y, Xi J, Dumcenco D O, et al. Tunable band gap photoluminescence from atomically thin transition-metal dichalcogenide alloys. ACS Nano, 2013, 7: 4610-4616.

[42] Tan C, Zhao W, Chaturvedi A, et al. Preparation of single-layer $MoS_{2x}Se_{2(1-x)}$ and $Mo_xW_{1-x}S_2$ nanosheets with high-concentration metallic 1T phase. Small, 2016, 12: 1866-1874.

[43] Tongay S, Sahin H, Ko C, et al. Monolayer behavior in bulk ReS_2 due to electronicand vibrational decoupling. Nat Commun, 2014, 5: 3252-3537.

[44] Fu L, Wang F, Wu B, et al. Van der Waals epitaxial growth of atomic layered HfS_2 crystals for ultrasensitive near-infrared phototransistors. Adv Mater, 2017, 29: 1700439.

[45] Zhou L, Xu K, Zubair A, et al. Large-area synthesis of high-quality uniform few-layer $MoTe_2$. J Am Chem Soc, 2015, 137: 11892-11895.

[46] Sun Y, Wang Y, Sun D, et al. Low-temperature solution synthesis of few-layer 1T'-$MoTe_2$ nanostructures exhibiting lattice compression. Angew Chem Int Ed, 2016, 55: 2830-2834.

[47] Tuxen A, Kibsgaard J, Gøbel H, et al. Size threshold in the dibenzothiophene adsorption on MoS_2 nanoclusters. ACS Nano, 2010, 4: 4677-4682.

[48] 张千帆，高磊，田洪镇，等．二维层状材料过渡金属硫化物．北京航空航天大学学报，2016，42：1311-1325.

[49] Splendiani A, Sun L, Zhang Y B, et al. Emerging

photoluminescence in monolayer MoS_2. Nano Lett 2010, 10: 1271-1275.

[50] Castellanos-Gomez A, Poot M, Steele G A, et al. Elastic properties of freely suspended MoS_2 nanosheets. Adv Mater, 2012, 24: 772-775.

[51] Dallavalle M, Sändig N, Zerbetto F. Stability,

dynamics, and lubrication of MoS_2 platelets and nanotubes. Langmuir, 2012, 28: 7393-7400.

[52] Zhang Z, Xie Y, Peng Q, et al. Themal transport in MoS_2/graphene hybrid nanosheets. Nanotechnology, 2015, 26: 375402.

第 9 章

层状黑磷

黑磷（black phosphorus，BP）是一种典型的单元素二维层状材料，是磷形态中最稳定的同素异形体，具有和石墨烯类似的层状结构[1]。1914 年，在高温高压条件下，通过对白磷高压相态转变观察，研究人员首次成功制备了新的磷同素异形体——黑磷，从此人们对黑磷制备方法、基本特性以及器件应用展开了较为广泛的研究[2]。黑磷体相材料是由相应原子形成的二维单层结构（磷烯）堆叠而成，二维层间弱的范德华作用力，为黑磷层状材料剥离形成其纳米片层提供了可行性。尽管黑磷自发现以来已有一百年以上的历史，但直到 2014 年才成功剥离块体黑磷，得到其纳米片层即磷烯，由此开启了黑磷研究的新时代，成为学术界竞相研究的明星二维材料之一[3]。将制备得到的黑磷用于场效应晶体管中，发现基于二维黑磷场效应晶体管具有超高的载流子迁移率［1000 cm²/V·s]和较高的开关比（10⁵）。与传统半导体材料硅相比，二维黑磷层状材料具有厚度更薄和体积更小等优势，使得单层黑磷材料制造的半导体电子器件的体积更小和功耗更低，能够满足人们对现代电子产品的需求[4]；与零带隙石墨烯层状材料相比，层状黑磷拥有可观的直接带隙，使得其在光电器件应用方面优势明显；与带隙过宽的层状过渡金属硫属化物相比，层状黑磷的载流子迁移率更高，带隙大小与光电器件感光波段吻合度更高[5]。同时，由于黑磷片层面内具有高度不对称结构，使得其具有许多各向异性特性[6]，通过在不同方向上施加不同大小的外场如应力场和电磁场等，可以调整层状黑磷的物理化学特性[7]，从而实现对基于层状黑磷光电器件性能的调控。因此，层状黑磷的高迁移率、可观的直接带隙和各向异性特征，使得黑磷在纳米电子器件和光电器件应用中优势显著，是下一代高性能电子或光电应用重点研究材料[8, 9]。

9.1
层状黑磷结构

黑磷的晶体结构主要有四种类型，即简单立方、正交、菱形和无定形形态，其空间群为 Cmca。通常在常温常压下，黑磷是正交晶系结构，晶胞沿主轴三个方向的长度分别为 a=3.313 Å，b=10.473 Å，c=4.374 Å，每个晶胞里有 8 个原子[10]。跟层状石墨类似，块体黑磷也为层状结构。但是，不同于层状石墨结构，层状黑磷同一层内的原子不在同一平面，表现为一种蜂窝状褶皱结构。片层内每个磷原子与周围的其它三个磷原子通过 sp 杂化轨道以强化学共价键相连，形成稳定的褶皱层状结构。同时，由于每个磷原子除过与 3 个相邻的磷原子形成化学键外，每个磷原子还有一对孤对电子，因此每个磷原子是饱和的，蜂窝褶皱状层与层之间通过范德华力堆垛在一起，该纳米片层结构又被称为磷烯（phosphorene）。

层状黑磷有 ZZ 和 AC 两个独特的晶轴方向，具有各向异性，结构如图 9-1所示[11]。在沿 z 轴方向的结构俯视图中，平行 x 轴而形状似锯齿（zigzag），包含锯齿谷和锯齿峰结构的方向称为 ZZ 方向；而平行 y 轴时形状似扶手椅（armchair），包含扶手和椅座结构的方向是 AC 方向［图 9-1（a）］。在沿 x 轴方向侧视图中，平行于 y 轴，形状类似扶手椅的方向称 AC 方向［图 9-1（b）］。在沿 y 轴方向侧视图中，平行于 x 轴方向是 ZZ 方向［图 9-1（c）］。ZZ 方向和AC 方向存在明显差异，沿 ZZ 方向每两个 P 原子之间的距离为 0.33 nm，而沿AC 方向每两个 P 原子之间的距离为 0.45 nm。二维黑磷沿 z 轴方向的俯视图是键角为 96.3° 和 102.1° 的六方结构，单层黑磷中有两个 P 原子层和两种 P—P 键。一种是磷原子与同一平面内最邻近的磷原子，所形成的化学键键长为 0.2224nm，而另一种是连接单层黑磷顶部与底部磷原子，化学键的键长为 0.2244 nm。

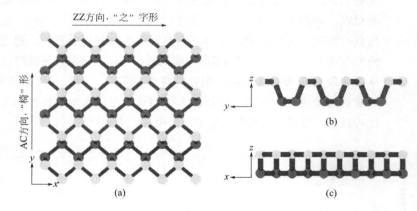

图 9-1
单层黑磷结构[11]
（a）沿 z 轴方向俯视图；（b）沿 x 轴方向侧视图；（c）沿 y 轴方向侧视图

9.2
层状黑磷的制备

尽管黑磷是磷同素异形体中最稳定的一种结构，但自然界并不存在天然的

二维无机材料
剥离、纳米层组装及其功能化

黑磷，都是通过在特殊条件下利用白磷和红磷转化得到的。块体层状黑磷制备方法主要分为高温 / 高压法和矿化剂辅助法。

9.2.1　高温 / 高压法

高温 / 高压方法是在极端物理条件下，通过有效改变材料原子壳层状态和原子间距，而形成新相的材料制备技术。在外加高压和高温情况下，材料容易产生多相转变或多种材料间易形成化合物。在标准大气压下，磷的三种同素异形体在一定压力和温度下可以相互转化，其转变相图如图 9-2 所示。

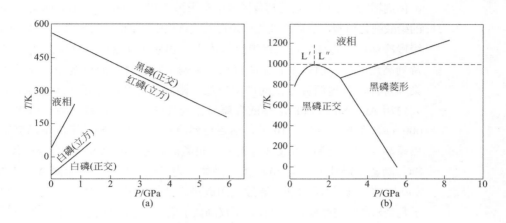

图 9-2
白磷、红磷和黑磷的相转变图（a）和黑磷不同相结构转变相图（b）[12]

从磷同素异形体转变相图可以看出，正交相的黑磷可由白磷和红磷相转变而得到，但需要高温高压条件，如正交相黑磷在 1.3 GPa、超过 1000 ℃转为液相，压力超过 5 GPa 可以得到六方相黑磷[12]。黑磷的早期制备可以追溯到 1914年，使用方法是相图转化基础的高温高压反应。Bridgman 使用自己发明的能产生极高压力设备，在 1.2 GPa 和 200 ℃条件下处理白磷，首次将白磷转化为块体黑磷[2]。制备的黑磷密度为 2.69 kg/m³，远远高于普通白磷（1.83 kg/m³）和红磷（2.05 ～ 2.34 kg/m³）。与白磷和红磷性质不同，黑磷具有很高的化学稳定性，在空气中暴露不能自燃，也不容易被点燃，即使在空气中加热到约 400 ℃也不自燃。但是，高温 / 高压制备方法存在两大缺陷，一是从白磷到黑磷的转换不完全，导致生成的黑磷中掺杂有少量红磷，且部分白磷未能转换，黑磷纯度受到影响；二是收率低且反应条件苛刻。为此，Bridgman 在更高压力（8.0 GPa）下，发展了在室温下将红磷直接转化为黑磷的方法。后来，Shirotani 应用高压设备，在 2.3 GPa 压力和 500 ℃温度下，制备了直径为 4 mm、长度为 5 mm 的黑磷大单晶[13]。然而，高压法受限于苛刻的反应条件，一定程度上导致黑磷生产成本高，很难实现广泛应用和大规模制备。

9.2.2　矿化剂辅助法

除高温或高压方法外，矿化剂辅助方法是另一种制备黑磷的有效方法。1955 年，Krebs 研究小组在白磷转换成黑磷过程中，通过向白磷中加入 30%～40% 金属汞，360～380 ℃处理几天，开发了低压催化制备黑磷的方法。但是，矿化剂辅助方法的缺陷是制备黑磷中有汞污染[14]。1965 年，Brown 等人先用 15% 的硝酸纯化白磷，然后将纯化白磷溶入液体铋中，400 ℃加热该混合体 20 h，随后缓慢冷却该混合体便可获得黑磷晶体[15]。虽然上面这两种常压方法不需 GPa 级苛刻高压条件，但是汞和铋的存在，影响了制备材料的纯度并造成了环境的污染和毒性，且这两种方法的产率较低，限制了方法的使用。2008 年，Lange 等人使用 Au、Sn 和 SnI₄ 这些低毒原料作为反应矿化剂，将红磷与这些矿化剂在 600 ℃温度下保持 5～10 天，然后自然冷却至室温，制备了高结晶度、大尺寸黑磷晶体[16]。之后，Nilges 等人采用相类似的方法并以 SnAu 合金取代了 Au 和 Sn，制备了尺寸大于 1 cm 的黑磷晶体。为了进一步取代贵金属 Au，Köpf 选择 Sn/SnI₄ 作为矿化添加剂，通过采用改进方法，制备了高质量、大块体和尺寸大于几毫米的正交晶相黑磷晶体，不仅降低了成本，也减少了副产物的生成[17]。

9.3
层状黑磷剥离

块体层状黑磷晶体由垂直堆叠的纳米片层组装而成，层与层之间范德华力不强。多级量子化学计算指出，每个磷原子的剥离能量为 151 meV，表明黑磷可以通过各种驱动力而实现剥离，形成单层或少层黑磷纳米片层磷烯。但是，同层状石墨剥离所需要的能量相比，黑磷剥离所需能量远高于石墨剥离过程，使得剥离黑磷比剥离石墨困难。在理想状况下，通过克服黑磷层间范德华作用力，即可将块体黑磷剥离形成单层或少层黑磷纳米片层。但在实际剥离过程中，剥离效果主要受到两种力影响，即正向力和剪切力。正向力可以克服黑磷层间的范德华作用力，而剪切力则可以促进层间的相互运动，通过调整和协调两种

二维无机材料
剥离、纳米层组装及其功能化

力的大小，可以有效优化剥离黑磷纳米片层质量。此外，块体黑磷剥离过程中，黑磷平面内破碎现象几乎无法避免，导致块体层状材料得到的片层尺寸变小。这种碎片效应就像一把双刃剑，一方面破碎效应会减小剥离所得黑磷纳米片层尺寸，不利于大尺寸黑磷纳米片层制备；另一方面，相较大片层黑磷，这些破碎小片层与层之间的范德华作用力显著减小，从而有利于超薄纳米片层的制备。

与其它二维层状材料剥离通用方法相似，层状块体黑磷剥离制备单层或少层磷烯纳米片层的方法，也主要包括自上而下块体黑磷剥离技术和自下而上原子组装技术。自上而下从块体黑磷制备纳米片层剥离方法，主要是通过外力克服层间较弱的相互作用力。一般根据采用的外力不同，块体黑磷自上而下剥离过程可分为机械力剥离、超声剥离和微波剥离，而超声剥离可进一步分为有机液相中剥离、水性表面活性剂体系中剥离及辅助溶剂协助水相剥离等方法。

9.3.1　机械剥离转移法

机械剥离转移技术具有简单及产生的纳米片层质量高等特点，已被广泛用于从层状黑磷剥离制备少层或单层磷烯。根据理论预测，二维材料剥离后形成的纳米片层本质上不稳定，而实际能够稳定存在的基础是剥离的纳米片层形成褶皱，使得二维纳米片层通过褶皱而三维化。一般机械剥离转移制备少层或单层磷烯纳米片层的驱动力主要受所采用设备性能的影响，剥离得到的磷烯纳米片层数和磷烯晶体的质量取决于剥离设备的性能。同时，由于磷烯纳米片厚度是决定其组装电子器件性能的关键参数之一，因而在不破坏黑磷纳米片连续性条件下，当克服了纳米片层之间的范德华吸引力，可以通过机械法剥离得到单层磷烯纳米片层。

（1）机械剥离第一性原理计算

自从利用胶带技术成功剥离得到单层石墨烯纳米片层之后，采用类似方法实现层状黑磷剥离从原理上具有可行性，但是需要从本质上对于剥离机制进行深入理解。为此，通过密度泛函理论第一性原理分析及范德华校正，可通过计算双层磷烯机械剥离滑动过程的滑动能（E_s），就可以判断双层磷烯滑动过程难易程度，为其机械剥离提供参考。计算结果表明，双层磷烯沿 x 方向剥离形成纳米单层，需要克服的最大能垒约为 270 meV；而沿 y 方向滑动情况下，能量势垒约为 110 meV，是其沿 x 方向滑动能垒的一半。因此，当双层磷烯沿对角线（xy）方向滑动时，来自黑磷起皱结构所需的能垒大约 60 meV，该剥离所需要的低能垒与双层氮化硼和 MoS_2 类似，从能量角度分析，采用胶带机械剥离块体层状黑磷而制备单层或少层磷烯具有可行性[18]。

（2）块体黑磷胶带剥离法

胶带剥离法是通过施加机械力于块体层状材料，借助剪切力将块体层状材料剥离成单层或少层纳米片层的技术。受石墨烯与单层过渡金属硫化物制备过程启发，采用类似于2004年用胶带机械剥离制备石墨烯纳米片层的过程，2014年通过胶带，第一次剥离制备了单层或少层磷烯。在典型制备过程中，将块体层状黑磷贴在透明胶带上，而另一根透明胶带覆盖在附着有块体黑磷上，用透明胶带撕裂块体黑磷晶体，随后分离胶带和黑磷，此时胶带上已经有黑磷少层晶体。然后将胶带两头对叠，反复这个过程若干次后，将黏附黑磷晶体的胶带贴在二氧化硅衬底上，接着剥离胶带和衬底，衬底上便会黏附单层或少层黑磷纳米片层，可将所得单层或少层磷烯转移到Si/SiO$_2$衬底上。通常，由于剥离的少层磷烯易氧化降解，胶带剥离过程通常必须在真空手套箱内进行。为了使得胶带剥离的磷烯片层不被氧化降解，也发展了许多防止剥离磷烯纳米片层氧化降解的保护方法。胶带剥离的磷烯纳米片层立即用抗蚀剂（ZEP 520 A）覆盖，可以保护剥离磷烯纳米片层。抗蚀剂随后可以通过将基板在50 ℃下置于 N- 甲基-2-吡咯烷酮中40～60 min除去，随即用丙酮洗涤后，将得到的剥离磷烯纳米片层置于异丙醇中保存[19]。另外，为了保护剥离的磷烯纳米片层不被氧化降解，也可以通过改进胶带转移剥离黑磷技术。在Si晶片上首先旋涂厚度为1 μm的聚乙烯醇（PVA），并在70 ℃下加热处理5 min；再将厚度约为200 nm的聚甲基丙烯酸甲酯（PMMA）旋涂到PVA上，70 ℃下5 min加热得到PMMA/PVA衬底。将胶带剥离的磷烯纳米片层转移到PMMA/PVA基底上，随后将负载有磷烯纳米片层PMMA/PVA基底转移到200 nm厚的独立式SiN基材上，一同在丙酮中浸湿12 h以上，以去除PMMA/PVA衬底，所得磷烯纳米片层在氮气中干燥。由于整个机械剥离过程中没有进行烘烤或退火处理，因此避免了剥离的磷烯纳米片层的过度氧化，并保留了黑磷的结晶度[20]。

胶带机械剥离方法的优势是制备的单层或少层磷烯质量高，缺点是不仅产率低，而且胶黏剂残留将导致所得磷烯容易污染。为了改善透明胶带撕裂块体黑磷晶体制备过程中的弊端，发展了对传统胶带撕裂机械剥离方法的改进技术。首先用黏性胶带将块体层状黑磷撕裂剥离几次，得到相对减薄的层状黑磷。随后将黏附有减薄层状黑磷的黏性胶带，与黏弹性聚二甲基硅氧烷基衬底轻轻压连后快速撕裂，且只需将聚二甲基硅氧烷基衬底与新受体衬底轻轻接触，即可实现将黏附在聚二甲基硅氧烷基衬底上的少层磷烯缓慢转移到其它基底上，可成功制备得到两层厚度磷烯纳米片层。该改进技术主要是在剥离过程中使用了黏弹性表面衬底，不仅会增加剥离产量，而且还会进一步降低剥离磷烯纳米片层污染的机会[21]。

二维无机材料
剥离、纳米层组装及其功能化

9.3.2 液相剥离

块体层状材料是由纳米片层堆积而成，从受力的角度分析，给予块体层状材料施加一定的剪切作用力，层层堆积的块体层状材料就可克服层间弱的范德华相互作用，发生如图 9-3 所示的纳米片层剥离[22]。

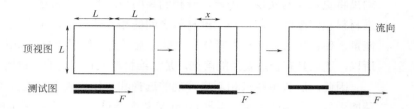

图 9-3
剪切力剥离块体黑磷形成纳米片层示意图[22]

通过式（9-1）可以计算纳米片层受到的剪切力 F，其中 σ 为单位面积上产生的剪切应力，长度为 L 的纳米片层所受到的剪切应力 F 为：

$$F = \sigma L^2 \tag{9-1}$$

对于牛顿流体来说，σ 的计算如式（9-2）所示，其大小与剪切速率和液体黏度有关。

$$\sigma = \eta \gamma \tag{9-2}$$

因而 $F = \eta \gamma L^2$。如果考察剪切速率影响，剪切速率 γ 的表达式如式（9-3）所示。

$$\gamma = \frac{F}{\eta L^2} \tag{9-3}$$

则：

$$\gamma = \frac{(E_{S,G})^{1/2} - (E_{S,L})^{1/2}}{\eta L} \tag{9-4}$$

式中，$E_{S,G}$ 和 $E_{S,L}$ 分别表示待剥离块体物质和分散介质溶剂的表面能；η 是液体介质黏度。式（9-4）明显显示了溶剂的作用，对于与层状材料具有匹配表面能的溶剂，则层状材料剥离能量最小化，有利于在低剪切速率下层状材料剪切剥离。通过计算纳米片层产生时剪切速率的大小，如果剪切速率大于临界值，则在层流区域会有纳米片层产生，即利用平均剪切速率 γ 可以更好地研究二维层状材料剥离形成纳米片层的可行性。

基于黑磷以及其它二维材料的大量液相剥离基础研究，人们发现二维材料液相剥离过程中净能量具有变小趋势，这种溶液和二维材料之间的能量变化可以用单位体积混合焓 ΔH_{mix} 表示。

$$\frac{\Delta H_{mix}}{V_{mix}} \approx \frac{2}{T_{flake}}(\delta_i - \delta_{sol})^2 \phi \qquad (9\text{-}5)$$

式中，T_{flake} 是二维材料厚度；ϕ 表示二维材料体积分数；δ_i 表示块体层状材料剥离表面能，代表剥离开两个纳米片层单位面积需要克服的范德华力；δ_{sol} 是溶液的表面能。可见，当二维材料和溶液的表面能差值越小，混合焓将变得越小，剥离将更加容易实现。因此，液相剥离的原理是，当所选用的溶剂表面能与二维材料相匹配时，溶剂与二维材料之间的相互作用可以平衡剥离该材料所需的能量，使得随后辅助超声等外界力量，就可把块体层状材料剥离形成纳米片层。所以，选取具有合适表面能溶剂，是二维材料液相剥离的关键所在。

因此，层状黑磷液相剥离溶剂的选择和块体黑磷表面能匹配性，仍然是黑磷能否成功剥离的关键。根据 60 meV 势垒能量计算，双层磷烯的表面能估计值约为 58.6 mJ/m²，因而根据溶剂的表面能，适合黑磷剥离的溶剂有乙醇（22.0 mJ/m²）、甲醇（41.4 mJ/m²）、水（72.7 mJ/m²）和甲酰胺（57 mJ/m²）等，其中甲酰胺的表面能与双层磷烯的表面能非常相近，是最为理想的黑磷液相剥离溶剂。

将块体黑磷完全浸入到表面能合适的溶剂中，溶剂拥有的合适表面能通过减弱堆叠层之间的范德华力，而使得片层间距宽化，最终在该溶剂中实现黑磷剥离。尽管液相剥离方法提供了一种大规模生产磷烯纳米片层技术，但与石墨烯、g-C_3N_4 或过渡金属二卤化碳不同，用于块体黑磷剥离的溶剂主要是一些非质子极性有机溶剂，且需要无水和无氧。因为磷烯表面的磷原子孤对电子是氧气的优先化学吸附位点，容易与氧结合形成氧化物和磷酸混合物。到目前为止，单层或者少层磷烯纳米片层，已经在有机溶剂 N-甲基-2-吡咯烷酮、N-环己基-2-吡咯烷酮、二甲基甲酰胺、异丙醇以及离子液体中由块体黑磷成功剥离制备。其中，二甲基甲酰胺和 N-甲基吡咯烷酮作为剥离溶剂时，不仅具有相对高的沸点和表面张力，而且 N-甲基吡咯烷酮磷烯剥离分散液的 zeta 电位为 –30.9 mV，可以形成稳定的分散体系，因而是研究应用最多的黑磷剥离溶剂。除有机溶剂外，水也可以作为黑磷液相剥离溶剂。但是，为了避免因少层或单层磷烯不稳定性而降解，需先除去溶剂水中的氧，并需要加入如十二烷基硫酸钠等合适的表面活性剂。相对于有机溶剂剥离条件，块体黑磷在水中剥离过程显得较为复杂。

9.3.3　液相超声辅助剥离

黑磷最大的缺点是在空气中容易氧化降解，这给实现其在室温下空气中剥离造成困难，需要一些特殊保护措施跟进。但是，液相剥离法获得的黑磷纳米片层，由于在其表面吸附了大量溶剂分子或官能团，可以起到防止黑磷纳米片层氧化作用，使得黑磷液相剥离技术得到了迅速发展。Coleman 等人采用 N-环

二维无机材料
剥离、纳米层组装及其功能化

己基吡咯烷酮作为剥离介质，进行块体黑磷剥离，剥离的黑磷纳米片层表面附着了溶剂化层，起到隔绝其与空气中的水和氧气的作用，使得得到的少层黑磷纳米片具有较好的稳定性[23]。因此，液相剥离法是大规模制备高质量单层或少层黑磷纳米片行之有效的方法。

液相剥离法是二维材料常用的剥离方法，将少量块体层状材料加入到溶剂或者含有分散剂的溶剂中，形成的低浓度分散液借助一定强度的超声波作用，可破坏二维材料层间的范德华力，实现块体层状材料的剥离。块体层状黑磷晶体液相剥离常用的溶剂主要有乙醇、有机氯溶剂、酮、环状或脂族吡咯烷酮、N-烷基取代酰胺和有机硫化合物。这些溶剂在超声、等离子体及水热辅助作用下进入层间，通过层间距增大及破坏层间弱的范德华作用力，而最终实现黑磷剥离。超声辅助液相剥离技术可用于块体黑磷的剥离，其剥离原理来源于液相气蚀。块体层状黑磷分散在合适溶剂中所得悬浮液超声辅助处理，将给体系中引入气泡，这些气泡分散在块体层状黑磷周围。当这些气泡破裂时，造成的喷射流和震荡波会立即影响到块体层状黑磷表面，形成压缩波并在整个块体层状黑磷附近传播。根据压力波理论，一旦压缩波传导至块体层状黑磷自由界面，将会产生张应力。这样，许多微小气泡的破裂将会引起块体层状黑磷表面受到大强度的张应力影响，这种不平衡的状况将会通过剪切作用而引起侧向压应力，而使得两片相邻的黑磷纳米片层分离，同时冲击波自身可能嵌入到块体层状黑磷层与层之间，进一步促使块体层状黑磷发生剥离。

（1）有机溶剂超声剥离

将块体黑磷晶体分散在异丙醇、N-甲基-2-吡咯烷酮（NMP）和乙醇溶剂介质中，得到 1 mg/mL 分散体。该分散体超声处理 2 h，随后静置 24 h，再在 1500 r/min 转速下离心 20 min，以除去未剥离的黑磷块体，可以实现块体黑磷的选择性剥离。研究结果发现，溶剂 NMP 对于块体黑磷有非常占优势的剥离效果。将块体黑磷加入到 NMP 溶剂中，820 W 功率下水浴超声 24 h，使用水冷凝系统使得超声处理过程中浴温保持在 30 ℃以下，将块体黑磷剥离成少层磷烯纳米片胶体悬浮液。理论计算显示，磷烯纳米片层的厚度为 0.9 nm，通过 AFM 测定的块体黑磷剥离所得纳米片的厚度，可以估算在 NMP 介质中液相剥离所得磷烯纳米片是由三到五层磷烯纳米片层组成。一般，随着剥离时间的延长（最长 48 h），可以获得单层和双层磷烯纳米片层[24]。同理，将块体黑磷晶体浸入到如二甲基甲酰胺（DMF）和二甲基亚砜（DMSO）等不含质子的极性溶剂中（0.02 mg/mL），超声处理 15 h，块体黑磷也能发生剥离，产生均匀而稳定的磷烯纳米片层分散液。将所得黑磷纳米片层分散液离心分离，小心收集移液管上清液，可以得到浓度约为 10 μg/mL 剥离的磷烯纳米片胶体悬浮液。与黑磷块体材料的光谱相比，剥离的少层磷烯纳米片光谱发生了较大变化。层状黑磷材料的原子层厚度与其直接带隙密切相关，多层纳米片层堆积而成块体材料的直接带隙约为 0.3 eV，而单层纳米片层的直接带隙在 1 eV 以上。在 DMF 和 DMSO 等不含质子的极性溶剂中，剥离所得磷烯纳米片在近红外区域（830 ～ 2400 nm）的吸收光谱峰表明，剥离所得磷烯纳米片的厚度从单层到五层不等，所造成的增强光吸收谱带明显不同。同时，同其它强吸收峰相比，在 1.38 eV 和 1.23 eV 的更小峰表明，剥离体系中产生的单层和双层磷烯纳米片层的产率低（图 9-4）。另外，在 DMF 溶剂剥离体系中，探测到 20% 剥离纳米片厚度小于 5 nm，而在 DMSO 溶剂剥离体系中，探测到 20% 剥离纳米片厚度为 5.8 ～ 11.8 nm，充分显示了剥离介质对于所得黑磷纳米片厚度的影响 [25]。

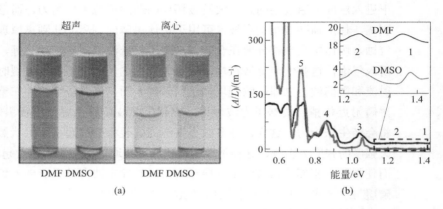

图 9-4
黑磷在 DMSO 和 DMF 溶剂中超声剥离所得少层磷烯纳米片分散液光学照片（a）及其吸收光谱（b）[25]
（b）图中数字 1 ～ 5 表示的五个峰对应剥离从单层到五层磷烯纳米片的光学带隙

由于 NMP 和 DMF 具有相对高的沸点和表面张力（约 40 mJ/m²），使得他们在块体黑磷剥离形成磷烯纳米片方面具有优势。用 NMP 作为剥离黑磷溶剂的最大缺陷是由于 NMP 挥发性差，导致剥离所得磷烯纳米片不能直接用于电子设备制造或光学检查。但是，剥离的磷烯纳米片可以通过静电处理，或与溶剂相互作用，或在其表面吸附表面活性剂或聚合物而达到稳定化。这可为大规模黑磷剥离和获得均匀分散磷烯纳米片提供适合的技术，特别对于克服剥离效率低及磷烯在常规溶剂如水中不稳定提供了新途径。

尽管块体黑磷可以在不含质子且极性有机溶剂中，通过液相剥离技术剥离成少层或单层黑磷纳米片层，但是这些液相剥离法的通用弊端是剥离效率较低，并且获得的少层磷烯纳米片在常规溶剂中不稳定，从而阻碍了剥离所得磷烯纳米片的应用。为此，通过向 NMP 溶剂中加入饱和 NaOH，可以提高块体黑磷的剥离效率，发展了如图 9-5 所示的基本溶剂剥离技术，最终制备出在水中具有

二维无机材料
剥离、纳米层组装及其功能化

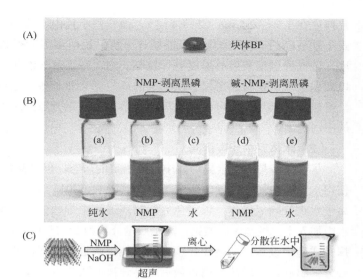

图 9-5
块体黑磷（A）及其分散在 NMP 和水中的光学照片（B），以及在 NMP- 饱和 NaOH 混合体系中液相剥离块体黑磷的过程（C）[26]（扫二维码看彩图）
（B）中所示的五个瓶子分别是：（a）纯水；（b）NMP 中剥离的磷烯；（c）NMP 中剥离磷烯分散在水中；（d）NMP 中加入饱和 NaOH 剥离磷烯；（e）NMP 中加入饱和 NaOH 剥离磷烯分散在水中

良好分散特性的少层磷烯纳米片[26]。一定量块体黑磷加入到饱和 NaOH 与 NMP 组成的混合介质中，随后超声 4 h 即可实现块体黑磷剥离。块体黑磷在 NMP 介质中液相剥离时，加与不加饱和 NaOH 所得分散液的光学照片结果显示，加入饱和 NaOH 所得剥离悬浮液颜色深，对应剥离效率高，且展示出在 NMP 和 H_2O 混合介质中的高度稳定性。在 NMP 介质中加入饱和 NaOH，使得黑磷剥离效率提高的原因主要归于使剥离磷烯纳米片层 zeta 电位发生较大变化。在 NMP 介质中不加 NaOH 时，剥离所得磷烯纳米片 zeta 电位为 –19.7 mV；而加入饱和 NaOH 后，剥离所得磷烯纳米片 zeta 电位为 –30.9 mV。通常，zeta 电位绝对值超过 30 mV 的悬浮液是物理稳定态，因此推断在 NMP 介质中加入饱和 NaOH 剥离所得黑磷纳米片，在水中可以稳定存在。液相剥离体系中所得磷烯纳米片的负电荷，来自于向体系中加入的 NaOH，NaOH 解离出的 OH^- 被磷烯纳米片层表面吸附，从而导致其在水中的优异稳定性。为了得到尺寸和厚度相对均匀的磷烯纳米片层，剥离所得分散液以不同转速离心。统计结果显示，12000 r/min 离心得到的磷烯纳米片平均直径约 670 nm，片层厚度为（5.3±2.0）nm（5 ～ 12 层）。然后将上层清液在转速为 18000 r/min 进一步离心，得到的磷烯纳米片平均直径约 210 nm，片层厚度为（2.8±1.5）nm（2 ～ 7 层）。其中 68% 剥离的磷烯纳米片厚度在 1.5～2.5 nm（2～4 层），而一些小片由于单层太薄，无法在高度模式下被 AFM 捕捉到图像而未能统计分析，说明剥离所得磷烯纳米片的片层厚度，可以通过调节离心速度进行控制。利用碱性溶液液相剥离黑磷新方法，可以实现黑磷从块材到薄层甚至单层的高效剥离和制备。通过该方法制备得到的二维黑磷纳米片层，可以在水等传统溶剂中稳定分散，这将大大提高二维黑磷的应用范围。

（2）水体系中超声剥离

尽管黑磷是磷同素异形体中最为稳定的形态，但是其在水中还是容易氧化，使得水介质中剥离磷烯的研究工作受到影响。2016 年，研究者先用纯氩气对去离子水进行除氧操作，以避免后续超声过程中导致的磷烯纳米片层氧化，并向水中加入十二烷基苯磺酸钠，配制质量分数为 2% 的十二烷基苯磺酸钠溶液。用探针式超声设备，在液相环境中对块体黑磷进行处理，然后先在较低转速下离心分离出底部未剥离黑磷，最后用高速离心机梯度分离，得到不同层数范围的磷烯纳米片层分散液[27]。水介质中加入的十二烷基苯磺酸钠，作为表面活性剂可降低水的表面能，使黑磷的剥离得以顺利实现。相对于单独以水作溶剂超声处理黑磷几乎得不到相应少层磷烯纳米片层及传统 NMP 溶剂中剥离黑磷，十二烷基苯磺酸钠-水体系能使剥离得到的纳米片层均匀性更好，趋于剥离更少层数磷烯纳米片层。另外，相对于黑磷在普通有机相中超声剥离过程，该方法不仅具有较大的单次制备量，而且因使用水做溶剂而更加环保。

（3）离子液体中超声剥离

离子液体是室温下绿色熔融盐溶剂，与传统有机溶剂相比，具有非挥发性、高热稳定性、高黏度、高离子电导率、无毒、通用溶解性和溶剂可回收等优点，在材料合成、性能优化及特殊溶剂应用等方面显示了巨大应用潜力。离子液体用作溶剂介质，用于二维层状材料的剥离，获得的纳米片层悬浮液一般可具有高的浓度及良好的分散性。离子液体的最大特征是，其黏度比传统有机溶剂要大 1～3 个数量级，因而使得剥离的黑磷纳米片层在该介质中的传输速率下降，从而可以防止剥离黑磷纳米片层重新堆积。将块体黑磷研磨后分散在 9 种离子液体中，研究者发展了一种快速、大规模、高浓度及环境友好的单层或少层黑磷纳米片层离子液体剥离新方法，剥离所得的黑磷纳米片层悬浮液具有很高的稳定性，在室温下放置一个月也不发生明显分层。在 9 种不同结构的离子液体中，黑磷在 1-羟乙基-3-甲基咪唑鎓三氟甲磺酸盐体系中剥离效果最好，所得黑磷纳米片层悬浮液浓度可达 0.95 mg/mL，其剥离过程及所得悬浮液的光学照片如图 9-6 所示[28]。30 mg 块体黑磷与 0.5 mL 离子液体，在玛瑙研钵研磨 20 min，使得块体黑磷表面积增大及随后的剥离时间缩短。研磨所得小块体黑磷以浓度比 3 mg/mL 分散到离子液体中，冰浴中轻度超声（100 W）24 h，制备得到的分

二维无机材料
剥离、纳米层组装及其功能化

散液以 4000 r/min 离心分离 45 min，去除未剥离的 BP 晶体后，得到单层厚度的黑磷纳米片层剥离分散液。块体黑磷在离子液体中有效剥离的主要原因是，由于离子液体芳香族阳离子与黑磷片层之间库仑力和 π-π 相互作用，特别是在具有较大表面张力的离子液体中，较大表面张力有利于打破黑磷层间的范德华力，且可防止剥离的黑磷纳米片层重新堆积，因而能够得到较大剥离分散浓度的黑磷纳米片层悬浮液。离子液体强大的内聚偶极性质和溶剂的平面度特性，使其适合作为原子级黑磷纳米片层剥离的有效溶剂。

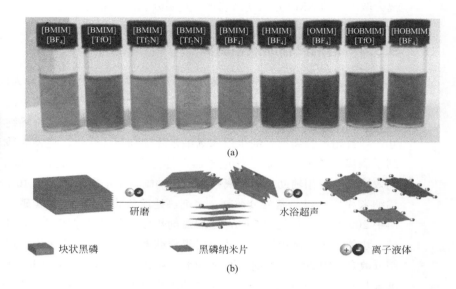

图 9-6
黑磷块体分散在 9 种离子液体中 4000 r/min 离心处理后所得分散液光学照片（a）和离子液体中块体黑磷剥离形成纳米片层过程（b）[28]（扫二维码看彩图）

（4）尖端超声剥离

在无氧有机溶剂介质中，利用密封尖端超声处理黑磷块体，无水超声处理制备了电子级黑磷纳米片层分散液。与传统水浴超声处理相比，尖端超声处理具有超声处理时间短，从而可有效避免制备黑磷纳米片层的化学氧化降解。尖端超声剥离对于设备具有一定的要求，密封容器盖子连接到超声仪尖端/探针上，与传统水浴超声相比，尖端超声更高的功率驱动使得超声持续时间最小化。另外，尖端和盖子之间的界面用 PDMS 密封，而特氟隆胶带用于密封盖子和容器之间的通道，以达到限制氧气和水的渗透。这样的设备使得剥离过程既在无氧环境下，又使得剥离时间最短化，从而为黑磷纳米片层的剥离提供了最优途径。同通常的水浴长时间超声相比，相同黑磷量可在短时间内得到剥离浓度约为 1 mg/mL 的黑磷纳米片层悬浮液[29]。同时，在采用尖端超声处理块体黑磷剥离过程中，溶剂的作用也非常重要。在相同条件的无氧无水超声处理黑磷晶体，不同溶剂如丙酮、氯仿、己烷、乙醇、二甲基甲酰胺、异丙醇和 N-甲基-2-吡咯烷酮的处理效果具有明显差距，获得的分散体在不同转速下进一步离心（500～15000 r/min）10 min，可以得到不同分布的大小尺寸不等的黑磷纳米片层。另外，所得黑磷纳米片层悬浮液浓度变化与采用溶剂的沸点及表面张力密切相关，高沸点及大表面张力溶剂，一般容易得到较高浓度的黑磷纳米片层剥离分散液，即 NMP 是实现黑磷纳米片层分散体的最佳溶剂。

9.3.4　溶剂热辅助液相剥离

液相剥离技术在获得少层或单层磷烯纳米片层方面取得了较大成功。但是，在液相剥离过程中，为了获得少层磷烯纳米片层，一般需要超声处理块体黑磷很长时间，长时间的连续超声将极大地破坏剥离所得的少层磷烯纳米片横向尺寸，导致超声剥离得到的少层磷烯纳米片横向尺寸较小，通常为数百纳米，限制了剥离黑磷纳米片后续在电子器件等方面的应用。为此，发展了一种简便、高效溶剂热液相辅助黑磷剥离技术，成功制备了横向尺寸大于 10 μm 的少层磷烯纳米片[30]。以乙腈为分散剂及溶剂热处理分散介质，块体黑磷在乙腈分散介质中 200 ℃溶剂热处理 24 h，随后溶剂热处理所得悬浮液在不同时间下超声处理，块体黑磷剥离得到大尺寸少层黑磷纳米片。研究结果表明，块体黑磷在乙腈分散介质中 200 ℃溶剂热处理 24 h，所得悬浮液超声处理 1 h，可以制备得到纳米片尺寸大于 10 μm 由三层黑磷纳米片层堆积的少层磷烯。溶剂热辅助液相剥离黑磷的关键是高极性乙腈分子浸润，甚至插入到了黑磷层间，使得黑磷层间距增大，从而导致黑磷层间的范德华力进一步减弱，在超声处理下得到剥离的黑磷纳米片。溶剂热辅助液相剥离黑磷法能够确保剥离所得黑磷纳米片完整性，是大尺寸黑磷纳米片制备的有效途径。同时，在乙腈溶剂中通过溶剂热辅助处理，可以大大缩短超声处理时间。因此，这种剥离黑磷纳米片技术不仅为黑磷纳米片剥离提供新思路，同时也为黑磷纳米片功能化处理及其应用，提供了大尺寸少层黑磷纳米片基础材料。大尺寸磷烯纳米片溶剂热辅助液相剥离过程及所得纳米片表征结果如图 9-7 所示。

毫无疑问，超声技术在液相剥离二维材料方面取得了巨大成功，但是超声处理附带的问题是温度变化时溶剂的表面能也会相应改变。而且如果超声时间过长或者超声强度太大，溶剂可能发生降解，它们的性质也将发生变化。同时，超声导致的气蚀分布和强度，高度依赖于超声容器的大小和形状，意味着容器的大小和形状，也可能影响超声剥离法的剥离质量。而一些其它因素如超声频率、超声能量、超声源分布、温度等的影响也应该考虑。总之，从实验室走向大规模生产，对于超声液相剥离法来说值得研究的问题也很多。最后值得一提的是剥离效率，无论是在超声波浴中还是在超声波探头下，假如超声振动源被固定，那么气蚀场也是静止的，导致剥离效率存在差异。因为在这种情况下，有的地方会被高强度气蚀反复剥离，而有些地方却在低气蚀地方保持完整。

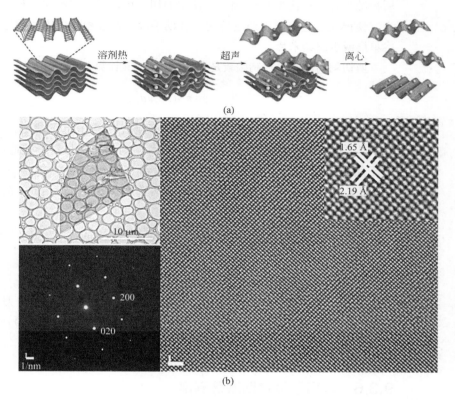

图 9-7
大尺寸黑磷纳米片溶剂热辅助液相剥离制备过程（a）及剥离所得少层磷烯纳米片表征结果（b）[30]

9.3.5　剪切力辅助液相剥离

剪切力辅助液相剥离，是得到二维纳米片层的另一种有效途径。室温下使用带有方孔的剪切混合器，在无氧和无水条件下通过向混合体系中鼓泡氮气，使用晶体和多晶两种类型的黑磷和特级 N-甲基-2-吡咯烷酮（NMP）作为剥离介质，剪切混合可剥离 10 g 块体黑磷。通常，毫米级高质量黑磷晶体很难研磨，但结晶较差的含微量红磷的多晶黑磷易于研磨。通过剪切力辅助，结晶性差的二维材料在液相介质中可以成功剥离，而剥离过程与剪切混合条件和 NMP 纯度关系不明显。具体来说，将 6 g 高质量粉状黑磷与 100 mL NMP 混合，超声处理 2 h；随后再加入 700 mL NMP，并在 5000 r/min 转速下进行剪切混合 4 h；所得分散体再次超声处理 3 h，再在 5000 r/min 转速下剪切混合 1 h 后离心；可以得到大约 25% 剥离样品为黑磷纳米单层，且横向尺寸可与小规模水浴超声剥离所得纳米片层相比拟 [31]。因此，使用剪切力可以破坏二维层状材料层间范德华力，使得在合适介质中通过剪切力辅助手段，在液相介质中实现层状黑磷剥离成单层或少层纳米片。

剪切剥离的主要控制因素是剪切速率 γ，其计算公式如下 [32]：

$$\gamma = \pi N (2R_r)/d_{gap} \tag{9-6}$$

式中，N、R_r、d_{gap} 分别是转子速度、转子半径和转子定子差距。当转子-定子混合头固定（$R_r = 16$ nm，$d_{gap} = 0.2$ mm）时，则剪切率与转子转速成比例增加。对于块体黑磷来说，当转子转速最小达到 1500 r/min 时，产生最小剪切率为 1.25×10^4 s^{-1}，可剥离得到高质量的磷烯纳米片。另外，雷诺数（Re）可以表示如下：

$$Re = N (2R_r)^2/(\rho/\eta) \tag{9-7}$$

式中，ρ 和 η 分别是溶剂 N-甲基-2-吡咯烷酮的体积和黏度。

在层流状态下（$Re < 10^4$）可以得到最小剪切率。当旋转刀片转速为 $\approx$ 15500 ～ 22000 r/min 时，将导致溶剂介质中湍流发展（$Re > 10^4$），此时即可通过剪切力使得块体黑磷剥离形成磷烯纳米片层。

9.3.6 等离子体辅助减薄剥离

等离子或激光照射下，可以达到辅助二维材料逐层减薄，机械剥离和等离子减薄是制备单层磷烯的有效方法。将采用机械剥离所得的少层磷烯，转移到涂覆有 300 nm SiO_2 覆盖层的 Si 衬底上，在 30 Pa 的压力下，使用功率为 30 W 的 Ar^+ 等离子源将少层磷烯薄膜持续处理 20 s，室温下可进一步将少层磷烯等离子体减薄为磷烯纳米片层 [33]。一般采用机械剥离技术不能得到单层磷烯，可能是由于片层褶皱导致片层间的作用力较强所致。为此，等离子体减薄方法就为单层磷烯制备提供了可行性，是可控制备单层或少层磷烯的有效手段。等离子体技术减薄磷烯的过程，可以通过对应制备材料的拉曼光谱得到较好验证，其减薄所得不同层数磷烯拉曼光谱随磷烯厚度变化如图 9-8 所示。与机械剥离所

二维无机材料
剥离、纳米层组装及其功能化

得的不同厚度少层磷烯拉曼光谱相比［图 9-8（a）］，采用等离子体减薄所得厚度为 1 ~ 5 层磷烯的拉曼光谱几乎没有明显变化［图 9-8（b）］，所观察到的面外振动模式（A_{1g}）和两种面内振动模式 A_{2g} 和 B_{2g} 几乎相同，表明等离子处理减薄技术不会引起所得少层磷烯结构明显缺陷，验证了等离子体方法在规模化制备层数可控磷烯材料方面的优势。但是，等离子体处理前后所得不同层数磷烯拉曼光谱变化具有规律性，从块体黑磷减薄到二层磷烯，随着片层厚度逐渐减少，面内振动模式 A_{2g} 从块体黑磷的 467.7 cm^{-1} 移动到双层磷烯的 470 cm^{-1}，而在约 440 cm^{-1} 和 363 cm^{-1} 处的面外振动模式 A_{1g} 和面内振动模式 B_{2g} 保持不变。最重要的是，单层磷烯 A_{2g} 面内振动模式频率进一步移动到 471.3 cm^{-1}，而 B_{2g} 面内振动模式仍然保持在约 440 cm^{-1}，且等离子体处理所得材料中的变化趋势，与块体黑磷随层数减少所得试样的拉曼光谱变化趋势一致。另外，A_{2g} 面内振动模式和 B_{2g} 面内振动模式之间的频率差，从块体黑磷的 27.7 cm^{-1} 变化为单层磷烯的 31 cm^{-1}，说明拉曼光谱是表征磷烯厚度的有效手段。

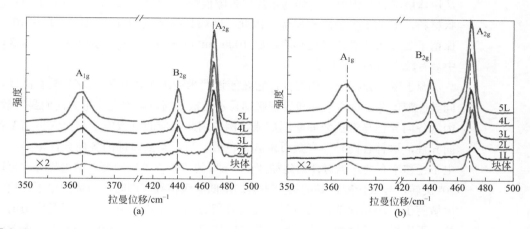

图 9-8
不同层数磷烯（a）和等离子体减薄处理所得磷烯（b）的拉曼光谱[33]

9.4
磷烯纳米片层性质

9.4.1　物理性质

磷烯纳米片层结构的各向异性决定了其性质具有各向异性，沿 ZZ 方向和

AC 方向的电子输运、光学性质、拉压应变条件下的力学性质和热导率等都显示了明显不同。

（1）电子结构

通过第一性原理计算和角分辨直流电导测量确定，块体层状黑磷是具有 0.3 eV 直接带隙半导体，随着块体层状黑磷片层厚度的不断减少，量子限域效应使得制备材料的带隙逐渐增加，到单层磷烯时带隙增加到 2 eV，且所得单层或少层磷烯带隙随其厚度变化的规律遵循公式 $A/N^{0.7} + B$（N 是层数）。磷烯的能隙随着层数的增加而减小，单层磷烯具有最大的能隙，10 层磷烯的能隙非常接近于黑磷块体材料，而纳米片层间相互作用导致的能带劈裂是能隙减小的直接原因。磷烯具有合适的层控直接带隙，覆盖了从可见光到中红外光谱。不同于 TMDs 层状材料带隙随层数从非直接到直接带隙变化，不同层数磷烯的带隙随着厚度均在直接带隙范围变化。尽管少层磷烯价带最大值稍微远离 $\varGamma$，但其导带在 $\varGamma$ 点最小 [34]，这种磷烯厚度独立能带拓扑对其在光子学和光电子学应用非常重要。从块体层状材料到单层磷烯纳米片层带隙值变化（0.3 ～ 2 eV），小于 TMDs 层状材料，但大于半金属石墨烯。因此，磷烯具有适度的开 / 关比（$10^4 \sim 10^5$），保留了足够大的载流子迁移率，约 1000 cm²/(V·s)[35]，使得磷烯在半导体器件中具有较大的潜在应用。

源于磷烯独特的结构特征，它在接近费米能级布里渊区（BZ）具有高度各向异性带色散，价带顶部和导带底部显示沿扶手椅方向比之字形方向明显分散。因为各向异性与带色散曲率倒数成比例，因此相应的有效电子和空穴也高度各向异性，这种各向异性有效质量或带色散，与观察到磷烯的各向异性电导率和电子迁移率有关。当对磷烯施加 4% ～ 6% 的双轴或单轴应变，其电导方向可以 90° 旋转，导致应变诱导的第一和第二最低能级传导。同时，磷烯的电子性质高度敏感于外场和掺杂，其带隙值受层堆积方式而变化。由于层间相互作用的影响，不同堆叠顺序构成的双层磷烯带隙值可从 0.78 eV 变化到 1.04 eV，而此时层间距在 3.21 ～ 3.73 Å 范围内，这种宽范围带隙的可调性对其性质影响很大。同时，应变工程是一种有效且经济的修改和控制纳米材料电子特性方法，第一性原理计算揭示，单层磷烯可以分别承受 10 N/m 的拉应力和 30% 的最大应变。当施加轴向应变时，其带隙经历直接-间接-直接的过渡变化，该变化与在一定压缩应变下，对双层磷烯计算预测由半导体到金属的变化相一致 [36]。除过应变效应外，电场也可以调节磷烯的带隙，甚至诱导发生拓扑相变。磷烯电子性质的有效调制和控制，也可以通过切割二维磷烯成一维带、边缘掺杂并耦合外部应变 / 电场途径来实现。

（2）电 / 热导率和热电性能

磷烯在热电应用方面潜力巨大，热电器件的效率取决于将热流转化为电能的塞贝克效应，而塞贝克系数与设备电导率与其热导率的比值成正比关系。热电优值（thermoelectric figure of merit，ZT）是评估热电材料热电效率的重要参数，其计算式为 $ZT = S^2 T\sigma/k$，其中 T 为热力学温度，S 为赛贝克系数，k 为导热系数，σ 为电导率。也就是说热电优值 ZT 越高，热电性能越好，那么就要求材料要有高的塞贝克系数及电导率和低的导热系数。因此，整体器件效率最大化实现的条件是，器件应具有高的电导率和低的热导率，但是大多数材料其电和热的传输呈正相关关系，导致器件效率最大化是一个巨大挑战。与层状石墨烯和 MoS_2 进行比较，层状石墨烯具有高达 30 mV/K 的塞贝克系数，但其热导率也高达 2000 ～ 5000 W/(m·K)，使得层状石墨烯组装的热电器件塞贝克系数非常小。尽管通过石墨烯带或增加石墨烯结构无序度，可以部分抑制高热导率造成的弊端，但层状石墨在热电设备上的应用仍存在较大的争论。层状 MoS_2 的热导率估计为 52 W/(m·K)，该值可与磷烯相比拟，但是以 MoS_2 组装的热电器件室温下的热电特性仍然较低。对于不同层数磷烯材料，其晶格和电性质所具有的固有各向异性，正好为器件效率最大化解决提供可能。在磷烯结构中，主要电子传输沿其扶手椅方向发生，而该方向刚好是导热不良方向[37]。在该扶手椅方向，预测的热导率为 36 W/(m·K)，仅是锯齿形方向热导率值的三分之一 [110 W/(m·K)]，这种好的电导率和差的热导率，使得以磷烯组装的器件展示了好的热电特性。因此，磷烯基热电器件应该能够达到 15% ～ 20% 的能量转换效率，可以满足商业使用标准，是热电设备的理想候选材料。

（3）机械性能

磷烯具有结构各向异性，表明沿扶手椅和锯齿形方向的单轴载荷，也具有显著的各向异性机械响应。理论计算指出，单层磷烯沿扶手椅和锯齿形方向承受拉伸应变分别高达 27% 和 30%，但不同应变条件下的变形模式具有明显差异[38]。虽然磷烯在锯齿形方向拉伸应变可引起较大 P—P 键伸长，但在扶手椅方向的拉伸应变，造成了磷烯的褶皱而没有显著延长 P—P 键长度，因而直接导致材料的杨氏模量与方向相关，如沿着锯齿形方向的杨氏模量为 166 GPa，而扶手椅方向的杨氏模量仅为 44 GPa，即沿不同方向的拉伸主要归因于褶皱的展开而非键的拉伸。同时，尽管磷烯材料具有超好的柔韧性，但是它的杨氏模量比石墨烯（1 TPa）或 MoS_2（270 GPa）小得多，此属性在实际大应变工程中特别有用。另外，磷烯材料还具有各向异性泊松比，其沿锯齿形方向的泊松比值是扶手椅方向的 2 ～ 4 倍，因而在压缩应变条件下，预计会产生各向异性面外结构波动，且这样的各向异性波纹变形已通过第一性原理计算得到确认，并可从沿任意应变方向的经典弹性理论得到解析，即磷烯仅沿锯齿形方向产生波纹变形。

9.4.2　化学稳定性

（1）磷烯稳定性的理论预测

尽管二维黑磷材料具有高载流子迁移率及高漏电流调制能力等许多优点，但是由于结构中孤对电子的存在及其102°的成键键角，使得其在自然环境中容易降解，限制了该类材料的应用步伐。研究结果表明，磷烯与溶解在水中氧的光辅助氧化反应厚度依赖性与其内在缺陷有关，如在磷烯片层上覆盖300 nm 聚对二甲苯覆盖层，可达到有效屏障水扩散及保护磷烯不被氧化降解。为此，依据磷烯在水中的氧化速率线性地取决于水中溶解的氧气浓度和光强度，并以能隙平方为指数为增长基础，可建立磷烯的氧化降解模型。依据分子动力学模拟磷与 O_2 和 H_2O 的相互作用，通过第一性原理计算，可进行磷烯稳定化的原子水平认识。理论和实验研究证明，在室温下 O_2 容易吸附在磷烯表面形成氧化晶格，且每个 O_2 分子在磷烯上分解所释放的能量为 4.46 eV[39]。同时，水不会直接与原始磷晶格相互作用，因为它倾向于通过氢键与磷结合。此外，如果磷烯首先被氧化，H_2O 则会与磷直接发生放热相互作用。因此，空气中磷基器件的化学降解首先是通过氧化，然后再与水发生放热反应，磷烯在空气中的稳定性主要取决于湿度。磷烯薄片强的亲水性，当其暴露在空气中超过一周时间，可观察到空气中的水分腐蚀磷烯薄片。但是，如果磷烯材料首先不被氧化，即使存在 H_2O 分子，也未发现磷烯薄片显著腐蚀。

原位拉曼光谱和电子能量损失谱对于层状黑磷的降解研究结果表明，二维黑磷单晶对 O_2 和 H_2O 非常敏感，当与自然环境接触并在可见光作用下，一般黑磷先被氧化成 P_xO_y，然后再进一步反应生成磷酸，为光诱导的水气氧化反应。该光诱导水气氧化反应包括以下两个反应过程，其中 θ 为基态二维黑磷。第一步是基态二维黑磷光激发作用，在表面产生一层有自由电子空穴对的激发态黑磷 $θ^*$，其稳定性依赖于电子辐照量、结合速度及光吸收面积；反应第二步是激发态黑磷 $θ^*$ 向表面吸附水分子中溶解的 O_2 分子转移一个电荷，生成 p 型掺杂的二维磷。最后包含氧 - 水氧化耦合的电荷转移，反应生成活跃的中间产物如超氧阴离子 $O_{2(ag)}^-$，其进一步与二维黑磷表面原子发生自发性反应，生成黑磷氧化层 $θ_{ox}$，而使得黑磷的反应活性降低[40]。

$$\theta + h\nu \Longleftrightarrow \theta^* \tag{9-8}$$

$$\theta^* + O_{2(ag)} \longrightarrow O_{2(ag)}^- + \theta \longrightarrow \theta_{ox} \tag{9-9}$$

（2）磷烯封装保护策略

层状黑磷在空气中具有的本征不稳定性，使得剥离的单层或少层磷烯在空气中的稳定性差，暴露在空气中也容易被降解。研究结果发现，单层或少层磷烯的降解机制与层状黑磷相似，即磷烯表面在光、氧气共同作用下首先生成 PO_x

二维无机材料
剥离、纳米层组装及其功能化

膜，之后水分子破坏具有亲水性的 PO_x 膜结构，最终反应生成 H_3PO_3 和 H_3PO_4。实验结果表明，刚剥离的磷烯表面光滑平整，但是 24 h 之后其表面生成了"小泡沫"，变得凹凸不平。磷烯的降解速度和其纳米片层厚度密切相关，随着层数的减小，量子限域效应越明显，导致其氧化降解速率加快。X 射线光电子能谱表明，剥离磷烯暴露在空气中 1 天之后出现 PO_x 峰，傅里叶变换红外光谱在 $880\ cm^{-1}$ 处观察到了 P—O 键伸缩振动和 $1200\ cm^{-1}$ 处的 P=O 伸缩振动，依次提出了可见光引发氧气产生 O_2^-，并在磷烯表面发生物理吸附，且在水分子作用下加速单层磷烯解离的降解机制。同时，磷烯的氧化率随氧浓度和光强呈线性增加，最外层氧化形成稳定的 P—O—P 键，达到隔绝水分子，从而保护内层磷烯的结构和性质。

黑磷液相剥离所得少层或单层磷烯器件化应用过程中主要问题是，其在 O_2 或溶解有 O_2 的水中降解而导致不稳定性，而通过溶剂封装策略可将剥离的磷烯纳米片层有效保护。因此，在黑磷液相剥离途径制备磷烯过程中，溶剂的选择非常重要，合适的溶剂可以有效阻止磷烯表面与氧化物种的接触，从而降低剥离纳米片层被氧化的风险。计算研究表明，剥离磷烯通过水分子降解反应，将导致磷原子的去除并导致形成磷和亚磷酸，且该降解仅在纳米片边缘观察到。暴露在环境条件下的磷烯纳米片层与水反应降解过程，主要发生在磷烯纳米片层边缘，一般规律是剥离所得不同大小和厚度磷烯纳米片层的吸光度值均随时间降低，且其稳定性大小也受尺寸影响，大尺寸磷烯纳米片层比小尺寸稳定。

除过溶剂封装保护剥离磷烯被氧化外，利用原子层沉积法进行 AlO_x^- 封装剥离的磷烯纳米片层，所得材料室温下暴露在空气中，同样也没有发现磷烯明显的降解现象。同样，在惰性氩气环境中，利用原子级厚度石墨烯和 BN 封装剥离的磷烯纳米片层，可以钝化磷烯纳米片层的降解，使其暴露于环境空气和化学制品中。与未保护的磷烯纳米片层表面相比，被石墨烯或 BN 钝化的磷烯纳米片层显示较好的抗降解效果。

9.5
磷烯纳米片层缺陷工程

半导体材料中的缺陷如空缺和间隙原子强烈地影响主体材料的传输和光学性质，由于电子波函数的严格局限，使得低维材料中这种相互作用变得更强。

因此，进一步理解缺陷的功能以及在原子精度控制和操纵缺陷，可以提高二维材料的性能并带来新的应用。模拟研究结果预测，单层磷烯中的缺陷可以显著影响其光学和电气特性，实现磷烯新的应用。但是，由于单层磷烯在室温下极易氧化降解，导致精确地控制单层磷烯中的缺陷比较困难。通过 O_2 等离子体刻蚀技术，可以实现磷烯单层中缺陷的精确控制 [41]。O_2 等离子体刻蚀制备的高质量单层磷烯，在 750 nm 处显示了三重子（带电激子）的光致发光（PL）发射峰，该峰位置与刚剥离所得单层磷烯相同。但是，在相同测量条件下，由于制备的单层磷烯具有高质量和良好保护表面，使得 O_2 等离子体刻蚀制备的单层磷烯在750 nm 处的 PL 发射峰强度明显增强。另外，O_2 等离子体刻蚀制备与剥离所得的单层磷烯试样的 PL 光谱图，显示了一定的低能量尾部非对称形状，这与三重子发射中的电荷反冲效应一致。三重子重组将发射光子，并随后留下自由电荷，从而导致 PL 光谱中的低能量尾部。

通过 O_2 等离子控制刻蚀，可以将氧缺陷引入到单层磷烯中，同时发现所得刻蚀单层磷烯分别在 780 nm 和 915 nm 处显示出两个强的 PL 峰，且 915 nm 处的峰具有最高的 PL 强度，而 750 nm 峰强度显著减小。利用功率相关的 PL 测量技术，可以理解这两个新峰产生的起源，发现这两个峰的 PL 积分面积与激发功率成亚线性增长，780 nm 峰的 PL 积分面积为 0.54，而 915 nm 峰的 PL 积分面积为 0.58，分别表示它们来自局部激子。因此，这两个 PL 峰归因于由氧缺陷引起的激子限域结果。单层磷烯具有两个正结合能的桥型表面氧缺陷（对角桥和水平桥），如果氧源比基态 O_2 具有更高活性，如光泵或氧气等离子体，则形成表面氧缺陷。对于对角桥缺陷，氧原子在之字形山脊与不同边缘的磷原子连接；而对于水平桥缺陷，氧原子则从相同边缘连接磷原子。两种类型的表面桥缺陷都会在带隙上产生变化，这种带隙状态期待在荧光实验中重组。在两种类型的桥缺陷模拟能量图基础上，可将在 780 nm 和 915 nm 的发射峰归因于水平桥氧缺陷和对角桥氧缺陷 [39]。但是，这两个 PL 峰较为宽化，可能包含其它类型如悬空氧原子缺陷的贡献。另外，对于单层过渡金属二硫化物半导体，只能在极低温度下观察到其局部激子发射；而对于单层磷烯，由于大量捕获能，使得在常温下就能够观察到来自氧缺陷的激发。同时，通过电子开关，也可以调节来自于这些缺陷导致的 PL 强度和光谱，不久将用于室温近红外范围的电调控及宽频照明设备。

通过设计实验，可以进行磷烯单层氧缺陷工程调控。将机械剥离的少层磷烯薄片，干燥转移到预先用金电极图案化的 SiO_2/Si 衬底上，使得一半的磷烯薄片在金电极上，而另一半在 SiO_2 基板上。随后使用 O_2 等离子体刻蚀少层磷烯薄片，使其减薄至单层，通过 PSI 和 PL 光谱测量确认所得磷烯层数。然后，过度

二维无机材料
剥离、纳米层组装及其功能化

刻蚀 2 s，使样品中产生氧缺陷及由氧缺陷引起 PL 峰出现。在这种金属 - 氧化物 - 半导体（MOS）结构测量过程中，金电极接地，而使用 n 型掺杂的 Si 衬底作为背栅为单层磷烯提供均匀的静电掺杂。PL 光谱对静电掺杂非常敏感，可以通过栅极电压调节。在每个栅极偏压下，单层磷烯的 PL 发射光谱显示了从 750 nm 到 950 nm 宽的图谱，该图谱可以拟合为由两个氧缺陷在 780 nm 和 915 nm 处引起。当背栅电压逐渐从 50 V 扫描到 –50 V，在 780 nm 和 915 nm 处两个缺陷峰强度分别提高了 2.5 倍和 5.0 倍，而峰位置对栅极电压不灵敏，两个峰不同增强因子可用于近红外区光谱形状的调控。增强因子的这种差异，可能是由于掺杂单层磷烯的初始费米能级接近较低的能量缺陷状态，当向试样中注入正电荷时，PL 强度增强，表明氧缺陷单层磷烯具有初始的 n 型掺杂，而块状黑磷晶体中最初的原始缺陷掺杂剂，使得起始磷烯薄片具有 p 型掺杂特征。由于氧掺杂剂对于磷烯晶体为 n 型掺杂，因此通过氧缺陷工程，将使得磷烯从最初的 p 型转换到 n 型。这种氧缺陷工程技术可用于产生新的电子和光电器件，因为它不仅显著地影响单层磷烯的光学特性，而且可以控制其掺杂及调节磷烯材料的性质。

参考文献

[1] Li L, Yu Y, Ye G J, et al. Black phosphorus field-effect transistors. Nat Nanotechnol, 2014, 9: 372-377.

[2] Bridgman P W. Two new modifications of phosphorus. J Am Chem Soc, 1914, 36: 1344-1363.

[3] Rudenko A N, Katsnelson M I. Quasiparticle band structure and tight-binding model for single- and bilayer black phosphorus. Phys Rev B, 2014, 89: 201408.

[4] Liu H, Du Y, Deng Y, et al. Semiconducting black phosphorus: synthesis, transport properties and electronic applications. Chem Soc Rev, 2015, 44: 2732-2743.

[5] Chen P, Li N, Chen X, et al. The rising star of 2D black phosphorus beyond graphene: synthesis. properties and electronic applications, 2D Mater, 2018, 5: 014002.

[6] Fei R, Yang L. Strain-engineering the anisotropic electrical conductance of few-layer black phosphorus. Nano Lett, 2014, 14: 2884-2889.

[7] Cakır D, Sahin H, Peeters F M. Tuning of the electronic and optical properties of single layer black phosphorus by strain. Phys Rev B, 2014, 90: 205421.

[8] Kumar P, Bhadoria B S, Kumar S, et al. Thickness and electric-field-dependent polarizability and dielectric constant in phosphorene. Phys Rev B, 2016, 93: 195428.

[9] Qiao J, Kong X, Hu Z X, et al. High-mobility transport anisotropy and linear dichroism in few-layer black phosphorus. Nat Commun, 2014, 5: 4475-4481.

[10] Kou L, Chen C, Smith S C. Phosphorene: fabrication, properties, and applications. J Phys Chem Lett, 2015, 6: 2794-2805.

[11] Cao P, Wu J, Zhang Z, et al. Mechanical properties of monocrystalline and polycrystalline monolayer black phosphorus. Nanotechnology, 2017, 28: 045702.

[12] Tonkov E Y, Ponyatovsky E G. Phase transformations of elements under high pressure. Boca Raton: CRC Press, 2004.

[13] Shirotani I. Growth of large single crystals of black phosphorus at high pressures and temperatures, and its electrical properties. Mol Cryst Liq Cryst, 1982, 86: 203-211.

[14] Krebs Von H, Weitz H, Worms K H. Über die struktur und eigenschaften der halbmetalle. VIII. die katalytische darstellung des schwarzen phosphors. Z Anorg Allg Chem, 1955, 280: 119-133.

[15] Mamoru B, Fukunori I, Yuji T, et al. Preparation of black phosphorus single crystals by a completely closed bismuth-flux method and their crystal morphology. Jpn J Appl Phys, 1989, 28: 1019-1022.

[16] Lange S, Schmidt P, Nilges T. Au_3SnP_7@ black phosphorus: An easy access to black phosphorus. Inorg Chem, 2007, 46: 4028-4035.

[17] Nilges T, Kersting M, Pfeifer T. A fast low-pressure transport route to large black phosphorus single crystals. J Solid State Chem, 2008, 181: 1707-1711.

[18] Mu Y, Si M S. The mechanical exfoliation mechanism of black phosphorusto phosphorene: A first-principles study. A Letters Journal Exploring the Frontiers of Physics, 2015, 112: 37003.

[19] Saito Y, Iwasa Y. Ambipolar insulator-to-metaltransition in black phosphorusby ionic-liquid gating. ACS Nano, 2015, 9: 3192-3198.

[20] Luo Z, Maassen J, Deng Y, et al. Anisotropic in-plane thermal conductivity observed in few-layer black phosphorus. Nat Commun, 2015, 6: 8572-8579.

[21] Castellanos-Gomez A, Vicarelli L, Prada E, et al. Isolation and characterization of few-layer black phosphorus. 2D Mater, 2014, 1: 025001.

[22] Paton K R, Eswaraiah V, Claudia B, et al. Scalable production of large quantities of defect-free few-layer graphene by shear exfoliation in liquids. Nat Mater, 2014, 13: 624-630.

[23] Hanlon D, Backes C, Doherty E, et al. Liquid exfoliation of solvent-stabilized few-layer black phosphorus for applications beyond electronics. Nat Commun, 2015, 6: 8563-8573.

[24] Brent J R, Savjani N, Lewis E A, et al. Production of few-layer phosphorene by liquid exfoliation of black phosphorus. Chem Commun, 2014, 50: 13338-13341.

[25] Yasaei P, Kumar B, Foroozan T, et al. High-quality black phosphorus atomic layers by liquid-phase exfoliation. Adv Mater, 2015, 27: 1887-1892.

[26] Guo Z, Zhang H, Lu S, et al. From black phosphorus to phosphorene: Basic solvent exfoliation, evolution of Raman scattering, and applications to ultrafast photonics. Adv Funct Mater, 2015, 25: 6996-7002.

[27] Kang J, Wells S A, Wood J D, et al. Stable aqueous dispersions of optically and electronically active phosphorene. P Natl Acad Sci USA, 2016, 113: 11688-11693.

[28] Zhao W, Xue Z, Wang J, et al. Large-scale, highly efficient, and green liquid-exfoliation of black phosphorus in ionic liquids. ACS Appl Mater Inter, 2015, 7: 27608-27612.

[29] Kang J, Wood J D, Wells S A, et al. Solvent exfoliation of electronic-grade, two-dimensional black phosphorus. ACS Nano, 2015, 9: 3596-3604.

[30] Yan Z, He X, She L, et al. Solvothermal-assisted liquid-phase exfoliation of large size and high quality black phosphorus. J Materiomics, 2018, 4: 129-134.

[31] Woomer A H, Farnsworth T W, Hu J, et al. Phosphorene: synthesis, scale-up, and quantitative optical spectroscopy. ACS Nano, 2015, 9: 8869-8884.

[32] Xu F, Ge B, Chen J, et al. Scalable shear-exfoliation of high-quality phosphorene nanoflakes with reliable electrochemical cycleability in nano batteries. 2D Mater, 2016, 3: 025005.

[33] Lu W, Nan H, Hong J, et al. Plasma-assisted fabrication of monolayer phosphorene and its Raman characterization. Nano Res, 2014, 7: 853-859.

[34] Rodin A S, Carvalho A, Castro Neto A H. Strain-Induced gap modification in black phosphorus. Phys Rev Lett, 2014, 112: 176801.

[35] Xia F, Wang H, Jia Y. et al. Rediscovering black phosphorus as an anisotropic layered

二维无机材料
剥离、纳米层组装及其功能化

material for optoelectronics and electronics. Nat Commun, 2014, 5: 4458-4463.

[36] Peng X, Wei Q, Copple A. Strain-engineered direct-indirect band gap transition and its mechanism in two-dimensional phosphorene. Phys Rev B, 2014, 90: 085402.

[37] Fei R, Faghaninia A, Soklaski R, et al. Enhanced thermoelectric efficiency via orthogonal electrical and thermal conductances in phosphorene. Nano Lett, 2014, 14: 6393-6399.

[38] Wei Q, Peng X. Superior mechanical flexibility of phosphorene and few-layer black phosphorus. Appl Phys Lett, 2014, 104: 251915.

[39] Ziletti A, Carvalho A, Campbell D K, et al. Oxygen defects in phosphorene. Phys Rev Lett, 2015, 114: 046801.

[40] Dhanabalan S C, Ponraj J S, Guo Z, et al. Emerging trends in phosphorene fabrication towards next generation devices. Adv Sci, 2017, 4: 1600305.

[41] Pei J, Gai X, Yang J, et al. Producing air-stable monolayers of phosphorene and their defect engineering. Nat Commun, 2016, 7: 10450-10457.

第 10 章
单元素层状材料

自从 2014 年石墨烯独特性质得到确认以来，类石墨烯二维层状材料如过渡金属二卤化物、MXene、层状硼化物的制备及性质研究得到了快速发展。二维层状材料在一定条件下能够剥离得到其纳米片层，剥离得到的纳米片层显示出增加带隙以及可调的电子、光学、催化和电化学性质，已发展成为组装高性能光电器件的重要基础材料。但是，与目前大量研究的多元素组成纳米片层二维材料相比，单元素二维材料被视为二维材料的研究新领域。单元素组成片层二维材料的研究，可以追溯到 20 世纪 30 年代 Langmuir 的先驱工作，他研究了在金属膜上碱金属原子的形成，从而奠定了表面科学领域[1]。随后，表面科学家研究了在不同金属表面上多种金属单层的形成及其化学、电子和光学性质。单元素组成纳米片层的制备及其光电性质研究，将为二维材料表面科学基础研究和开发新型光电材料提供新领域，特别是原子级厚度单元素组成纳米片层材料，在下一代如自旋电子学、先进纳米电子学、纳米传感等应用技术领域潜力巨大。

近些年来，对于原子级厚度单元素组成二维层状材料的研究得到了快速发展，约 15 种原子级厚度单元素组成二维层状材料如磷烯、硼烯、硅烯等均已成功理论模拟，或在理论模拟基础上成功实验制备，这些材料显示了多种吸引力广泛应用前景，原子级厚度单元素组成二维层状材料研究时间演化如图 10-1 所示[2]。对于原子级厚度单元素磷烯材料，在第 9 章中已经对其结构、制备及性质进行了系统介绍。本章主要对除磷烯及石墨烯以外的其它主要原子级厚度单元素组成二维层状材料，特别是有代表性的硼烯、硅烯及 BN 二维层状材料的结构、剥离及其性质进行讨论。

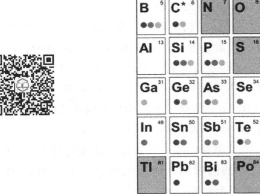

(a)

图 10-1

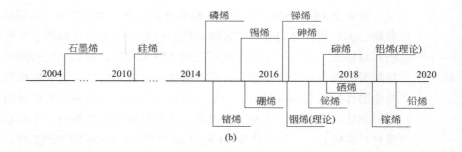

图 10-1
实验制备或理论预测的原子级厚度主族单元素组成二维层状材料总览图（目前为止尚未制备成功的主族元素以深色阴影表示）（a）和继石墨烯后最新原子级厚度主族单元素二维层状材料研究时间表（b）[2]（扫二维码看彩图）

10.1
硼烯结构、制备及纳米层性质

10.1.1　硼烯结构

硼在元素周期表中是碳的左"邻居"，位于非金属碳和金属铍之间，导致硼在呈现非金属性的同时，又兼具一定的金属性，既可以形成常规的强共价键，又可形成一系列多中心化学键。因此，同碳元素相比，硼元素由于成键能力和丰富程度胜于碳，使得硼具有多面体晶体结构，趋向于形成具有复杂多面体结构的物质。单质硼目前至少有 16 种同素异形体，其中 α- 菱形、β- 菱形、γ- 斜方晶和 γ- 四边形是热力学稳定相。这些三维同素异形体一般由二十面体 B_{12} 单元组成，大小不超过 B_{36} 的小同素异形体结构如 B_7、B_{12}^-、B_{13}^+、B_{19}^- 和 B_{36}，倾向于形成平面或准平面结构。其中 B_{36} 是三角格子上周期性六角孔构成的碗形团簇，六角孔可以看作是拓展类石墨烯硼纳米片层的结构单元。B_{36} 团簇也可以用最小硼簇 B_7 构筑，而 B_7 是每个 B_6 六角单元中心一个 B 原子构成的准平面结构。因此，B_{36} 硼簇被认为是各种形式硼烯的起源，而较大硼簇如 B_{56}、B_{70}、B_{84}、B_{98}、B_{112} 和 B_{120} 已被预测为平面或准平面结构，主要以 B_{12} 正二十面体为基本结构单元，按不同方式结合而成 [3]。B_{12} 正二十面体由 12 个 B 原子组成，20 个接近等边三角形的棱面相交成 30 条棱边和 12 个顶角，每个顶角被一个硼原子所占据，结构如图 10-2 所示。

二维无机材料
剥离、纳米层组装及其功能化

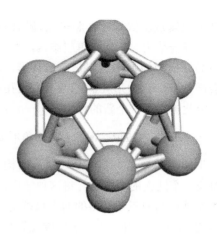

图 10-2
B$_{12}$ 正二十面体的结构示意图

    B$_{12}$ 正二十面体基本单元结构，能否组成稳定存在的原子层硼呢？围绕该问题进行了较长时间的理论和实验探索。关于单层硼结构理论计算可以追溯到 1997 年，Boustani 使用第一性原理计算研究发现，B$_{42}$ 和 B$_{46}$ 单层带翘曲的三角形晶格团簇可以稳定存在，由于硼的原子数比较多，所以可以看成硼的准平面结构。将硼原子构成的五棱锥和六棱锥当作基本结构单元，依据"Aufbau 原则"，以五棱锥和六棱锥为结构单元可以构建比较稳定的硼平面团簇结构[4]。2014 年，研究者采用光电子能谱和量子化学理论计算相结合的方法，发现具有六边形孔的单原子层平面结构 B$_{36}$ 团簇，从实验上发现六边形空穴在稳定较大二维硼团簇结构中的重要作用。鉴于含六边形空穴硼团簇结构单元可以周期性延伸，从而形成与石墨烯类似的二维结构硼材料，研究者提出了硼烯（borophene）单原子二维材料概念[5]。但是，由于硼烯结构中有很多空穴用于平衡其缺电子结构特征，使得硼烯与石墨烯具有较大的不同。另外，由于硼具有强成键、易于形成 2s-2p 轨道杂化等特殊电子结构，使得硼烯可能是一个好的导体。

    随后计算研究发现，带翘曲的三角形晶格单层硼可以稳定存在，且由三角形晶格和六角蜂窝状孔洞形成的 α 片层混合结构新型硼单层结构也能够稳定存在。该新型结构可以看成是在蜂窝状结构六边形中心填充硼原子，当填充进去的硼原子是六边形数目的 2/3 时结构最稳定，而剩余空位排列成有序结构，其晶胞包含 8 个硼原子，硼 - 硼键长约为 1.67 Å。在这种稳定硼单层结构中，所有硼原子都在一个平面上，而在垂直方向上没有任何翘曲。同时，其能量比以前研究认为最稳定的带翘曲结构三角形晶格还要低 0.12 eV/at.（at. 表示原子）[6]。这种孔洞平面硼结构具有高于纯三角晶格的结构稳定性，成为后续探索新型平面硼结构的基本出发点。依据该孔洞平面硼结构单元，先后又相继预测了几种能量低于α片层混合结构的新型硼单层结构，概括为孔洞型晶格模型。

孔洞型晶格模型的基本思想是以三角形密堆积晶格为基础，每去掉一个B原子，就会产生一个六边形孔洞。由于不同孔洞密度和排列方式将产生不同的晶格结构，由此定义了一个新的物理量——六边形孔洞密度 η。

$$\eta = 六边形孔洞个数 / 三角形晶格原子个数 \qquad (10-1)$$

把新产生的孔洞型晶格看作是三角形结构与六边形孔洞结构结合体，则每一个孔洞对应一个缺失的硼原子，将这种结构记作 $B_{\eta}V_{1-\eta}$，而原始三角形晶格和蜂窝状结构就是孔洞型三角晶格的两个极端情况。对于三角形晶格，$\eta=0$，而对于蜂窝状结构，$\eta=1/3$。由于硼元素比碳元素少一个电子，导致六角蜂窝状结构中的硼原子易于接受电子，而三角晶格中的硼原子却有富余电子。当六角晶格和三角晶格以一定比例混合时，富余电子和缺少电子正好平衡，可以得到相对更稳定的硼平面结构[7]。另外，每个硼原子的配位数也会随着孔洞密度和排列结构变化。根据不同孔洞型结构中硼原子配位数差异，可以将已经预测及实验得到的 B 平面结构分为以下五种类型，分别是配位数为 5 和 6 的 α 型，配位数为 4～6 的 β 型，配位数为 4 和 5 的 χ 型，配位数为 3～5 的 ψ 型及只有一个配位数的 δ 型。因此，从该结构分类可以看出，每一种类型都包括多种结构模型，且理论研究预言的各种结构都可以归于这些类型当中。例如，带翘曲的三角形晶格中所有硼原子配位数都是 6，因而可以归于只有一个配位数的 δ 型，称为 δ_6 结构，而类石墨烯蜂窝状结构中所有硼原子的配位数都是 3，同样属于只有一个配位数的 δ 型，称为 δ_3 结构。

与石墨烯、h-BN 和 MoS_2 等体相层状二维材料相比，二维硼在能量上远高于其所有三维形态，如 α 片层硼中每个原子要比体相硼中每个原子能量高出 400 meV，且二维硼的热力学缺陷及其固有多态性导致硼烯制备困难，使得在构建二维硼薄膜结构时需要考虑基底影响。通过第一性原理计算指出，具有特定六边形洞密度单层硼，可以在金和银表面沉积硼原子获得，也可以通过在富硼环境下饱和 MgB_2 硼面来获得[8]，即二维硼结构的稳定性强烈地依赖于基底材料。在这些特定金属衬底上制备硼烯时，金属 Ag、Cu 和 Ni 将电子贡献给二维硼，因此增加了六边形孔洞浓度，使硼元素在电子上等同于碳元素。在理论预测基础上，利用特殊金属衬底成功制备了单层硼烯。

10.1.2 硼烯制备

原子级厚度单元素组成硼烯二维材料的制备无外乎两种方法，即自下而上

二维无机材料
剥离、纳米层组装及其功能化

化学沉积制备技术及自上而下的块体材料剥离制备技术。但是，与其它非单元素纳米片层组成的二维材料相比，由于好的结晶性块体硼制备困难，使得采用自上而下块体硼剥离制备硼烯技术受到很大限制，因而硼烯制备主要集中于自下而上的化学沉积或分子束外延过程。同时，硼烯是由理论先期预测，实验持续跟进最终成功制备得到。块体硼均为绝缘体，而制备的硼烯样品具有金属性，且导电性高于本征石墨烯。因此，硼烯是目前报道的质量最轻、厚度最薄的金属，具有广泛的应用前景。另外，硼烯所含的多中心键赋予它丰富的化学性质，化学活性比石墨烯强，在力学上是集坚、柔、韧于一体的功能材料，使得硼烯在复合材料设计、柔性电子器件和光控器件等方面具有应用前景。

（1）自下而上制备技术

由于硼烯没有对应的层状块体结构，导致实验进展缓慢，使得理论研究在硼烯材料的预测和分析方面占据了主导地位。早在 20 世纪末，硼烯的理论研究工作相继展开，由零维团簇外推到二维结构，由孤立体系扩展到基底状态，并提出了如何制备二维硼烯的可行理论途径。在这些理论预测基础上，开发了硼烯自下而上制备技术，主要包括 CVD 法及分子束外延法。从 2000 年至 2014 年间，硼纳米线、少层硼纳米管、硼团簇等低维硼材料制备工作取得了较大进展，2015 年研究者利用化学气相沉积技术，首次在铜衬底上成功制备了二维硼单层薄膜，使得少层或单层硼烯二维材料的制备及性质研究取得突破。随后，在理论预测基础上，研究者先后在 Ag（111）衬底表面制备出硼烯二维材料，使得理论预测硼纳米片为金属性的结论得到了实验证实，突出了理论分析在新材料制备及揭示材料新属性和功能方面的重要性。

CVD 法是把一种或几种含有构成硼烯薄膜元素化合物、单质气体通入放置有基底的反应室中，借助气相化学反应，在基体表面上沉积出硼烯固态薄膜的技术。如将硼和三氧化二硼粉末混合物加热，使温度升高至约 1100 ℃左右形成二硼二氧化物蒸气，然后以 H_2 作为载气将形成的二硼二氧化物蒸气输运到另一个温区的铜箔表面，1000 ℃条件下在铜箔表面进行沉积，最终可以得到尺寸为厘米级的硼纳米薄膜。生长在金属 Cu 基底上的硼薄膜，可以通过 $FeCl_3$ 溶液将 Cu 基底腐蚀掉，然后将硼薄膜转移至 SiO_2/Si 表面或者 Cu 网等不同基底上，随后对制备的硼薄膜结构及性质进行研究，但是该实验未能得到单原子层硼烯[9]。尽管 CVD 方法是制备大面积高质量二维硼薄膜的有效手段，但是通过 CVD 方法制备的硼薄膜大多数是无定形结构，或者是块状或者比较厚的膜。为了改变硼烯制备过程中的缺陷，提出了几种有助于改进 CVD 合成硼烯的措施。一是针对采用 CVD 法制备硼烯过程中温度太高，会使成核朝三维方向进行或生长出弯曲硼薄膜，而温度太低又可能无法跨越结晶能量壁垒而变成无定形硼团簇的实际，通过精确控制生长温度，能在一定程度上促使二维硼烯生成，而非三维成核生长；二是前驱体最好是纯硼，其它元素如氧等加入可能钝化悬挂键，而使得三维成核位点稳定，从而降低相应的成核能垒；三是具有原子级平整表面的金属基底是制备大面积硼膜的理想衬底，而粗糙表面由于表面反应区域增加，而使发生三维成核的可能性增大[10]。因此，在合适的生长条件下，即高纯硼源、恰当的生长温度和超平整基底，有望实现在金属基底上CVD生长硼烯。

分子束外延技术是制备高质量单晶薄膜和纳米结构的重要手段之一，其基本原理是在约 $1×10^{-10}$ Torr 的超高真空条件下，通过加热蒸发源使具有一定动能的分子或原子，沉积到干净的单晶衬底表面，发生吸附、迁移或和表面反应，最终实现制备目标材料。分子束外延技术实质上是一种非平衡生长过程，是气相原子沉积到衬底表面变为固相过程及生长动力学和热力学相互作用的结果，主要研究不同结构或不同材料晶体和超晶格生长。以纯硼粉为硼源，利用分子束外延法，在 Ag（111）衬底上沉积制备了如图 10-3 所示的单原子层硼烯。扫描隧道显微镜表征结果表明，制备的单原子硼烯不仅面积较大，而且形态和相结构随沉积速率不同而改变。高沉积速率增加了在 STM 图像中出现为周期性突出的原子链均匀相覆盖度，而降低沉积速率有利于形成由矩形晶格组成的扁平条状相。同时，提高温度可以将扁平相转变成具有周期性纳米级波纹的新条纹相，波状条纹相在温度低于 450 ℃时覆盖面积较小，但随着温度升高到 730 ℃

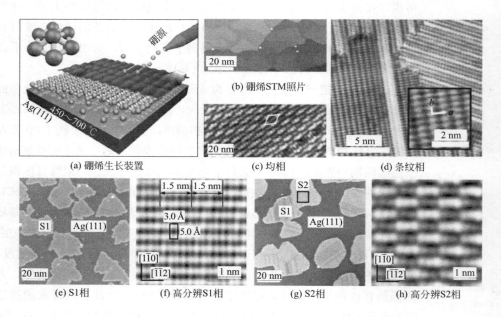

图 10-3
分子束外延法制备硼薄膜及其表征结果[11]

二维无机材料
剥离、纳米层组装及其功能化

时可以实现衬底全覆盖[11]。

虽然利用 CVD 法或分子束外延生长法，均可以在 Cu 箔或单晶 Ag（111）衬底上制备硼烯，但考虑到未来与现有 Si 衬底的微纳加工工艺、成本及质量控制分析需要，CVD 方法更具优势。CVD 方法在制备二维纳米结构时具有可控性强、制备面积大和单晶质量好以及成本低等诸多优点，同时 CVD 方法可在 Cu 箔上生长硼烯结构。因此，可以借鉴和利用 Cu 箔上石墨烯成熟的转移技术，如湿法转移、干法转移、机械剥离转移、电化学转移和热滚压转移等技术，将 Cu 箔上得到的硼烯转移至 Si 衬底；或者参考在硅衬底上直接制备多层石墨烯技术，如通过 B 等离子体注入的方法，在硅衬底上直接生长出多层硼烯结构，将大幅提高硼烯纳米电子器件的应用进程[12]。

（2）自上而下块体剥离制备少层硼烯

与传统的二维层状材料不同，由于硼没有分层结构的天然块体层状三维前驱体材料，因此不适合通过传统机械剥离技术制备二维硼烯纳米片层，而主要依赖分子束外延生长方法。但是，分子束外延生长方法需要超高真空／低压特殊制备条件，导致制备的硼烯质量降低、数量有限和产量不足，限制了其潜在应用。近些年来，发展了两种通过块体前驱体剥离技术，如锂插层及化学氧化剥离过程和超声辅助液相剥离过程，用于高质量二维硼烯纳米片层规模化制备。同化学剥离过程相比，由于没有中间化学反应，因而超声辅助液相剥离技术应该更适合二维少层或单层硼烯制备。

将平均尺寸为 2 μm 100 mg B 粉末，添加到 100 mL DMF 或异丙醇介质中，所得分散介质（1mg/mL）在 350 W 下超声处理 4 h，并使用探头式超声波仪超声处理 1 s 停顿 2 s，处理过程中容器用特氟龙胶带密封以抑制空气污染。随后上清液倾析，并以 2000 ～ 5000 r/min 离心 30 min 去除未剥落的 B 粒子。最后，所得 B 片上清分散液以 12000 r/min 更高转速进一步离心 30 min，收集沉淀以进一步进行形态和结构分析表征。超声辅助液相剥离块体硼，制备少层或单层硼烯过程及剥离前后所得试样形貌如图 10-4 所示[13]。

可以看出，硼粉在 DMF 和 IPA 介质中超声辅助处理，随后以 5000 r/min 离心 30 min 均能得到稳定浅棕色分散液。与块体 B 粉末形貌相比，DMF 为剥离介质所得到的 B 纳米片层剥离分散液几乎透明，尺寸范围从几个纳米到几微米。同时，通过改变剥离所用介质类型和离心速度，可以实现不同厚度和尺寸硼烯片层的可控剥离制备。在 DMF 为剥离介质中，制备的少层硼烯平均面积为 19827 nm^2，远大于在异丙醇中的 1791 nm^2 平均面积，且 DMF 中得到的少层硼烯厚度约为 1.8 nm，也比在异丙醇中 4.7 nm 厚度小，即少层硼烯由 4～11 纳米片层不等构成，说明 DMF 是块体硼粉通过超声辅助液相剥离，制备少层硼烯的有效介质。剥离的少层硼烯纳米片层悬浮液暴露于环境条件下，表现出了良好的稳定性，放置 50 天后仍未观察到聚集体，这为剥离少层硼烯的进一步处理和应用奠定了基础。更为有意义的是，剥离的少层硼烯纳米片层在高性能超级电容器电极材料方面显示了应用前景。以剥离少层硼烯组装的器件不仅具有 3.0 V 的宽电位窗口，而且显示了令人印象深刻的电化学性能。在功率密度为 478.5 W/kg 时，器件显示了 46.1 W·h/kg 的高能量密度，6000 次循环后仍保留初始比电容的 88.7%，具有良好的循环稳定性，显示出剥离少层硼烯材料在下一代光电和储能器件领域的应用前景，实现了通过超声辅助液相有效规模化剥离制备少层硼烯。

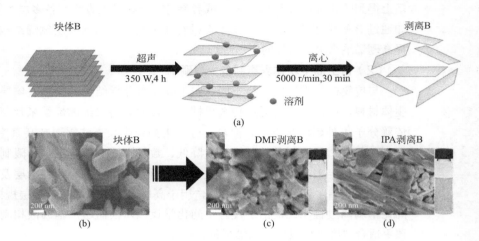

图 10-4
超声辅助液相剥离块体 B 粉制备硼烯纳米片层过程（a），以及块体 B 粉（b）、DMF 介质（c）、异丙醇介质（d）中探头超声得到少层硼烯 SEM 照片及其悬浮液光学照片 [13]

　　为了得到片层厚度更薄的硼烯纳米片层，研究者发展了探头和水浴超声处理改进液相剥离块体硼粉的方法，实现了更薄硼烯的有效制备 [14]。所得到的超薄硼烯保持了良好的结构完整性，平均厚度 1.5 nm 的少层硼烯由三层硼烯纳米片层组装而成。值得注意的是，与各向同性水浴超声处理不同，探头超声处理具有独特的各向异性效果。在探头超声处理过程中，探头诱导超声波在垂直方向上产生定向气泡，使得分布在探头周围的 B 块通过垂直方向超声波切割薄片，可将三维块体硼粉有效转换为具有较大横向尺寸和厚度一定的二维少层硼烯。随后紧接着水浴超声处理，二维少层硼烯尺寸和厚度进一步降低，剥离形成更薄的硼烯纳米片层。同时，由于在这个过程中超声波转移方向是各向同性的，可以保证所得硼烯纳米片层的大小和厚度均匀。剥离所得超薄 B 纳米片层保持了良好的结构完整性，而在边缘处形成的表面缺陷可与化学功能团连接。由于量子限域和表面缺陷的协同效应，超薄 B 纳米片表现出与激发特性无关的强荧

二维无机材料
剥离、纳米层组装及其功能化

光性，以及高量子产率（高达 10.6%）和高稳定性的发光功能。此外，剥离制备的超薄硼烯纳米片，具有高的生物相容性和低毒性，使得超薄硼烯纳米片作为新兴荧光探针而用于细胞生物成像。这项工作不仅提供了制备超薄硼烯纳米片的高效策略，而且将拓宽超薄硼烯纳米片的应用领域。另外，超声化学剥离块体硼粉，制备的单层或少层硼烯纳米片剥离效果及剥离率与所采用的溶剂分散介质密切相关[15]。研究结果表明，尺寸约 20 μm 硼粉在不同表面张力溶剂中的剥离效果及剥离率差别很大，其在二甲基甲酰胺、丙酮、异丙醇、水和乙二醇中剥离所得纳米片的厚度及大小区别很大，丙酮是超声化学液相剥离制备少层硼烯的最有效试剂。当丙酮和乙二醇作为溶剂时，超声化学处理 12 h 和 20 h，可分别得到剥离的单层硼烯，而在其它溶剂中则不能剥离得到单层硼烯。在水和异丙醇介质中，剥离得到的少层硼烯纳米片层尺寸较小，而在二甲基甲酰胺介质中可剥离得到具有有序晶体结构的多层硼烯。

为了制备得到少层大尺寸硼烯纳米片，研究人员开发了丙酮溶剂热辅助液相剥离，制备大尺寸硼烯纳米片方法。为了增加剥离效果及得到大尺寸单层或少层硼烯纳米片，选择了对于块体硼粉具有良好润湿作用的丙酮介质。该溶剂热辅助液相剥离制备大尺寸硼烯纳米片方法包括，硼粉首先在丙酮介质中润湿，随后润湿的硼粉前驱体在丙酮介质中 200 ℃水热处理 24 h，所得悬浮液冷却到室温后，用功率为 225 W 探头超声处理 2 s，所得分散悬浮液以转速 6000 r/min 离心 20 min，以除去未剥离的硼粉，剥离所得大尺寸少层硼烯纳米片分散在上层胶体悬浮液中[16]。

为了研究块体硼粉前驱体在不同表面张力溶剂中的剥离效果，分别选择丙酮、二甲基甲酰胺、乙腈、乙醇和 N-甲基-2-吡咯烷酮作为剥离溶剂。在采用相同处理条件和工艺下，块体硼粉在五种介质中剥离所得少层硼烯的 SEM 和 TEM 结果如图 10-5 所示。可以看出，尽管在 5 种不同表面张力溶剂中，剥离的少层硼烯悬浮液均显示明显的丁达尔效应，但剥离效果明显具有差异，即剥离所得的少层硼烯纳米片的片层厚度、尺寸大小及剥离量均存在很大不同。在五种有机溶剂中，块体硼粉的剥离效率按以下顺序逐渐降低：丙酮＞DMF＞乙腈＞乙醇＞NMP，且在丙酮中剥离效果最佳。结合剥离采用试剂的表面张力分析，发现块体硼粉剥离效率与所使用溶剂的表面张力密切相关，较小表面张力溶剂有利于块体硼粉剥离，形成少层硼烯纳米片。此外，超声功率和时间对剥离效果及纳米片尺寸影响较大，当超声功率或反应时间增加时，剥离所得少层硼烯纳米片层的形态变化很大，且剥离纳米片碎片化趋势明显。通过统计分析丙酮溶剂中剥离所得少层硼烯纳米片的厚度和尺寸大小，发现剥离所得纳米片平均厚度为 3.5 nm，理论上单层硼烯纳米片层厚度为 0.8 nm，因而在丙酮介质中采用本方法剥离所得少层硼烯纳米片由 4 层纳米片层堆积而成。特别重要的是，采用本方法剥离得到的少层硼烯纳米片具有较大的横向尺寸，其横向尺寸分布在 2.35 ～ 6.58 μm 之间，平均为 5.05 μm，是目前为止采用液相剥离技术，得到最大横向尺寸少层硼烯纳米片的制备方法。

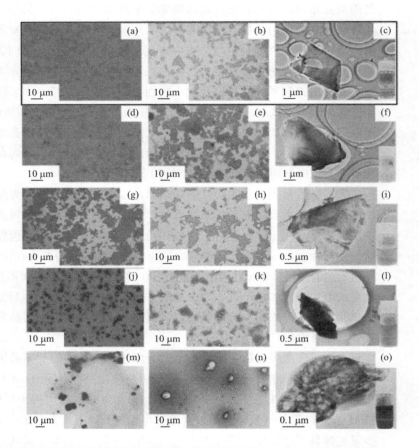

图 10-5　不同介质水热辅助液相剥离所得少层硼烯纳米片光学照片，SEM 和 TEM 照片
丙酮（a）～（c）；二甲基甲酰胺（d）～（f）；乙腈（g）～（i）；乙醇（j）～（l）及 *N*-甲基-2-吡咯烷酮（m）～（o）[16]

10.1.3　硼烯性质

（1）硼烯的电子和传输性质

自从硼烯成功制备以来，其新颖的机械和电子特性受到了研究者的高度关注。与块体硼的半导体或绝缘性质相比，大多数制备的硼烯显示金属性，导电性高于本征石墨烯。因此，硼烯是目前报道的质量最轻、厚度最薄的金属，具有广泛的应用前景。以弯折的硼烯为例，其金属性通过精确的 DFT 计算得到揭

二维无机材料
剥离、纳米层组装及其功能化

示，来自于硼的 p_x、p_y 和 p_z 轨道状态沿 Γ-X 和 Y-S 方向穿过费米能级，且该方向平行于无波纹方向。相反，沿另一个方向的面外波纹以 Γ-Y 和 S-X 方向开创了一个带隙，使得硼烷是具有高度各向异性的金属。通过直接传输计算，可以证明硼烯的各向异性电导率，且在硼烯中发现了电子传输方向的依赖性，即沿链方向电流是沿面外波纹方向电流的两倍[17]。同时，尽管在一些特殊衬底上制备得到了硼烯，但发现无支撑硼烯稳定性差，如其阻抗图谱在 Γ 点出现了小的虚数频率。针对无支撑硼烯稳定性差的问题，可通过使用功能基团修饰解决此不足。利用氢化处理硼烯表面，可以使得 0.715 个电子从 H 转移到 B，以抵消硼烯电子不足，可有效改善制备硼烯的稳定性。该实验结果也可以从氢化硼烯的阻抗图谱得到验证，氢化后阻抗图谱在 Γ 点所出现的小虚数频率消失，使得氢化硼烯可以在 240 K 动态稳定[18]。氢化稳定硼烯展示了独特的机械性能，如铁弹性、负的泊松比、应变变形下的狄拉克和传输方向切换及各向异性电导率。

（2）光学性质

除各向异性传导特性外，硼烯所具有的极小厚度使其具有高的透明性，因而在光伏和触摸屏应用方面潜力巨大。通常，普通块体金属不透明，对于人眼看起来是灰色和有光泽。因为大部分光在界面处反射，除等离子激元频率外，当一般光子能量大于 E_p（$=h\gamma$）时，使得反射率大大降低，并可能使金属透明。对于大多数金属，其等离子体频率在紫外线（UV）范围内，意味着它们的反射光确实在可见区域。但是，当块体材料厚度减少到很薄甚至一原子层，即所谓纳米片层时，反射率几乎降为零，而透射率几乎增加到 100%，且它们的变化主要与光电导率关联。因此，对于具有原子级别的单层或少层硼烯，其光学性质变化与其纳米片厚度息息相关。

特殊的结构和原子级的厚度，决定了硼烯具有有趣的光学和导电性质，如 β_{12} 和 δ_6 两种结构硼烯是各向异性金属，其光学透明度强烈地依赖能量和厚度，以及在可见光范围内弱的吸收（小于 1%）。在可见光范围内，随着厚度从大约 1 nm 单层增加至 20 ～ 30 nm，多层硼烯片层薄膜可诱发从透明过渡到反射性金属行为。因而硼烯薄膜可以用作与石墨烯互补，在可见范围内是一种透明的金属单层[19]。

（3）化学性质

对于已经得到的少层或单层硼烯，制备方法主要是在超高真空条件下化学生长，因而已完全避免了硼烯化学生长过程中的氧化降解及环境污染。尽管有研究表明，硼烯对氧化呈现一定的惰性，但在环境条件下硼烯片层一段时间内保持完好无损几乎不可能。由于硼原子的缺电子特性及硼烯表面相对较高的化学活性，使得长时间暴露于空气中的硼烯可能被氧化降解而污染。理论预测表明，氧分子可以自发地以化学吸附方式吸附在 χ_3 硼烯片层上，克服约 0.35 eV

的能垒后解离。由于牢固的 B—O 键和室温下较差的迁移率，解离的 O 在硼烯片层表面很难移动，最终导致形成氧化硼。通过对弯曲三角形硼烯有无衬底对其氧化过程影响研究发现，无支撑硼烯上 O_2 具有从三重态到单重态的转变，而在 Ag（111）衬底支撑的硼烯表面则不发生这种自旋过渡。同时，与无支撑硼烯体系相比，硼烯氧化的放热特征增强，将促进在硼烯表面硼缺陷的形成，导致在 Ag（111）表面上引起一定程度的平面结构[20]。由于硼烯容易被氧化，因此对环境条件下利用其杰出的机械和电子特性带来挑战，使得开发制备空气稳定硼烯基器件封装技术显得特别重要和急需。

（4）力学性质

在硼烯片层结构中，由于存在强的 B—B 共价键，使得其具有杰出的力学性能。根据实验测量，弯曲硼烯表现出其独特结构导致的各向机械异性。硼烯结构中存在的强高度配位 B—B 键，使得沿 b 方向的面内弹性模量为 170 GPa nm，而沿 a 方向可达 398 GPa nm，这些实验结果与 163 GPa nm 和 382 GPa nm 的理论预测结果值非常接近[21]。同石墨烯 340 GPa nm 弹性模量相比，硼烯也展示了出色的力学性能。更为有趣的是，独特的面外弯曲结构使得硼烯具有负的面内泊松比，沿 a 方向为 –0.04，而 b 方向为 –0.02，即使硼烯被完全氢化，该现象也保存下来，但拉力行为是沿着面外方向进行的。当硼烯氢化后，由于结构中的 B—B 键弱化，导致沿两个不同方向的面内弹性模量分别减小到 190 GPa nm 和 120 GPa nm。因此，通过将空心六边形缺陷引入到硼片层结构中，可以有效地稳定硼片层结构。但是，也会严重影响材料的力学性能。研究结果发现，硼片层的面内刚性强度显著依赖于空心六边形缺陷的密度，对于六边孔密度参数 $\eta=1/6$ 的硼片层，其沿空心六边形缺陷方向和横跨空心六边形缺陷方向的面内弹性模量分别为 210 N/m 和 190 N/m，而对于 $\eta=1/5$ 硼烯片层的弹性模量为 205 N/m。对于最稳定的 α 相硼烯片层（$\eta=1/9$），其刚性几乎各向同性，弹性模量值为 214 N/m[22]。另外，所有硼烯片层的刚度明显小于弯折硼烯，主要原因是机械强度主要由沿应变方向的 B—B 键强度及 B—B 键数量决定。当将空心六边形缺陷引入到硼片层时，将显著降低 B—B 键的数量，导致材料刚度明显减少。同时，将空心六边形缺陷引入到二维硼晶格，结果是材料的极限抗拉强度受到很大影响，硼烯片层沿扶手椅方向的极限抗拉强度降低，从 22.8 GPa nm（$\eta=0$）到 19.97 GPa nm（$\eta=1/6$）和 14.84 GPanm（$\eta=1/9$），但沿之字形方向的极限抗拉强度略有增加。对于硼烯片层的泊松比和弯曲刚度，其值也强烈依赖于空心六边形缺陷，表明这些力学参数具有很大的灵活性，可以满足不同应用要求。

10.2
硅烯结构、制备及其性质

硅、锗、锡三种元素，是与碳元素具有最外层相似电子结构的第四主族元素，但与碳-碳元素组成的石墨烯相比，从硅到锡原子半径逐渐增大，原子间大的键长使得形成 π 键结合力下降，p_z 轨道通过 π 键以 sp^2-sp^3 混合重叠杂化，可形成弯曲的单元素二维纳米片层。由于强的自旋轨道耦合效应，这些形成的弯曲石墨烯类二维材料显示拓扑绝缘性质。如果不考虑自旋轨道耦合效应和施加电场，形成的翘曲石墨烯类二维材料预计是零间隙半导体。依据在狄拉克点上计算得出的自旋轨道带隙，硅烯为 1.5 ～ 2.0 meV、锗烯为 23.9 ～ 30.0 meV 和锡烯为 0.1 eV，均大于石墨烯的自旋轨道带隙（< 0.05 meV）[23]。同时，与广泛研究的单元素纳米片层石墨烯相比较，二维硅烯、锗烯和锡烯由于所制备的层状结构在热力学不稳定，导致这些单元素纳米片层材料的研究较少。相对于锗烯和锡烯，硅烯从制备、性质到应用研究取得了一定进展，为此以硅烯为例讨论类似结构单元素纳米片层的结构、制备及性质。

10.2.1 硅烯结构

从碳到锡，随着原子序数逐渐增大，原子半径增大而导致形成的单元素片层相应结构发生变化。碳元素以 sp^2 杂化形成稳定的六边形平面石墨烯结构，但是从硅到锡，原子半径增大导致形成类似石墨烯六边形平面结构困难，需要原子所处位置发生扭曲，从而形成翘曲的六边形结构，因而硅烯就呈现了这种翘曲构型，翘曲六边形结构如图 10-6（a）所示，晶胞中的部分原子位于较低的原子平面。简单来看，硅烯结构中每个硅原子与其它三个硅原子以共价键合，产生简单的六角形晶胞。为了使得形成的六角形晶胞稳定化，在晶胞的不同位置上发生翘曲，形成如椅形、船形和搓衣板形不同类型的结构排列。密度泛函研究表明，船形和搓衣板形结构排列不稳定，它们会转化为平面结构，只有椅子型结构排列比平面结构更稳定[24]。通常，翘曲结构中处于相对两个不同片面之间的垂直距离称为翘曲参数，翘曲参数的数值变化表示形成弯曲结构的改变。因此，通过电子状态密度的控制，可以实现不同翘曲参数下材料的电子性质改变。如通过计算硅烯键能随晶格常数的变化，可以发现平面型晶格结构（PL）、低翘曲型晶格结构（LB）和高翘曲型晶格结构（HB），均在结合能曲线上局部有最小值，但 PL 蜂窝结构能量比 LB 和 HB 蜂窝结构对应的能量高，显示 PL 是硅烯的不稳定结构。

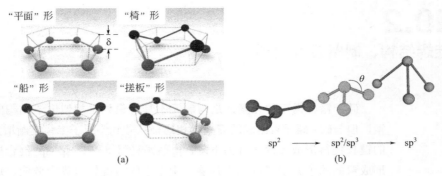

图 10-6

不同构型六边硅烯晶格（a）和从 sp^2 到 sp^3 四个键杂化引起的结构变化（b）[24, 25]

硅烯的结构理论研究，可跟踪到 Takeda 和 Shiraishi 硅六元环开创性工作，与石墨烯的平面结构（D_{6h} 群对称）相比，这种规则翘曲结构（D_{3d} 群对称弯曲）的芳香六元环状态更稳定。在硅烯结构中，通过翘曲使得镜面对称性破坏，从而消除了高对称平面结构造成的结构不稳定性。同时，这种结构翘曲源于由占据和未占据分子轨道耦合而导致的伪姜 - 泰勒扭曲，其中 σ-π 轨道混合使系统获得稳定性。值得注意的是，低翘曲度没有破坏六角形对称结构，蜂窝晶格晶胞中的两个原子等效，且电子可以在相邻的原子间跳跃，从而维持了狄拉克费米子存在。在这样的低翘曲六边形对称结构骨架中，Si—Si 键长度为 2.247 Å，比平面骨架 2.226 Å 较长，从而导致更大的晶格单元有效体积。尽管如此，处于弯曲结构中的电子在平面内外发生更多离域，从而产生较小的电子间排斥力，导致不同于石墨烯结构中的部分 sp^3 杂化。通常，块体硅中硅元素主要以 sp^3 杂化，而在硅烯结构中 sp^3 和 sp^2 混合杂化相互作用为其基本特征 [图 10-6（b）]。这种混合的 sp^2-sp^3 杂化状态，可以理解为随翘曲，更具体地说随翘曲 θ 角（即 Si—Si 键与垂直于片层平面方向之间的角度）变化而变化。因此，sp^2（平面）、低翘曲（混合的 sp^2-sp^3）和 sp^3 构型对应的弯曲 θ 角分别为 90°、101.73° 和 109.47°。尽管不稳定性问题由不饱和 sp^3 键引起，翘曲代表了控制硅烯性质的额外自由度，如带隙调控、电子结构、结合的交错场和选择性化学反应等。此外，翘曲构型使得硅烯所具有的混合 sp^2 和 sp^3 杂化键，将导致硅烯材料较高的环境降解反应性[25]。

10.2.2　硅烯制备

由于自然界中不存在类石墨形式的硅，通常硅烯主要是通过衬底上外延自下而上的生长方法制备。尽管该方法成本较高，但仍是制备针对性技术应用及

二维无机材料
剥离、纳米层组装及其功能化

理论研究所需硅烯的通用手段。硅烯的物理表征通常借助于实验手段如扫描隧道显微镜/光谱学（STM/S）或角分辨光电子谱（ARPES）及密度泛函理论（DFT）计算进行。目前，硅烯的制备方法主要有三种，即在衬底上热蒸发沉积硅烯，衬底上的硅烯表面偏析及通过硅化物中间体剥离技术。

（1）衬底上热蒸发沉积硅烯

衬底上热蒸发沉积硅烯制备过程原理是热蒸发硅原子在衬底上的冷凝和自组装。虽然可用于制备硅烯的衬底数量迅速增加，但基面为（111）银衬底同时在其上可实现硅烯制备和设备集成。值得注意的是，在不同晶面 Ag 衬底上可以生长出不同形貌材料，如具有（110）晶面的 Ag 衬底可以沉积制备具有六边形或五边形结构的硅纳米带，而具有（111）晶面的 Ag 衬底，证明是其它单元素烯类材料的通用模板，如硼烯、锗烯、锡烯及锑烯等均可在该衬底上生长得到。另外，可以在云母或 Si（111）衬底上，将 Ag（111）模板适当地减薄，以达到降低昂贵单晶银基材的使用，实现后续生长材料的分离处理。在如（111）晶面 Ag 衬底上热蒸发沉积硅烯，制备关键控制因素是与硅烯相匹配的晶格和窄的生长条件（主要是温度和沉积流量）[26]。该外延沉积法已经在包括如铱（111）、ZrB_2、（001）二硫化钼等衬底上成功制备了硅烯等材料，且在大多数情况下，通过不同区域重构可以实现硅烯大规模外延沉积。

在超真空条件下，硅烯在银衬底上的外延生长过程比较复杂。受到很强的界面相互作用，硅烯结构发生重构，导致原子的翘曲程度发生改变，对称性降低，元胞变大。在（111）晶面 Ag 衬底上沉积制备的硅烯，当衬底温度低于 240 ℃时，硅原子在衬底表面上会生长得到不同周期的结构相，如 4×4、$(13)^{1/2} \times (13)^{1/2}$、$2(3)^{1/2} \times 2(3)^{1/2}$ 等。因此，翘曲分布即在每个表面相中非平面弯曲键的周期性排列，使得 Si—Si 键长可以从一个超晶格变化到另一个超晶格。经过大量实验研究，在 Ag 衬底生长硅烯，可根据衬底温度与硅覆盖率间的关系，得到硅烯生长的相图[27]。在银衬底上，翘曲蜂窝状结构硅烯不仅从实验上得到制备，而且从第一性原理理论计算得到验证。在超真空条件下，将硅从 930 ℃加热片上蒸发到银衬底上，沉积速度保持在 0.08 ～ 0.1 mL/min，利用自制的低温隧道扫描显微镜可观察硅烯的生长。结果发现随衬底温度不断升高，沉积在（111）银晶面的硅原子呈现出不同的相结构。当衬底温度低于 130 ℃，硅在银衬底上趋向于簇状或无序结构，而当衬底温度达到 150 ℃时，生成 T 相和 H 相两种有序的片段结构。尽管这两相有着相近的能量、稳定性和原子结构，但都不是理论计算所预测的翘曲结构。当衬底温度上升到 210 ℃时，在衬底上得到一种长程有序的 moiré 第三相，且分析确认是不完整的翘曲结构硅烯。但是，当衬底温度升高到 230 ℃时，STM 图像展示了翘曲蜂窝状网络结构，得到了单层硅原子硅烯结构，证明了翘曲蜂窝状结构硅烯的存在[28]。另外，STM 作为对硅烯研究的补充，ARPES 研究结果提供了硅烯电子带结构的证据。这些研究中硅烯与衬底间不可避免地会产生一些干扰轨道相互作用，使得硅烯具有金属特征。当硅烯在银衬底上定向生长时，由于硅烯重构折叠及靠近费米能级附近银带的线性弥散，使得硅烯实际表征分离变得困难。

（2）衬底上硅烯表面偏析

硅烯结构比较复杂，不同结构又会影响硅烯的狄拉克费米子等特性。在硅烯的外延沉积生长过程中，衬底温度和界面间的相互作用都会对硅烯结构产生较大影响。除硅烯直接在不同衬底如（111）银晶面衬底和金属铱衬底上生长外，也可以采用间接衬底法生长翘曲蜂窝状结构硅烯。由于硅烯的衬底生长大部分集中在金属衬底上，但从将来制备硅烯组装器件的应用方面考虑，在绝缘体或半导体衬底上生长硅烯应该具有重要应用背景。为此，研究者成功实现了在涂覆有 ZrB_2（0001）薄膜的 Si（111）衬底上生长出单层硅烯[29]。这种间接衬底上生长硅烯方法与一般金属衬底制备不同，它们不是直接在银或铱衬底上生长硅烯，而是先在 Si（111）表面上生长一层 ZrB_2（0001）薄膜，然后再在 ZrB_2（0001）表面上生长硅烯薄膜。研究者在 ZrB_2 薄膜上发现了（2×2）重构，认为是硅原子从 Si（111）衬底上析出到 ZrB_2 薄膜表面形成。由于 ZrB_2（0001）表面 2×2 重构周期与硅烯 $(3)^{1/2} \times (3)^{1/2}$ 重构周期大小吻合，导致硅烯在衬底上表面偏析生成。衬底上硅烯表面偏析生成机制表明，硅烯的翘曲结构容易受到硅烯与衬底相互作用的影响而发生变化，从而产生重构，导致生成的翘曲硅烯电子结构发生改变，这为通过结构调控硅烯电子能带提供了可行性。

（3）液相氧化 / 层状剥离

除采用物理沉积技术在不同结晶面衬底上生长单层硅烯外，硅纳米片层也可以通过化学方法制备得到。典型的例子是以天然层状二硅化钙（$CaSi_2$）为前驱体，通过氧化反应等化学处理，拓扑化学转化，规模制备得到相当于功能化硅烯的层状材料，随后在一定条件下剥离该层状材料，最终得到功能化的少层或单层硅烯纳米片。$CaSi_2$ 是 Zintl 硅化物，由 Si_6 环构成的二维褶皱硅片，纳米片层与层间 Ca^{2+} 离子相互作用，构成 Ca^{2+} 插层的平面多层硅烯。使用 $CaSi_2$ 作为前驱体，可以制备少层硅烯纳米片。用 Mg^{2+} 掺杂 $CaSi_2$，随后化学剥离 Mg^{2+} 掺杂 $CaSi_2$，可以得到含有丰富氧原子的超薄硅氧烯纳米片[30]。由于 $CaSi_2$ 是层状离子化合物 $[Ca^{2+}(Si^-)_2]$，层间 Ca^{2+} 离子和 Si^- 层间的静电引力非常强，因此要实现层状 $CaSi_2$ 的有效剥离，就需要进一步减弱负电荷硅层板的电荷密度。为此，通过向硅层板上掺杂部分 Mg^{2+}，所得掺杂层状材料 $CaSi_{1.85}Mg_{0.15}$ 的层板电荷得到降低。随后将层状材料 $CaSi_{1.85}Mg_{0.15}$ 加入到丙胺盐酸盐水溶液中，室温搅拌 10 天，层间 Ca^{2+} 离子抽出，层状 $CaSi_{1.85}Mg_{0.15}$ 剥离为超薄硅氧烯层，剥离量约为起始物质总量的 1%。另外，在氩气气氛中，将 $CaSi_2$ 用冰浓盐酸处理 2

二维无机材料
剥离、纳米层组装及其功能化

天，得到的层状硅氧烯 [$Si_6H_3(OH)_3$] 随后加入十二烷基硫酸钠中，室温下振动 10 天，可得到 2 个月无沉淀的透明胶体悬浮液。由于在剥离过程中，$Si_6H_3(OH)_3$ 进一步与水介质反应，使得其缓慢氧化形成硅氧烯纳米片层 [$Si_6H_{3-x}(OH)_{3+x}$][31]。因此，尽管通过 $CaSi_2$ 作为前驱体，可以制备得到硅烯的衍生片层，但是制备过程中可导致硅烯片层结构破坏，不能得到完全的硅烯纳米片层，得到的是硅烯衍生物纳米片层，使得大规模制备高质量硅烯纳米片层存在较大挑战。

为了制备得到高质量硅烯纳米片层，研究者发展了 $CaSi_2$ 液相氧化和剥离制备硅烯纳米片层新技术[32]。针对 $CaSi_2$ 结构中交替 $(Ca^{2+})_n$ 层和 $(Si_{2n})^{2n-}$ 片层之间强静电引力的实际，先在不破坏硅烯结构的条件下，通过温和的氧化过程，将 $(Si_{2n})^{2n-}$ 片层氧化为中性 Si_{2n} 层，最终实现硅烯纳米片层的制备。为此，选择在室温下具有弱氧化性 I_2 作为氧化剂，选择对 I_2 和副产物 CaI_2 具有较好溶解性的乙腈作为反应溶剂，反应三周可以制备得到多层硅烯纳米片层。具体制备过程为，在氩气手套箱中，480 mg $CaSi_2$ 和 1.27 g I_2 加入到 200 mL 烧瓶中，向烧瓶中加入 150 mL 乙腈，随后用聚四氟乙烯螺丝塞密封烧瓶。所得混合悬浮液室温下搅拌 3 周，之后所得悬浮液用 0.22 μm 膜过滤。过滤所得沉淀再次分散到 100 mL 乙腈，搅拌处理后再次过滤，该处理过程进行 5 次，以完全除去副产物 CaI_2 和过量的 I_2。反应所得除去 Ca^{2+} 离子的氢化层状硅烯，在 100 mL 氮甲基吡咯烷酮中，200 W 超声 2 h 剥离氢化层状硅烯，超声处理完后在转速 1000 r/min 下离心 30 min，最终得到层板厚度为 0.6 nm 的硅烯纳米片层，制备过程及剥离产物的 SEM 照片如图 10-7 所示。

通过温和氧化随后超声处理，液相条件下制备得到了形貌如手风琴状，少层或单层硅烯纳米片。为了进一步得到单层硅烯纳米片层，以满足器件化与研究对高质量、规模化单层硅烯片层材料的需要，研究者将液相氧化 $CaSi_2$ 的方法进一步改进：在乙腈介质中采用 I_2 氧化 $CaSi_2$ 方法基础上，将氧化处理得到的多层硅烯纳米片层在 380 ℃热膨胀；随后将热膨胀的多层硅烯纳米片层浸入到液氮中（−196 ℃），直到液氮完全气化，最终得到高质量、单层或少层硅烯纳米片层。这为规模化制备单层硅烯纳米片层提供了新途径[33]。

10.2.3　硅烯电子结构

硅烯具有蜂窝状结构，虽然结构中较长的 Si—Si 键长和部分 sp^3 杂化轨道的引入使得硅烯表现为非共面的翘曲结构，但理论计算表明，硅烯的 π 和 π* 能带在布里渊区的 k 和 k' 点费米能级处交叉，且在交叉处附近能带表现为线性色散，费米速度为 10^6 m/s，与石墨烯能带结构相似。因此，在 k 和 k' 处的电子行为可以用非相对论的迪拉克（Dirac）理论描述。硅烯的翘曲结构，使得在硅烯中的自旋轨道耦合较强，导致在迪拉克点处打开了大小为 1.55 meV 的能隙，硅烯中的载流子应该是有质量的迪拉克 - 费米子，使得研究者认为硅烯可以实现量子自旋霍尔效应 [34]。通过应力作用对翘曲结构进行控制，可以实现对硅烯能隙大小的调控。通过施加电场或在偏振光照射下，也可实现对硅烯能带结构调控，达到赋予硅烯丰富特性。

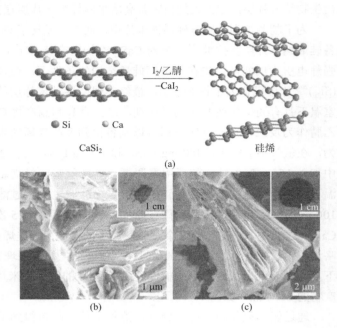

图 10-7
$CaSi_2$ 液相氧化 / 剥离制备硅烯纳米片层过程（a）和前驱体 $CaSi_2$ 的 SEM 照片（b）及硅烯纳米片层的 SEM 照片（c）[32]

　　理论计算结果表明，硅烯有着独特的电子特性，而这种独特的电子特性需要通过实验证实迪拉克 - 费米特性的存在。为此，通过研究在 Ag（111）表面上硅烯的（4×4）重构，发现该（4×4）重构来源于硅烯与 Ag 表面晶格之间的共度，表明硅烯与衬底之间有强的界面作用。这种较强的界面作用使得结构对称性降低而出现重构，sp^3 杂化轨道成分增多，从而破坏了硅烯的迪拉克 - 费米特性，导致在硅烯（4×4）重构中观察不到迪拉克 - 费米特性。但是，如果在 Ag（111）表面上进行硅烯的 $(3)^{1/2} \times (3)^{1/2}$ 重构，由于该重构的形成并非来自于硅烯与 Ag 表面之间的共度，而且硅烯与 Ag（111）表面之间的作用是较弱的范德华力，因而该重构得到保持，可观察到电子的迪拉克 - 费米特性。为此，利用 STS 研究硅烯 $(3)^{1/2} \times (3)^{1/2}$ 重构电子结构，第一次证明了硅烯 $(3)^{1/2} \times (3)^{1/2}$ 结构中确实

二维无机材料
剥离、纳米层组装及其功能化

存在迪拉克电子特性，展示了硅烯具有与石墨烯类似的应用前景。同时，也证明唯有硅烯的 $(3)^{1/2} \times (3)^{1/2}$ 结构相，才能保持迪拉克 - 费米电子特性[35]。

10.2.4　硅烯功能化

　　硅烯是石墨烯之后发现的第二个单元素二维材料。理论研究表明，硅烯具有与石墨烯相同的迪拉克型电子结构，其布里渊区同样具有六个线性色散狄拉克锥结构。因此，大多数在石墨烯中发现的新奇量子效应，都有望在硅烯材料中获得相应的体现，在电场与磁场中表现出反常的物理现象和极高的载流子迁移率等。同时，由于其特殊结构，使得硅烯体系还具备石墨烯体系所没有的一些特殊性质，硅烯中具有的更强自旋 - 轨道耦合，导致其迪拉克点处存在较大的能隙，从而产生可观测的量子自旋霍尔效应[36]。在量子自旋霍尔样品中，载流子能沿着样品边缘无耗散传输，是下一代自旋电子学器件的理想材料。鉴于硅烯零能隙迪拉克 - 费米子材料特性，通过对其能带结构进行有效调控，进而可打开硅烯带隙，是进一步实现硅烯器件化的基础。相比于石墨烯，硅烯表面翘曲结构使它表面反应活性更高，更容易与外来原子、分子发生反应。因此，化学功能化是实现硅烯能带结构调控的有效方法。

（1）硅烯氢化

　　硅烯与石墨烯相似，具有零带隙结构。但是，由于硅烯表面的 sp^2-sp^3 混合杂化所形成的低翘曲结构，使其表面反应活性更高，更容易与外来原子、分子发生反应，导致硅烯氢化后将会表现出与石墨烯氢化不同的物理性质。通过研究硅烯（4×4）结构和 $2(3)^{1/2} \times 2(3)^{1/2}$ 结构，氢化所导致的结构及氢原子在硅烯上的吸、脱附行为，发现硅烯氢化行为随其相结构不同而差异明显。将钨丝加热到 1773 ℃，真空中裂解 H_2 形成氢原子，裂解的 H 原子在室温下吸附于硅烯上，即可实现硅烯氢化。对于（4×4）硅烯结构，如果通入过量的 H_2，由于氢原子在硅烯表面较高的化学反应活性，使得氢化所得的饱和氢化硅烯展现出完美的长程有序结构，周期大小与干净的（4×4）硅烯相同，得到（4×4）-γ 结构。氢化硅烯（4×4）-γ 结构与氢化前（4×4）-α 结构存在特定的位置关系，但是这两个单胞平移之后没有重叠，而是沿着 Si—Si 成键方向偏移了一个 Si—Si 键长的距离。通过与实验结果进行关联，可提出硅烯的氢化过程吸附构型，即在硅烯氢化过程中，伴随由（4×4）-α 相到（4×4）-β 相的结构相变，每一个氢原子都吸附于（4×4）-β 相结构中向上翘曲的 Si 原子上方。同时，计算结果也表明，硅烯（4×4）-β 相氢化后的 Si—Si 键长及 Si—Si 键角都完全处于 sp^3 杂化范围内，说明氢原子吸附作用使得硅烯由 sp^2-sp^3 混合杂化转变为 sp^3 杂化，导致硅原子的翘曲高度发生变化，最终诱导硅烯氢化后，出现由稳定相构型到亚稳相构型的结构转变。

但是，完全氢化后的 $2(3)^{1/2} \times 2(3)^{1/2}$ 相表面与（4×4）相氢化后的相表面区别明显，（4×4）硅烯相氢化所得结构与原来相的周期相同，且表面具有完美的长程有序性。但是，$2(3)^{1/2} \times 2(3)^{1/2}$ 相氢化后，表面展示了一些密堆积小亮点，同时也有一些黑洞结构。采用高分辨 STM 对氢化后 $2(3)^{1/2} \times 2(3)^{1/2}$ 相表面进行观察，发现密堆积小亮点是由一些面积较大的有序结构形成，其晶格周期约为 0.38 nm，与硅烯（1×1）相晶格常数相同，说明 $2(3)^{1/2} \times 2(3)^{1/2}$ 相完全氢化后部分转化为硅烯（1×1）相。另外，$2(3)^{1/2} \times 2(3)^{1/2}$ 相氢化时，氢原子也倾向于吸附在翘曲位置较高的硅原子上，且能够得到相对较高的氢原子覆盖度。同时，对吸附氢原子的硅烯进行逐步退火处理，发现吸附在硅烯表面的氢原子脱附温度，明显低于石墨烯氢化后的脱附温度，只要退火到 177 ℃左右，氢化的硅烯表面就会完全复原，说明硅烯的氢化过程具有可逆性，反映出硅烯在储氢领域的潜在应用 [37]。

（2）硅烯氧化

硅烯的表面反应活性较高，因而一般不能长时间稳定存在于大气环境下，导致其器件化及性质测量困难。氧化是除氢化以外，常用的调控材料带隙的化学修饰方法，通过对各种不同成键构型下的硅烯氧化后的结构、热稳定性及电子结构分析，发现硅烯氧化强烈地依赖于氧化条件。在不同氧化剂如氧和羟基作用下，硅烯可以部分甚至完全氧化，而其电子态也将从零能隙调控至半金属、半导体直至绝缘体 [38]。

利用 STM 及原位拉曼光谱，对不同结构硅烯表面氧原子吸附进行研究，探索硅烯氧化对其能隙结构的调控，发现不同翘曲构型硅烯对氧原子的吸附性能显著不同。如（4×4）硅烯相结构，氧原子则优先吸附于桥位，并且与相邻的两个 Si 原子形成 Si—O—Si 键；而对于 $(13)^{1/2} \times (13)^{1/2}$ 和 $2(3)^{1/2} \times 2(3)^{1/2}$ 相，氧原子则优先占据 Si 原子的顶位，并与其形成 Si—O 键。同时，氧原子吸附将会对硅烯的电子态造成影响，对于（4×4）硅烯相、$(13)^{1/2} \times (13)^{1/2}$ 和 $2(3)^{1/2} \times 2(3)^{1/2}$ 相三种结构，其氧化后的能隙分别大约为 0.18 eV、0.9 eV 和 0.22 eV[39]。另外，可以用角分辨光电子谱（ARPES）和 DFT 方法，研究氧化对硅烯能隙和能带结构的调控作用。结果发现，氧化之前硅烯表面可以观察到由 Si 和 Ag 轨道杂化所形成的鞍形金属性混合表面态，鞍点位于费米面以下 0.15 eV 的位置。该表面态在氧气通量达到 600 L 时开始逐渐消失，同时出现一个非对称能带，其最高点位于 –0.6 eV，证实氧化能够有效调节硅烯能隙 [40]。

（3）硅烯氯化

卤素原子由于具有较高的电子亲和能、超高的化学反应活性及强的氧化性，是进行材料功能化修饰的理想元素。通过计算硅烯卤化所得材料的结构与电子

二维无机材料
剥离、纳米层组装及其功能化

性质，发现硅烯卤化所生成的产物具有类似硅烷的结构，且这些结构的形成能均为负值，在结构上具有好的稳定性。硅烯卤化后将打开其能隙，能隙值较硅烷小，从氟化硅烯到碘化硅烯，由于 Si—Si 键键能与 Si—X 键键能相互竞争，导致能隙先增大而后减小。同时，通过计算卤化对硅烯电子性质的影响，发现卤化增加了自旋-轨道耦合能力。通过施加双向拉伸引力，可以实现卤化硅体系费米能级处的 s 和 p_{xy} 能带顺序反转，从而使卤化硅体系从普通绝缘体变成有较大自旋-轨道耦合能隙的拓扑绝缘体材料。对碘化硅烯材料施加约 2.5% 大小的拉伸引力，可使其转变为具有 0.5 eV 拓扑能隙的二维拓扑绝缘体，这将为室温量子自旋霍尔效应实现提供新材料[41]。

（4）硅烯其它功能化

除硅烯的氢化、氧化及卤化可用于调控其带隙及性质外，硅烯锂化也是实现其带隙调控的有效手段。计算结果表明，硅烯锂化时，Li 原子在硅烯结构上的吸附位置与其氢化有很大不同，将会优先吸附在硅烯翘曲较低的硅原子上，表现出与石墨烯相同的锂化机制。完全锂化的硅烯可以像硅烷一样稳定存在，Li 原子的吸附能为 2.394 eV/at.，带隙为 0.368 eV。同时，硅烯锂化后可以实现硅烯材料稳定分离，这将有利于硅烯的物性测量及其它纳米器件应用。但是，由于 Si—O 键比 Si—Li 键更强，导致实际应用时需要对这些材料进行保护，防止其氧化[42]。

另外，硅烯的低翘曲结构使其具有较高的化学反应活性，导致所有金属原子可与硅烯表面相互强烈作用，如碱金属及碱土金属与其结合能为 1～3 eV，而过渡金属原子有更大的结合能 3～7 eV，且金属原子吸附后都会出现向硅烯掺杂电子的情况，导致硅烯表现出金属性。同时，通过扩散路径分析发现，金属原子在硅烯上的迁移扩散比石墨烯更加困难，需要克服更高的能垒。碱金属原子 Li、Na、K 会优先吸附在硅烯的空位上，而不会出现任何晶格扭曲，碱土金属原子如 Be、Mg、Ca 的吸附，会使硅烯转变为窄带隙半导体，且这些元素在硅烯上的吸附行为与在石墨烯上完全不同。对于过渡族原子 Ti、V、Cr、Mn 等，由于这些原子半满 d 轨道作用，其在硅烯上的吸附表现出多样的结构、电子性质与磁性。因此，对于不同类型与半径原子吸附在硅烯上所得到的材料，将表现出金属、半金属或半导体材料行为[43]。

参考文献

[1] Langmuir I, Suits C G. The collected works of Irving Langmuir: surface phenomena. Oxford: Pergamon Press, 1961.

[2] Glavin N R, Rao R, Varshney V, et al. Emerging applications of elemental 2D materials. Adv Mater, 2020, 32: 1904302.

[3] Oganov A R, Chen J, Gatti C, et al. Ionic high-pressure form of elemental boron, Nature,

2009, 457: 863-867.

[4] Boustani I, New quasi-planar surfaces of bare boron. Surf Sci, 1997, 370: 355−363.

[5] Piazza Z A, Hu H S, Li W L, et al. Planar hexagonal B_{36} as a potential basis for extended single-atom layer boron sheets. Nat Commun, 2014, 5: 3113-3118.

[6] Tang H, Ismail-Beigi S. Novel precursors for boron nanotubes: The competition of two-center and three-center bonding in boron sheets. Phys Rev Lett, 2007, 99: 115501.

[7] Penev E S, Bhowmick S, Sadrzadeh A, et al. Polymorphism of two-dimensional boron. Nano Lett, 2012, 12: 2441-2445.

[8] Lu H, Mu Y, Bai H, et al. Binary nature of monolayer boron sheets from *ab initio* global searches. J Chem Phys, 2013, 138: 024701.

[9] Tai G, Hu T, Zhou Y, et al. Synthesis of atomically thin boron films on copper foils. Angew Chem Int Ed, 2015, 54: 15473-15477.

[10] Mannix A J, Zhou X F, Kiraly B, et al. Synthesis of borophenes: Anisotropic, two-dimensional boron polymorphs. Science, 2015, 350: 1513-1516.

[11] Feng B, Zhang J, Zhong Q, et al. Experimental realization of two-dimensional boron sheets. Nat Chem, 2016, 8: 563-568.

[12] Tsai H S, Hsiao C H, Lin Y P, et al. Fabrication of multilayer borophene on insulator structure. Small, 2016, 12: 5251-5255.

[13] Li H, Jing L, Liu W, et al. Scalable production of few-layer boron sheets by liquid-phase exfoliation and their superior supercapacitive performance. ACS Nano, 2018, 12: 1262-1272.

[14] Ma D, Zhao J, Xie J, et al. Ultrathin boron nanosheets as an emerging two-dimensional photoluminescence material for bioimaging. Nanoscale Horiz, 2020, 5: 705-713.

[15] Ranjan P, Sahu T K, Bhushan R, et al. Freestanding borophene and its hybrids. Adv Mater, 2019, 31: 1900353.

[16] Zhang F, She L, Jia C, et al. Few-layer and large flake size borophene: Preparation with solvothermal-assisted liquid phase exfoliation. RSC Adv, 2020, 10: 27532-27537.

[17] Padilha J E, Miwa R H, Fazzio A. Directional dependence of the electronic and transport properties of 2D borophene and borophane. Phys Chem Chem Phys, 2016, 18: 25491-25496.

[18] Xu L C, Du A, Kou L. Hydrogenated borophene as a stable two-dimensional Dirac material with an ultrahigh Fermi velocity. Phys Chem Chem Phys, 2016, 18: 27284-27289.

[19] Adamska L, Sadasivam S, Foley J J, et al. First-principles investigation of borophene as a monolayer transparent conductor. J Phys Chem C, 2018, 122: 4037-4045.

[20] Cheng C, Sun J T, Liu H, et al. Suppressed superconductivity in substrate supported β_{12} borophene by tensile strain and electron doping. 2D Mater, 2017, 4: 025032.

[21] Wang H, Li Q, Gao Y, et al. Strain effects on borophene: ideal strength, negative Possion's ratio and phonon instability. New J Phys, 2016, 18: 073016.

[22] Mortazavi B, Rahaman O, Dianat A, et al. Mechanical responses of borophene sheets: a first-principles study. Phys Chem Chem Phys, 2016, 18: 27405-27413.

[23] Molle A, Goldberger J, Houssa M, et al. Buckled two-dimensional Xene sheets, Nat Mater, 2017, 16: 163-169.

[24] Balendhran S, Walia S, Nili H, et al. Elemental analogues of graphene: silicene, germanene, stanene, and phosphorene. Small, 2015, 11: 640-652.

[25] Molle A, Grazianetti C, Tao L, et al. Silicene, silicene derivatives, and their device applications. Chem Soc Rev, 2018, 47: 6370-6387.

[26] Vogt P, Padova P D, Quaresima C, et al. Silicene: compelling experimental evidence for graphenelike two-dimensional silicon. Phys Rev Lett, 2012, 108: 155501.

[27] Grazianetti C, Chiappe D, Cinquanta E, et al. Nucleation and temperature-driven phase transitions of silicene superstructures on Ag(111). J Phys: Condens Mat, 2015, 27: 255005.

[28] Feng B, Ding Z, Meng S, et al. Evidence of silicene in honeycomb structures of silicon on Ag(111). Nano Lett, 2012, 12: 3507-3511.

[29] Friedlein R, Yamada-Takamura Y. Electronic properties of epitaxial silicene on diboride thin films. J Phys: Condens Matt, 2015, 27: 203201.

[30] Nakano H, Mitsuoka T, Harada M, et al. Soft synthesis of single-crystal silicon monolayer sheets.

二维无机材料
剥离、纳米层组装及其功能化

Angew Chem Int Ed, 2006, 45: 6303-6306.

[31] Nakano H, Ishii M, Nakamura H. Preparation and structure of novel siloxene nanosheets. Chem Commun, 2005: 2945-2947.

[32] Liu J, Yang Y, Lyu P, et al. Few-layer silicene nanosheets with superior lithium-storage properties. Adv Mater, 2018, 30: 1800838.

[33] Lin H, Qiu W, Liu J, et al. Silicene: wet-chemical exfoliation synthesis and biodegradable tumor nanomedicine. Adv Mater, 2019, 31: 1903013.

[34] Cahangirov S, Topsakal M, Aktürk E, et al. Two- and one-dimensional honeycomb structures of silicon and germanium. Phys Rev Lett, 2009, 102: 236804.

[35] Chen L, Liu C C, Feng B, et al. Evidence for Dirac fermions in a honeycomb lattice based on silicon. Phys Rev Lett, 2012, 109: 056804.

[36] Liu C C, Feng W, Yao Y. Quantum spin hall effect in silicene and two-dimensional germanium. Phys Rev Lett, 2011, 107: 076802.

[37] Qiu J, Fu H, Xu Y, et al. From silicene to half-silicane by hydrogenation. ACS Nano, 2015, 9: 11192-11199.

[38] Wang R, Pi X, Ni Z, et al. Silicene oxides: formation, structures and electronic properties. Sci Rep, 2013, 3: 3507-3512.

[39] Du Y, Zhuang J, Liu H, et al. Tuning the band gap in silicene by oxidation. ACS Nano, 2014, 8: 10019-10025.

[40] Xu X, Zhuang J, Du Y, et al. Effects of oxygen adsorption on the surface state of epitaxial silicene on Ag(111). Sci Rep, 2014, 4: 7543-7548.

[41] Fu H, Ren J, Chen L, et al. Prediction of silicon-based room temperature quantum spin Hall insulator via orbital mixing. A Letters Journal Exploring the Frontiers of Physics, 2016, 113: 67003.

[42] Osborn T H, Farajian A A. Stability of lithiated silicene from first principles. J Phys Chem C, 2012, 116: 22916-22920.

[43] Sivek J, Sahin H, Partoens B, et al. Adsorption and absorption of boron, nitrogen, aluminum, and phosphorus on silicene: Stability and electronic and phonon properties. Phys Rev B, 2013, 87: 085444.

第 11 章
纳米片层孔洞化及其电化学储能

电能是人类社会进步和经济发展的主要推动力，尽管当今社会电能得到了快速发展，但电力来源依然主要依靠天然气、石油、煤炭等化石能源转化，应用过程中随之导致了资源匮乏、环境污染和温室效应，成为制约各国社会和经济发展的主要瓶颈。为了解决传统化石能源导致的瓶颈问题，清洁能源如风能、太阳能、核能、水能及生物质能等得到了高度关注，为解决人类能源危机提供了新方案。但是，新能源在开发和使用过程中的间歇性、不连续性等因素，严重制约其进一步推广应用，而新型储能系统为保证清洁能源的可持续利用和发展可提供技术保证。储能是将电能等形式的能量，通过不同的媒介以一定的形式存储，而在需要时将其释放做功（发电等）的技术。储能技术主要分为三大类型，即物理储能、电化学储能（电池储能）和化学储能（如氢、碳氢、碳氢氧储能）。与物理储能和化学储能相比，电化学储能在可扩展性、使用寿命、灵活性等方面具有更多的优势。电化学储能主要以锂离子二次电池、液流电池、铅蓄电池、钠基电池和超级电容器等储能器件为主，特别是二次电池和电容器储能等装置，由于具有可重复多次充放电、制造成本低廉、携带使用方便、结实耐用、尺寸小及适用场景广泛等特性，在便携式设备及动力设备领域显示了巨大的应用价值，受到了各国政府和研究者的高度重视。

电化学储能系统的主要组成之一是器件的电极材料，性能优异的电极材料是开发高能量密度和高功率密度二次电池及电容器储能系统的必要保证。本书前 10 章，我们分别对不同组成和构型的无机层状材料膨润、剥离及其纳米片层功能化进行了较为系统的分析和讨论，剥离得到的不同组成和结构纳米片层显示了独特的物理化学性质，是组装纳米层状功能材料的最佳基本单元。同时，研究结果发现，这些不同组成和结构纳米片层组装的纳米层状功能材料，是理想的电化学储能器件电极材料，已经成为开发高性能电极材料的主要途径。为此，本章结合前面章节讨论剥离所得不同组成和结构纳米片层，主要研究剥离所得纳米片层孔洞化处理策略。孔洞化处理所得材料用于二次电池及超级电容器电化学储能时对材料倍率等性能的改善。

11.1
电化学储能原理

图 11-1 为常见的三类电化学储能系统装置，包括电池、电化学电容器和电解电容器之间的功率密度与能量密度关系图[1]。在各种电化学储能设备中，传

统电解电容器具有可快速充放电、电压和温度范围宽及功率高等优点，但低能量密度缺陷限制了其大规模应用和发展。铅酸电池、镍铬电池、锂氧电池和燃料电池等储能装置，具有超高能量密度，已经在电动汽车和智能电子等领域得到了广泛应用。但是，该类器件有功率密度较低、循环寿命有限和产热安全性差等问题，难以满足兼具高功率和高能量性能且耐用安全的储能装置的需要[2]。超级电容器以功率密度高、循环稳定性优异、维护成本低和快速充放电等特性，在可靠电力系统轨道交通、轻型智能电子、激光供能系统、航天器和军事等领域显示了巨大的应用前景，但低能量密度缺陷是其大规模应用的屏障。

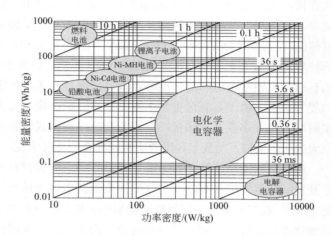

图 11-1
几种能量存储装置功率密度与能量密度关系图[1]

11.2
电化学电容器分类及工作原理

11.2.1 电化学电容器分类

根据储能与转化机制不同，可将电化学电容器分为双电层电容器、氧化还原型电容器（又叫赝电容器）和混合型电容器三种类型[3]。双电层电容器电极主要采用具有大比表面积碳材料，利用电极/电解液两相界面之间形成的双电层储存能量；赝电容器电极主要采用氧化还原型聚合物或过渡金属氧化物等材料，利用电极表面或体相范围内发生的高度可逆反应存储能量，产生的电容量比双

二维无机材料
剥离、纳米层组装及其功能化

电层电容器高出很多；混合型电容器是一种正负极分别采用电池材料和电容器材料的新型电容器。不同电容器主要所用电极材料如图 11-2 所示。

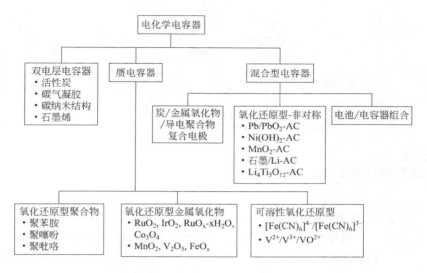

图 11-2
不同电容器主要所用电极材料

11.2.2 电化学电容器工作原理

（1）双电层电容器

双电层电容器（EDLC）的构造与电池相类似，正负两电极浸入电解质溶液中，中间用离子渗透膜（隔膜）隔开防止电接触，其工作原理如图 11-3 所示。充电状态下，电解质溶液中阴离子和阳离子分别向正极和负极移动，在电极/电解液界面出现稳定的、符号相反的两个双电层。由于界面上存在电位差，两层电荷都不能越过边界彼此中和掉，从而形成紧密的双电层。每个电极/电解液界面代表一个电容器，所以整个组件可以看作是两个电容器相互串联。放电状态下，电子通过外电路上的负载从负极传输到正极，使两个电极上的电位恢复。从而使电解质溶液中的阴离子和阳离子分别摆脱正极和负极表面的吸引，重新进入电解质内部。基于双电层电容器的工作原理，为了使其存储更多的电荷，提高储能能力，要求正负极材料具有尽可能大的可供有效利用比表面积。一般活性炭、石墨烯、碳气凝胶、碳纳米管、生物质碳材料以及其它新型碳材料等，可作为双电层电容器电极材料[4]。

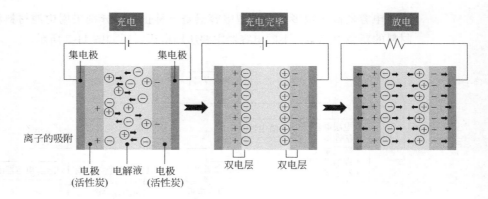

图 11-3
双电层电容器工作原理图

（2）赝电容器

赝电容器又称氧化还原型电容器，其组成与 EDLC 相似，但工作原理与 EDLC 截然不同。赝电容电荷存储不仅可以发生在电极表面，也可以深入到电极内部。利用电活性物质在电极表面或体相范围内发生的高度可逆化学吸附/脱附，或快速的氧化还原反应来储存能量。因此，电荷存储过程包括双电层上的存储，以及电解液中离子在电极活性物质中发生快速氧化还原反应存储两种类型，所以可以获得比双电层电容更高的电容量。其工作原理可简述如下：充电时在外加电场的作用下，电解液中的离子由溶液扩散到电极/电解液界面；随后通过界面的电化学反应进入电极活性物质表面层，发生相当多的电化学反应，大量的电荷被存储在电极中。当放电发生时，进入电极活性物质表面层的离子又会重新回到电解液中，存储的电荷会通过外电路释放出来，工作原理如图 11-4（a）所示。一般来讲，在相同质量条件下，赝电容器所储能量比 EDLC 大。但是，赝电容器的动力学过程比 EDLC 慢，因为在赝电容器中，储能过程发生在电极材料的表面和内部，而在 EDLC 中充放电过程只发生在电极材料与电解质接触表面。虽然赝电容产生也有电子转移过程，但与电池材料储能机理不同的是其具有高度的可逆性，因此符合电容器的特征[5]。在赝电容器电极材料上一般会单独或同时出现可逆吸脱附、可逆氧化还原、掺杂/脱掺杂三种储存电荷的过程。目前，赝电容材料的研究热点是金属氧化物以及硫化物等。

（3）混合型电容器

为了使超级电容器在保持高功率密度、良好循环稳定性、低维护成本和快速充放电等优点的同时，缩小其与锂离子电池等电池装置在能量密度方面的差距，发展兼具高功率密度和高能量密度混合型超级电容器，成为下一代新型储

二维无机材料
剥离、纳米层组装及其功能化

能器件研究热点。如图 11-4（b）所示，混合型电容器的组成与 EDLC 相似，不同之处在于混合型电容器的正负极，可以是双电层电容材料与赝电容材料或电池类型材料的不对称结构组合，也可以同时为双电层电容材料与赝电容复合材料的对称结构，还可以是赝电容材料与电池类材料的不对称结构[3]。因此，提高混合型电容器电化学性能的策略主要来自于三个方面：一是利用正负极电极材料的工作电压窗口，在不同区间增加整个器件的工作电压范围，从而提升器件能量密度；二是采用双电层电容材料与赝电容材料复合，提高单电极电容值，从而提高整个器件比容量；三是引入电池类材料，增加多种电荷存储方式，使容量贡献来自于多个方面，从而提高混合电容器的容量。

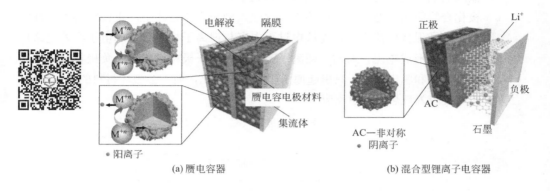

图 11-4
赝电容器（a）和混合型电容器（b）工作原理示意图[3]（扫二维码看彩图）

11.3
锂离子二次电池及工作原理

锂离子二次电池是在金属锂一次电池和金属锂二次电池基础上，发展起来的实用化储能系统。1990 年，日本索尼（Sony）公司首先推出了 Li_xC_6/PC+EC+$LiClO_4$/$LiCoO_2$ 实用型摇椅式电池，使得锂离子二次电池真正从实验室走向实际应用。

锂离子二次电池是由正极、负极、隔膜和电解液组成，锂离子在正极和负极之间迁移。电池在充放电过程中，锂离子在正、负极之间往返嵌入 - 脱嵌（针对负极）和插入 - 脱插（针对正极），故被称为"摇椅电池"。常用的正极材料主要为锂离子嵌入化合物，如 $LiCoO_2$、$LiNiO_2$、$LiMn_2O_4$、$LiCo_{1/3}Ni_{1/3}Mn_{1/3}O_2$、$LiFePO_4$ 等。负极材料主要包括碳材料（焦炭、石墨、中间相碳微球）、Sn 合金、硅合金、氧化物、$Li_4Ti_5O_{12}$ 等。隔膜材料一般为聚烯烃系树脂，常用的隔膜有单层和多层的聚丙烯（PP）和聚乙烯微孔膜（PE）。电解液一般为 $LiPF_6$、$LiClO_4$、$LiBF_4$ 等锂盐有机溶液。常用的有机溶剂有碳酸丙烯酯（PC）、碳酸乙烯酯（EC）、碳酸丁烯酯（BC）、碳酸甲乙酯（EMC）等一种或几种混合物。

以石墨作负极、$LiCoO_2$ 为正极组成的锂离子二次电池为例，其工作原理如图 11-5 所示。电池充电时，锂离子从正极嵌锂化合物中脱出，经过电解质溶液嵌入到负极化合物晶格中，正极材料处于贫锂状态；电池放电时，锂离子从负极化合物脱出，经过电解质溶液再次嵌入到正极化合物中，正极材料为富锂状态。为了保持电荷平衡，充放电过程中有与锂离子相应数量的电子经外电路传递，从而形成电流。通常，锂离子在层状结构正极材料和石墨负极材料之间的反复嵌入和脱出过程，只引起原子层间距的变化，而不会破坏材料的晶体结构，是一种较为理想的可逆反应。

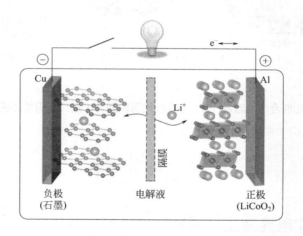

图 11-5
锂离子二次电池工作原理示意图 [6]

与常用的铅酸电池、镍镉电池和镍氢电池等二次电池相比，锂离子二次电池具有显著优势，主要表现为：①工作电压高。锂离子二次电池一般以嵌锂电位较低（$0.01 \sim 1.5$ V *vs.* Li/Li^+）的石墨等碳系列材料作为电池负极，选用合适嵌锂化合物作为电池正极，可使二次锂离子电池具有 $3.0 \sim 4.0$ V 较高工作电压。②比容量大。锂离子二次电池保持了金属锂二次电池比容量大的特点，目前市

二维无机材料
剥离、纳米层组装及其功能化

场化锂离子二次电池能量密度一般可达 120 W·h/kg 以上。③安全性能好，循环寿命长。锂离子二次电池采用锂嵌入型化合物作为电极材料，不含有金属锂，使得锂离子二次电池的安全性能得到明显改善，循环寿命也大大提高。④自放电率小。锂离子二次电池在充电过程中，会在碳负极表面形成一层具有特殊性质的固体电解质（ESI）膜，只能允许离子通过而不允许电子通过，明显降低了电池的自放电率。⑤工作温度范围广。由于锂离子二次电池采用有机电解液，因此可在 $-20 \sim 65\ ^\circ\text{C}$ 的范围内正常工作，与采用碱性电解液的传统二次电池相比，低温性能得到明显改善。⑥无记忆效应。锂离子电池也和镍氢电池一样，不存在记忆效应。

11.4
二维纳米储能电极材料的结构调控

自从 2014 年石墨烯独特性质被认识和发现以来，研究者对于具有新颖结构及性质的类石墨烯二维材料研究给予了高度重视。尽管已经制备了许多结构新颖、性质独特的无机层状材料，但是制备材料的性质往往受到其固有属性及某些加工相关结构缺陷的限制，使得通过二维纳米储能材料结构调控，实现赋予制备材料独特储能性质显得尤为重要。例如，虽然二维材料可以在纳米片层之间为带电离子提供平面扩散储存通道，将使其作为电化学储能电极材料具有优势。但是，这些材料很大程度上受其固有层间距限制，导致离子尤其是大离子移动受限和材料结构不稳定，材料实际电化学性能严重下降。针对层间距导致的这些缺陷，人们通过将层状块体材料剥离成为少层或单层纳米片层，做到了可以有效提供高的比表面积和增大层间距，但是这些纳米片层组装过程中的随机重新堆叠，导致对电解质渗透不利而影响材料性能发挥[7]。因此，二维纳米材料的结构控制将为材料这些缺陷的解决提供可行方案，特别是借助于纳米技术创新方法，二维纳米材料的固有结构可以得到合理的修饰，通过自组装或形成异质结构，实现材料制备与性能间的可控关联。

对于无机层状材料，通过有效的结构调控，可以实现制备材料储能性能的显著改善。传统的结构调控策略如材料相调整、缺陷工程和杂原子掺杂均可以实现材料结构与性能的优化。同时，插层化学及孔洞/多孔化策略也是材料性能优化的重要途径。典型的二维纳米材料结构调控工程策略如传统的相调整、掺杂、缺陷和层间距工程、多孔/孔洞结构构建及二维异质结构等新型调控手段如

图 11-6 所示[8]。考虑到二维层状材料结构调控方法的广泛性，本章主要就二维纳米片层孔洞化及层间距调控对制备材料结构及储能性质影响进行讨论。

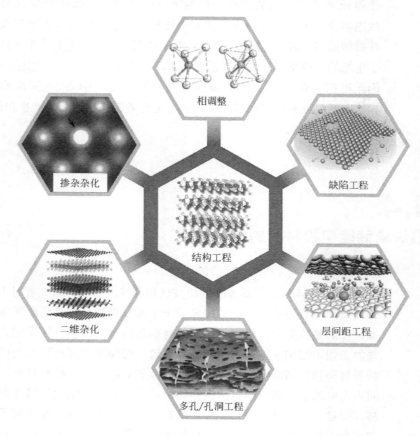

图 11-6
二维纳米材料结构调控策略及调控手段[8]

11.5
纳米片层孔洞化策略

无机层状材料在一定条件下能够剥离，剥离得到的二维纳米片层是纳米层状功能材料的理想组装单元，特别是组装制备的纳米层状功能材料所具有的独

二维无机材料
剥离、纳米层组装及其功能化

特二维结构和各向异性特征，在储能材料等领域显示了广阔的应用前景。但是，这些组装制备的纳米层状功能材料作为储能电极材料时，纳米片层在水平方向上的离子或电子传输得到了很好体现，但是在纳米片层垂直方向上的离子或电子传输存在困难，这对于开发具有优异电化学性质、快速充放电电极材料非常不利。同时，这样的结构材料导致电极反应不易深入到电极内部和快速充放电不易实现，这对于改善和提高电极材料的功率密度及实现器件快速储存能量非常不利（图11-7）。为此，从提高电极材料的电化学性质和离子、电子传输速率的角度出发，解决如何保持二维纳米片层组装层状纳米功能电极材料既具有优异的电化学性质，又能够使垂直纳米片层方向的离子或电子的传输性能得到显著改善，从而实现二维纳米片层组装层状纳米功能电极材料的能量存储和倍率性能的优化平衡，这对于发展高能量密度及功率密度电极材料有重要价值[9]。

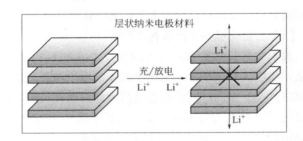

图 11-7
层状纳米电极材料垂直方向离子或电子传输困难

　　研究发现，多孔二维纳米材料可以克服二维纳米片层组装造成的堆叠缺陷，使离子或电子更快传输到电极结构内部，从而达到缩短离子传输途径之目的。这些多孔纳米材料作为储能电极材料，主要具有以下优势：①多孔二维纳米材料，能够使得电解质快速有效润湿和渗透到电极表面，有利于电极-电解质界面上的快速电荷转移；②能够提供大的有效比表面积和丰富的电化学反应活性位点，有助于电极材料电化学性质的改善；③多孔二维纳米材料内部开放和互连结构，有利于改善电极材料的离子存储，达到提供连续电荷传输途径，缩短电化学反应过程中的离子扩散距离；④多孔二维纳米材料的独特结构，为电极材料实现表面改性提供了更多活性位点；⑤多孔二维纳米材料所具有的孔体积，有助于材料适应与电化学反应相关的体积变化，赋予电极材料更好的结构适应性[10]。

　　因此，在二维层状储能电极材料开发过程中，通过在不同电性二维纳米片层上的孔洞化处理，力争使组装的层状纳米功能电极材料不仅在纳米片层水平方向，而且在其垂直方向具有快速的离子和电荷传输通道，以达到显著改善层状纳米功能电极材料的离子或电子传输性能。在进行二维纳米片层孔洞化处理过程中，主要根据二维纳米片层的组成和结构特征，可发展不同二维纳米片层孔洞化处理技术。总体来说，不论孔洞化处理反应发生在气相、固相还是液相，氧化还原刻蚀机制是二维纳米片层孔洞化的基本特征。根据处理过程中使用的模板剂不同，可将模板剂归于硬模板剂和自牺牲模板剂。

11.5.1 氧化还原孔洞化机制

氧化还原孔洞化刻蚀是二维纳米片层孔洞化基本反应特征。对于过渡金属氧化物类二维纳米片层，氧化石墨类碳基二维纳米片层及层状过渡金属碳化物和 / 或氮化物（MXenes）等二维纳米片层，利用其组成元素与氧化剂或还原剂之间的氧化还原反应，可以实现此类二维纳米片层孔洞化及赋予材料多孔性。

（1）二氧化锰纳米片层孔洞化

关于二氧化锰纳米片层孔洞化技术报道不多，孔洞化方法主要为电化学沉积法、热解法和模板法。电化学沉积法由于制备产量小，不能批量化规模生产。热解法涉及到中间产物的制备及后续热解造孔过程，程序复杂且反应温度较高。而模板法具有很大局限性，反应体系中模板剂种类的选择及在后处理过程中的去除限制很大。关键是这些方法很难实现对二氧化锰纳米片层孔结构的精细调控，严重制约了其在储能领域的应用。以剥离的二氧化锰纳米片层为前驱体，通过原位氧化还原刻蚀技术，可成功实现二氧化锰纳米片层孔洞化。通过改变氧化还原处理时间，有效调控二氧化锰纳米片层的孔含量和孔大小，可达到可控制备不同比表面积及孔结构二氧化锰电极材料[11]。

以剥离得到的二氧化锰纳米片层为孔洞化前驱体。在缓慢搅拌条件下，将 5 mg/mL 二氧化锰纳米片层剥离悬浮液和过量铜线（约 16 mg）同时加入到 200 mL 0.05 mmol/L FeCl$_3$ 的 HCl 溶液中，其中 H$^+$ 离子浓度为 0.0075 mol/L。所得混合悬浮液持续搅拌 6 h，反应结束后将未完全反应的铜线取出。所得产物水洗、抽滤，分散在 0.1 mol/L HCl 溶液中，室温搅拌 12 h，中间换酸一次。随后再次水洗、抽滤，冷冻干燥 12 h，得到孔洞化二氧化锰纳米片层电极材料。通过改变刻蚀反应时间，阐明氧化还原处理时间对产物微观结构及性能的影响，孔洞化二氧化锰纳米片层电极材料原位氧化还原刻蚀过程可用图 11-8 表示。

多孔二氧化锰原位氧化还原刻蚀机制是，溶液中的 Fe^{3+} 与铜线首先发生氧化还原反应生成 Fe^{2+}，Fe^{2+} 吸附于负电性二氧化锰纳米片层上，随后与二氧化锰纳米片层中的四价锰发生原位氧化还原反应，被四价锰氧化成 Fe^{3+}，而纳米片层中的部分四价锰被还原为可溶性 Mn^{2+}，从而实现二氧化锰纳米片层孔洞化。新

二维无机材料
剥离、纳米层组装及其功能化

生成的 Fe^{3+} 可继续与过量的铜线发生氧化还原反应，保证后续继续刻蚀二氧化锰纳米片层。因此，通过调节氧化还原处理时间，可以有效调节二氧化锰片层上的孔含量及孔大小。在该刻蚀机制中，二氧化锰纳米片层能够孔洞化的前提是，溶液中的 Fe^{3+} 与铜线之间反应生成 Fe^{2+} 的氧化还原反应为慢反应，而 Fe^{2+} 与二氧化锰纳米片层之间反应是快速反应，因而能够保证孔洞化过程的定量可控进行。氧化还原刻蚀处理制备的孔洞化二氧化锰纳米片层材料氮气吸脱附分析结果表明，孔洞化处理所得孔洞化二氧化锰纳米片层电极材料的氮气吸附量明显增加，更重要的是氧化还原处理时间改变可以明显增加二氧化锰材料中的孔含量，对应材料比表面积及孔体积显著增大。与未孔洞化处理二氧化锰材料 $13\ m^2/g$ 的比表面积相比，氧化还原刻蚀 6 h 所得多孔二氧化锰纳米片层比表面积增大到 $288\ m^2/g$，且尺寸在 10 nm 以下孔占总孔体积 74%，说明制备的多孔二氧化锰材料中主要为介孔。

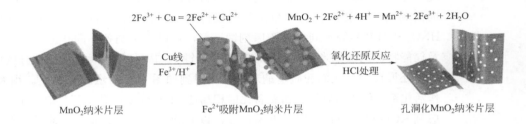

图 11-8
孔洞化二氧化锰纳米片层电极材料原位氧化还原刻蚀过程 [11]

　　另外，通过硫酸氢铵辅助热处理剥离的二氧化锰纳米片层，也可以成功制备自组装多孔氧化锰纳米电极材料 [12]。随着 NH_4HSO_4/MnO_2 摩尔比增加，即 NH_4HSO_4 用量增加，所制备材料的比表面积和总孔体积整体呈不断增大趋势，NH_4HSO_4 用量在形成多孔结构二氧化锰的过程中起着十分重要的作用。当 NH_4HSO_4/MnO_2 摩尔比为 2.1 时，得到了比表面积高达 $456\ m^2/g$ 的多孔二氧化锰。所制备的多孔二氧化锰纳米电极材料具有高的比表面积及孔体积，作为电极材料具有以下优点：①高的比表面积可以提供更多的用于氧化还原反应的活性位点，显著提高电极材料的电容量；②多孔结构有利于电解质离子在电极材料内部的扩散，缩短了离子及电子的传输路径及扩散时间，提高了材料在大电流密度下快速充放电能力。电化学测试结果表明，在 1 mol/L Na_2SO_4 电解液和电流密度为 0.25 A/g 时，多孔氧化锰纳米电极材料比电容可达到 281 F/g，优于相同条件下不加硫酸氢铵制备的氧化锰材料比电容（124 F/g），且表现出良好的倍率性能和循环稳定性。在 2 A/g 的电流密度下连续充放电 2000 次，比电容仅衰减

1.9%。该方法不仅显著地提高了二氧化锰材料的使用率，优化了二氧化锰材料的电化学性质，还将扩展二氧化锰材料在催化、吸附、储能材料等领域的应用，为其它大比表面积纳米结构过渡金属氧化物制备提供新途径。

（2）氧化石墨纳米层孔洞化

原子厚度的二维石墨烯具有好的力学、热学、化学和电学性质，由其组装的各类薄膜在储能领域显示了应用潜力，因而基于石墨烯高导电性和多孔柔性储能薄膜研究得到了高度重视。Zhang等人通过简单的KOH活化还原氧化石墨纸，开发了高导电、自支撑柔性多孔碳膜[13]。还原氧化石墨片层的孔洞化处理，使得制备的柔性碳薄膜具有 2400 m^2/g 的高比表面积和 5880 S/m 高面内电导率。使用这些碳膜作为电极组装的超级电容器表现出优异的高频响应，极低的等效串联电阻以及约 500 kW/kg 的高功率输出。在已经报道的石墨烯电极材料中，该方法制备材料保持了 120 F/g 的优异比电容和 26 W·h/kg 的高比能量密度。此外，制备的多孔碳膜作为电极材料时，由于不需要导电添加剂和黏合剂，因而利用该多孔碳膜大大简化了电极材料的制备工艺。同时，利用如 KOH、HNO_3 和 H_3PO_4 等不同氧化还原刻蚀试剂，可以控制制备不同孔道尺寸、柔性及储能特性的碳纳米筛。利用这些化学刻蚀剂同碳基纳米片层上的部分碳原子氧化还原反应，从而在碳基纳米片层上得到如图 11-9 所示的孔洞[14]。用 KOH 作活化剂，经微波辅助法可制备比面积高达 3100 m^2/g 的孔洞石墨烯（HG）；考虑到 KOH 对反应设备腐蚀严重问题，以 H_3PO_4 作活化剂成功制备了比表面积可达 1145 m^2/g 的孔洞石墨烯气凝胶（HGF）；以氧化石墨烯（GO）为原料，浓 HNO_3 氧化刻蚀制备了分散性良好的孔洞氧化石墨烯（HGO），随后经热还原可以得到孔洞还原氧化石墨烯（HRGO）。

水热 / 溶剂热液相刻蚀是大规模量产制备多孔电极材料的有效手段之一。以

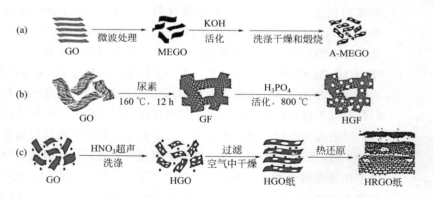

图 11-9
KOH 活化制备 A-MEGO（a）、H_3PO_4 活化制备 HGF41（b）和 HNO_3 氧化制备 HRGO（c）的流程示意图[14]

二维无机材料
剥离、纳米层组装及其功能化

石墨烯纳米片层为基本单元，构建多孔石墨烯电极材料可以有效地避免石墨烯片层团聚，得到的多孔石墨烯材料具有以下优点，一是石墨烯片层横向尺寸较大，机械性能优异，能够保证多孔骨架的稳定而避免孔道结构坍塌；二是多孔石墨烯同样具备石墨烯独特的物理化学性质，在许多极端条件下依然能够稳定存在；三是多孔石墨烯具有良好的导电性，其孔道结构有利于电解质离子的快速传输，更小的内阻能够呈现出更加优异的功率特性。但是，液相中利用化学法制备的孔洞石墨烯电极材料大部分为粉末材料，尽管具有较高的质量比电容，但其堆积密度小，体积比电容低，进而限制了其实际应用。此外，这种孔洞石墨烯粉末作为电极材料时，电解质溶液会占据材料内部大量的"死体积"，使得整个器件的质量增大，能量密度和功率密度降低。为此，Duan 课题组通过绿色氧化剂双氧水与氧化石墨烯的高温水热反应，制备了孔洞石墨烯水凝胶，经机械压制后得到堆积密度为 0.71 g/cm³ 的孔洞石墨烯薄膜[15]。我们以双氧水（H_2O_2）为绿色氧化剂，氧化石墨烯（GO）与 H_2O_2 在 100 ℃下水热反应 10 h，在保证所得产物具有良好分散性基础上，实现了氧化石墨烯纳米片层孔洞化处理。通过改变 GO 和 H_2O_2 之间的水热反应条件，分别制备得到了不同孔洞化程度 HGO，最佳孔洞化处理条件为 36 mL 1 mg/mL GO 与 0.4 mL H_2O_2 在 100 ℃下反应 10 h。以水合肼为还原剂，孔洞化处理的氧化石墨烯纳米片层在 100 ℃回流 1 h，真空抽滤制备得到高堆积密度孔洞石墨烯薄膜。所得孔洞石墨烯片层上存在大量的纳米孔，孔尺寸在 0.5 ~ 6.0 nm，这些纳米孔洞不仅提高了制备材料的储能效率，而且为电解质离子在纳米片层垂直方向上的扩散提供了离子通道，大幅降低了电解质离子的扩散阻力。同时，适宜的孔洞化程度很好地平衡了电解质离子扩散速度与导电性之间的矛盾，所得孔洞石墨烯薄膜可直接用作超级电容器电极材料，无须添加任何导电剂和黏结剂。三电极体系测试结果表明，当电流密度为 1 A/g 时，最优孔洞化石墨烯薄膜具有较高质量比电容（251 F/g）和体积比电容（216 F/L）。当电流密度增大到 60 A/g 时，电容保持率达到 73%，明显优于未经孔洞化处理样品（63%）。以最优孔洞化石墨烯薄膜为器件正负极，6 mol/L KOH 为电解质，组装的对称型超级电容器电化学测试结果表明，孔洞化处理后其等效串联电阻值（ESR）从 5.89 Ω 降低至 2.09 Ω，弛豫时间（τ）常数为 0.67 s，远小于未经孔洞化处理样品组装的对称型超级电容器（1.51 s）。该制备方法绿色环保，得到的孔洞石墨烯具有良好的分散性和可加工性，为进一步改善石墨烯基电极材料的储能性质开辟了新途径[16]。

（3）二氧化钛纳米片孔洞化

对于无机过渡金属层状材料，精确控制制备形状，尺寸和孔径分布均匀的纳米片层多孔结构仍然困难，即建立稳定、均匀的二维过渡金属纳米片层孔洞化技术仍然面临较大挑战。TiO_2 纳米片层由于其特有的结构和性质，使其作为催化材料显示了巨大应用前景，然而其孔洞化技术困难。为此，研究者开发了热诱导溶剂受限组装技术，实现了 TiO_2 纳米片层的有序介孔化[17]。典型 TiO_2 纳米片层孔洞化具体程序是，将 1.5 g Pluronic F127（$PEO_{106}PPO_{70}PEO_{106}$，$M_w = 12600$）、2.4 g 乙酸和 3.5 g 浓 HCl（质量分数 36%）添加到 30 mL 的四氢呋喃（THF）中，剧烈搅拌 10 min 后逐滴加入 3.4 g 钛酸四丁酯（TBOT），并随后加入 0.20 g H_2O，形成的澄清白黄色溶液转移到两个 30 mm×50 mm 容量瓶中，并在 45 ℃下干燥 24 h，得到淡黄色凝胶。在剧烈搅拌下，向 1.0 g 该淡黄色凝胶中加入 15 mL 乙醇形成透明溶液，随后逐滴加入 15 mL 甘油。10 min 后，透明溶液转移到 50 mL 高压釜中，100 ℃溶剂热处理 10 h，自然冷却至室温。所得白色沉淀离心收集、乙醇洗涤，然后在烤箱中干燥。最后，所得白色沉淀在 N_2 气氛中 350 ℃煅烧 6 h，得到二维介孔 TiO_2 纳米片层。

溶剂热诱导溶剂受限孔洞化有序介孔 TiO_2 纳米片层形成过程如图 11-10 所示。首先在淡黄色凝胶反应形成过程中，低温下随着 THF 蒸发，前驱体 TBOT 缓慢水解，并与两性三嵌段共聚物 Pluronic F127 组装形成均匀的球形单胶束 Pluronic F127/TiO_2。将 Pluronic F127/TiO_2 球形单胶束分散在乙醇和甘油混合介质中，依据甘油分子三个羟基同钛酸低聚物羟基（—OH）之间强的氢键作用，Pluronic F127/TiO_2 球形单胶束被甘油紧紧包围。在随后水热处理过程中，由于机械不稳定状态及钛酸低聚物进一步的水解和凝聚，使得组装单胶束之间的甘油移开。当球形单胶束的二聚体或/和三聚体链作为组装单元，并被大量甘油限制在区域内时，甘油高的界面黏度使得在正常方向的热运动严重减少，导致聚集胶束的角速度急剧下降，而沿切线方向运动占主导地位（第一步）。随着水热

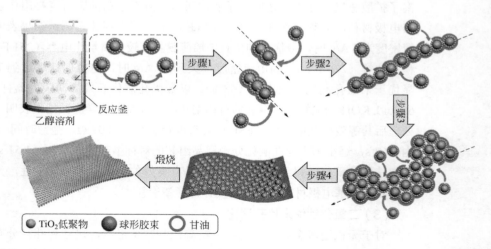

图 11-10
溶剂热诱导溶剂受限孔洞化有序介孔 TiO_2 纳米片层形成过程示意图[17]

过程不断进行，聚集胶束不断连续碰撞，这些 F127/TiO$_2$ 球形复合单胶束头碰头碰撞形成线型阵列，进一步延伸并交联成大网状框架（第二步）。借助于相邻单胶束之间强的氢键相互作用，游离性单胶束随后开始在线型框架一侧随机组装，并趋向于聚集。由于胶束周围高黏度甘油的存在，线型链侧面的四聚体和五聚体单胶束集中碰撞只发生在甘油限制的平行方向，导致不同交点上二维区域进一步扩大（第三步）。值得注意的是，这些 F127/TiO$_2$ 球形复合胶束聚集体在二维区域几乎沿平行方向组装，以达到减少沿切线方向热运动阻力。当这些球形复合胶束聚集体在三维高黏度甘油网络中沿二维平面进一步组装，最终形成微弯曲胶束聚集体二维纳米片层（第四步）。形成的微弯曲胶束聚集体二维纳米片层在惰性环境中高温煅烧，钛酸进一步失水结晶并通过高温除去模板，最终制备得到了长度和宽度约为 500 nm，厚度约 5.5 nm 的中孔结构 TiO$_2$ 纳米片，实现了 TiO$_2$ 纳米片的孔洞化制备。

制备的孔洞化中孔结构 TiO$_2$ 纳米片的比表面积为 154 ~ 210 m^2/g，孔体积为 0.29 ~ 0.35 cm^3/g，具有孔径为 3.8 ~ 4.1 nm 的均匀中孔通道和良好的结晶锐钛矿孔壁。通过简单地改变浓度或乙醇／甘油比例，可以制备得到厚度在 5.5 ~ 27.6 nm 之间的二维介孔 TiO$_2$ 纳米片。以制备的中孔结构 TiO$_2$ 纳米片作为钠离子电池负极，展示出了非常出色的电化学性能，在 100 mA/g 电流密度下的放电比容量可达 220 mA·h/g，从 0.1 ~ 10 A/g 可逆容量稳定，制备电极材料的倍率性能优异。且其在 10 A/g 电流密度下进行 10000 次循环，显示了超长循环稳定性（44 mA·h/g）。这种二维方向基于黏性溶剂空间受限组装，可以在没有烦琐程序热力学驱动力或恶劣条件下实现，使得这种方法具有高度的灵活性和普遍适用性，可以扩展制备一系列新颖结构和形貌如 ZrO$_2$、SnO$_2$、Al$_2$O$_3$ 等二维纳米多孔材料。

（4）g-C$_3$N$_4$ 纳米片层孔洞化

g-C$_3$N$_4$ 纳米片层由于具有环境友好、成本低廉、稳定性好、优异的光电性质，是新型无金属聚晶光催化材料及储能材料。为了改善 g-C$_3$N$_4$ 作为光催化材料或储能材料的离子传输性能，需要对其进行孔洞化处理，实现制备材料光电性能的改善和扩大其应用领域。针对块体 g-C$_3$N$_4$ 有类似于石墨层状结构，且片层内存在的 C—N 共价键而片层间弱的范德华力的特点，首先利用刻蚀处理制备得到孔洞化块体 g-C$_3$N$_4$，随后通过剥离技术可以制备得到孔洞化 g-C$_3$N$_4$ 纳米片层[18]。以冷冻干燥组装的双氰胺作为前驱体，将该前驱体通过热聚合制备得到中孔块体 g-C$_3$N$_4$，随后在异丙醇中水热剥离该中孔块体 g-C$_3$N$_4$，可以制备原子级厚度中孔 g-C$_3$N$_4$ 纳米筛。研究结果表明，通过调整水热剥离时间，能够有效控制中孔 g-C$_3$N$_4$ 纳米筛的层数，水热剥离时间越长，所得纳米筛片层厚度越薄。水热剥离 12 h，所得纳米筛的厚度由 25 nm 70 层纳米片层降低到 5 nm 15

层纳米片层厚度，而当水热剥离时间延长到 24 h，则可以得到厚度为 0.5 nm 的单层 g-C₃N₄ 纳米筛，其制备过程如图 11-11 所示。

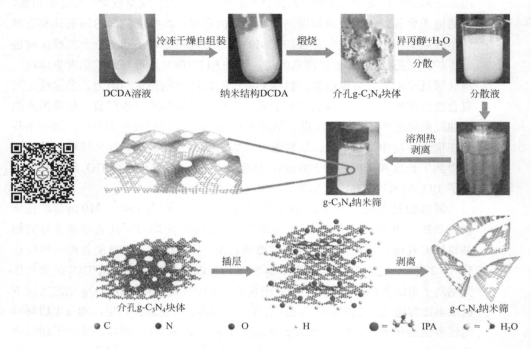

图 11-11
以冷冻干燥组装双氰胺为前驱体热聚合制备得到中孔块体 g-C₃N₄，随后在异丙醇中水热剥离制备原子级厚度中孔 g-C₃N₄ 纳米筛过程示意图 [19]（扫二维码看彩图）

此外，依据块体 g-C₃N₄ 纳米片层之间弱的范德华力特征，研究者也开发了在空气弱氧化环境下长时间热处理块体 g-C₃N₄，通过聚合单元的自修饰实现块体 g-C₃N₄ 的孔洞化，可以制备具有丰富微孔、中孔及大孔多级孔超薄 g-C₃N₄ 纳米片层 [19]。在煅烧过程中，块体 g-C₃N₄ 通过克服纳米片层之间弱的范德华力，而被热氧化成纳米片层。值得注意的是增加煅烧时间，纳米片层中由 C—N 键组成的一些三 - 三嗪单元进一步热氧化而被"蚀刻"，从而导致 g-C₃N₄ 纳米片层孔洞化，实现纳米片层上多级孔的形成。孔洞化制备的多级孔 g-C₃N₄ 纳米片层在光催化及储能材料方面显示了优越的性能改善，性能改善归纳为以下三点：一是多级孔 g-C₃N₄ 纳米片层超薄结构可以提供较大的比表面积，可暴露更多的新边缘和活性中心；二是这种独特结构可以改善材料的电子传输能力，同时 g-C₃N₄ 纳米片层面内孔洞也有利于光生载流子或电解质溶液的快速渗透；三是多级孔 g-C₃N₄ 纳米片层在水中具有高分散性超轻特征，使得材料在水溶液中的

二维无机材料
剥离、纳米层组装及其功能化

性质和应用能力得到显著改善。

（5）MoS₂纳米片层孔洞化

从块体层状 MoS₂ 剥离得到的单层或少层 MoS₂ 纳米片层具有独特的结构和性质，使得其在传感、催化、能源储存／转化等领域应用前景广阔。因此，大量低成本 MoS₂ 纳米片层液相剥离技术的发展，及纳米片层孔洞化改善材料离子传输性质是加快 MoS₂ 材料应用的关键。为此，Guan 等人利用牛血清白蛋白（BSA）与层状纳米片层间的强静电作用，发展了液相体系中 MoS₂ 纳米片层孔洞化简单温和途径[20]。该孔洞化制备技术在 WO₃ 纳米片层、C₃N₄ 纳米片层及 MoS₂ 纳米片层孔洞化过程中取得成功，拓宽了这些纳米片层材料应用领域及材料性能改善。

通常，不同结构纳米片层在碱性或酸性条件下，通过氧化还原反应化学刻蚀纳米片层上的组成元素，达到纳米片层的孔洞化之目的。将块体层状 MoS₂ 分散到 pH 为 4，含有 1 mg/mL BSA 和 50 mmol/L H₂O₂ 的介质中不仅能够发生剥离，形成 MoS₂ 纳米片层，而且可以实现 MoS₂ 纳米片层孔洞化。该 BSA 诱导层状块体材料剥离及孔洞化过程主要包括表面钝化、控制溶出和化学稳定化三个过程，MoS₂ 纳米片层孔洞化过程及其所得材料表征如图 11-12 所示。将块体 MoS₂

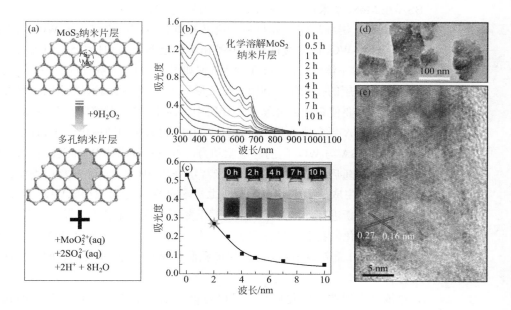

图 11-12
MoS₂ 纳米片层孔洞化过程及其所得材料表征
（a）MoS₂ 纳米片层在 H₂O₂ 溶液中化学刻蚀孔洞化示意图；（b）与 50 mmol/L H₂O₂ 不同反应时间下的紫外吸收光谱；
（c）不同反应时间所得悬浮液 666 nm 处吸收强度变化，插图是不同反应时间下混合溶液光学图像；50 mmol/L H₂O₂
反应 2 h 所得孔洞化 MoS₂ 纳米片层低分辨率（d）和高分辨率（e）TEM 图像[20]

浸入含有 1 mg/mL BSA、pH 为 4 的介质中，所得悬浮液超声处理，由于 BSA 结构中的苯环与 MoS_2 片层之间强的疏水排斥作用，导致超声下块体 MoS_2 在酸性或碱性条件下发生剥离形成 MoS_2 纳米片层，但未发生片层刻蚀导致 MoS_2 纳米片层孔洞化。但是，在 pH 为 4、BSA 分散的 MoS_2 纳米片介质中加入 50 mmol/L H_2O_2，可以发现 MoS_2 纳米片层中的孔洞化过程。吸附 BSA 的 MoS_2 纳米片层在 H_2O_2 作用下，片层上的 Mo 和 S 原子反应刻蚀生成溶解性 MoO_2^{2+} 和 SO_4^{2-}，实现了 MoS_2 纳米片层的孔洞化处理。同时，孔洞化率与反应时间关系紧密，MoS_2 纳米片层的吸收强度随着时间的增长而逐渐减少，直到最终所有吸收峰消失，表明 MoS_2 纳米片层最终可以完全刻蚀溶解。相应随着时间的流逝，棕褐色溶液褪色直到变为无色，刻蚀 4 h 在 666 nm 处的吸收强度快速降低，而后达到一个相对平稳。2 h 处理所得 MoS_2 纳米片层的 TEM 图像显示纳米片层上孔的形成，相应的高分辨 TEM 图像显示了纳米片层上更清楚的孔特征，0.27 nm 和 0.16 nm 间隔条纹分别对应 MoS_2（100）和（110）平面。在没有 BSA 存在情况下，2 h 后 MoS_2 纳米片层完全溶解在 pH 为 4 的 50 mmol/L H_2O_2 溶液中。而在 BSA 存在情况下，MoS_2 纳米片层完全溶解需要 10 h 以上时间，充分说明 BSA 在 MoS_2 纳米片层孔洞化过程中的界面钝化作用。

该 BSA 诱导层状块体材料剥离及孔洞化过程，也可用于 WO_3 纳米片层孔洞化。层状 WO_3 在弱酸性介质中的化学稳定条件为 pH $\leqslant$ 5，即当其分散介质 pH 小于 5 时不溶解，而当 pH 大于 5 时则发生 WO_3 溶解过程。为此，为了实现 WO_3 纳米片层的孔洞化，利用氧化还原反应过程使得纳米片层上的 W 原子刻蚀溶解，就需要使刻蚀部分暴露在介质中，而不希望刻蚀部分需要用其它物种覆盖钝化。BSA 蛋白质选用于块体 WO_3 的剥离和刻蚀钝化，在 pH 低于 4 条件下，利用 BSA 与 WO_3 间的静电驱动力，首先实现块体 WO_3 直接剥离形成 WO_3 纳米片层。随后调节剥离 WO_3 纳米片层介质 pH 至 8，纳米片层表面的水分子首先解离，生成的 OH^- 与纳米片层上暴露的 W 原子反应形成 WO_4^{2-} 而进入介质，随着反应不断进行，最终在纳米片层上刻蚀形成纳米孔洞，从而实现 WO_3 纳米片层的孔洞化。孔洞化过程完成后，为了获得稳定性孔洞化 WO_3 纳米片层，需要将介质 pH 重新调节到 4，以保证孔洞化 WO_3 纳米片层在表面水层保护下稳定存在。

依据类似的孔洞化原理，可以将该技术拓宽到 C_3N_4 纳米片层的孔洞化处理上，也可以成功制备孔洞化 C_3N_4 纳米片层。在孔洞化 C_3N_4 纳米片层过程中，产生孔洞的介质是酸性溶液。仔细研磨经高温处理三聚氰胺制备的 C_3N_4 固体，随后将该 C_3N_4 粉末加入到浓度为 1 mg/mL BSA 溶液中，层状 C_3N_4 首先剥离，随后剥离的 C_3N_4 纳米片层在 BSA 中化学刻蚀溶解，形成孔洞化 C_3N_4 纳米片层。

二维无机材料
剥离、纳米层组装及其功能化

当 C_3N_4 粉末在 pH 为 10 的碱性介质中处理时，仅发生 C_3N_4 层状剥离而未能实现片层孔洞化。密度泛函计算表明，在 pH 为 10 的 BSA 介质中处理 C_3N_4 纳米片层时，C_3N_4 片层上键合的非极性苯环和酰胺基键能分别为 0.51 eV 和 0.50 eV，远大于包括羧基（0.31 eV）、氨基（0.25 eV）和羟基（0.23 eV）极性基团键能。因此，苯环和肽键通过疏水相互作用，更牢固地键合到 C_3N_4 纳米片层上，最终导致层状 C_3N_4 剥离形成 C_3N_4 纳米片层 [21]。

（6）层状双金属氢氧化物纳米层孔洞化

二维层状双金属氢氧化物（LDHs）是二维层状材料家族中的重要一类，在电催化领域如水分解中氢和氧析出反应、先进储能材料及吸附材料等领域显示了巨大应用前景。在纳米片层上引入孔洞，可以增加纳米片层反应活性位点，提高材料比表面积及缩短电解质离子传输距离，有利于提升 LDH 纳米片层在催化分解水及储能材料应用方面的性能，因而孔洞化二维层状双金属氢氧化物纳米片层材料的制备显得尤为重要。但是，同石墨烯等碳材料纳米片层孔洞化策略相比，实现二维层状双金属氢氧化物纳米片层孔洞化比较困难，主要原因是如果将常规制备二维层状双金属氢氧化物纳米片层的化学剥离技术用于孔洞化处理，就需要首先制备得到高结晶性、规则层状结构的孔洞化二维层状双金属氢氧化物前驱体。而制备高结晶性、规则层状结构孔洞化二维层状双金属氢氧化物前驱体比较困难，原因是一般稳定存在的大多数多孔材料均是无定形或多晶形式。因此，发展高质量多孔二维层状双金属氢氧化物前驱体单结晶制备技术，不仅可为制备得到多孔二维层状双金属氢氧化物纳米片层提供实现可行性，而且将显著改善制备的孔洞化二维层状双金属氢氧化物纳米片层性质，进而拓宽该类材料的应用领域。

针对高结晶性、规则层状结构孔洞化二维层状双金属氢氧化物前驱体制备困难的现状，利用 P123 辅助模板技术，首先制备中孔 β-Co(OH)$_2$ 单结晶前驱体，随后中孔 β-Co(OH)$_2$ 单结晶前驱体通过拓扑氧化插层反应、离子交换反应及液相剥离，最终制备得到二维 CoCo-LDH 纳米筛，制备过程如图 11-13 所示 [22]。

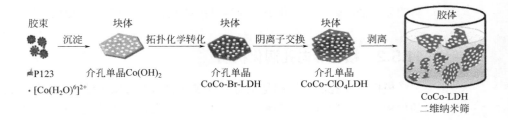

图 11-13
CoCo-LDH 纳米筛制备过程示意图 [22]

通常，材料孔道化过程大部分使用模板剂，硬模板虽然可以复制所需要的大小孔，但是后续去除模板导致制备过程烦琐。软模板虽然不需要去除模板过程，但软模板法制备的多孔材料大多数为非晶或多晶，而要制备结晶性好的多孔材料具有困难。在 LDHs 材料纳米片层孔洞化功能过程中，通过使用共聚物作为软模板，研究者成功制备了单结晶性多孔 LDH 纳米片层。利用共聚物 P123 三嵌段共聚物作为软模板，首先在其辅助下的软模板技术制备中孔 β-Co(OH)$_2$ 单结晶前驱体。因为 P123 是两亲性质三嵌段共聚物，在特定共聚物溶液浓度时能够自组装成球形胶束。当溶液中的 [Co(H$_2$O)$_6$]$^{2+}$ 离子被吸附到 P123 的环氧乙烷基团位置时，即形成复合胶束。向该复合胶束体系中添加氨水，其与 [Co(H$_2$O)$_6$]$^{2+}$ 络合物复合胶束反应，生成中孔二维单结晶 β-Co(OH)$_2$ 前驱体。通过拓扑化学方法，即基于过渡金属元素的氧化插层过程，以 Br$_2$ 为氧化剂，在乙腈介质中可将中孔二维单结晶 β-Co(OH)$_2$ 前驱体氧化转换为中孔二维单结晶 Co^{2+}Co^{3+}-Br LDH 材料。由于得到的中孔二维单结晶 Co^{2+}Co^{3+}-Br LDH 材料层板正电荷密度高，层板与层间 Br$^-$ 间的静电作用强，不利于后续剥离反应进行。为此，用较大阳离子 ClO$_4^-$ 同层间 Br$^-$ 交换，通过扩大相邻层间距而减弱层板间的吸引力。中孔二维单结晶 Co^{2+}Co^{3+}-Br LDH 材料添加到含有 NaClO$_4$ 的水／乙醇溶液中，N$_2$ 保护下进行离子交换反应，制备得到 Co^{2+}Co^{3+}-ClO$_4$ LDH 材料。阴离子交换后，将 Co^{2+}Co^{3+}-ClO$_4$ LDH 材料分散在甲酰胺中，N$_2$ 气氛保护下搅拌，得到了透明稳定的胶体溶液，最终形成了 Co^{2+}Co^{3+} LDH 二维纳米筛。通过基于氧化还原插层过程拓扑化学方法，中孔 β-Co(OH)$_2$ 单结晶前驱体转化为 CoCo LDH 孔洞纳米片层 [23]。

制备的孔洞化 CoCo LDH 二维纳米片层作为催化分解水析氧反应的电催化剂，不仅具有大量暴露的平面原子数量，而且面内拥有的丰富中孔使得在孔边沿含有低配位数高活性原子。另外，介孔使得电极与电解液间的界面接触更加紧密，接触阻力下降，有利于反应物和产物的快速扩散。同未孔洞化 CoCo LDH 二维纳米片层相比，孔洞化 CoCo LDH 二维纳米片层具有 220 mV 更低的起始过电势，比未孔洞化二维纳米片层催化分解水析氧反应的 270 mV 起始过电势明显降低，表明孔洞化处理使得材料对于水析氧反应具有更低的能垒。

11.5.2　模板导向孔洞化机制

模板导向孔洞化机制是制备二维多孔材料的有效方法之一，通过选择合适的模板，可以制备具有各种形态二维多孔纳米材料和结构。模板导向孔洞化制备二维多孔材料过程，主要包括目标二维材料前驱体在模板上的沉积生长，随后刻蚀除去模板而得到孔洞化二维多孔材料。模板剂主要包括硬模板法和软模

二维无机材料
剥离、纳米层组装及其功能化

板法。硬模板法即将目标前驱体沉积生长到模板上，形成目标前驱体和模板复合物，随后通过进一步化学刻蚀反应去除硬模板而得到目标多孔材料，而软模板法是利用目标前驱体与表面活性剂之间的氢键和缩合作用来制备有序多孔材料。

（1）硬模板导向孔洞化机制

硬模板法是制备高密度纳米孔洞石墨烯纳米筛的有效方法之一，模板法在制备形貌特定、规整均一石墨烯纳米筛方面显示了一定的优势。但是，模板法制备过程中常用的甲烷碳源热解时温度高、需氢气辅助，存在安全隐患。同时，制备所需反应装置如垂直石英反应器、注射器提高了制备成本，且制备的石墨烯纳米筛孔尺寸较为单一。常用的模板剂主要有聚苯乙烯小球、氧化镁和层状 MgAl-LDO 等。将泡沫镍充分浸渍到硫修饰的苯乙烯小球、氧化石墨和聚乙烯吡咯烷酮（PVP）混合液中，随后经过冷冻干燥、高温热解制备了氮、硫掺杂的分级多孔石墨烯。该材料用于锂离子电池中，在电流密度为 80 A/g 时器件的能量密度为 322 W·h/kg，对应的功率密度可达 116 kW/kg[24]。利用 SiO_2 作为硬模板，将 SiO_2 作为保护壳层沉积在剥离得到的 $[Gd_2(OH)_5]^+$ 纳米片层上，然后将得到的 $[Gd_2(OH)_5]^+/SiO_2$ 高温下热处理，使得 $[Gd_2(OH)_5]^+$ 转化为 Gd_2O_3 二维纳米片层，生成 Gd_2O_3/SiO_2 二维纳米层结构。最后用 3 mol/L NaOH 作为刻蚀剂刻蚀复合结构中的 SiO_2，最终得到孔洞 Gd_2O_3 二维纳米片层[25]。利用多孔或多边形 MgO 作为硬膜板，可以制备单层或少层多孔石墨烯纳米层。制备的多孔石墨烯纳米片层呈现石墨烯纳米筛的结构特征，在纳米片层分布 6～10 nm 尺寸介孔，使得所制备材料具有 883 m^2/g 的高比表面积[26]。

我们以多孔 MgO 为硬模板、二茂铁为碳前驱体，通过化学气相沉积法成功制备了表面积高达 1754 m^2/g 的石墨烯纳米筛[27]。将通过沉淀反应制备的 $Mg_5(CO_3)_4(OH)_2·4H_2O$ 在 N_2 氛围下于 500 ℃ 煅烧，得到具有多孔结构的 MgO 超薄片硬膜板，以二茂铁为碳源，化学气相沉积法将碳沉积至多孔 MgO 模板上，得到的复合物在 N_2 中于 800 ℃ 煅烧使碳石墨化，最后用 2.0 mol/L HCl 刻蚀 MgO 模板，得到目标产物石墨烯纳米筛。制备的石墨烯纳米筛低倍扫描电镜照片显示，碳材料呈现片层结构，没有明显的堆积现象。高倍率下 FE-SEM 照片显示，制备材料完全不同于硬膜板刚性 MgO 薄片，呈半透明状，碳层很薄。TEM 照片可以清楚地观察到制备材料是由具有褶皱结构半透明片层构成，横向尺寸约为几个微米。HRTEM 照片显示石墨烯面内分布着众多的孔道，一种是高密度的介孔，尺寸较小为 4～8 nm，较大为 10～20 nm；除此之外，石墨烯面内还分布着较为稀疏的蠕虫状大孔，尺寸约为 100～200 nm。制备的石墨烯纳米筛 N_2 吸脱附等温曲线远高于复合物的等温曲线，在相对压力（p/p_0）0.5～0.8处具有明显的滞后环，证实存在大量介孔，也表明制备石墨烯纳米筛的表面积、孔体积远大于复合物的表面积和孔体积。同时。从石墨烯纳米筛的累积孔体积分布图可以看出，孔尺寸在 16 nm 以下的孔占到总孔体积的 68%，说明石墨烯面内主要为微介孔构成。石墨烯纳米筛的表面积可达 1754 m^2/g，孔体积为 2.81 cm^3/g（图 11-14）。

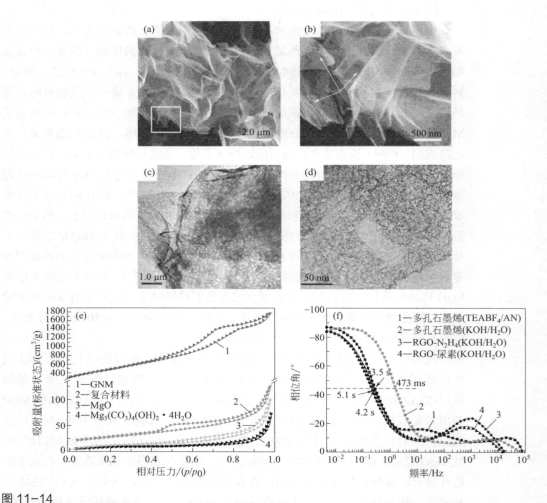

图 11-14
（a）、（b）石墨烯纳米筛不同放大倍数下的 FE-SEM 照片；（c）、（d）不同倍率下的 TEM 照片；（e）不同阶段物质的氮气吸脱附等温吸附曲线；（f）石墨烯纳米筛电极组装的对称电容器在不同电解液中相角与频率关系图

选用电压窗口较宽的 1.0 mol/L $TEABF_4$/AN 为电解液，以制备的石墨烯纳米筛作为电极组装对称电容器，当扫描速率为 300 mV/s 时，CV 曲线仍保持较为规整的矩形形状，不同电流密度下的恒电流充放电曲线均呈对称三角形。以制备的石墨烯纳米筛为电极材料组装的对称电容器在 KOH 和 $TEABF_4$/AN 电解质

二维无机材料
剥离、纳米层组装及其功能化

中，–45° 对应的频率分别为 2.11 Hz 和 0.29 Hz，相应的弛豫常数分别为 473 ms 和 3.5 s，说明组装的石墨烯纳米筛对称电容器在 KOH 电解液和 TEABF$_4$/AN 电解液中均具有非常小的时间常数。这些结果说明由于二维平面内存在丰富的纳米孔道，有效促进了电解质离子在电极内部及垂直于二维纳米片层方向的快速扩散。同时，将模板剂改为六边形多孔 MgAl-LDO，同样以二茂铁为碳源及六边形多孔 MgAl-LDO 为前驱体，通过化学气相沉积法制备了比表面为 1440 m^2/g 的碳烯纳米筛。该制备方法简单、成本低、条件温和。制备的碳烯纳米筛在复制模板 1～5 nm 介孔的同时，由于 Fe$_2$O$_3$ 局部刻蚀制孔作用，得到了尺寸可控较大介孔结构，同时孔洞边缘较多的含氧官能团使其具有部分赝电容。以 6 mol/L KOH 为电解液，当电流密度为 1.0 A/g 时，制备材料电极的比电容为 271 F/g。以相同电解液组装对称电容器，弛豫常数仅为 0.46 s。在电流密度为 3.0 A/g 循环 20000 次后，电容保持率为 97.5%[28]。

（2）自牺牲模板导向孔洞化机制

除过传统的硬模板导向制备孔洞二维纳米片层材料外，自牺牲模板也常用于制备多孔二维材料。石墨烯及其衍生物是一类典型的制备不同超薄二维纳米片层自牺牲模板剂。以氧化石墨作为自牺牲模板，可以成功制备 RuO$_2$ 二维孔洞纳米片层，通过其组装的 RuO$_2$/CNT 复合电极显示了好的循环稳定性，其能量密度为 1897 W·h/kg，功率密度可达 1396 W/kg[29]。为此，研究者提出了氧化石墨自牺牲模板制备孔洞二维过渡金属氧化物（MTMO）纳米片层的通用方法，制备过程示意图如图 11-15 所示。具体以制备孔洞化二维 ZnFe$_2$O$_4$（ZMO）纳米片层为例，首先将氧化石墨（GO）超声分散在乙二醇介质中，然后将 Zn(CH$_3$COO)$_2$ 及 Mn(CH$_3$COO)$_2$ 加入到 GO 悬浮液中，搅拌确保 Zn^{2+} 和 Mn^{2+} 完全吸附在 GO 表面而得到稳定悬浮液。回流后将生成的 ZMO 前驱体/还原石墨烯（rGO）黑色沉淀物离心收集，得到 ZMO 前驱体均匀分散在 rGO 表面上的片状复合材料。随后将制备的 ZMO 前驱体/rGO 复合材料进行煅烧处理，在没有改变二维形貌条件下，无定形前驱体转化为晶态 ZMO 二维纳米片层，复合材料中模板支撑物 rGO 同时分解。制备产物的 STEM 显示，所得二维纳米片层从具有光滑表面致密结构转变成多孔纳米片，多孔纳米片的横向尺寸约为 500 nm，其厚度约为 20 nm。氧化石墨作为自牺牲模板有三个优势：一是 GO 是含有丰富含氧基团的二维模板，能够确保 ZMO 前驱体在其表面上生长。二是不同于传统硬模板，前驱体同硬模板之间相互作用很弱。而当 GO 作为自牺牲模板时，ZMO 前驱体与 GO 表面残留基团之间具有较为强烈的作用力，热处理过程中 ZMO 纳米颗粒部分聚集，并化学连接形成二维多孔纳米片层。三是 rGO 模板具有高的柔性，在热处理过程中有助于保持二维多孔纳米片的结构稳定性[30]。

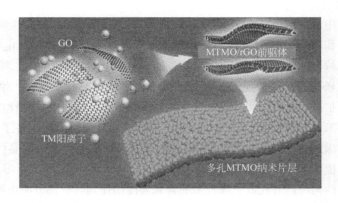

图 11-15
二维孔洞 MTMO 纳米片层一般制备过程示意图 [30]

11.6
孔洞化纳米片层材料电化学储能

孔洞化纳米片层特有的孔洞结构，使得二维多孔材料作为极具前景的电极材料，可应用在如锂离子二次电池和超级电容器等电化学储能器件，特别是在开发具有高能量密度及功率密度储能器件方面显示了广阔的应用前景。

11.6.1　超级电容器储能

（1）二氧化锰孔洞化改善电极材料倍率性能

研究结果表明，纳米多孔结构是影响超级电容器性能的关键之一，制备多孔结构二氧化锰替代致密块体结构是行之有效的方法。首先，多孔结构具有更高的比表面积，有利于电解液在电极材料内部扩散。同时，在电化学反应中能提供更多的法拉第反应活性位点，达到显著提高电极材料和电化学电容器的比容量。其次，多孔结构不仅为电解质离子和电子的存储提供有效的空间，缩短了电子及离子的传输路径，提高了电极材料和组装器件在大电流密度下的快速充放电能力；还可以有效地抑制电极材料在充放电过程中引起的体积变化，减小材料的极化，提高材料的循环稳定性。因此，优化设计二氧化锰材料结构，增加二氧化锰材料的比表面积和尽量获得有效的开放式多孔结构，使得在电化

二维无机材料
剥离、纳米层组装及其功能化

学反应中，材料表面部分及内部体积同时参与到电化学反应中，参与电极氧化还原反应的电化学活性位点最大化，可达到进一步提高氧化锰材料储能效率。

以剥离的二氧化锰纳米片层为前驱体，通过与 Fe^{2+} 离子之间的原位氧化还原反应，可成功将纳米孔结构引入到二氧化锰纳米片层中，制备了二维孔洞结构二氧化锰纳米材料。通过改变氧化还原处理时间，可有效调控二氧化锰纳米片层上的孔含量，实现对二氧化锰纳米片层上孔结构的精细调控。当氧化还原处理时间为 6 h 时，孔洞化二氧化锰纳米片层材料具有大的比表面积和介孔尺寸分布[11]。MnO_2-6 电极的循环伏安曲线具有更大面积，充放电曲线具有更长的放电时间，表明其相比于其它电极具有更大的比容量。不同电流密度下的充放电测试结果显示，即使在高的电流密度下，MnO_2-6 电极的充放电曲线也没有发生明显的形变，表明 MnO_2-6 电极具有理想的电容特性及好的倍率性能，主要归于孔洞二氧化锰纳米片层自组装形成的三维交联孔道，为电子和电解质离子提供了短的传输及扩散路径。同时，二氧化锰片层上的孔结构不但提供了电荷储存的额外空间，还有利于离子在垂直方向的扩散，这种特殊的孔结构使多孔二氧化锰纳米材料表现出良好的电化学性质。另外，MnO_2-6 电极多孔结构及大比表面积，有利于电解液同活性组分的有效接触，可缩短离子传输路径，使电极材料具有快速的反应动力学，表现出在大电流密度下的快速充放电的能力，这一点也可以从阻抗图谱上得到很好的反映，表现在 MnO_2-6 电极在高频区的电荷传输阻力及低频区的离子扩散阻力，明显小于未孔洞化二氧化锰纳米片层电极，显示了多孔结构在减小电荷传输阻力及离子扩散阻力上的有效性。

将孔洞结构引入二氧化锰纳米片层中，不仅可以提高二氧化锰电极材料的比容量，更重要的是优化了电极倍率性能。为了进一步验证孔洞化处理对于组装器件倍率性能的改善能力，对没有经过孔洞化处理的二氧化锰纳米片层（MnO_2-0）电极和孔洞化处理后性能最优 MnO_2-6 电极分别组装了对称电化学电容器，进行了组装器件的电化学阻抗测试，测得的器件频率与相位角之间关系如图 11-16 所示。电解质离子在 MnO_2-0 和 MnO_2-6 电极内部的扩散速率可以通过频率与相位角之间的关系分析研究。通常，弛豫时间表示平衡系统受到外界瞬时扰动后，回到原来平衡状态所用的时间，用常数 τ_0 表示。定义相角在 $-45°$ 时对应的 $\tau_0=1/f_0$，体现了在频率低于 $1/f_0$ 的电容行为和频率高于 $1/f_0$ 的电阻行为之间的过渡时间[31]。对称电容器 MnO_2-0//MnO_2-0 和 MnO_2-6//MnO_2-6 的相角频率关系结果表明，孔洞化处理使得阻抗频率向高频区移动，弛豫时间从未孔洞化 MnO_2-0//MnO_2-0 器件的 7.47 s 减小到 MnO_2-6//MnO_2-6 器件的 4.98 s。表明孔洞结构促进了电解质离子扩散，在提高电极内部电解质扩散方面起了显著作用。

（2）石墨烯孔洞化改善电极材料倍率性能

通过绿色氧化剂双氧水与氧化石墨烯高温水热反应，制备了孔洞石墨烯

（HGF）水凝胶，其经机械压制后可得到堆积密度为 0.71 g/cm³ 的孔洞石墨烯薄膜[15]。HGF 是由孔洞化石墨烯片共轭而形成的无支撑三维网络结构，这种独特结构能够满足理想电化学电极的几个关键要求。第一，三维网络中的孔洞石墨烯片高度相互交联在一起，不仅防止了纳米片层的重新堆积，而且保持了具有大比表面积（1030 m²/g，基于亚甲基蓝吸附）高度多孔石墨烯骨架，并且多孔石墨烯片层中形成的纳米孔，可进一步提高材料比表面积达到 1560 m²/g；第二，HGF 完全具有亲水性，可以直接同各种电解质交换，以确保整个表面积完全被电解质润湿和完全通过，使得制备薄膜与常规多孔碳材料相比具有高的电化学活性；第三，溶剂化 HGF 可以机械压缩，而形成无支撑的致密 HGF 薄膜。

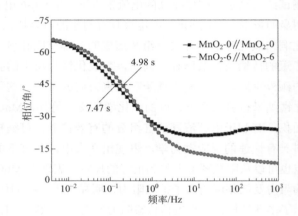

图 11-16
对称电容器 MnO₂-0//MnO₂-0 和 MnO₂-6//MnO₂-6 的相位角与频率对应的伯德图[11]

　　这种由孔洞化石墨烯纳米片层组装的 HGF 薄膜，表现出优异的电导率（约 1000 S/m），比活性碳电导率高出一到两个数量级（10 ~ 100 S/m），也比活化石墨烯高出约两倍左右（500 S/m），因此可以直接用作电化学储能器件电极材料。同时，与活化石墨烯中超小微孔使得电解质离子通过困难相比，HGF 薄膜中的孔足够大，且孔洞纳米片层很好地集成形成分级多孔结构。这种分级多孔结构具有高度连续的开放通道，即使在高度压缩条件下也可以使离子传输到整个结构。特别是孔洞石墨烯片层中的纳米孔足够多，可以使得电解质离子在不同石墨烯层间的扩散距离缩短，从而加快离子在整个薄膜中的传输速度。因此，孔洞化石墨烯纳米片层组装的分级多孔结构 HGF 薄膜，在保持高质量比电容和出色的倍率能力条件下，显示了很好的体积电容。

　　与未孔洞化石墨烯纳米片层组装的 GF 薄膜相比，孔洞化 HGF 薄膜表现出显著增强的电化学性能。石墨烯纳米片层孔洞化后组装的 HGF 薄膜显著特点是

二维无机材料
剥离、纳米层组装及其功能化

具有接近理想双电层电容行为及电解质离子在整个 HGF 电极中的高效传输能力。孔洞化 HGF 薄膜电极在 100 kHz 和 10 mHz 范围内的阻抗曲线显示（图 11-17），低频区域垂直曲线表明电极材料电化学行为接近理想电容，高频区域曲线的放大图从垂直曲线到 45° Warburg 区域后为半圆。较短的 45° Warburg 区域和较小的半圆直径，表明孔洞化电极具有较低的电荷转移电阻，因而更有利于电解质在 HGF 电极内的有效扩散。孔洞化 HGF 薄膜电极的等效串联电阻为 0.65 Ω，远小于未孔洞化 GF 薄膜电极的 1.25 Ω。电容器的等效串联电阻与电极电阻和离子在电极中的扩散电阻密切相关，尽管未孔洞化 GF 薄膜电极的导电性（约 1400 S/m）优于孔洞化 HGF 薄膜电极（约 1000 S/m），但是 HGF 薄膜电极由于具有更好的离子扩散特性，导致由该材料组装电容器具有较低的等效串联电阻和较小的电压降。另外，由孔洞化 HGF 薄膜电极和未孔洞化 GF 薄膜电极组装器件的相角频率关系图可以看出，两种材料电极组装器件的相角在低频时均接近 90°，确认了器件的理想电容行为。随着孔洞化处理，孔洞化 HGF 薄膜电极器件的相位角与频率对应的伯德曲线向高频区移动，弛豫时间从未孔洞化 GF 薄膜器件的 0.49 s 减小到孔洞化 HGF 薄膜器件的 0.17 s，显著降低了近三分之二，且该弛豫时间也远远小于传统活性炭基电极材料组装器件（10 s）。这些结果充分表明，纳米片层孔洞化处理所得材料电极显著增强了电解质离子在电极内部的离子传输速率。

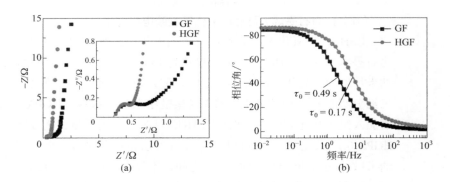

图 11-17
孔洞 HGF 薄膜电极与未孔洞 GF 薄膜电极阻抗曲线（a）和相应材料组装器件相位角与频率对应的伯德曲线（b）[15]

（3）孔洞石墨烯 / 二氧化锰复合纤维全固态柔性超级电容器

以高浓度氧化石墨分散液为前驱体，采用湿法纺丝技术将氧化石墨分散液注射至凝固液中，首先制备具有良好柔韧性氧化石墨纤维。采用磷酸活化方法，对氧化石墨纤维进行孔洞化处理，一步还原得到孔洞石墨烯纤维（HRGO）。磷酸活化的最佳温度为 650 ℃，在此活化温度下孔洞石墨烯纤维片层上存在丰富的微孔，为电解质离子在垂直于石墨烯片层方向上的离子快速扩散提供了通道，减小了离子的扩散阻力，有效提高了石墨烯纤维的电容保持率。在三电极测试体系和 1 mol/L Na$_2$SO$_4$ 电解液中，所得到的孔洞石墨烯纤维质量比电容为 50 F/g，电容保持率为 78%，大于未孔洞化石墨烯纤维。在进行氧化石墨烯纤维孔洞化基础上，将孔洞石墨烯纤维浸泡在高锰酸钾溶液中，反应得到二氧化锰 / 孔洞石墨烯复合纤维 δ-MnO$_2$(4.0)/HRGO。所制备的二氧化锰 / 孔洞石墨烯复合纤维 δ-MnO$_2$(4.0)/HRGO 在 1 mol/L Na$_2$SO$_4$ 电解液和电压范围为 –0.2 ~ 0.8 V 的比电容为 245 F/g，循环测试 1000 圈后的电容保持率为 81%。δ-MnO$_2$(4.0)/HRGO 复合纤维电极电化学性质提高归因于孔洞化结构增大了复合纤维的比表面积，加速了电解质离子的传输，孔洞石墨烯纤维的存在也提高了二氧化锰在复合纤维中的利用率。以制备的 δ-MnO$_2$(4.0)/HRGO 复合纤维电极为正负极，PVA-H$_3$PO$_4$ 为固态凝胶电解液，组装半固态柔性超级电容器。组装的半固态柔性超级电容器具有良好的柔韧性，弯曲 45° 和从弯曲回复至直线状态时的比电容几乎不变。在相同的电流密度下，所组装的 δ-MnO$_2$(4.0)/HRGO 复合纤维半固态对称柔性超级电容器的面积比电容为 16.3 ~ 16.7 mF/cm^2，电容保持率为 64%，优于已经报道的柔性纤维超级电容器[32]。该方法可拓展应用于制备和组装其它金属氧化物与石墨烯复合纤维半固态柔性超级电容器。二氧化锰 / 孔洞石墨烯复合纤维电极制备及半固态柔性超级电容器表征结果如图 11-18 所示。

（4）孔洞石墨烯 / 聚吡咯杂化气凝胶电极储能

以 H$_2$O$_2$ 为氧化剂，对氧化石墨纳米片层进行孔洞化处理，得到孔洞化氧化石墨纳米片层（HGO）。采用尺寸为 150 nm 聚吡咯（PPy）纳米微球与 HGO 纳米片层为组装基元，以维生素 C（VC）为还原剂，通过低温加热法制备具有三维分级多孔结构的孔洞石墨烯 / 聚吡咯杂化气凝胶（HGPA）电极材料。当所加入组装基元 PPy 纳米微球与 HGO 纳米片层的质量比为 0.75 时，所制备的 HGPA-0.75 杂化气凝胶材料具有由 HG 片层相互交联形成的三维网状结构，PPy 纳米微球均匀地镶嵌于 HG 片层之间，不仅有效地阻止了 HG 片层团聚，而且 HG 片层优异的导电性有利于 PPy 充分发挥其赝电容效应，从而实现杂化气凝胶电极材料性能优化。同时，HGPA 杂化气凝胶独特的三维分级多孔结构，解决了电解质离子在多维方向的传输问题，从而提高了电解质离子的传输速率，进而提高了材料的倍率性能。在 1 mol/L KOH 电解液和电流密度为 0.5 A/g 条件下，HGPA-0.75 的比电容达到 418 F/g，远高于纯 PPy（256 F/g）和 HGA（201 F/g）电极。当电流密度增加到 20 A/g 时，其质量比电容依然高达 335 F/g，电容保持率为 80%，优于由 PPy 纳米微球和 GO 纳米片层制备的 GPA-0.75 杂化电极材料（67%）。HGPA-0.75 优异的电化学性质得益于 PPy 微球和 HG 纳米片之间的协

二维无机材料
剥离、纳米层组装及其功能化

同效应以及它们所形成的三维分级多孔结构。另外，PPy 纳米微球尺寸对所制备的 HGPA 杂化气凝胶电极材料的结构和形貌没有根本性影响，但采用较大尺寸 PPy 微球（150 nm）所制备的杂化电极材料具有相对好的电容性质[33]。孔洞石墨烯 / 聚吡咯杂化气凝胶的制备及其电容性质表征结果如图 11-19 所示。

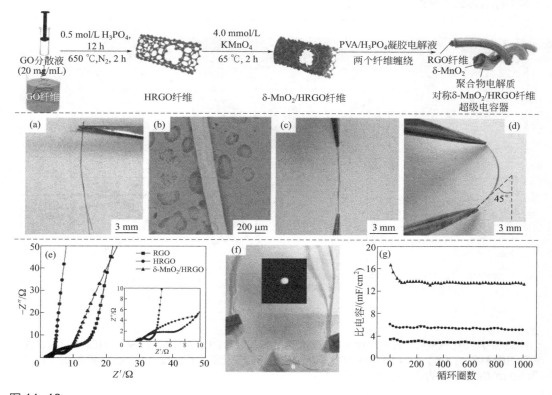

图 11-18

（上图）δ-MnO₂(4.0)/HRGO 纤维制备过程和全固态柔性超级电容器组装；（下图）纤维数码照片和 SEM 照片（a，b）；直线和弯曲状态下的照片（c，d）；100 kHz 到 0.01 Hz 频率范围内的交流阻抗谱图（e）；串联组装的全固态柔性超级电容器点亮 LED 小灯泡（f）和全固态柔性超级电容器循环稳定性（g）[32]

（5）MXene/ 孔洞石墨烯复合薄膜储能

MXene 层状薄膜材料由于具有高的氧化还原电容以及非常高的堆积密度，作为超级电容器电极材料显示了显著优势。但是，MXene 纳米片层组装 MXene 薄膜过程中的最大缺陷是，片层重组堆积不可避免降低了薄膜材料的体积性能、质量负荷和倍率性能。因此，如何通过 MXene 纳米片层组装，得到具有优异体积性能和倍率性能的 MXene 薄膜，是实现 MXene 材料实际应用的迫切需要。

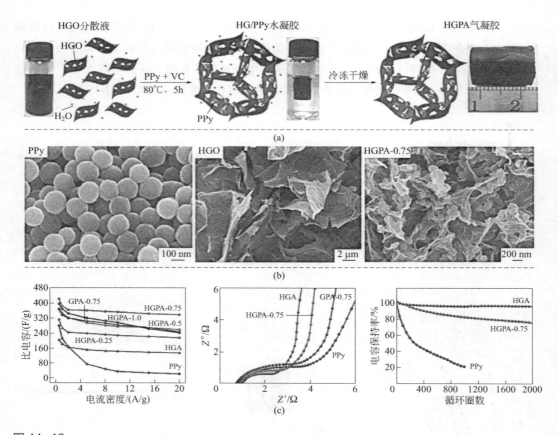

图 11-19
（a）HGPA 杂化气凝胶的形成过程示意图和相应的数码照片；（b）PPy、HGO、HGPA-0.75 的 FE-SEM 照片；（c）制备电极材料的比电容随电流密度变化的关系曲线、交流阻抗图谱和扫描速率为 50 mV/s 条件下的循环稳定性曲线[33]

利用孔洞化石墨烯纳米片层所具有的纳米孔特征以及其可以有效阻止 MXene 纳米片层组装过程中的堆积效应，期待通过纳米片层组装技术，制备得到体积及倍率性能显著改善的 MXene/ 孔洞石墨烯复合薄膜。同时，值得注意的是 MXene 纳米片层表面存在的 F⁻ 基团，将严重阻碍电解质离子的传输和纳米片层中钛原子比例的减少。Ti_3C_2 MXene 的赝电容很大程度上源自 Ti 原子的氧化还原反应，因而 F⁻ 基团的存在将导致制备薄膜储能容量下降。为此，研究者开发了孔洞化石墨烯纳米片层与碱化 MXene 纳米片层过滤组装，随后在温和条件下煅烧处理，制备了具有超高体积容量、优异倍率性能及高负载质量的 MXene/ 孔洞石墨烯复合薄膜，其制备过程如图 11-20 所示[34]。

MXene 纳米片层碱化作用的目的有两个，一是碱化可以破坏 MXene 纳米片层和孔洞石墨烯分散液的电荷平衡，二是碱化可使 MXene 表面的 F⁻ 基团转化为

二维无机材料
剥离、纳米层组装及其功能化

OH⁻ 基团。随后 MXene 表面转化的 OH⁻ 基团通过退火处理，不仅使得 OH⁻ 基团除去，而且相对增加了材料中贡献赝电容 Ti 原子的比例，有利于产生更多的赝电容反应。另外，在纳米片层组装过程中，多孔石墨烯纳米片层不仅可以有效阻止 MXene 纳米片层的团聚，而且可以使得电解质离子传输途径缩短及形成传输速率增强的纳米孔连通网络。因此，由孔洞石墨烯纳米片层与碱化 MXene 纳米片层抽滤组装随后加热处理，制备得到的 MXene/ 孔洞石墨烯复合薄膜具有优异的超级电容器电容特性。将制备的 MXene/ 孔洞化石墨烯薄膜在不添加任何添加剂情况下，直接用作超级电容器工作电极。由于制备薄膜电极具有高度互连纳米孔连通性、高的质量密度（3.3 g/cm³）和出色的导电性，在 2 mV/s 扫描速率下，薄膜显示出 1445 F/cm³ 的超高体积比电容，特别是薄膜电极在 500 mV/s 的高扫描速率下，仍然能够具有 69% 的电容保持率，显示出优异的倍率性能。当薄膜中活性质量负载达到 12.6 mg/cm² 时，电极仍然具有 988 F/cm³ 的高体积比电容。以制备的 MXene/ 孔洞石墨烯复合薄膜组装对称超级电容器，在 206 W/L 的功率密度下，器件仍然能够提供 38.6 W·h/L 的高体积能量密度，这是 MXene 和碳基电极在水性电解质中的最高能量密度，这种柔性无支撑修饰的 MXene/ 孔洞化石墨烯薄膜，将是紧凑和小型化能量存储设备电极的理想候选材料。

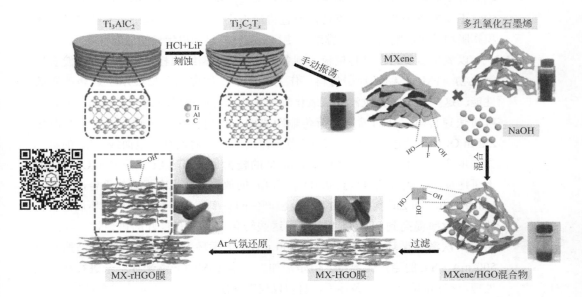

图 11-20
高体积容量、大倍率性能及高负载质量 MXene/ 孔洞石墨烯复合薄膜制备过程[34]（扫二维码看彩图）

11.6.2　二次电池储能

二次电池储能器件引领了从消费电子产品、电动汽车到智能电网等应用电源市场，特别如锂离子二次电池等器件在储能电源市场得到了快速的应用和发展。在二次电池储能器件开发过程中，利用纳米片层孔洞化处理所得的纳米结构电极是改善电极材料电化学性能，如功率/能量密度和循环稳定性的有效手段。对于锂离子二次电池电极，孔洞化所得纳米结构电极由于拥有锂离子传输所需要的较短离子传输途径及锂离子储存所需要的丰富活性表面积，使得超薄厚度和结构可控纳米片层孔洞化处理为电极材料性能提升提供了新途径。

（1）孔洞化过渡金属氧化物纳米层电极改善二次电池倍率性能

过渡金属氧化物纳米结构由于高的理论容量，已被广泛作为二次电池负极材料，特别是过渡金属氧化物 Co_3O_4、Fe_2O_3 和 NiO 等作为电极材料，已被广泛用于锂离子二次电池负极。但是，这些过渡金属氧化物纳米结构材料作为锂离子二次电池负极，在第一次放电时存在体积膨胀、结构塌陷及库仑效率低等缺陷，使得它们的实际应用严重受阻。为了解决这些问题，对过渡金属氧化物纳米片层进行孔洞化处理，可以有效改善这些纳米结构材料作为负极时的不足。纳米片层孔洞化处理后，制备的孔洞纳米级结构负极材料所拥有的孔洞纳米结构，不仅锂离子插层得到维持，而且将最小化克服放电过程中多孔纳米结构体积膨胀和结构坍陷所造成的弊端，使得制备材料显示出优异的储能性能。

以氧化石墨为自牺牲模板，制备的孔径可控、结构相对稳定二维过渡金属氧化物（TMO）纳米片层材料，作为锂离子二次电池负极显示了显著改善的性能。这些二维多孔过渡金属氧化物纳米片层可以提供较大的表面积，适合电解质快速传输，从而缩短电荷传输距离而使得电荷快速传输。如二维孔洞化 $ZnMn_2O_4$ 纳米片层在 $0.01 \sim 3.0V$ 范围内的前两个周期充放电曲线，Li^+ 的第一充电电势曲线主要包括两个区域，0.5V 的较大平台伴随 Li^+ 和 $ZnMn_2O_4$ 之间的不可逆反应，随后倾斜直到 0.01V。而 Li^+ 的放电曲线没有显著的平台，仅有从 Mn^0 到 Mn^{2+} 和 Zn^0 到 Zn^{2+} 的氧化反应产生的斜率变化。经过数次循环后，材料的库仑效率提高到 98% 以上，表明这些转化反应具有良好的可逆性。经过最初的两次激活循环，在电流密度 800 mA/g 下循环 50 次，电极材料仍然具有 500 mA·h/g 的稳定比容量。但是，如果二维 $ZnMn_2O_4$ 纳米片层未进行孔洞化处理，在相同的充放电条件下，材料仅仅表现出 100 mA·h/g 的比容量[30]。

孔洞化使得制备的 $ZnMn_2O_4$ 纳米片层倍率性能得到显著改善，200 mA/g 低电流密度下的前几次循环，展示了 770 mA·h/g 的平均比容量，而在 1200 mA/g 的高电流密度下，能够得到 56% 的容量保持率。不同电流密度下充放电 110 次，710 mA·h/g 的平均比容量得到维持。但是，对于没有孔洞化的 $ZnMn_2O_4$ 纳米

二维无机材料
剥离、纳米层组装及其功能化

片层电极，在电流密度从 200 mA/g 增加到 1200 mA/g，仅 6% 的容量保持率维持。另外，孔洞化处理所得电极材料的库仑效率也得到显著提高。孔洞化制备电极 100 mA/g 电流密度下电化学活化五次后，在 800 mA/g 电流密度下 1000 次循环后，电极材料仍然拥有 480 mA·h/g 的稳定比容量，且从第一次循环到 1000 次循环库仑效率为 99.8%。对于孔洞化过渡金属氧化物纳米片层电极，均表现出了优异的循环稳定性和库仑效率，主要归因于其独特的二维多孔纳米结构。首先，独特二维多孔纳米结构具有的大表面积和短扩散途径有利于锂离子传输；其次，二维纳米片层表面上的互连孔有助于电解质扩散到大部分电极材料中，并大大减少 Li⁺ 扩散距离。即使在电极中没有添加导电碳，电子易于沿着相互连接的通道连续传输，这对电池高倍率下的性能非常有益。最后，这些互联孔有利于锂化/去锂化过程导致的体积变化，增加电极材料的循环稳定性和库仑效率。

（2）孔洞化 Co_3O_4 纳米层改善钠离子二次材料倍率性能

过渡金属氧化物 Co_3O_4 由于具有高的理论容量，而在锂离子电池和钠离子电池的研发中具有巨大的应用前景。但是，Co_3O_4 作为电极材料的显著缺陷是伴随金属离子插层和脱出过程中的体积膨胀和收缩，从而使得电极极化严重和离子接触不良，最终导致电极材料具有大的不可逆容量损失和循环稳定性下降。钠离子具有比锂离子较大的离子半径，这种缺陷在 Co_3O_4 纳米片作为钠离子二次电池负极时特别明显。因此，为了克服 Co_3O_4 纳米片作为钠离子二次电池负极时的体积膨胀缺陷，制备不同结构 Co_3O_4 电极材料，研究材料结构对其性能的影响至关重要。

纳米片层孔洞化技术是改善电极材料倍率性能和循环性能的有力手段。采用氧化石墨模板可控策略，研究者开发了具有独特孔洞结构及孔尺寸可调二维过渡金属氧化物 Co_3O_4 纳米粒子（ACN）组装的纳米片层孔洞化制备技术，二维 Co_3O_4 纳米粒子组装纳米片层孔洞化机制及其离子传输优势如图 11-21 所示 [35]。通过 Co_3O_4 纳米粒子在氧化石墨烯模板上自链接，制备得到的孔洞化 Co_3O_4 纳米片层，可以最大限度避免纳米片层堆积，从而为钠离子储存提供更多的活性位点。由于制备材料独特结构，可增强活性表面/界面和改善电荷传输特性，使得由 Co_3O_4 纳米颗粒组装的二维孔洞材料的整体电化学性能大幅提高，特别是其倍率性能和循环稳定性得到显著改善。如 10 nm 孔尺寸多孔 ACN（HACN-10）电极材料在 0.1 A/g 电流密度下，对于 Na⁺ 存储表现出 566 mA·h/g 的出色可逆容量。同时，这种孔洞结构可以减缓钠化过程造成的体积膨胀，并可防止电极材料粉化。原位 TEM 实时监测二维多孔 ACN 电极材料钠化过程中形貌变化发现，由 Co_3O_4 纳米颗粒化学互连组成的孔洞 ACN 电极材料可以保持多孔纳米结构，并展示最小的结构变化。电极材料钠化前后，二维多孔 ACN 电极仅显示 6% 的体积膨胀，表明独特的多孔结构可以有效地缓冲体积变化。该结果也表明，这些二维多孔过渡金属氧化物纳米片层，是最小化二维纳米片层堆叠和体积膨胀最有效的结构平台，可用于显著改善碱金属离子二次电池电极电化学性能。多孔 ACN 的独特结构能够满足理想钠离子电池电极的几个关键要求：首先，二维结构中高度互连在一起的纳米级 Co_3O_4 粒子，可有效防止电极粉化和粒子接触损失，孔洞结构框架可以进一步增加比表面积，并增加电极和电解质之间的活化位点；其次，与纳米粒子相比，这种二维多孔结构可以提供电子在相互连接纳米晶体之间连续传输路径，电极电导率可以有效提高，从而有助于实现快速充电 / 放电；最后，与传统的由二维纳米片层堆积组装的平坦且光滑表面电极材料相比，孔洞化 ACN 电极材料构成了分级多孔结构，可以形成粒子在整个电极内部有效传输的开放通道，导致电解液更容易在电极材料内部传输。孔洞化 ACN 电极材料的这些组合功能，使得该类材料在实现高比容量和优异倍率性能器件方面变为可能。

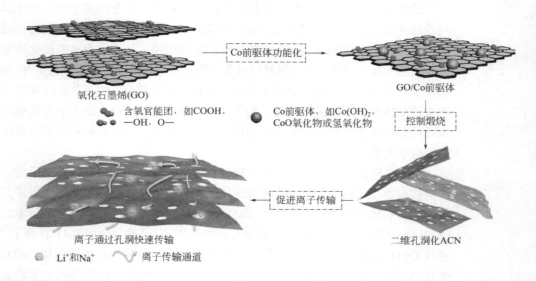

图 11-21
二维孔洞 ACN 形成机制及其离子传输优势示意图 [35]

（3）孔洞化改善富 Co 层状二维纳米片层正极材料倍率性能

锂离子二次电池作为 21 世纪主要的储能技术得到了快速发展，且发展过程中对于高能量密度和功率密度用锂离子电池正极活性材料提出了高安全、易操作、长循环寿命及低成本等更高要求。然而，传统锂离子二次电池正极材料固有的局限性，显然不能完全满足上述这些要求。纳米结构拥有丰富的用于离子

二维无机材料
剥离、纳米层组装及其功能化

存储和离子短迁移距离所需要的电化学活性位点，可有效增强材料容量和功率性能，因而设计独特二维纳米结构锂离子二次电池正极材料是解决这些局限性的有效策略。另外，对于层状锂离子二次电池正极材料，其独特的层状结构使得更多活性位点与电解质能有效接触，达到既可有效实现快速离子存储，又可避免块体材料中离子移动速度慢的缺陷，作为锂离子二次电池正极材料得到了快速发展。目前商业化的锂离子二次电池层状材料高能量密度问题得到了很好解决，但材料高能量密度下的高倍率性能仍然存在巨大的挑战。

在解决层状材料高能量密度下的高倍率性能问题过程中，通过无机层状材料剥离得到纳米片层组装，可以制备新型层状纳米正极材料。但是，制备材料应用过程中也遇到了严重问题，主要表现在通过二维纳米片层组装的层状材料具有较为紧密的架构，导致电化学反应活性位点的急剧减少，同时也延长了离子和电子的迁移距离。为了有效地解决二维纳米片层堆叠所导致的这些问题，二维纳米片层孔洞化策略提供了可行性。通过二维纳米片层孔洞化处理，不仅可以提供离子和电子额外的通道，缩短其超快扩散进入内部结构的迁移距离，而且这种孔洞结构可以有效地促进电解液渗透进入电极基体，减轻在锂化/脱锂过程中的体积变化和释放结构应变。

为实现好的锂化及结晶性，无机层状正极材料通常在高温下制备，使得多孔超薄二维纳米片层制备及其作为正极材料应用时受到限制，导致正极材料二维纳米片制备困难、过程流程复杂及不利于大规模生产。为此，研究者开发了基于微波辅助和固态反应，通用、简单且可大规模制备超薄、多孔二维纳米片层正极材料形貌遗传策略。首先，利用简单、超快和可规模化微波辅助技术，制备得到不同高质量类石墨烯无机层状氧化物超薄材料[36]。以该高质量超薄二维层状材料 $Ni_xCo_y(OH)_2$（$0 \leqslant x \leqslant 1$，$0 \leqslant y \leqslant 1$，$x+y=1$）作为自牺牲模板，制备超薄、高质量类石墨烯无机层状氧化物过程分为两个阶段：第一阶段是在一定的摩尔比下，前驱体分散在含有一定量如 LiOH、$Al(NO_3)_3$ 及 $Mn(NO_3)_2$ 的乙醇溶液中，一定时间室温下蒸发乙醇直到干燥；第二阶段是干燥得到的含有一定量阳离子前驱体先在 500 ℃煅烧 4 h，随后在纯 O_2 气氛中 750 ℃煅烧得到富 Co 或富 Ni 的孔洞化二维纳米片层正极材料[37]。500 ℃低温煅烧可以在前驱体纳米片上形成丰富的多边形孔，有助于后续晶体生长过程中保留足够空间，并释放巨大的压力以减轻结构破坏。同时，温和的浸渍方法可以实现阳离子的均匀分布，明显减轻高温烧结过程中不希望的晶体生长。另外，微尺寸组装的分级结构可以进一步保持结构稳定性，避免晶体结构破坏，最终制备得到孔洞化二维纳米片层正极材料。

制备的富镍孔洞化二维层状氧化物纳米片层作为锂离子二次电池正极材料，显示了优异的储能性能。该类材料在电流密度为 0.1 C，电势窗口为 2.7～4.3 V，不仅可以产生对应于其理论容量的高初始放电容量，而且孔洞化处理使得制备材料的放电容量衰减速率明显下降，不同电流密度下的容量保持率可以达到 90%，而容量库仑效率接近 100%。同时，相关充电／放电电压显示出轻微电压降平滑电压曲线，表明孔洞化电极材料循环过程中良好的结构稳定性。另外，孔洞化处理后制备的系列正极材料均表现出优异的倍率性能，当以 5 C 倍率高电流循环时，分别可以产生高的放电容量，即使在 10 C 高电流放电下，放电容量仍然能够保持高达 90% 左右。同现有报道的富 Co 和富 Ni 锂离子二次电池正极材料相比，孔洞化使得制备材料拥有更好的倍率性能，高的比容量及卓越的循环稳定性，卓越性能主要归于孔洞化导致的独特二维分级超薄纳米片结构、丰富的非典型孔和高质量结晶度。第一，独特二维分级超薄纳米片结构可提供丰富的电化学活性位点，减少锂离子迁移距离，使得材料具有高的比容量和改进的倍率性能。第二，丰富的非典型孔可以有效解决二维纳米片层重堆问题，为锂离子的迁移提供额外通道和缩短传输距离，因此提高了倍率能力。纳米片层孔洞化导致的孔可有效促进电解质渗透到电极材料内部，允许离子和电子超快速扩散到整个电极。第三，孔洞化产生的孔可以缓解锂化／去锂化过程中的体积变化，从而增强材料的循环稳定性。

11.7
孔洞化纳米片层电化学储能应用展望

　　纳米片层孔洞化结果是形成了具有一系列优势的多孔二维纳米材料，这种具有多种结构孔洞化二维材料在先进的电化学储能如超级电容器、锂离子二次电池以及更多储能技术中展现了巨大优势，证明是改善材料及其组装器件能量密度、功率密度和循环稳定性的有效手段。但是，孔洞化生成的二维多孔纳米材料在赋予制备材料性能优势的同时，也为材料带来了一定的缺陷。第一，同未孔洞化处理二维纳米材料所具有的光滑和平坦表面相比，孔洞化处理使得所得多孔二维纳米材料拥有大的比表面积。当孔洞化二维纳米材料用作电池电极，尤其是负极时需要形成 SEI 层来稳定容量，而多孔二维纳米材料则需要消耗更多的电解质且库仑效率低。第二，尽管孔洞化处理使得多孔二维纳米电极材料与电解质的接触面积增大，由于电荷转移涉及电子从电极到电解质过程，因而导致电极材料具有较低的电荷转移电阻，而降低的电荷转移电阻可以有效提高多孔二维纳米材料倍率性能。但是，多孔二维纳米材料和电解质之间的接触面

二维无机材料
剥离、纳米层组装及其功能化

增大，可能诱发各种不良副反应和电极结构腐蚀和退化，从而将导致电极材料循环过程中的容量衰减。第三，孔洞化处理所得多孔二维纳米材料具有离子传输开放结构，但同时也会在电极中产生很多空隙，导致电极材料具有相对较低的振实密度，这将导致组装器件的重量/体积能量密度和功率密度降低。

因此，多孔二维纳米材料应该进行更多研究工作解决这些问题，以满足其在电化学能量存储领域的应用步伐，而通过整合开发高性能赝电容和二次电池用多孔二维纳米材料电极是解决上述问题的有效策略。如由于孔洞化石墨烯纳米片层具有开放结构、较短的离子传输路径和优异的导电性，可作为沉积如 RuO_2、MnO_2、Co_2O_3 及 NiO 等具有较高理论电容过渡金属纳米材料的良好电化学衬底，这些杂化材料及其组装器件极有希望同时实现电极材料的高能量密度和功率密度。同时，目前的孔洞化纳米片层材料主要集中在基于碳质材料及其衍生物，过渡金属氧化物和硫属化物，而其它二维层状材料系统如 MXene、磷烯和其它复杂的金属磷酸盐或硫酸盐化合物需要进一步探索，通过这些材料孔洞化新技术的开发，可扩展多孔二维纳米材料家族。因此，合理的设计和控制制备新型多孔二维纳米材料，对于了解材料的独特结构和特性至关重要。另外，创建基于具有不同水平结构孔或多孔纳米片组成的分级多孔结构，将为这些多孔二维材料在电化学储能以外的实际应用提供可能。

对于下一代能源存储器件，不仅需要器件具有卓越的储能性能，而且同样重要的是需要大幅降低生产成本，并增加电极材料的生产可扩展性，因而方便、多功能和大规模综合方法是该领域一个非常重要的研究方向。更重要的是，根据多孔二维纳米材料结构特征，为这些具有大活性比表面积和快速离子传输通道材料开发新的应用途径，显得非常重要。另外，借助先进的原位和/或操作表征技术，更加深入了解多孔二维纳米电极材料的电荷传输性质和储能机制，将为这些材料在能量存储和转换领域开辟新的应用渠道。因此，拓展新型二维多孔材料体系、新型多孔二维材料制备方法、多孔二维材料在能源存储以外的应用及关联基础研究，将是二维纳米片层孔洞化处理技术及其关联材料未来发展的四个主要研究方向（图 11-22）[38]。

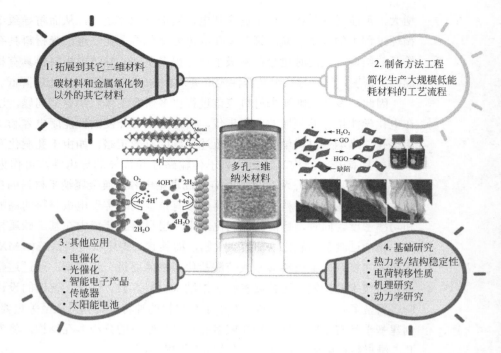

图 11-22
孔洞化处理所得多孔二维纳米材料四个优先发展研究方向 [38]

参考文献

[1] Zhang S, Pan N. Supercapacitors performance evaluation. Adv Energy Mater, 2015, 5: 1401401

[2] Tarascon J M, Armand M. Issues and challenges facing rechargeable lithium batteries. Nature, 2001, 414: 359-367.

[3] Zhong C, Deng Y, Hu W, et al. A review of electrolyte materials and compositions for electrochemical supercapacitors. Chem Soc Rev, 2015, 44: 7484-7539.

[4] Meng Q, Cai K, Chen Y, et al. Research progress on conducting polymer based supercapacitor electrode materials. Nano Energy, 2017, 36: 268-285.

[5] Tan C, Zhang H. Two-dimensional transition metal dichalcogenide nanosheet-based composites. Chem Soc Rev, 2015, 44: 2713-2731.

[6] Goodenough J B, Park K S. The Li-ion rechargeable battery: A perspective. J Am Chem Soc, 2013, 135: 1167-1176.

[7] Nicolosi V, Chhowalla M, Kanatzidis M G, et al. Liquid exfoliation of layered materials. Science, 2013, 340: 1226419.

[8] Zhu Y, Peng L, Fang Z, et al. Structural engineering of 2D nanomaterials for energy storage and catalysis. Adv Mater, 2018, 30: 1706347.

[9] 康丽萍，张改妮，白云龙，等．二维纳米片层孔洞化策略及组装材料在超级电容器中的应用．物理化学学报，2020, 36: 1905032.

[10] Fang Y, Lv Y, Che R, et al. Two-dimensional mesoporous carbon nanosheets and their derived graphene nanosheets: synthesis and

二维无机材料
剥离、纳米层组装及其功能化

efficient lithium ion storage. J Am Chem Soc, 2013, 135: 1524-1530.

[11] Zhang G, Ren L, Yan Z, et al. Rational design and controllable preparation of holey MnO_2 nanosheets. Chem Commun, 2017, 53: 2950-2953.

[12] Zhang G, Ren L, Yan Z, et al. Mesoporous-assembled MnO_2 with large specific surface area. J Mater Chem A, 2015, 3: 14567-14572.

[13] Zhang L L, Zhao X, Stoller M D, et al. Highly conductive and porous activated reduced graphene oxide films for high-power supercapacitors. Nano Lett, 2012, 12: 1806-1812.

[14] 白云龙. 石墨烯孔洞化与孔洞化石墨烯及其复合电极材料的电化学性质 [M]. 西安：陕西师范大学，2016.

[15] Xu Y, Lin Z, Zhong X, et al. Holey graphene frameworks for highly efficient capacitive energy storage. Nat Commun, 2014, 5: 4554-4561.

[16] Bai Y, Yang X, He Y, et al. Formation process of holey graphene and its assembled binder-free film electrode with high volumetric capacitance. Electrochim Acta, 2016, 187: 543-551.

[17] Lan K, Liu Y, Zhang W, et al. Uniform ordered two-dimensional mesoporous TiO_2 nanosheets from hydrothermal-induced solvent-confined monomicelle assembly. J Am Chem Soc, 2018, 140: 4135-4143.

[18] Li Y, Jin R, Xing Y, et al. Macroscopic foam-like holey ultrathin g-C_3N_4 nanosheets for drastic improvement of visible-light photocatalytic activity. Adv Energy Mater, 2016, 6: 1601273.

[19] Han Q, Wang B, Gao J, et al. Atomically thin mesoporous nanomesh of graphitic C_3N_4 for high-efficiency photocatalytic hydrogen evolution. ACS Nano, 2016, 10: 2745-2751.

[20] Guan G, Wu M, Cai Y, et al. Surface-mediated chemical dissolution of two-dimensional nanomaterials toward hole creation. Chem Mater, 2018, 30: 5108-5115.

[21] Zhou Z, Shen Y, Li Y, et al. Chemical cleavage of layered carbon nitride with enhanced photoluminescent performances and photoconduction. ACS Nano, 2015, 9: 12480-12487.

[22] Qin M, Li S, Zhao Y, et al. Unprecedented synthesis of holey 2D layered double hydroxide nanomesh for enhanced oxygen evolution. Adv Energy Mater, 2019, 9: 1803060.

[23] Ma R, Liang J, Liu X, et al. General insights into structural evolution of layered double hydroxide: underlying aspects in topochemical transformation from brucite to layered double hydroxide. J Am Chem Soc, 2012, 134: 19915-19921.

[24] Wang Z L, Xu D, Wang H G, et al. In situ fabrication of porous graphene electrodes for high-performance energy storage. ACS Nano, 2013, 7: 2422-2430.

[25] Jeon K W, Zhang L, Choi S, et al. Colloids of holey Gd_2O_3 nanosheets converted from exfoliated gadolinium hydroxide layers. Small, 2018, 14: 1802174.

[26] Fan Z, Liu Y, Yan J, et al. Template-directed synthesis of pillared-porous carbon nanosheet architectures: high-performance electrode materials for supercapacitors. Adv Energy Mater, 2012, 2: 419-424.

[27] Wang H, Sun X, Liu Z H, et al. Creation of nanopores on graphene planes with MgO template for preparing high-performance supercapacitor electrodes. Nanoscale, 2014, 6: 6577-6584.

[28] Wang H, Zhi L, Liu K, et al. Thin-sheet carbon nanomesh with an excellent electrocapacitive performance. Adv Funct Mater, 2015, 25: 5420-5427.

[29] Huang J, Jin Z, Xu Z L, et al. Porous RuO_2 nanosheet/CNT electrodes for DMSO-based Li-O_2 and Li ion O_2 batteries. Energy Storage Mater, 2017, 8: 110-118.

[30] Peng L, Xiong P, Ma L, et al. Holey two-dimensional transition metal oxide nanosheets for efficient energy storage. Nat Commun, 2017, 8: 15139-15148.

[31] Taberna P L, Simon P, Fauvarque J F. Electrochemical characteristics and impedance spectroscopy studies of carbon-carbon supercapacitors. J Electrochem Soc, 2003, 150: A292-A300.

[32] Zhang J, Yang X, He Y, et al. δ-MnO_2/holey graphene hybrid fiber for all-solid state supercapacitor. J Mater Chem A, 2016, 4: 9088-9096.

[33] He Y, Bai Y, Yang X, et al. Holey graphene/polypyrrole nanoparticle hybrid aerogels with three-dimensional hierarchical porous structure for high performance supercapacitor. J Power Sources, 2016, 317: 10-18.

[34] Fan Z, Wang Y, Xie Z. et al. Modified MXene/holey graphene films for advanced supercapacitor electrodes with superior energy storage. Adv Sci, 2018, 5: 1800750.

[35] Chen D, Peng L, Yuan Y, et al. Two-dimensional

holey Co_3O_4 nanosheets for high-rate alkali-ion batteries: from rational synthesis to in situ probing. Nano Lett, 2017, 17: 3907-3913.

[36] Wu Y, Cao T, Wang R, et al. A general strategy for the synthesis of two dimensional holey nanosheets as cathodes for superior energy storage. J Mater Chem. A, 2018, 6: 8374-8381.

[37] Zhu Y, Cao C. A simple synthesis of two-dimensional ultrathin nickel cobaltite nanosheets for electrochemical lithium storage. Electrochim Acta, 2015, 176: 141-148.

[38] Peng L, Fang Z, Zhu Y, et al. Holey 2D nanomaterials for electrochemical energy storage. Adv Energy Mater, 2017, 8: 1702179.

二维无机材料
剥离、纳米层组装及其功能化

索　引

二维无机材料
剥离、纳米层组装及其功能化

二维无机材料
剥离、纳米层组装及其功能化